“十二五”普通高等教育本科国家级规划教材

仪器分析（第五版）

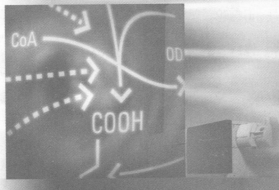

华东理工大学　胡坪　王氢　编

U0260150

高等教育出版社·北京

内容提要

本书为"十二五"普通高等教育本科国家级规划教材。

本书在保持原教材注重基础、精选内容、简明实用等特点及风格的基础上，结合仪器分析学科发展的趋势及国内教学的实际情况，对仪器分析（第四版）进行了修订；同时增加了文本、图片、视频等丰富的数字化资源，使传统的纸质教材向数字化、信息化、可视化教材转变。

本书可作为高等院校工科院校各专业仪器分析课程的教材，也可供理科化学、应用化学等专业参考使用。

图书在版编目（C I P）数据

仪器分析 / 胡坪，王氢编. -- 5 版. -- 北京：高等教育出版社，2019.3（2020.12 重印）

ISBN 978 - 7 - 04 - 051528 - 2

Ⅰ. ①仪… Ⅱ. ①胡… ②王… Ⅲ. ①仪器分析-高等学校-教材 Ⅳ. ①O657

中国版本图书馆 CIP 数据核字（2019）第 041935 号

策划编辑	付春江	责任编辑	付春江	封面设计	于文燕	版式设计	徐艳妮
插图绘制	于 博	责任校对	高 歌	责任印制	存 怡		

出版发行	高等教育出版社	网　址	http://www.hep.edu.cn
社　址	北京市西城区德外大街 4 号		http://www.hep.com.cn
邮政编码	100120	网上订购	http://www.hepmall.com.cn
印　刷	唐山嘉德印刷有限公司		http://www.hepmall.com
开　本	787mm×960mm　1/16		http://www.hepmall.cn
印　张	27.75	版　次	1983 年 3 月第 1 版
字　数	600 千字		2019 年 3 月第 5 版
购书热线	010 - 58581118	印　次	2020 年 12 月第 3 次印刷
咨询电话	400 - 810 - 0598	定　价	49.60 元

本书如有缺页、倒页、脱页等质量问题，请到所购图书销售部门联系调换

版权所有　侵权必究

物料号　51528 - 00

第五版修订说明

  本书是在朱明华、胡坪编写的《仪器分析》(第四版)的基础上修订而成的。

  本书第四版自 2008 年修订出版至今,仪器分析相关技术、方法及装置等方面又有极大的进展,因而有必要对本书进行修订,使之能更新内容、反映新进展。另一方面,与时俱进,改革教学内容、体系和手段,以满足当下对人才培养不断提高的要求,拓展学生的视野,培养创新意识,这次修订不仅非常必要,而且十分紧迫。

  作为首批入选的"十二五"普通高等教育本科国家级规划教材,本次修订借助了先进的互联网技术,在教材内容的表现形式上做了一些变革,借此弥补以往教材先进性和直观性略显不足的缺憾。将二维码引入教材中,通过手机扫码,将其中部分内容以动画、视频、彩色图片及文档等多样化形式呈现,不仅在有限的篇幅内拓展了教材内容,供有兴趣者深入学习,而且使教材兼具先进性、实用性和灵活性。书中的二维码主要用于仪器结构和流程的形象展示、相关知识点拓展及仪器分析领域新进展介绍。希望通过这种二维码的表现形式,拓宽读者的科技视野和思维空间,激发学习热情,提高创新意识。

  而在教材的实体部分,依旧保持了原教材注重基础、精选内容、简明实用等特点及风格。并参照兄弟院校的反馈及意见,结合教学改革和实践经验,在第四版的基础上,对全书各章节进行了全面修订,并适当增、删了一些内容:高效液相色谱分析一章中,调整了编写思路和内容,以液相色谱的类型为主线介绍其分离原理、固定相、流动相及应用,固定相和流动相不再单列;在电位分析法一章中的电位滴定法,删去了格氏作图法;伏安分析法一章,由于极谱分析的理论在伏安分析中依然适用,故予以保留并适当缩写,并删去了双指示电极电位滴定;原子发射光谱中,删除了摄谱仪的相关内容,加强了光电型光谱仪的介绍;红外光谱法中删去了色散型仪器,增加了全反射附件、近红外光谱分析简介;拉曼光谱分析中增加了增强拉曼光谱技术;荧光分析法的特点与应用中,增加了共焦荧光显微镜简介;核磁共振波谱分析一章中,删除了连续波核磁共振波谱仪及其采用的简化图谱峰方法,增加了二维核磁共振简介;质谱分析一章调整了编写思路和内容,删去了一些旧的离子源,增加了基质辅助激光解吸电离源和傅里叶变换离子回旋共振质量分析器,对串联质谱和色谱-质谱联用进行了较多的修改,并增加了电感耦合等离子体质谱介绍。另外,还对全书思考题进行了修订。

  本次修订工作由胡坪、王氢进行。其中王氢修订原子发射光谱分析和原子吸收光谱分析,其余各章由胡坪修订并对全书进行统稿。

　　本教材内的二维码制作得到了安捷伦科技(中国)有限公司、赛默飞世尔科技(中国)有限公司、岛津企业管理(中国)有限公司的大力支持;此外,华东理工大学分析教研组的苏克曼老师,实验中心的王月荣老师等也为教材的修订和二维码的制作提供了无私帮助,在此一并致谢。

　　衷心欢迎读者对修订版教材中存在的不妥之处提出批评指正。

编　者

于华东理工大学,上海,200237

2018 年 9 月

第四版修订说明

本书第三版自 2000 年 7 月出版以来,分析化学学科,特别是仪器分析领域进展迅速。同时,我国高等教育事业也在迅速发展。作为普通高等教育"十一五"国家级规划教材[①],必须适应形势,与时俱进,尽力满足新形势下对人才培养的要求。

本次修订仍注意保持原教材的特色,按前几版,特别是第三版的编写指导思想、体系和风格,并参照兄弟院校的反馈意见,结合教学改革和实践经验,除新增加分子发光分析、激光拉曼光谱分析两章外,对全书各章节进行了全面修订,适当增、删了一些内容,如在气相色谱一章中增加利用色谱工作站输出信号来计算检测器灵敏度的公式及其推导过程,删去记录仪的相关内容;在高效液相色谱一章中增加蒸发光散射检测器;在电位分析法一章的电位滴定法中,增加格氏作图法;在原子发射光谱分析一章删去光谱投影仪、测微光度计、棱镜摄谱仪、火焰光度法,在光电直读光谱一节中删去多通道仪器,着重介绍全谱等离子体光谱仪;在原子吸收光谱法中对原子荧光光谱法做了补充;对核磁共振波谱分析一章做了较多的修改,并增加核磁谱图的解析示例;在质谱分析一章中增加质谱-质谱联用技术。

本次修订工作由朱明华、胡坪进行。其中胡坪修订气相色谱法及高效液相色谱法,并编写分子发光分析法。其余各章由朱明华修订,并对全书进行统稿。

浙江大学陈恒武教授审阅了本修订稿,提出了宝贵的意见和建议。编者根据所提供的意见做了修改,特此致以衷心的感谢。

编　者

于华东理工大学,上海,200237

2007 年 10 月

---

① 本书 2012 年入选首批"十二五"普通高等教育本科国家级规划教材。

第三版修订说明

仪器分析课程在高等学校有关专业中对培养学生分析、解决问题能力和创新精神、掌握现代的研究手段与方法有重要作用。鉴此,这门课程已日益受到重视及加强。另一方面,于世纪之交,对培养适应 21 世纪需要的基础扎实、知识面宽、能力强、素质高的人才,改革教学内容和体系,实现教学内容的现代化,不仅非常必要,而且十分紧迫。本书自 1993 年 3 月修订出版第二版迄今,有关分析方法、技术及仪器等方面都有极为迅速的发展,因而很有必要对本书进行修订,使之能更新内容、反映新进展。

本书修订时注意:(1)考虑到本书使用面较广,仍宜保持原教材的编写指导思想、体系及特点,即作为基础课教材,应保证基础、精选内容,讲清楚所介绍方法的基本原理、特点和应用。注意深入浅出、启发思考,使之适合于基础教学并有利于读者自学。(2)结合国情,研究处理好传统内容和现代内容的关系,努力用现代的观点来审视、选择和组织好传统的教学内容,使之能与现代内容较好地结合起来。

修订时在第二版的基础上,除对全书的一些细节、思考题、习题及参考书目等进行了全面修订外,还适当增、删了一些内容:气相色谱一章中增加罗氏常数及麦氏常数的基本概念及应用、改写了固定液的选择;在高效液相色谱一章中增加荧光检测器、液相制备色谱及毛细管电泳,并对高效液相色谱的应用实例做了一些更换;在电位分析一章中增加组织电极及离子敏场效应晶体管;在伏安分析法一章中增加三电极体系、循环伏安法及阳极溶出-微分脉冲极谱联用;在原子发射光谱分析一章中增加光电直读等离子体发射光谱仪;在原子吸收光谱分析一章中增加塞曼效应背景校正法;在紫外吸收光谱分析一章中增加无机化合物的紫外-可见光吸收光谱;在红外光谱分析一章中增加热释电检测器及汞镉碲检测器;在核磁共振波谱分析一章中增加脉冲傅里叶变换核磁共振波谱仪及 ^{13}C 核磁共振谱;在质谱分析一章中以有机质谱为主,对全章进行了改写,并增加离子阱质谱计及液相色谱-质谱联用技术。

一如本书在编写前两版时的意图,讨论时所涉及的有关物理学、化学前期课程的基础知识(如光学,电磁学,原子、分子结构,电化学等),宜于通过查阅有关教科书或教学参考书进行思考,本书不再赘述。同时,为了便于阅读参考资料,书中对主要名词注上英文。上述修改处理及内容取舍是否妥当,尚有待实践考验,望读者不吝提出批评、指正意见。

　　本修订稿由清华大学郁鉴源、张新荣、邓勃、刘密新审阅。审阅者对书稿提出了宝贵的意见和建议,编者根据所提供的意见对全稿做了进一步的修改,特此致以衷心的感谢。

编　者

于华东理工大学,上海,200237

1999 年 8 月

第二版修订说明

　　自本书 1983 年出版迄今，有关仪器分析方法、技术及仪器等方面都有极为迅速的发展，而学生的基础水平亦在提高。根据各兄弟院校在使用本书中提出的意见及编者在教学过程中发现的问题，深感有必要对本书进行修订，使之跟上学科的发展，有利于提高学生的基础水平及知识面。

　　这次修订仍保持原编写本书时的指导思想，即作为基础课教材，应保证基础、精选内容、深入浅出，使之适合于基础仪器分析教学。修订版除对全书的一些细节、思考题、习题及参考书目进行全面修订外，还适当增加了一些新内容：气相色谱一章中增加有关容量因子的概念、色谱分离基本方程式及毛细管柱气相色谱；在高效液相色谱分析一章中增加离子对色谱、离子色谱及二极管列阵检测器；电位分析法与离子选择性电极分析法改名为电位分析法并增加格氏作图纸的应用，删去线性法；极谱分析与伏安滴定法改名为伏安分析法并增加单扫描极谱法；在发射光谱分析一章中增加有关电感耦合等离子体焰炬的内容；在红外吸收光谱分析中则增加了傅里叶变换红外分光光度计的基本原理。本书采用了国家法定计量单位。

　　修订稿由高等学校工科分析化学课程教学指导小组成员施荫玉副教授审阅并对书稿提出了宝贵的意见和建议，特此致谢。

　　衷心欢迎读者对修订版中存在的不妥之处提出批评指正，不胜感谢。

编　者

于华东化工学院，上海

1992 年 2 月

序

　　随着科学技术的发展,仪器分析的应用日益普遍。为了适应我院化学专业开设仪器分析课程的需要,曾于1976年编写了《仪器分析》讲义。经过三届本科生的试用,并采纳了兄弟院校提出的宝贵意见,对原讲义进行了修改、补充,现予以出版,希望能在教学、科研和生产上起一点作用。

　　现代仪器分析方法包括的范围很广。编者在取舍内容时,主要考虑到工科院校设置化学专业所具有的一些特点,没有完全参照1980年5月审订的综合大学化学专业《仪器分析教学大纲》的要求。显然,这样的考虑,还有待于实践的考验,希望读者不吝提出指正意见。

　　作为基础课教材,编者的主观愿望是试图从分析化学的角度出发,讲清楚所介绍的各种仪器分析方法的基本原理、特点和适用范围,并注意做到精简内容,深入浅出,使之适合于基础仪器分析教学,教学时数(包括实验)约为90学时。由于本课程通常是在修完物理、物理化学等课程后开设的,因此在讨论时所涉及的有关物理、物理化学的基础知识(如光学、电磁学、电化学等),本书将不再赘述,读者若有需要,可查阅有关教科书或教学参考书。

　　本书由成都科技大学高华寿教授初审。华东化工学院汪葆浚教授、成都科技大学高华寿教授、华南工学院宋清教授、华东纺织工学院韩葆玄教授及浙江大学宣国芳副教授复审。华东化工学院邵令娴副教授通读了全部书稿并提出宝贵意见。本书第十一章核磁共振波谱法系根据邵令娴副教授编写的讲义修改而得。华东化工学院分析测试中心张文洁为本书绘制了部分插图底稿,谨在此致以深切的谢意。限于编者的水平及教学经验,书中错误欠妥之处在所难免,希望读者批评指正。

编　者

于华东化工学院,上海

1982年10月

目　　录

第1章 | 引言
Preface

    仪器分析法是以测量物质的物理性质为基础的分析方法。由于这类方法通常需要使用较特殊的仪器,故得名"仪器分析"。随着科学技术的发展,分析化学在方法和实验技术方面都发生了深刻的变化,特别是新的仪器分析方法不断出现,且其应用日益广泛,从而使仪器分析在分析化学中所占的比重不断增长,并成为现代实验化学的重要支柱。因此,仪器分析的一些基本原理和实验技术,已成为化学工作者所必须掌握的基础知识和基本技能。

    几乎物质的所有物理性质,都可应用于分析化学。表 1-1 列举了一些可用于分析目的的物理性质及仪器分析方法的分类。显然,此表是不完全的,但由此可对仪器分析方法的依据及分类有一概括性的初步认识。

表 1-1　可用于分析目的的物理性质及仪器分析方法的分类

方法的分类	被测物理性质	相应的分析方法
光学分析法	辐射的发射	发射光谱法(X 射线、紫外、可见光等),火焰光度法,荧光光谱法(X 射线、紫外、可见光),磷光光度法,放射化学法
	辐射的吸收	分光光度法(X 射线、紫外、可见光、红外),原子吸收法,核磁共振波谱法,电子自旋共振波谱法
	辐射的散射	浊度法,拉曼光谱法
	辐射的折射	折射法,干涉法
	辐射的衍射	X 射线衍射法,电子衍射法
	辐射的旋转	偏振法,旋光色散法,圆二色性法
电化学分析法	半电池电位	电位分析法,电位滴定法
	电导	电导法
	电流-电压特性	伏安分析法
	电荷量	库仑法(恒电位、恒电流)
色谱分析法	两相间的分配	气相色谱法,液相色谱法

续表

方法的分类	被测物理性质	相应的分析方法
热分析法	热性质	热导法,热熔法,热重法,差热分析
其他	质荷比 核性质 电子的发射	质谱法 中子活化分析 电子能谱分析

　　仪器分析用于分析试样组分(成分分析),其优点是操作简便而快速,对于含量很低(如质量分数为 10^{-8} 或 10^{-9} 数量级)的组分,则更有其独特之处。另一方面,绝大多数仪器是将被测组分的浓度变化或物理性质变化转变成某种电性能(如电阻、电导、电位、电容、电流等),这样就易于实现自动化和连接电子计算机。因此,仪器分析具有简便、快速、灵敏、易于实现自动化等特点。对于结构分析(研究物质的分子结构或晶体结构),仪器分析法(如红外吸收光谱法、核磁共振波谱法、质谱法、X 射线衍射法、电子能谱法等)也是极为重要和必不可少的工具。

　　生产的发展和科学的进步,特别是进入 21 世纪,生命科学、环境科学、材料科学等发展的势头强劲,对分析化学提出了新的要求和挑战,不仅在准确度、灵敏度和分析速度等方面提出更高的要求,而且还不断提出很多新课题。一个重要的方面是要求分析化学能提供更多、更复杂的信息。例如,在新材料的基础理论研究及应用上,除了要分析试样中的痕量甚至超痕量杂质外,还要求得到元素在微区试样中的结合态及空间分布状态。前者可以采用发射光谱分析、原子吸收分光光度分析等方法解决,后者则促进了微区、表面分析技术(电子探针、离子探针、电子能谱等)及各种显微成像技术的研究。又如,血浆中钙的测定,除用经典的方法将试样破坏后测定其总钙量外,临床化学更感兴趣的是直接在血浆中测定钙离子的活度,钙离子选择性电极的设计就是应此需要而进行的。检测各种试样,特别是复杂体系中的化学物质和某些特定元素的不同化学形态的含量及其在生态环境中的分布和迁移规律,无疑是十分重要的。可见近代分析化学的任务已不仅仅是解决物质的成分问题,而且要提供有关组分的价态、配合状态、元素与元素间的联系、结构上的细节、元素及组分在微区中的空间分布等更多的信息。而这些信息大部分是需要用物理方法才能取得的,所以仪器方法的重要性是显而易见的,因而其发展十分迅速。现代科学技术发展的特点是学科之间相互交叉、渗透和各种新技术的引入、应用等,这就促进了学科的发展,使之不断开拓新领域、新方法。例如,由于采用了等离子体、傅里叶变换、激光、微波等新技术,使得各种光谱分析进入蓬勃发展时期,出现了电感耦合等离子体发射光谱、等离子体质谱、傅里叶变换红外光谱、傅里叶变换核磁共振波谱、激光拉曼光谱、激光光声光谱等。如前所述,由于现代科学技术的发展,试样的复杂性、测量难度、要求信息量及响应速度在不断提高,这就给分析化学带来十分艰巨的任务和挑战。显然,采用一种分析技术,常不能满足要求。将几种方法结合起来,其中特别是将分离技术(气相色谱法、高效液相色谱法)和鉴定方法(质谱分析、红外光谱分析等)结合组成的联用分析技术,不仅有可能将它们的优点汇集起来,取长补短,起到方法间的协同作用,从而提高方法的灵敏度、准确度及对复杂混合物的分辨能力,而且还可获得两种手段各自单独使用时所不具备的某些功能,因而,联用分析技术已成为当前仪器分析方法发展的主要方向之一。另外,最大限度地将实验室中的仪器功能转移到便携式、微型化的设备中,以实现分析过程的现场化、在线化和个体化,也是仪器分析面临的新要求和新挑战。其中,将微机电加工技术与分析技术相结合构建的微流控芯片,在方寸大小的芯片上可以实现整个化学和生物实验室的功能,具有微量、高效、微型化、集成化、低成本等诸多特点,在化学、生物学和医学等众多领域获得了快速发展和应用,是分析化学的前沿技术之一。应该特别指出的是计算机技术对仪器分析的发展影响极大。微型电子计算机已成为现代分析仪器一个不可分割的部件。在分析工作者指令控制下,使仪器自动处于优化的操作条件完成整个分析过程,进行数据采集、处理、计算(平均值、噪声扣除、基线校正等),直至动态 CRT 显示和最终曲线报表。前述傅里叶变换技术的应用和联用分析技术等,没有计算机是不可能实现的。随着计算机硬件和软件的平行发展,分析仪器将更为智能化、微型化、高效和多用途。

但是还应该指出,仪器分析方法用于成分分析,仍具有一定的局限性,除了由于各种方法本身所固有的一些原因外,还有一个共同点,就是它们的准确度不够高,相对误差通常在 10^{-2} 数量级,有的甚至更高。这样的准确度对低含量组分的分析已能完全满足要求,但对常量组分的分析,就不能达到像滴定分析法和重量法所具有的那样高的准确度。因而,在方法的选择上,必须考虑到这一点。此外,在进行仪器分析之前,时常要用化学方法对试样进行预处理(如富集和除去干扰杂质等);同时,仪器分析一般都需要以标准物进行校准,而很多标准物需要用化学分析方法来标定。而且在进行复杂物质的分析时,往往不是用一种方法,而是综合应用几种方法。因此,化学方法和仪器方法是相辅相成的。在使用时应根据具体情况,取长补短,互相配合。当然,随着科学技术的发展,必将出现更多的可以替代化学分析方法的仪器方法。

现代仪器分析方法的种类繁多并在不断发展中,根据我国目前的实际情况,作为基础,本书将讨论其中最为常用的一些方法。

(1) 色谱分析法 气相色谱法、高效液相色谱法;

（2）电化学分析法　电位分析法、伏安分析法、库仑分析法；

（3）光学分析法　原子发射光谱法、原子吸收光谱法、紫外吸收光谱法、红外吸收光谱法、激光拉曼光谱法、分子发光光谱法；

（4）核磁共振波谱法；

（5）质谱分析法。

第2章 | 气相色谱分析
Gas Chromatography, GC

§2-1 气相色谱法概述

色谱法是一种分离技术,这种分离技术应用于分析化学中,就是色谱分析。它以其具有高分离效能、高检测性能、分析快速的特点而成为现代仪器分析方法中应用最广泛的一种方法。它的分离原理是,使混合物中各组分在两相间进行分配,其中一相是不动的,称为固定相,另一相是携带混合物流过此固定相的流体,称为流动相。当流动相中所含混合物经过固定相时,就会与固定相发生作用。由于各组分在性质和结构上的差异,与固定相发生作用的大小、强弱也有差异,因此在同一推动力作用下,不同组分在固定相中的滞留时间有长有短,从而按先后不同的次序从固定相中流出。这种借在两相间分配原理而使混合物中各组分分离的技术,称为色谱分离技术或色谱(又称色层法或层析法)。

色谱法的起源——茨维特实验

色谱法有多种类型,从不同角度出发,有各种分类法。

(1) 按流动相的物态,可分为气相色谱法(流动相为气体)、液相色谱法(流动相为液体)和超临界流体色谱法(流动相为超临界流体);再按固定相的物态,又可分为气-固色谱法(固定相为固体吸附剂)、气-液色谱法(固定相为涂在固体担体上或毛细管壁上的液体)、液-固色谱法和液-液色谱法等。

色谱法的发展历程

(2) 按固定相使用的形式,可分为柱色谱法(固定相装在色谱柱中)、纸色谱法(滤纸为固定相载体)和薄层色谱法(将吸附剂粉末制成薄层作固定相)等。

(3) 按分离过程的机制,可分为吸附色谱法(利用吸附剂表面对不同组分的物理吸附性能的差异进行分离)、分配色谱法(利用不同组分在两相中有不同的分配系数来进行分离)、离子交换色谱法(利用离子交换原理)和排阻色谱法(利用多孔性物质对不同大小分子的排阻作用)等。

本章讨论气相色谱分析。

由前述可见,气相色谱法是采用气体作为流动相(也称为载气)的一种色谱法。在此法中,载气(是不与被测物作用,用来载送试样的惰性气体,如氢气、氮气、氦气等)载着欲分离的试样通过色谱柱中的固定相,使试样中各组分分离,然后分别对各组分进行检测。其简单流程如图 2-1 所示。载气由高压钢瓶 1 供给,经减压阀 2 减压后,进入载气净化干燥管 3 以除去载气中的水分等杂质。由稳流阀 4 控制载气的压力和流量。流量计 5 和压力表 6 分别用以指示载气的流量和压力。再经过进样器(包括汽化室)7,试样就在进样器注入(如为液体试样,经汽化室瞬间加热汽化为气体),并由不断流动的载气携带进入色谱柱 8,各组分在此被分离,然后随载气依次进入检测器 9 后放空。检测器信号由记录系统(色谱工作站)10 记录,就可得到如图 2-2 所示的色谱图。图中编号的 4 个峰代表混合物中 4 个组分。

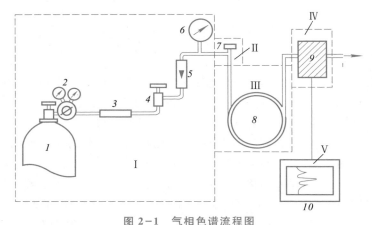

图 2-1　气相色谱流程图

1—高压钢瓶;2—减压阀;3—载气净化干燥管;4—稳流阀;5—流量计;6—压力表;
7—进样器;8—色谱柱;9—检测器;10—色谱工作站

由图 2-1 可见,气相色谱仪一般由五部分组成。

Ⅰ. 载气系统,包括气源、气体净化和气体流量控制部件。气源通常为气体高压钢瓶或气体发生器。由气源输出的载气通过装有催化剂或分子筛的净化器,以除去水、氧等有害杂质,净化后的载气经稳压阀、稳流阀或自动流量控制装置后,使流量按设定值恒定输出。

Ⅱ. 进样系统,包括进样器、汽化室。气体试样可通过注射器或定量阀进样,液体或固体试样可稀释或溶解后直接用

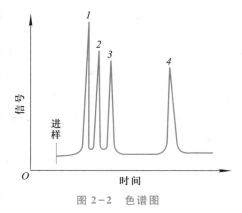

图 2-2　色谱图

微量注射器进样。注射器的进样操作可以人工完成,也可以通过工作站命令机械手自动完成,后者称为自动进样器。试样在汽化室瞬间汽化后,随载气进入色谱柱分离。

Ⅲ. 色谱柱和柱箱,包括温度控制装置。色谱柱包括管柱与固定相两部分。管柱的材质可以是玻璃或不锈钢。固定相是色谱分离的关键部分,固定相的种类很多,详见§2-4。

Ⅳ. 检测系统,包括检测器、放大器、检测器的电源、控温装置。从色谱柱流出的各组分,通过检测器把浓度信号转换成电信号,经放大器放大后送到数据记录装置,得到色谱图。常用气相色谱检测器参见§2-5。

Ⅴ. 记录及数据处理系统,早期采用记录仪,现采用积分仪或色谱工作站。

如上所述,试样中各组分经色谱柱分离后,随载气依次流出色谱柱,经检测器将浓度信号转换为电信号,然后用数据记录装置将各组分引起的电信号变化记录下来,即得色谱图。色谱图是以组分的浓度变化引起的电信号作纵坐标,流出时间作横坐标的,这种曲线称为色谱流出曲线。现以组分流出曲线图(图 2-3)来说明有关色谱术语。

(1)基线(baseline) 当色谱柱后没有组分进入检测器时,在实验操作条件下,反映检测器系统噪声随时间变化的线称为基线。稳定的基线是一条直线,如图 2-3 中所示的直线。

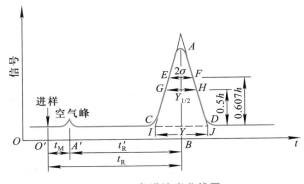

图 2-3 色谱流出曲线图

基线漂移和基线噪声示意图

① 基线漂移(baseline drift) 指基线随时间定向的缓慢变化。

② 基线噪声(baseline noise) 指由各种因素所引起的基线起伏。

(2)保留值(retention value) 表示试样中各组分在色谱柱中的滞留时间的数值。通常用时间或用将组分带出色谱柱所需载气的体积来表示。如前所述,被分离组分在色谱柱中的滞留时间,主要取决于在两相间的分配过程,因而保留值是由色谱分离过程中的热力学因素所控制的,在一定的固定相和操作条件下,任何一种物质都有一确定的保留值,这样就可以作为定性参数。

① 死时间(dead time)t_M 指不被固定相吸附或溶解的组分(如空气、甲烷)从进样开始到柱后出现浓度最大值时所需的时间,如图 2-3 中 $O'A'$ 所示。

② 保留时间(retention time)t_R 指被测组分从进样开始到柱后出现浓度最大值所需的时间,如图 2-3 中 $O'B$。

③ 调整保留时间(adjusted retention time)t'_R 指扣除死时间后的保留时间,如图 2-3 中 $A'B$,即

$$t'_R = t_R - t_M \tag{2-1}$$

此参数可理解为,某组分由于溶解或吸附于固定相,比不溶解或不被吸附的组分在色谱柱中多滞留的时间。

④ 死体积(dead volume)V_M 指色谱柱在填充后柱管内固定相颗粒间所剩留的空间、色谱仪中管路和连接头间的空间及检测器的空间的总和。死体积可由死时间与色谱柱出口的载气体积流量 $q_{V,0}$(mL·min^{-1})来计算,即

$$V_M = t_M q_{V,0} \tag{2-2}$$

当色谱仪管路和连接头之间的空间及检测器的空间很小时,V_M 即为色谱柱内流动相的体积。

⑤ 保留体积(retention volume)V_R 指从进样开始到柱后被测组分出现浓度最大值时所通过的载气体积,即

$$V_R = t_R q_{V,0} \tag{2-3}$$

载气流量大,保留时间相应降低,两者乘积仍为常数,因此 V_R 与载气流量无关。

⑥ 调整保留体积(adjusted retention volume)V'_R 指扣除死体积后的保留体积,即

$$V'_R = t'_R q_{V,0} \text{ 或 } V'_R = V_R - V_M \tag{2-4}$$

同样,V'_R 与载气流量无关。死体积反映了柱和仪器系统的几何特性,它与被测物的性质无关,故保留体积值中扣除死体积后将更合理地反映被测组分的保留特性。

⑦ 相对保留值(relative retention value)r_{21} 指某组分 2 的调整保留值与另一组分 1 的调整保留值之比,即

$$r_{21} = \frac{t'_{R(2)}}{t'_{R(1)}} = \frac{V'_{R(2)}}{V'_{R(1)}} \neq \frac{t_{R(2)}}{t_{R(1)}} \neq \frac{V_{R(2)}}{V_{R(1)}} \tag{2-5}$$

相对保留值的优点是,在气相色谱中,只要柱温、固定相性质不变,即使柱

径、柱长、填充情况及流动相流速有所变化，r_{21}值仍保持不变，因此它是色谱定性分析的重要参数。

r_{21}亦可用来表示固定相（色谱柱）的选择性。r_{21}值越大，相邻两组分的t'_R相差越大，分离得越好，$r_{21}=1$时，两组分不能被分离。r_{21}亦可用α表示，称为选择性因子。

（3）区域宽度（peak width）　色谱峰区域宽度是色谱流出曲线中一个重要参数。从色谱分离角度着眼，希望区域宽度越窄越好。通常度量色谱峰区域宽度有三种方法。

① 标准偏差（standard deviation）σ　即 0.607 倍峰高处色谱峰宽度的一半，如图 2-3 中 EF 的一半。

② 半峰宽度（peak width at half-height）$Y_{1/2}$　又称半宽度或区域宽度，即峰高为一半处的宽度，如图 2-3 中 GH，它与标准偏差的关系为

$$Y_{1/2}=2\sigma\sqrt{2\ln2}=2.35\sigma \tag{2-6}$$

由于 $Y_{1/2}$ 易于测量，使用方便，所以常用它表示区域宽度。

③ 峰底宽度（peak width at peak base）Y　自色谱峰两侧的转折点所作切线在基线上的截距，如图 2-3 中的 IJ 所示。它与标准偏差的关系为

$$Y=4\sigma \tag{2-7}$$

利用色谱流出曲线可以解决以下问题。
（1）根据色谱峰的位置（保留值）可以进行定性检定；
（2）根据色谱峰的面积或峰高可以进行定量测定；
（3）根据色谱峰的位置及其宽度，可以对色谱柱分离情况进行评价。

§2-2　气相色谱分析理论基础

气-固色谱分析和气-液色谱分析的基本原理

在气相色谱分析的流程中，多组分的试样是通过色谱柱而得到分离的，那么这是怎样实现的呢？

色谱柱有两种，一种是内装固定相颗粒的，称为填充柱，通常为用金属（铜或不锈钢）或玻璃制成的内径 2～6 mm，长 0.5～10 m 的 U 形或螺旋形的管柱。另一种是将固定液均匀地涂敷在毛细管的内壁，称为毛细管柱。现以填充柱为例简要说明色谱分离的原理。在填充柱内填充的固定相又有两类，即气-固色

填充柱和毛细管柱

谱分析中的固定相和气–液色谱分析中的固定相。

气–固色谱分析中的固定相是一种具有多孔性及较大表面积的吸附剂颗粒。试样由载气携带进入色谱柱时,立即被吸附剂所吸附。载气不断流过吸附剂时,吸附着的被测组分又被洗脱下来。这种洗脱下来的现象称为脱附。脱附的组分随着载气继续前进时,又可被前面的吸附剂所吸附。随着载气的流动,被测组分在吸附剂表面进行反复的物理吸附、脱附过程。由于被测物质中各个组分的结构和性质不同,它们在吸附剂上的吸附能力就不一样,较难被吸附的组分就容易被脱附,较快地移向前面。容易被吸附的组分就不易被脱附,向前移动得慢些。经过一定时间,即通过一定量的载气后,试样中的各个组分就彼此分离而先后流出色谱柱。

气–液色谱分析中的固定相是在化学惰性的固体微粒(此固体是用来支持固定液的,称为担体)表面,涂上一层高沸点有机化合物的液膜。这种高沸点有机化合物称为固定液。在气–液色谱柱内,被测物质中各组分的分离是基于各组分在固定液中溶解度的不同。当载气携带被测物质进入色谱柱,和固定液接触时,气相中的被测组分就溶解到固定液中去。载气连续流经色谱柱时,溶解在固定液中的被测组分会从固定液中挥发到气相中去。随着载气的流动,挥发到气相中的被测组分分子又会溶解在前面的固定液中。这样反复多次溶解、挥发、再溶解、再挥发。由于各组分在固定液中溶解能力不同,溶解度大的组分就较难挥发,停留在柱中的时间就长些,往前移动得就慢些。而溶解度小的组分,往前移动得快些,停留在柱中的时间就短些。经过一定时间后,各组分就彼此分离。

色谱分离原理

物质在固定相和流动相(气相)之间发生的吸附、脱附和溶解、挥发的过程,叫作分配过程。被测组分按其溶解和挥发能力(或吸附和脱附能力)的大小,以一定的比例分配在固定相和气相之间。溶解度(或吸附能力)大的组分分配到固定相的量多一些,气相中的量就少一些;溶解度(或吸附能力)小的组分分配到固定相的量少一些,气相中的量就多一些。在一定温度下,组分在两相之间分配达到平衡时的浓度比称为分配系数 K。

$$K = \frac{\text{组分在固定相中的浓度}}{\text{组分在流动相中的浓度}} = \frac{c_S}{c_M} \qquad (2-8)$$

一定温度下,各物质在两相之间的分配系数是不同的。显然,具有小的分配系数的组分,每次分配后在气相中的浓度较大,因此就较早地流出色谱柱。而分配系数大的组分,则由于每次分配后在气相中的浓度较小,因而流出色谱柱的时间较迟。当分配次数足够多时,就能将不同的组分分离开来。由此可见,气相色谱分析的分离原理是基于不同物质在两相间具有不同的分配系数。当两相做相对运动时,试样中的各组分就在两相中进行反复多次的分配,使得原来分配系数只有微小差异的各组分产生很大的分离效果,从而彼此分离开来。

由上述可见,分配系数是色谱分离的依据。在实际工作中,常应用另一表征色谱分配平衡过程的参数——分配比(partition ratio)。分配比亦称容量因子(capacity factor)或容量比(capacity ratio),以 k 表示,是指在一定温度、压力下,在两相间达到分配平衡时,组分在两相中的质量比,即

$$k = \frac{m_S}{m_M} \tag{2-9}$$

式中,m_S 为组分分配在固定相中的质量,m_M 为组分分配在流动相中的质量。它与分配系数 K 的关系为

$$K = \frac{c_S}{c_M} = \frac{m_S/MV_S}{m_M/MV_M} = k\,\frac{V_M}{V_S} = k \cdot \beta \tag{2-10}$$

式中,V_M 为色谱柱中流动相体积,即柱内固定相颗粒间的空隙体积;V_S 为色谱柱中固定相体积,对于不同类型色谱分析,V_S 有不同含意,例如,在气-液色谱分析中它为固定液体积,在气-固色谱分析中则为吸附剂表面容量。V_M 与 V_S 之比称为相比(phase ratio),以 β 表示,它反映了各种色谱柱柱型及其结构的重要特性。例如,填充柱的 β 值为 6~35,毛细管柱(见§2-8)的 β 值为 50~1 500。

由式(2-10)可得出如下结论。

(1) 分配系数是组分在两相中浓度之比,分配比则是组分在两相中质量之比。它们都与组分及固定相的热力学性质有关,并随柱温、柱压的变化而变化。

(2) 分配系数只取决于组分和两相性质,与两相体积无关。分配比不仅取决于组分和两相性质,且与相比有关,亦即组分的分配比随固定相的量而改变。

(3) 对于一给定色谱体系(分配体系),组分的分离最终取决于组分在每相中的相对量,因此分配比是衡量色谱柱对组分保留能力的重要参数。k 值越大,保留时间越长,k 值为零的组分,其保留时间即为死时间 t_M。

(4) 若流动相(载气)在柱内的线速度为 u,即一定时间里载气在柱中流动的距离(单位为 $cm \cdot s^{-1}$)。由于固定相对组分有保留作用,所以组分在柱内的线速度 u_S 将小于 u,则两速度之比称为滞留因子(retardation factor)R_S,即

$$R_S = u_S/u \tag{2-11}$$

若组分全部滞留在固定相中,其线速度 u_S 为零,$R_S = 0$;而当组分全部分配在流动相中时,其线速度 $u_S = u$,$R_S = 1$。若某组分的 $R_S = 1/3$,表明该组分在柱

内的移动速度只有流动相速度的 1/3，即组分有 $\dfrac{1}{3}$ 的概率出现在流动相中。显然 R_S 亦可用质量分数 w（对同一组分即为摩尔分数）表示，即

$$R_S = w = \frac{m_M}{m_S + m_M} = \frac{1}{1 + \dfrac{m_S}{m_M}} = \frac{1}{1+k} \qquad (2-12)$$

组分和流动相通过长度为 L 的色谱柱，所需时间分别为

$$t_R = \frac{L}{u_S} \qquad (2-13)$$

$$t_M = \frac{L}{u} \qquad (2-14)$$

由式（2-11）、式（2-12）、式（2-13）及式（2-14）可得

$$t_R = t_M(1+k) \qquad (2-15)$$

$$k = \frac{t_R - t_M}{t_M} = \frac{t_R'}{t_M} \qquad (2-16)$$

可见，k 值可根据式（2-16）由实验测得。

色谱分离的基本理论

试样在色谱柱中分离过程的基本理论包括两方面，一是试样中各组分在两相间的分配情况，这与各组分在两相间的分配系数，各物质（包括试样中组分、固定相、流动相）的分子结构和性质有关，各个色谱峰在柱后出现的时间（即保留值）反映了各组分在两相间的分配情况，它由色谱过程中的热力学因素所控制；二是各组分在色谱柱中的运动情况，这与各组分在流动相和固定相两相之间的传质阻力有关，各个色谱峰的半峰宽度就反映了各组分在色谱柱中运动的情况，这是一个动力学因素。所以在讨论色谱柱的分离效能时，必须全面考虑这两个因素。

1. 塔板理论（plate theory）

在色谱分离技术发展的初期，人们将色谱分离过程比拟作蒸馏过程，因而直接引用了处理蒸馏过程的概念、理论和方法来处理色谱过程，即将连续的色谱过程看作是许多小段平衡过程的重复。这个半经验理论把色谱柱比作一个分馏塔，这样，色谱柱可由许多假想的塔板组成（即色谱柱可分成许多个小段），在每一小段（塔板）内，一部分空间为涂在担体上的液相占据，另一部分空间充满着载气（气相），载气占据的空间称为板体积 ΔV。当欲分离的组分随载气进入色谱

柱后,就在两相间进行分配。由于载气在不停地移动,组分就在这些塔板间隔的气-液两相间不断地达到分配平衡。塔板理论假定:

(1) 在这样一小段间隔内,气相平均组成与液相平均组成可以很快地达到分配平衡。这样达到分配平衡的一小段柱长称为理论塔板高度(height equivalent to a theoretical plate) H;

(2) 载气进入色谱柱,不是连续的而是脉动式的,每次进气为一个板体积;

(3) 试样开始时都加在第 0 号塔板上,且试样沿色谱柱方向的扩散(纵向扩散)可略而不计;

(4) 分配系数在各塔板上是常数。

为简单起见,设色谱柱由 5 块塔板[$n=5$, n 为柱子的理论塔板数(number of theoretical plate)]组成,并以 r 表示塔板编号,r 等于 $0,1,2,\cdots,n-1$,某组分的分配比 $k=1$,则根据上述假定,在色谱分离过程中该组分的分布可计算如下。

开始时,若有单位质量,即 $m=1$(1 mg 或 1 μg)的该组分加到第 0 号塔板上,分配达平衡后,由于 $k=1$,即 $m_S=m_M$,故 $m_S=m_M=0.5$。

当一个板体积($1\Delta V$)的载气以脉动形式进入 0 号板时,就将气相中含有 m_M 部分组分的载气顶到 1 号板上,此时 0 号板液相中 m_S 部分组分及 1 号板气相中的 m_M 部分组分,将各自在两相间重新分配,故 0 号板上所含组分总量为 0.5,其中气-液两相各为 0.25;而 1 号板上所含总量同样为 0.5,气-液两相亦各为 0.25。

以后,每当一个新的板体积载气以脉动式进入色谱柱时,上述过程就重复一次,如下所示:

塔板号 r		0	1	2	3
进样	$\begin{cases} m_M \\ m_S \end{cases}$	$\dfrac{0.5}{0.5}$			
进气 $1\Delta V$	$\begin{cases} m_M \\ m_S \end{cases}$	$\dfrac{0.25}{0.25}$	$\dfrac{0.25}{0.25}$		
进气 $2\Delta V$	$\begin{cases} m_M \\ m_S \end{cases}$	$\dfrac{0.125}{0.125}$	$\dfrac{0.125+0.125}{0.125+0.125}$	$\dfrac{0.125}{0.125}$	
进气 $3\Delta V$	$\begin{cases} m_M \\ m_S \end{cases}$	$\dfrac{0.063}{0.063}$	$\dfrac{0.063+0.125}{0.125+0.063}$	$\dfrac{0.125+0.063}{0.063+0.125}$	$\dfrac{0.063}{0.063}$

按上述分配过程,对于 $n=5$, $k=1$, $m=1$ 的体系,随着脉动形式进入柱中的载气的增加,组分分布在柱内任一板上的总量(气相、液相总质量)见表2-1。由表中数据可见,当 $\Delta V=5$ 时,即 5 个板体积的载气进入柱子后,组分就开始在柱出口出现,进入检测器产生信号(见图 2-4,图中纵坐标 x 为组分在柱口出现的质量分数)。

表 2-1 组分在 $n=5, k=1, m=1$ 柱内任一板上分配表

载气板体积数 ΔV	r					柱出口
	0	1	2	3	4	
0	1	0	0	0	0	0
1	0.5	0.5	0	0	0	0
2	0.25	0.5	0.25	0	0	0
3	0.125	0.375	0.375	0.125	0	0
4	0.063	0.25	0.375	0.25	0.063	0
5	0.032	0.157	0.313	0.313	0.157	0.032
6	0.016	0.095	0.235	0.313	0.235	0.079
7	0.008	0.056	0.164	0.274	0.274	0.118
8	0.004	0.032	0.110	0.219	0.274	0.137
9	0.002	0.018	0.071	0.164	0.247	0.137
10	0.001	0.010	0.044	0.118	0.206	0.123
11	0	0.005	0.027	0.081	0.162	0.103
12	0	0.002	0.016	0.054	0.121	0.081
13	0	0.001	0.009	0.035	0.088	0.061
14	0	0	0.005	0.022	0.062	0.044
15	0	0	0.002	0.014	0.042	0.031
16	0	0	0.001	0.008	0.028	0.021

　　由图 2-4 可以看出,组分从具有 5 块塔板的柱中冲洗出来的最大浓度是在载气板体积数为 8 和 9 时。流出曲线呈峰形但不对称。这是由于柱子的塔板数太少的缘故。当 $n>50$ 时,就可以得到对称的峰形曲线。在气相色谱中,n 值是很大的,为 $10^3 \sim 10^6$,因而这时的流出曲线可趋近于正态分布曲线。若图 2-4 中,以时间 t 代替载气体积 ΔV 作横坐标,则流出曲线可由下式表示:

$$c = \frac{c_0}{\sigma \sqrt{2\pi}} e^{-\frac{(t-t_R)^2}{2\sigma^2}} \quad (2-17)$$

式中,c_0 为进样浓度,t_R 为保留时间,σ

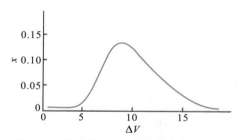

图 2-4 组分从 $n=5$ 柱中流出曲线图

为标准偏差，c 为时间 t 时在柱出口的浓度。此式称为流出曲线方程式。其中，

$$\sigma = \frac{t_R}{\sqrt{n}}$$

以上讨论了单一组分在色谱柱中的分配过程。若试样为多组分混合物，则经过很多次的分配平衡后，如果各组分的分配系数有差异，则在柱出口处出现最大浓度时所需的载气板体积数亦将不同。由于色谱柱的塔板数相当多，因此分配系数有微小差异时，仍可获得好的分离效果。

由塔板理论可导出 n 与色谱峰半峰宽度或峰底宽度的关系，即

$$n = 5.54 \left(\frac{t_R}{Y_{1/2}}\right)^2 = 16 \left(\frac{t_R}{Y}\right)^2 \tag{2-18}$$

而

$$H = \frac{L}{n} \tag{2-19}$$

理论塔板数 n 计算式的推导

式中，L 为色谱柱的长度，t_R 及 $Y_{1/2}$ 或 Y 用同一物理量的单位（时间或距离的单位）。由式(2-18)及式(2-19)可见，色谱峰越窄，塔板数 n 越多，理论塔板高度 H 就越小，此时柱效能越高，因而 n 或 H 可作为描述柱效能的一个指标。

由于死时间 t_M（或死体积 V_M）的存在，且它包括在 t_R 中，而 t_M（或 V_M）不参加柱内的分配，所以有时尽管计算出来的 n 很大，H 很小，但色谱柱表现出来的实际分离效能却并不好，特别是对流出色谱柱较早(t_R 较小)的组分更为突出。因而理论塔板数 n 和理论塔板高度 H 并不能真实反映色谱柱柱效能的好坏。因此提出了将 t_M 除外的有效塔板数(effective plate number)$n_{有效}$ 和有效塔板高度(effective plate height)$H_{有效}$ 作为柱效能指标。其计算式为

$$n_{有效} = 5.54 \left(\frac{t_R'}{Y_{1/2}}\right)^2 = 16 \left(\frac{t_R'}{Y}\right)^2 \tag{2-20}$$

$$H_{有效} = \frac{L}{n_{有效}} \tag{2-21}$$

有效塔板数和有效塔板高度消除了死时间的影响，因而能较为真实地反映柱效能的好坏。应该注意，同一色谱柱对不同物质的柱效能是不一样的，当用这些指标表示柱效能时，必须说明这是对什么物质而言的。

色谱柱的塔板数越大，表示组分在色谱柱中达到分配平衡的次数越多，固定相的作用越显著，因而对分离越有利。但还不能预言并确定各组分是否有被分离的可能，因为分离的可能性取决于试样混合物在固定相中分配系数的差别，而不是取决于分配次数的多少，因此不应把 $n_{有效}$ 看作有无实现分离可能的依据，

而只能把它看作是在一定条件下柱分离能力发挥程度的标志。

塔板理论在解释流出曲线的形状(呈正态分布)、浓度极大点的位置及计算评价柱效能等方面都取得了成功。但是它的某些基本假设是不恰当的,例如,纵向扩散是不能忽略的,分配系数与浓度无关只在有限的浓度范围内成立,而且色谱体系几乎没有真正的平衡状态。因此塔板理论不能解释塔板高度是受哪些因素影响这个本质问题,也不能解释为什么在不同载气流量(q_V)下可以测得不同的理论塔板数这一实验事实(图 2-5)。尽管如此,由于以 n 或 H 作为柱效能指标很直观,因而迄今仍为色谱工作者所接受。

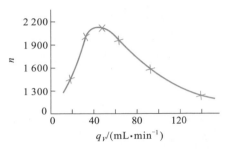

图 2-5　载气流量对塔板数的影响

2. 速率理论(rate theory)

1956 年荷兰学者范第姆特(van Deemter)等提出了色谱过程的动力学理论,他们吸收了塔板理论的概念,并把影响塔板高度的动力学因素结合进去,导出了塔板高度 H 与载气流速,即线速度 u 的关系:

$$H = A + \frac{B}{u} + Cu \tag{2-22}$$

式中,A,B,C 为三个常数,其中 A 称为涡流扩散项(eddy diffusion term),B 为分子扩散(molecular diffusion)系数,C 为传质阻力(resistance to mass transfer)系数。式(2-22)即为范第姆特方程的简化式。由此式可见,影响 H 的三项因素为涡流扩散项、分子扩散项和传质阻力项。在 u 一定时,只有 A,B,C 较小时,H 才能较小,柱效才能较高,反之则柱效较低,色谱峰将展宽。

下面分别讨论各项的意义。

(1) 涡流扩散项 A　气体碰到填充物颗粒时,不断地改变流动方向,使试样组分在气相中形成类似"涡流"的流动,导致组分分子在色谱柱中所走的路径长短不一,因而引起色谱峰的扩张。由于 $A = 2\lambda d_p$,表明 A 与填充物的平均直径 d_p(单位为 cm)的大小和填充的不均匀性 λ 有关,而与载气性质、线速度和组分无关,因此使用适当细粒度和颗粒均匀的担体,并尽量填充均匀,是减少涡流扩散,提高柱效的有效途径。对于空心毛细管柱,A 项为零。

涡流扩散项

(2) 分子扩散项 B/u[或称纵向扩散项(longitudinal diffusion term)]　由于试样组分被载气带入色谱柱后,是以"塞子"的形式存在于柱的很小一段空间中,在"塞子"的前后(纵向)存在着浓差而形成浓度梯度,因此使运动着的分子产生纵向扩散。分子扩散项系数为

分子扩散项

$$B = 2\gamma D_g \tag{2-23}$$

式中，γ 为因固定相填充在柱内而引起气体扩散路径弯曲的因数（弯曲因子），D_g 为组分在气相中的扩散系数（单位 $cm^2 \cdot s^{-1}$）。

纵向扩散与组分在柱内的保留时间有关，保留时间越长（相应于载气线速度小），分子扩散项对色谱峰扩张的影响就越显著。分子扩散项还与组分在载气流中的分子扩散系数 D_g 的大小成正比，而 D_g 与组分及载气的性质有关。相对分子质量大的组分，其 D_g 小；D_g 反比于载气密度的平方根或载气相对分子质量的平方根，所以采用相对分子质量较大的载气（如氮气），可使 B 项降低；D_g 随着柱温增高而增加，但反比于柱压。

弯曲因子 γ 为与填充物有关的因素。它的物理意义可理解为由于固定相颗粒的存在，使分子不能自由扩散，从而使扩散程度降低。若组分通过空心毛细管柱，由于没有填充物的阻碍，扩散程度最大，$\gamma=1$；在填充柱中，由于填充物的阻碍，使扩散路径弯曲，扩散程度降低，$\gamma<1$。对于硅藻土担体，$\gamma=0.5 \sim 0.7$。因此填充柱的分子扩散比空心柱的小。γ 与前述 A 项中的 λ 虽同样是与填充物有关的因素，但两者是有区别的。γ 是指因填充物的存在，造成扩散阻碍而引入的校正系数；λ 则是指填充物的不均匀性造成路径的不同。可以设想，填充物填充得很均匀时，λ 可显著降低，而扩散阻碍并不会显著减小。

（3）传质阻力项 Cu　系数 C 包括气相传质阻力系数 C_g 和液相传质阻力系数 C_l 两项。所谓气相传质过程是指试样组分从气相移动到固定相表面的过程，在这一过程中试样组分将在两相间进行质量交换，即进行浓度分配。未发生质量交换的组分分子随载气不断向柱出口运动，而发生质量交换的组分分子因传质过程需要花费时间而运动滞后，如同受到阻力一样。因此，气相传质过程若进行缓慢，表示气相传质阻力大，组分分子在柱中移动速度就有快有慢，从而引起色谱峰扩张，对于填充柱

$$C_g = \frac{0.01\,k^2}{(1+k)^2} \cdot \frac{d_p^2}{D_g} \tag{2-24}$$

式中，k 为容量因子。由上式可见，气相传质阻力与填充物粒度的平方成正比，与组分在载气流中的扩散系数成反比。因此采用粒度小的填充物和相对分子质量小的气体（如氢气）作载气可使 C_g 减小，提高柱效。

所谓液相传质过程是指试样组分从固定相的气-液界面移动到液相内部，并发生质量交换，达到分配平衡，然后又返回气-液界面的传质过程。这个过程也需要一定时间，在此时间内，气相中组分的其他分子仍随载气不断地向柱口运动，这也造成峰形的扩张。液相传质阻力系数 C_l 为

传质阻力项

$$C_1 = \frac{2}{3} \cdot \frac{k}{(1+k)^2} \cdot \frac{d_f^2}{D_1} \tag{2-25}$$

因此固定相的液膜厚度 d_f 薄,组分在液相的扩散系数 D_1 大,则液相传质阻力就小。

对于填充柱,固定液含量较高(早期固定液含量一般为 20%～30%)。中等流速时,塔板高度的主要控制因素是液相传质项,而气相传质项数值很小,可以忽略。而在用低固定液含量柱、高载气流速进行分析时,C_g 对 H 的影响,不但不能忽略,甚至会成为主要控制因素。

传质阻力也是影响色谱分析速度的主要因素,传质阻力小,意味着达到分配平衡所需时间少,组分在柱中的滞留时间短,出峰快。另一方面,由于 C 减小,可以使用更高的载气线速度 u 而不至于过多地降低柱效。近年来发展迅速的快速色谱正是从这一角度出发设计的。

将常数项的关系式代入简化式(2-22)得

$$H = 2\lambda d_p + \frac{2\gamma D_g}{u} + \left[\frac{0.01k^2}{(1+k)^2} \cdot \frac{d_p^2}{D_g} + \frac{2}{3} \cdot \frac{k}{(1+k)^2} \cdot \frac{d_f^2}{D_1} \right] u \tag{2-26}$$

由上述讨论可见,范第姆特方程对于分离条件的选择具有指导意义。它可以说明,填充均匀程度、担体粒度、载气种类、载气流速、柱温、固定相液膜厚度等对柱效、峰扩张的影响。

§2-3 色谱分离条件的选择

分离度(resolution)

一个混合物能否为色谱柱所分离,取决于固定相与混合物中各组分分子间的相互作用的大小是否有区别。但在色谱分离过程中各种操作因素的选择是否合适,对于实现分离的可能性也有很大影响。因此在色谱分离过程中,不但要根据所分离的对象选择适当的固定相,使其中各组分有可能被分离,而且还要创造一定的条件,使这种可能性得以实现,并达到最佳的分离效果。

两个组分怎样才算达到完全分离?首先是两组分的色谱峰之间的距离必须相差足够大,若两峰间有一定距离,但每一个峰却很宽,致使彼此重叠,如图 2-6(a)的情况,则两组分仍无法完全分离,所以第二是峰必须窄。只有同时满足这两个条件时,两组分才能完全分离,如图 2-6(b)所示。

为判断相邻两组分在色谱柱中的分离情况,可用分离度 R 作为色谱柱的分离效能指标。其定义为

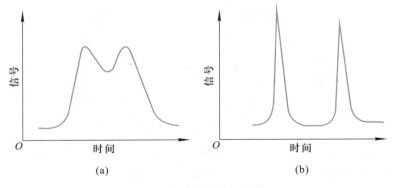

图 2-6 色谱分离的两种情况

$$R = \frac{t_{R(2)} - t_{R(1)}}{\frac{1}{2}(Y_1 + Y_2)} \qquad (2-27)$$

式中，$t_{R(1)}$ 和 $t_{R(2)}$ 分别为两组分的保留时间（也可采用调整保留时间），Y_1 和 Y_2 为相应组分的色谱峰的峰底宽度，与保留值单位相同。R 值越大，就意味着相邻两组分分离得越好。两组分保留值的差别，主要取决于固定液的热力学性质；色谱峰的宽窄则反映了色谱过程的动力学因素，柱效能高低。因此，分离度是柱效能、选择性影响因素的总和，故可用其作为色谱柱的总分离效能指标(over-all resolution efficiency)。

从理论上可以证明，若两组峰高相近，峰形对称且满足于正态分布，则当 $R = 1$ 时，分离程度可达 98%；当 $R = 1.5$ 时，分离程度可达 99.7%。因而可用 $R = 1.5$ 来作为相邻两峰已完全分开的标志。

当两组分的色谱峰分离较差，峰底宽度难于测量时，可用半峰宽代替峰底宽度，并用下式表示分离度：

$$R' = \frac{t_{R(2)} - t_{R(1)}}{\frac{1}{2}(Y_{1/2(1)} + Y_{1/2(2)})} \qquad (2-28)$$

R' 与 R 的物理意义是一致的，但数值不同，$R = 0.59R'$，应用时要注意所采用的分离度的计算方法。

色谱分离基本方程

色谱分析中，对于多组分混合物的分离分析，在选择合适的固定相及实验条件时，主要针对其中难分离物质对来进行，这就是说要抓主要矛盾。对于难分离物质对，由于它们的保留值差别小，可认为 $Y_1 = Y_2 = Y$，$k_1 \approx k_2 = k$。由式

色谱分离基本方程的推导

(2-18)得

$$\frac{1}{Y} = \frac{\sqrt{n}}{4} \cdot \frac{1}{t_R}$$

将上式及式(2-15)代入式(2-27),整理后可得

$$R = \frac{1}{4}\sqrt{n} \cdot \left(\frac{\alpha-1}{\alpha}\right) \cdot \left(\frac{k}{1+k}\right) \qquad (2-29)$$

式(2-29)称色谱分离基本方程,它表明 R 随体系的热力学性质(选择性因子 α 和分配比 k)的改变而变化,也与色谱柱条件(影响 n)的改变有关。若将式(2-18)除以式(2-20),并将式(2-15)代入,可得 n 与 $n_{有效}$(有效塔板数)的关系式:

$$n = \left(\frac{1+k}{k}\right)^2 \cdot n_{有效} \qquad (2-30)$$

将式(2-30)代入式(2-29),则可得用有效塔板数表示的色谱分离基本方程:

$$R = \frac{1}{4}\sqrt{n_{有效}} \cdot \left(\frac{\alpha-1}{\alpha}\right) \qquad (2-31)$$

1. 分离度与柱效的关系(柱效因子)

分离度与 n 的平方根成正比。当固定相确定,亦即被分离物质对的 α 确定后,欲使达到一定的分离度,将取决于 n。增加柱长可改进分离度,但增加柱长使各组分的保留时间增长,延长了分析时间并使峰产生扩展,因此在达到一定的分离度条件下应使用短一些的色谱柱。除增加柱长外,增加 n 值的另一办法是减小柱的 H 值,这意味着应制备一根性能优良的柱子,并在最优化条件下进行操作。

2. 分离度与容量比的关系(容量因子)

k 值大一些对分离有利,但并非越大越有利。观察表 2-2 数据,可见 $k>10$ 时,$k/(k+1)$ 的改变不大,对 R 的改进不明显,反而使分析时间大为延长。因此 k 值的最佳范围是 $1<k<10$,在此范围内,既可得到大的 R 值,亦可使分析时间不至过长。使峰的扩展不会太严重而对检测产生影响。

表 2-2 k 值对 $k/(k+1)$ 的影响

k	0.5	1.0	3.0	5.0	8.0	10	30	50
$k/(k+1)$	0.33	0.50	0.75	0.83	0.89	0.91	0.97	0.98

使 k 改变的方法有改变柱温和改变相比。前者通过影响分配系数而使 k 改变;改变相比包括改变固定相量 V_S 及柱的死体积 V_M[见式(2-10)]。当组分

的保留值较小时,$k/(1+k)$随V_M增加而急剧下降,导致达到相同的分离度所需n值大为增加。由此可见,使用死体积大的柱子,分离度会受到大的损失。采用细颗粒固定相,填充得紧密而均匀,可使柱死体积降低。

3. 分离度与柱选择性的关系(选择因子)

α是柱选择性的量度,α越大,柱选择性越好,分离效果越好。在实际工作中,可由一定的α值和所要求的分离度,用式(2-31)计算柱子所需的有效塔板数。表2-3列出了根据式(2-31)计算得到的一些结果。这些结果表明,分离度从1.0增加至1.5,对应于各α值所需的有效塔板数大致增加一倍。

表 2-3 在给定的 α 值下,获得所需分离度对柱有效塔板数的要求

α	$n_{有效}$	
	$R=1.0$	$R=1.5$
1.00	∞	∞
1.005	650 000	1 450 000
1.01	163 000	367 000
1.02	42 000	94 000
1.05	7 100	16 000
1.07	3 700	8 400
1.10	1 900	4 400
1.15	940	2 100
1.25	400	900
1.50	140	320
2.0	65	145

从表2-3还可看出,大的α值可在有效塔板数小的色谱柱上实现分离。例如,当α值为1.25时,获得分离度为1.0的色谱柱的有效塔板数为400,只要把α值增至1.50,在此柱上的分离度就可增大到1.5以上。因此,增大α值是提高分离度的有效办法。

当α值为1.00时,分离所需的有效塔板数为无穷大,故分离不能实现。在α值相当小的情况下,特别是$\alpha<1.10$时,实现分离所需的有效塔板数很大,此时首要的任务应当是增大α值。如果两相邻峰的α值已经足够大,即使色谱柱的有效塔板数较小,分离亦可顺利的实现。

增加α值有效的方法之一是通过改变固定相,使组分的分配系数有较大差别。柱温对α值也有一定影响。

应用上述同样的处理方法可将分离度、柱效和选择性参数联系起来。由式

(2-31)可得

$$n_{\text{有效}} = 16R^2 \left(\frac{\alpha}{\alpha-1} \right)^2 \tag{2-32}$$

$$L = 16R^2 \left(\frac{\alpha}{\alpha-1} \right)^2 \cdot H_{\text{有效}} \tag{2-33}$$

因而只要已知两个指标,就可估算出第三个指标。

例如,假设有一物质对,其 $\alpha = 1.15$,要在填充柱上得到完全分离($R \approx 1.5$),所需有效塔板数为

$$n_{\text{有效}} = 16 \times 1.5^2 \times \left(\frac{1.15}{1.15-1} \right)^2 = 2\,116$$

若用普通柱,一般的有效塔板高度为 0.1 cm,所需柱长度应为

$$L = 2\,116 \times 0.1 \text{ cm} \approx 2 \text{ m}$$

分离操作条件的选择

1. 载气及其流速的选择

对一定的色谱柱和试样,有个最佳的载气线速度,此时柱效最高,根据式(2-22)

$$H = A + \frac{B}{u} + Cu$$

用在不同载气线速度下测得的塔板高度 H 对载气流速 u 作图,得 H-u 曲线图(图 2-7)。在曲线的最低点,塔板高度 H 最小($H_{\text{最小}}$)。此时柱效最高,该点对应的载气流速即为最佳流速 $u_{\text{最佳}}$,$u_{\text{最佳}}$ 及 $H_{\text{最小}}$ 可由式(2-22)微分求得,即

$$\frac{\mathrm{d}H}{\mathrm{d}u} = -\frac{B}{u^2} + C = 0$$

$$u_{\text{最佳}} = \sqrt{\frac{B}{C}} \tag{2-34}$$

将式(2-34)代入式(2-22)得

$$H_{\text{最小}} = A + 2\sqrt{BC} \tag{2-35}$$

在实际工作中,为了缩短分析时间,往往使流速稍高于最佳流速。

从式(2-22)及图 2-7 可见,当载气

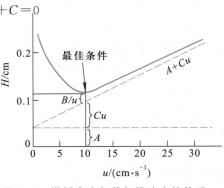

图 2-7　塔板高度与载气线速度的关系

流速较小时,分子扩散项(B项)就成为色谱峰扩张的主要因素,此时应采用相对分子质量较大的载气(N_2,Ar),使组分在载气中有较小的扩散系数。而当载气流速较大时,传质项(C项)为控制因素,宜采用相对分子质量较小的载气(H_2,He),此时组分在载气中有较大的扩散系数,可减小气相传质阻力,提高柱效。选择载气时还应考虑对不同检测器的适应性(见§2-5)。

对于填充柱,N_2的最佳实用流速为 10~12 cm·s^{-1},H_2 为 15~20 cm·s^{-1}。在仪器操作中,通常载气的流速习惯上用柱前的体积流量(mL·min^{-1})来表示,也可通过皂膜流量计在柱后进行测定。若色谱柱内径为 3 mm,N_2的流量一般为 15~25 mL·min^{-1},H_2的流量为 30~40 mL·min^{-1}。

2. 柱温的选择

柱温是一个重要的操作参数,直接影响分离效能和分析速度。首先要考虑到每种固定液都有一定的使用温度。柱温不能高于固定液的最高使用温度,否则固定液会挥发流失。

柱温对组分分离的影响较大,提高柱温使各组分的挥发靠拢,不利于分离,所以,从分离的角度考虑,宜采用较低的柱温。但柱温太低,被测组分在两相中的扩散速率大为减小,分配不能迅速达到平衡,峰形变宽,柱效下降,并延长了分析时间。选择的原则是,在使最难分离的组分能尽可能好的分离的前提下,采取较低的柱温,但以保留时间适宜,峰形对称为度。具体操作条件的选择应根据实际情况而定。

对于高沸点混合物(300~400 ℃),希望在较低的柱温下(低于其沸点 100~200 ℃)分析。为了改善液相传质速率,可用低固定液含量(质量分数 1%~3%)的色谱柱,使液膜薄一些,但允许最大进样量减小,因此需采用高灵敏度检测器。

对于沸点不太高的混合物(200~300 ℃),可在中等柱温下操作,固定液质量分数为 5%~10%,柱温比其平均沸点低 100 ℃。

对于沸点在 100~200 ℃ 的混合物,柱温可选在其平均沸点 2/3 左右,固定液质量分数为 10%~15%。

对于气体、气态烃等低沸点混合物,柱温选在其沸点或沸点以上,以便能在室温或 50 ℃ 以下分析。固定液质量分数一般在 15%~25%,或采用吸附剂作固定相。

对于沸点范围较宽的试样,宜采用程序升温(programmed temperature),即柱温按预定的加热速率,随时间的增长呈线性或非线性的增加。柱温一般呈线性升高,即单位时间内温度上升的速率是恒定的,例如,每分钟 2 ℃,4 ℃,6 ℃,等等。在较低的初始温度下,沸点较低的组分,即最早流出的峰可以得到良好的分离。随柱温增加,较高沸点的组分也能较快地流出,并和低沸点组分一样也能得到分离良好的尖峰。图 2-8 为宽沸程试样在恒定柱温及程序升温时的分离结果比较。图 2-8(a)为柱温(t_c)恒定于 45 ℃时的分离结果,此时只有五个组分流出色谱柱,但低沸点组分分离良好;图 2-8(b)为柱温恒定于 120 ℃时的分离情况,因柱温升高,保留时间缩短,低沸点组分峰密集,分离不好;图 2-8(c)为程序升温时的分离情况,从 30 ℃起始,升温速率为 5 ℃·min^{-1},低沸点及高沸点组分都能在各自适宜的温度下得到良好的分离。

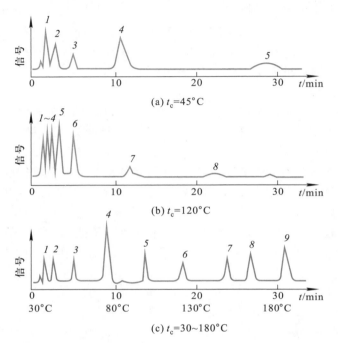

图 2-8 宽沸程试样在恒定柱温及程序升温时的分离结果比较

1—丙烷(−42 ℃);2—丁烷(−0.5 ℃);3—戊烷(36 ℃);4—己烷(68 ℃);5—庚烷(98 ℃);
6—辛烷(126 ℃);7—溴仿(150.5 ℃);8—间氯甲苯(161.6 ℃);9—间溴甲苯(183 ℃)

3. 固定液的性质和用量

固定液的性质对分离是起决定作用的。有关这一问题将在§2-4 中详细讨论。在这里讨论一下固定液的用量问题。一般来说,担体的表面积越大,固定液用量可以越高,允许的进样量也就越多。但从式(2-25)可见,为了改善液相传质,应使液膜薄一些。固定液液膜薄,柱效能提高,并可缩短分析时间。但固定液用量太低,液膜越薄,允许的进样量也就越少。因此固定液的用量要根据具体情况决定。

固定液的配比(指固定液与担体的质量比)一般用 5:100 到 25:100,也有低于 5:100 的。不同的担体为要达到较高的柱效能,其固定液的配比往往不同。一般来说,担体的表面积越大,固定液的含量可以越高。

4. 担体的性质和粒度

担体的表面结构和孔径分布决定了固定液在担体上的分布及液相传质和纵向扩散的情况。要求担体表面积大,表面和孔径分布均匀。这样,固定液涂在担体表面上成为均匀的薄膜,液相传质就快,就可提高柱效。对担体粒度要求均匀、细小,这样有利于提高柱效。但粒度过细,阻力过大,使柱压降增大,对操作不利。对 3~6 mm 内径的色谱柱,使用 80~100 目的担体较为合适。

5. 进样时间和进样

进样速度必须很快,一般用注射器或进样阀进样时,进样时间都在 1 s 以内。若进样时间过长,试样原始宽度变大,半峰宽必将变宽,甚至使峰变形。进样量一般是比较少的。液体试样一般进样 0.1~5 μL。气体试样 0.1~10 mL。

进样量太多会导致超载,使几个峰叠在一起,或峰形变差,分离不好。但进样量太少,又会使含量少的组分因检测器灵敏度不够而不出峰。最大允许的进样量,应控制在使半峰宽基本不变,且峰面积或峰高与进样量呈线性关系的范围内。

6. 汽化温度

进样后要有足够的汽化温度,使液体试样迅速汽化后被载气带入柱中。在保证试样不分解的情况下,适当提高汽化温度对分离及定量有利,尤其当进样量大时更是如此。一般选择汽化温度比柱温高 30~70 ℃。

§2-4　固定相及其选择

在气相色谱分析中,某一多组分混合物中各组分能否完全分离开,主要取决于色谱柱的效能和选择性,后者在很大程度上取决于固定相选择是否适当,因此选择适当的固定相就成为色谱分析中的关键问题。

气-固色谱固定相

在气相色谱分析中,气-液色谱法的应用范围广,选择性好,但在分离常温下的气体及气态烃类时,由于气体在一般固定液中溶解度甚小,所以分离效果并不好。若采用吸附剂作固定相,由于其对气体的吸附性能常有差别,因此往往可取得满意的分离效果。

在气-固色谱法中作为固定相的吸附剂,常用的有非极性的活性炭、弱极性的氧化铝、强极性的硅胶等。它们对各种气体吸附能力的强弱不同,因而可根据分析对象选用。一些常用的吸附剂及其一般用途列于表 2-4 中。由于吸附剂种类不多,不是同批制备的吸附剂的性能往往有差异,且进样量稍多时色谱峰就不对称,有拖尾现象等。近年来,通过对吸附剂表面进行物理化学改性,研制出表面结构均匀的吸附剂(如石墨化炭黑、碳分子筛等),不但使极性化合物的色谱峰不致拖尾,而且可以成功地分离一些顺、反式空间异构体。

表 2-4　气-固色谱法常用的几种吸附剂及其性能

吸附剂	主要化学成分和制备方法	最高使用温度 ℃	性质	分离特征	常用商品牌号
碳分子筛	聚偏二氯乙烯高温热解灼烧后得到的残留物,C	<500	非极性	分离永久性气体、低沸点烃类、低沸点极性化合物	Carboxen Carbosieve TDX
石墨化炭黑	炭黑在惰性气体中于 2 500~3 000 ℃ 煅烧而成,为结晶型 C	<500	非极性	分离几何结构和极化率有差异的物质、醇、酮、酸、酚、胺、硫化物等	Carbopark Carbograph
硅胶	以硅酸或硅酸酯类为起始原料合成得到,$SiO_2 \cdot xH_2O$	<400	氢键型	分离永久性气体及低级烃	Porasil Chromosil Spherosil
氧化铝	常用的为 γ 型 Al_2O_3	<400	弱极性	分离烃类及有机异构物,在低温下可分离氢的同位素	氧化铝 Alumina
分子筛	人工合成的硅铝酸盐,$x(MO) \cdot y(Al_2O_3) \cdot z(SiO_2) \cdot nH_2O$	<400	极性	特别适用于永久性气体和惰性气体的分离	Zeolit Davison Linde
多孔聚合物	多孔共聚物	见表 2-5	聚合时原料不同,极性不同	见表 2-5	GDX Chromosorb Porapak

高分子多孔微球(国产商品牌号为 GDX)是以苯乙烯和二乙烯基苯作为单体,经悬浮共聚所得的交联多孔聚合物,是一种应用日益广泛的气-固色谱固定相。例如,有机化合物或气体中水的含量测定,若应用气-液色谱柱,由于试样中含水会给固定液、担体的选择带来麻烦与限制;若采用吸附剂作固定相,由于水的

吸附系数很大,以至于无法进行分析;而采用高分子多孔微球固定相,由于多孔聚合物和羟基化合物的亲和力极小,且基本按相对分子质量顺序分离,故相对分子质量较小的水分子可在一般有机化合物之前出峰,峰形对称,特别适于分析试样中的痕量水含量,也可用于多元醇、脂肪酸、腈类等强极性物质的测定。由于这类多孔微球具有耐腐蚀和耐辐射性能,可用以分析如 HCl,Cl_2,SO_2 等腐蚀性气体等。高分子多孔微球随共聚体的化学组成和共聚后的物理性质不同,分为不同的商品牌号,具有不同的极性及应用范围(表 2-5)。该固定相除应用于气-固色谱外,又可作为担体涂上固定液后使用。

表 2-5　国内外高分子多孔微球性能比较

来源	牌号	化学组成	极性	温度上限/ ℃	分离特征
国内产品	GDX—101	二乙烯苯交联共聚	非极性	270	气体及低沸点化合物
	GDX—201	二乙烯苯交联共聚	非极性	270	高沸点化合物
	GDX—301	二乙烯苯,三氯乙烯共聚	弱极性	250	乙炔,氯化氢
	GDX—401	二乙烯苯,含氮杂环共聚	中极性	250	氯化氢中微量水
	GDX—501	二乙烯苯,含氮极性有机物共聚	中强极性	270	C_4 烯烃异构体
	GDX—601	含强极性基团的二乙烯苯共聚	强极性	200	分析环己烷,苯
国外产品	Porapak—P	苯乙烯,乙基苯乙烯,二乙烯苯共聚	弱极性	250	乙烯与乙炔
	Porapak—P—S	Porapak—P硅烷化	弱极性	250	乙烯与乙炔
	Porapak—Q	乙基苯乙烯,二乙烯苯共聚	非极性	250	正丙醇与叔丁醇
	Porapak—Q—S	Porapak—Q硅烷化	非极性	250	正丙醇与叔丁醇
	Porapak—R	苯乙烯,二乙烯苯及极性单体共聚	中极性	250	正丙醇与叔丁醇
	Porapak—S	同上	中强极性	300	极性气体,醇类
	Porapak—N	同上	中极性	200	甲醛水溶液
	Porapak—T	同上	强极性	200	极性气体,醇类

气-液色谱固定相

1. 担体

担体(载体)应是一种化学惰性、多孔性的固体颗粒,它的作用是提供一个大的惰性表面,用以承担固定液,使固定液以薄膜状态分布在其表面上。对担体有以下几点要求。

(1)表面应是化学惰性的,即表面没有吸附性或吸附性很弱,更不能与被测物质起化学反应。

(2)多孔性,即表面积较大,使固定液与试样的接触面较大。

(3)热稳定性好,有一定的机械强度,不易破碎。

(4)担体粒度均匀、细小,有利于提高柱效。但颗粒过细,使柱压降增大,对操作不利。一般选用 60~80 目或 80~100 目等。

气-液色谱中所用担体可分为硅藻土型和非硅藻土型两类。常用的是硅藻土型担体,它又可分为红色担体和白色担体两种。它们都是天然硅藻土经煅烧而成,所不同的是白色担体在煅烧前在硅藻土原料中加入少量助熔剂,如碳酸钠。这两种硅藻土担体的化学组成和内部结构基本相似,但它们的表面结构却不相同。

红色担体(如 6201 红色担体、201 红色担体、Chromosorb P 等)表面孔穴密集,孔径较小,表面积大(比表面积为 $4.0\ \text{m}^2 \cdot \text{g}^{-1}$),平均孔径为 $1\ \mu\text{m}$。由于表面积大,涂固定液量多,在同样大小的柱中分离效率就比较高。此外,由于结构紧密,因而机械强度较好。缺点是表面有吸附活性中心。如与非极性固定液配合使用,影响不大,分析非极性试样时的效果也较好。然而与极性固定液配合使用时,可能会造成固定液分布不均匀,从而影响柱效,故一般适用于分析非极性或弱极性物质。

白色担体(如 101 白色担体、Chromosorb W 等)则与之相反,由于在煅烧时加入了助熔剂,成为较大的疏松颗粒,其机械强度不如红色担体。表面孔径较大,为 $8\sim9\ \mu\text{m}$,表面积较小,只有 $1.0\ \text{m}^2 \cdot \text{g}^{-1}$。但表面极性中心显著减少,吸附性小,故一般用于分析极性物质。

硅藻土型担体表面含相当数目的硅醇基 —Si—OH 及 Al—O—,

Fe—O— 等基团,具有细孔结构,并呈现不同的 pH,故担体表面既有吸附活性,又有催化活性。如涂上极性固定液,会造成固定液分布不均匀。分析极性试样时,由于与活性中心的相互作用,会造成色谱峰的拖尾。而在分析萜烯、二烯、含氮杂环化物、氨基酸衍生物等化学活泼的试样时,有可能发生化学变化和不可逆吸附。因此在分析这些试样时,担体需加以钝化处理,以改进担体孔隙结构,屏蔽活性中心,提高柱效率。处理方法可用酸洗、碱洗、硅烷化(silanization)等。

担体的钝化
处理方法

非硅藻土型担体有氟担体、玻璃微球担体和高分子多孔微球等。

担体的选择往往对色谱分离有较大影响。例如,分析试样中含有 10^{-9} g•μL^{-1} 的 4 种有机磷农药,若用未处理的白色担体,涂 3%OV-1 固定液则不出峰;用硅烷化白色担体,出 3 个峰,柱效很低;用酸洗 DMCS(二甲基二氯硅烷)硅烷化的担体,出 4 个峰,且柱效很高。但若固定液质量分数在 10% 左右,进行常量分析,则未处理的白色担体效果也很好。选择担体的大致原则为

(1) 当固定液质量分数大于 5% 时,可选用硅藻土型(白色或红色)担体。

(2) 当固定液质量分数小于 5% 时,应选用处理过的担体。

(3) 对于高沸点组分,可选用玻璃微球担体。

(4) 对于强腐蚀性组分,可选用氟担体。

2. 固定液

(1) 对固定液的要求

① 挥发性小,在操作温度下有较低蒸气压,以免流失。

② 热稳定性好,在操作温度下不发生分解。在操作温度下呈液体状态。

③ 对试样各组分有适当的溶解能力,否则组分易被载气带走而起不到分配作用。

④ 具有高的选择性,即对沸点相同或相近的不同物质有尽可能高的分离能力。

⑤ 化学稳定性好,不与被测物质起化学反应。

为了满足①和②的要求,固定液一般都是高沸点的有机化合物,而且各有其特定的使用温度范围,以及最高使用温度极限。可用作固定液的高沸点有机化合物很多,现在已有上千种固定液,而且数量还在增加。为了满足③~⑤的要求,就必须针对被测物质的性质选择合适的固定液。

(2) 固定液的分离特征   固定液的分离特征是选择固定液的基础。固定液的选择,一般根据"相似相溶"原理进行,即固定液的性质和被测组分有某些相似性时,其溶解度就大。在气相色谱中常用"极性"来说明固定液和被测组分的性质。由电负性不同的原子所构成的分子,它的正电荷中心和负电荷中心不重合时,就形成具有正、负极的极性分子。如果组分与固定液分子性质(极性)相似,固定液和被测组分两种分子间的作用力就强,被测组分在固定液中的溶解度就大,分配系数就大,也就是说,被测组分在固定液中溶解度或分配系数的大小与被测组分和固定液两种分子之间相互作用力的大小有关。

分子间的相互作用力包括静电力、诱导力、色散力和氢键等。

① 静电力(定向力)   这种力是由于极性分子的永久偶极间存在静电作用

而引起的。在极性固定液柱上分离极性试样时,分子间的作用力主要就是静电力。被分离组分的极性越大,与固定液间的相互作用力就越强,因而该组分在柱内滞留的时间就越长。因为静电力的大小与热力学温度成反比,所以在较低柱温下依靠静电力有良好选择性的固定液,在高温时选择性就变差,亦即升高柱温对分离不利。

②　诱导力　极性分子和非极性分子共存时,由于在极性分子永久偶极的电场作用下,非极性分子极化而产生诱导偶极,此时两分子相互吸引而产生诱导力。在分离非极性分子和可极化分子的混合物时,便可以利用极性固定液的诱导效应。例如,苯和环己烷的沸点很相近(80.10 ℃和80.81 ℃),若用非极性固定液(如角鲨烷)是很难将它们分离的。但苯比环己烷容易极化,所以用中等极性的邻苯二甲酸二辛酯固定液,使苯产生诱导偶极,此时苯的保留时间是环己烷的1.5 倍;若选用强极性的 β,β' - 氧二丙腈固定液,则苯的保留时间是环己烷的 6.3 倍,这样两者就很容易分离了。

③　色散力　非极性分子间虽没有静电力和诱导力相互作用,但其分子却具有瞬间的周期变化的偶极矩(由电子运动、原子核在零点间的振动形成的),只是这种瞬间偶极矩的平均值等于零,在宏观上显示不出偶极矩而已。这种瞬间偶极矩带有一个同步电场,能使周围的分子极化,被极化的分子又反过来加剧瞬间偶极矩变化的幅度,产生所谓色散力。色散力存在于一切分子之间。

对于非极性和弱极性分子而言,分子间作用力主要是色散力。例如,用非极性的角鲨烷固定液分离 C_1—C_4 烃类时,它的色谱流出次序与色散力大小有关。由于色散力与沸点成正比,所以组分基本按沸点顺序分离。

④　氢键　也是一种定向力,当分子中一个 H 原子和一个电负性(原子的电负性是原子吸引电子的能力,电负性愈大,吸引电子的能力愈强)很大的原子(以 X 表示,如 F,O,N 等)构成共价键时,它又能和另一个电负性很大的原子(以 Y 表示)形成一种强有力的有方向性的静电吸引力,这种作用力就叫氢键作用力。这种相互作用关系表示为"X—H---Y",X,H 之间的实线表示共价键,H,Y 之间的点线表示氢键。X,Y 的电负性愈大,也即吸引电子的能力愈强,氢键作用力就愈强。同时,氢键的强弱还与 Y 的半径有关,半径愈小,愈易靠近 X—H,因而氢键愈强。氢键的类型和强弱次序为

$$F—H---F>O—H---O>O—H---N>N—H---N>N≡C—H---N$$

因为—CH_2—中的碳原子电负性很小,因而 C—H 键不能形成氢键,即饱和烃之间没有氢键作用力存在。固定液分子中含有—OH,—COOH,—COOR,—NH_2,=NH 官能团时,对含氟、氧、氮化合物常有显著的氢键作用力,作用力强的在柱内保留时间长。氢键型固定液基本上属于极性类型,但对试样的氢键

相对极性的
计算方法

作用力更为明显。

由上述可见,分子间的相互作用力是与分子的极性有关的。早期,固定液的极性采用相对极性(relative polarity)P 来表示。这种表示方法规定强极性的固定液 β,β'-氧二丙腈的相对极性 $P=100$,非极性的固定液角鲨烷的相对极性 $P=0$,各种固定液的相对极性均在 $0\sim100$。应用相对极性 P 表征固定液性质,并未能全面反映被测组分和固定液分子间的全部作用力,为能更好地表征固定液的分离特性,罗胥耐特(Rohrschneider L,罗氏)及麦克雷诺(McReynolds W O,麦氏)在上述相对极性概念的基础上提出了改进的固定液特征常数。

罗胥耐特选用了 5 种代表不同作用力的化合物作为探测物(probe),即苯(电子给予体)、乙醇(质子给予体)、2-丁酮(偶极定向力)、硝基甲烷(电子接受体)和吡啶(质子接受体),以非极性固定液角鲨烷为基准来表征不同固定液的分离性质——罗氏常数。麦氏在罗氏工作的基础上,选用 10 种物质(实际上通常采用前 5 种探测物)来表征固定液的分离特性。固定液的特征常数——麦氏常数也以角鲨烷固定液为基准,其计算方法为

$$X'=I_p^{苯}-I_s^{苯}$$

式中 I[1] 为保留指数,下标 p 为待测固定液,s 为角鲨烷固定液,$I_p^{苯}$ 为以苯作为探测物时在待测固定液上的保留指数,$I_s^{苯}$ 为以苯作探测物时在角鲨烷固定液上的保留指数,显而易见,两者的差值麦氏常数,可表征以标准非极性固定液角鲨烷为基准时欲测固定液的相对极性。以 $X'、Y'、Z'、U'、S'$ 符号分别表示用苯、丁醇、2-戊酮、硝基丙烷和吡啶这 5 种化合物为探测物时的麦氏常数。将这 5 种探测物 ΔI 值之和 $\sum\Delta I$ 称为总极性,其平均值称为平均极性。固定液的总极性越大,则极性越强;不同固定液的麦氏常数相近,表明它们的极性基本相同;麦氏常数中某特定值如 X' 或 Y' 值越大,则表明该固定液对相应的探测物(作用力)所表征的性质越强。因而利用麦氏常数将有助于固定液的评价、分类和选择。表 2-6 列出一些常用固定液的麦氏常数。较详细的麦氏常数表可从气相色谱手册中查找。表 2-6 中固定液的极性随序号增大而增加。这 12 种是李拉(Leary J J)用其近邻技术(nearest neighbor technique)从品种繁多的固定液中选出分离效果好、热稳定性好、使用温度范围宽、有一定极性间距的典型固定液[2],它对固定液的选择是有用的依据。

(3) 固定液的选择   在固定液选择中,"相似相溶"原理具有一定实际意义,并能给予初学者一个简单清晰的思考途径。应用此原理的色谱流出规律如下。

---

[1]   保留指数的意义和测定方法见 §2-6。
[2]   Leary J J. Chromatog J Sci, 1973, 11:201

① 分离非极性物质,一般选用非极性固定液,这时试样中各组分按沸点次序先后流出色谱柱,沸点低的先出峰,沸点高的后出峰。

② 分离极性物质,选用极性固定液,这时试样中,各组分主要按极性顺序分离,极性小的先流出色谱柱,极性大的后流出色谱柱。

③ 分离非极性和极性混合物,一般选用极性固定液,这时非极性组分先出峰,极性组分(或易被极化的组分)后出峰。

④ 对于能形成氢键的试样,如醇、酚、胺和水等的分离。一般选择极性的或是氢键型的固定液,这时试样中各组分按与固定液分子间形成氢键的能力大小先后流出,不易形成氢键的先流出,最易形成氢键的最后流出。

然而,相似相溶是一个原则性的提法,有时需根据试样的其他特性选择合适的固定液。例如,在分析长链脂肪酸混合物时,由于化合物的沸点很高,如果选择氢键型固定液 PEG-20M(表 2-6 序号 9),组分和固定液之间的氢键力、静电力和色散力都很大,导致组分的保留时间长,甚至无法流出色谱柱。此时,可选用极性较弱的固定液,以减小组分与固定液间的作用力,使各组分顺利出峰。但由于组分与固定液极性不匹配,峰形有可能变差。

表 2-6 麦氏常数

序号	固定液	型号	苯 X'	丁醇 Y'	2-戊酮 Z'	硝基丙烷 U'	吡啶 S'	平均极性	总极性 $\sum \Delta I$	最高使用温度 ℃
1	角鲨烷	SQ	0	0	0	0	0	0	0	100
2	甲基硅橡胶	SE-30	15	53	44	64	41	43	217	300
3	苯基(10%)甲基聚硅氧烷	OV-3	44	86	81	124	88	85	423	350
4	苯基(20%)甲基聚硅氧烷	OV-7	69	113	111	171	128	118	592	350
5	苯基(50%)甲基聚硅氧烷	DC-710	107	149	153	228	190	165	827	225
6	苯基(60%)甲基聚硅氧烷	OV-22	160	188	191	283	253	219	1 075	350
7	三氟丙基(50%)甲基聚硅氧烷	QF-1	144	233	355	463	305	300	1 500	250

续表

序号	固定液	型号	苯 X′	丁醇 Y′	2-戊酮 Z′	硝基丙烷 U′	吡啶 S′	平均极性	总极性ΣΔI	最高使用温度 ℃
8	氰乙基(25%)甲基硅橡胶	XE-60	204	381	340	493	367	357	1 785	250
9	聚乙二醇-20 000	PEG-20M	322	536	368	572	510	462	2 308	225
10	己二酸二乙二醇聚酯	DEGA	378	603	460	665	658	553	2 764	200
11	丁二酸二乙二醇聚酯	DEGS	492	733	581	833	791	686	3504	200
12	三(2-氰乙氧基)丙烷	TCEP	593	857	752	1028	915	829	4145	175

对于试样性质不够了解的情况,一种较简便且实用的方法是在李拉提出的 12 种固定液(表 2-6)中选择,一般选用 4 种固定液(SE-30,DC-710,PEG-20M,DEGS),以适当的操作条件进行色谱初步分离,观察未知样分离情况,然后进一步按 12 种固定液的极性程序作适当调整或更换,以选择较合适的一种固定液。

值得注意的是毛细管柱气相色谱(§2-8)现在已得到广泛应用。由于毛细管柱的柱效很高,如以每米 3 000 理论塔板数计,50 m 的毛细管柱具有 15 万块理论塔板,那么 $\alpha > 1.015$ 的难分离物质对已可得到分离(见表 2-3),所以有人主张大部分分析任务可用三根毛细管柱完成,即甲基硅橡胶柱(非极性,$\sum \Delta I = 217$)、三氟丙基甲基聚硅氧烷柱(中等极性,$\sum \Delta I = 1\ 500$)、聚乙二醇-20M 柱(中强极性,$\sum \Delta I = 2\ 308$)。因而固定液选择就变得容易得多。但还有少数分析问题,如高沸点多组分试样,沸点结构极相近的对映异构体等还需选用特殊的、耐高温、高选择性固定液。鉴于分子的手性是生命现象的基础,以及手性药物的不断涌现,各种类型手性固定相的研制已引起广泛关注并取得了成果,以环糊精及其衍生物作为识别手性化合物的活性物质制备的手性气相色谱柱已商品化,使气相色谱在生命物质和药物等的分离、分析中起到重要作用。

§2-5 气相色谱检测器

检测器的作用是将经色谱柱分离后的各组分按其特性及含量转换为相应的电信号。因此检测器是检知和测定试样的组成及各组分含量的部件,是气相色谱仪中的主要组成部分。

根据检测原理的不同,可将检测器分为浓度型检测器(concentration sensitive detector)和质量型检测器(mass flow rate sensitive detector)两种。

浓度型检测器测量的是载气中某组分浓度瞬间的变化,即检测器的响应值和组分的浓度成正比。如热导检测器和电子捕获检测器等。

质量型检测器测量的是载气中某组分进入检测器的速度变化,即检测器的响应值和单位时间内进入检测器某组分的质量成正比。如氢火焰离子化检测器和火焰光度检测器等。

热导检测器

热导检测器(thermal conductivity detector,TCD)。由于结构简单,价格便宜,性能稳定,而且对所有物质都有响应,因此是应用广泛、最成熟的一种检测器。

1. 热导池的结构

热导池由池体和热敏元件构成,又可分成双臂热导池和四臂热导池两种,参阅图 2-9(a)和(b)。

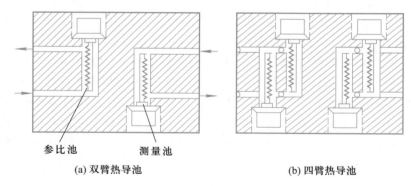

热导检测器

(a) 双臂热导池   (b) 四臂热导池

图 2-9 热导池示意图

热导池体用不锈钢块制成,有两个大小相同、形状完全对称的孔道,每个孔道固定一根金属丝(如钨丝,铼钨丝),两根金属丝长短、粗细、电阻值都一样,此金属丝称为热敏元件。为了提高检测器的灵敏度,一般选用电阻率高,电阻温度系数(即温度每变化1℃,导体电阻的变化值)大的金属丝或半导体热敏电阻作热导池的热敏元件。

钨丝具有较高的电阻温度系数(6.5×10^{-3} cm·Ω·℃$^{-1}$)和电阻率(5.5×10^{-6} Ω·cm)、价廉、易加工,但高温时容易氧化。为克服钨丝的氧化问题,现多采用铼钨合金制成的热丝,铼钨抗氧化性好,机械强度、化学稳定性及灵敏度都比钨丝高。

热导池有两根钨丝的是双臂热导池,其中一臂是参比池,一臂是测量池;有四根钨丝的是四臂热导池,其中两臂是参比池,两臂是测量池。

热导池体两端有气体进口和出口,参比池仅通过载气气流,从色谱柱流出的组分由载气携带进入测量池。

2. 热导检测器的基本原理

热导检测器是基于不同的物质具有不同的热导系数设计的。一些物质的热导系数见表2-7。

表 2-7　某些气体与蒸气的热导系数(λ)

气体或蒸气	$\lambda / [10^{-4} \text{J} \cdot (\text{cm} \cdot \text{s} \cdot \text{℃})^{-1}]$	
	0 ℃	100 ℃
空气	2.17	3.14
氢	17.41	22.4
氦	14.57	17.14
氧	2.47	3.18
氮	2.43	3.14
二氧化碳	1.47	2.22
氨	2.18	3.26
甲烷	3.01	4.56
乙烷	1.80	3.06
丙烷	1.51	2.64
正丁烷	1.34	2.34
异丁烷	1.38	2.43
正己烷	1.26	2.09
环己烷	—	1.80
乙烯	1.76	3.10
乙炔	1.88	2.85
苯	0.92	1.84
甲醇	1.42	2.30

续表

气体或蒸气	$\lambda/[10^{-4}\text{J}\cdot(\text{cm}\cdot\text{s}\cdot\text{℃})^{-1}]$	
	0 ℃	100 ℃
乙醇	—	2.22
丙酮	1.01	1.76
乙醚	1.30	—
乙酸乙酯	0.67	1.72
四氯化碳	—	0.92
氯仿	0.67	1.05

　　当电流通过钨丝时,钨丝被加热到一定温度,钨丝的电阻值也就增加到一定值(一般金属丝的电阻值随温度升高而增加)。在未进试样时,通过热导池两个池孔(参比池和测量池)的都是载气。由于载气的热传导作用,使钨丝的温度下降,电阻减小,此时热导池的两个池孔中钨丝温度下降和电阻减小的数值是相同的。在试样组分进入以后,载气流经参比池,而载气带着试样组分流经测量池,由于被测组分与载气组成的混合气体的热导系数和载气的热导系数不同,因而测量池中钨丝的散热情况就发生变化,使两个池孔中的两根钨丝的电阻值之间有了差异。此差异可以利用电桥测量出来。

　　热导检测中的桥路,如图 2-10 所示。

　　图 2-10 中,R_1 和 R_2 分别为参比池和测量池的钨丝的电阻,连于电桥中作为两臂。在安装仪器时,挑选配对的钨丝,使 $R_1=R_2$。

　　从物理学中知道,电桥平衡时,$R_1\cdot R_4=R_2\cdot R_3$。

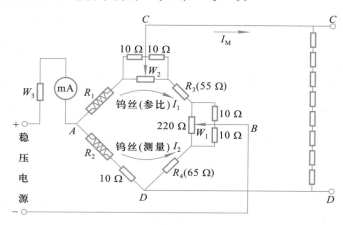

图 2-10　气相色谱仪中的桥路

当电流通过热导池中两臂的钨丝时,钨丝加热到一定温度,钨丝的电阻值也增加到一定值,两个池中电阻增加的程度相同。当载气经过参比池和测量池时,带走了部分热量,导致钨丝温度下降,阻值减小。在载气流速恒定时,两只池中的钨丝温度下降和电阻值的减小程度是相同的,亦即 $\Delta R_1 = \Delta R_2$,因此当两个池都通过载气时,电桥处于平衡状态,能满足 $(R_1 + \Delta R_1) \cdot R_4 = (R_2 + \Delta R_2) \cdot R_3$。此时 C,D 两端的电位相等,$\Delta E = 0$,就没有信号输出,电位差计记录的是一条零位直线,称为基线。如果从进样器注入试样,经色谱柱分离后,由载气先后带入测量池。此时由于被测组分与载气组成的二元导热系数与纯载气不同,使测量池中钨丝散热情况发生变化,导致测量池中钨丝温度和电阻值的改变,而与只通过纯载气的参比池内的钨丝的电阻值之间有了差异,这样电桥就不平衡,即

$$\Delta R_1 \neq \Delta R_2$$
$$(R_1 + \Delta R_1) \cdot R_4 \neq (R_2 + \Delta R_2) \cdot R_3$$

这时电桥 C,D 之间产生不平衡电位差,就有信号输出。载气中被测组分的浓度愈大,测量池钨丝的电阻值改变亦愈显著,因此检测器所产生的响应信号,在一定条件下与载气中组分的浓度存在定量关系。

W_1, W_2, W_3 为三个电位器。当调节 W_1 或 W_2 时,都要影响电桥一臂的电位值,也就是影响电桥输出信号,因此 W_1, W_2 都可用来调节桥路平衡,其中 W_1 为零点调节粗调,W_2 为零点调节细调。在进样前,先调节 W_1, W_2,使记录器基线处在一定位置。W_3 用来调节桥路工作电流的大小。

3. 影响热导检测器灵敏度的因素

(1)桥路工作电流的影响 电流增加,使钨丝温度提高,钨丝和热导池体的温差加大,气体容易将热量传出去,灵敏度得到提高。一般响应值与工作电流的三次方成正比,即增加电流能使灵敏度迅速增加。但电流太大,将使钨丝处于灼热状态,引起基线不稳,呈不规则抖动,甚至会将钨丝烧坏。当以 H_2 作载气时,桥路电流一般为 $150 \sim 200$ mA,当以 N_2 作载气时,由于 N_2 的导热能力较差,桥路电流应 < 120 mA。

(2)热导池体温度的影响 当桥路电流一定时,钨丝温度一定。如果池体温度低,池体和钨丝的温差就大,能使灵敏度提高。但池体温度不能太低,否则被测组分将在检测器内冷凝。一般池体温度不应低于柱温。

(3)载气的影响 载气与试样的热导系数相差愈大,则灵敏度愈高。由于一般物质的热导系数都比较小,故选择热导系数大的气体(如 H_2 或 He)作载气,灵敏度就比较高。另外,载气的热导系数大,在相同的桥路电流下,热丝温度较低,桥路电流就可升高,从而使热导池的灵敏度大为提高。如果用氮作载气,由于氮和被测组分热导系数差别小,灵敏度低,有些试样的热导系数比氮

大,会出现倒峰,还由于二元系热导系数呈非线性,以及因热导性能差而使对流作用在热导池中影响增大等原因,常常会出现不正常的色谱峰(如倒峰、W峰等)。因此,当采用热导检测器时,一般都以 H_2 或 He 作载气。载气流速对输出信号有影响,因此载气流速要稳定。

(4)热敏元件阻值的影响 选择阻值高、电阻温度系数较大的热敏元件,当温度有一些变化时,就能引起电阻明显变化,灵敏度就高。

(5)一般热导池的死体积较大,且灵敏度较低,这是其主要缺点,为提高灵敏度并能在毛细管柱气相色谱仪上配用,应使用具有微型池体(2.5 μL)的热导池。

氢火焰离子化检测器

氢火焰离子化检测器(flame ionization detector,FID),简称氢焰检测器。它对有机化合物有很高的灵敏度,一般比热导池检测器的灵敏度高几个数量级,能检测至 $10^{-12}\ g \cdot s^{-1}$ 的痕量物质,故适宜于痕量有机化合物的分析。因其结构简单,灵敏度高,响应快,稳定性好,死体积小,线性范围宽,可达 10^6 以上,因此是目前应用最广泛的气相色谱检测器。

1. 氢焰检测器的结构

氢焰检测器的主要部分是一个离子室。离子室一般用不锈钢制成,包括气体入口、火焰喷嘴、一对电极和外罩,如图 2-11 所示。

被测组分被载气携带,从色谱柱流出,与氢气混合后一起进入离子室,由毛细管喷嘴喷出。氢气在空气的助燃下经引燃后进行燃烧,以燃烧所产生的高温火焰(约 2 100 ℃)为能源,使被测有机化合物组分电离成正、负离子。在氢火焰附近设有收集极(正极)和极化极(负极),在此两极之间加有 150~300 V 的极化电压,形成一直流电场。产生的离子在收集极和极化极之间的外电场作用下定向运动而形成电流。被测组分电离的程度与其性质有关,一般在氢焰中电离效率很低,大约每 50 万个碳原子中有 1 个碳原子被电离,因此产生的电流很微弱,需经放大器放大后,才能在记录系统上得到色谱峰。产生的微电流大小与进入离子室的被测组分含量有关,含量愈大,产生的微电流就愈大,这二者之间存在定量关系。

为了使离子室在高温下不被试样腐蚀,金属零件都用不锈钢制成,电极都用纯铂丝绕成,极

氢火焰离子
化检测器

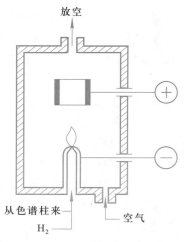

图 2-11 氢焰检测器
离子室示意图

化极兼作点火极,将氢焰点燃。为了把微弱的离子流完全收集下来,要控制收集极和喷嘴之间的距离。通常把收集极置于喷嘴上方,与喷嘴之间的距离不超过 10 mm。也有把两个电极装在喷嘴两旁,两极间距离为 6～8 mm。

2. 氢焰检测器离子化的作用机理

对于氢焰检测器离子化的作用机理,至今还不十分清楚。根据有关研究结果,目前认为火焰中有机化合物的电离不是热电离而是化学电离,即有机化合物在火焰中发生自由基反应而被电离。火焰性质如图 2-12 所示,A 为预热区,B 层点燃火焰,C 层温度最高,为热裂解区。有机化合物 C_nH_m 在此发生裂解而产生含碳自由基·CH:

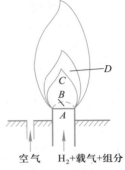

$$C_nH_m \longrightarrow \cdot CH$$

然后进入反应层 D 层,与外面扩散进来的激发态原子或分子氧发生反应,生成 CHO^+ 及 e^-:

$$\cdot CH + O^* \longrightarrow CHO^+ + e^-$$

形成的 CHO^+ 与火焰中大量水蒸气碰撞发生分子-离子反应,产生 H_3O^+ 离子:

图 2-12　火焰各层图

$$CHO^+ + H_2O \longrightarrow H_3O^+ + CO$$

化学电离产生的正离子(CHO^+,H_3O^+)和电子(e^-)在外加 150～300 V 直流电场作用下向两极移动而产生微电流。经放大后,记录下色谱峰。

氢焰检测器离子室与放大器连接的线路如图 2-13 所示。其中高压电路为两极间施加的一个约 200 V 的极化电压,收集极与基流补偿电路间的电流作为微电流放大器的输入,微电流放大器输出的电流信号(或电压信号)经 A/D 转换器,将模拟信号转换成数字信号,由计算机记录下来并进行数据处理。

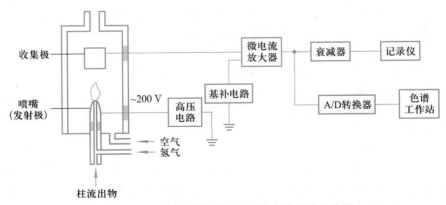

图 2-13　氢焰检测器离子室与放大器连接示意图

氢焰检测器对大多数的有机化合物有很高的灵敏度,故对痕量有机化合物的分析很适宜。但对在氢焰中不电离的无机化合物,例如,永久性气体、水、一氧化碳、二氧化碳、氮的氧化物、硫化氢则不能检测。

3. 操作条件的选择

(1)气体流量 包括载气、氢气和空气的流量。

① 载气流量 一般用 N_2 作载气,载气流量的选择主要考虑分离效能。对一定的色谱柱和试样,要找到一个最佳的载气流速,使柱的分离效果最好。

② 氢气流量 氢气流量与载气流量之比影响氢焰的温度及火焰中的电离过程。氢焰温度太低,组分分子电离数目少,产生电流信号就小,灵敏度就低。氢气流量低,不但灵敏度低,而且易熄火。氢气流量太高,热噪声就大。故对氢气必须维持足够流量,如 $30 \sim 50 \ mL/min$。当氮气作载气时,一般氢气与氮气流量之比为 $1:1 \sim 1:1.5$。在最佳氢氮比时,不但灵敏度高,而且稳定性好。

③ 空气流量 空气是助燃气,并为生成 CHO^+ 提供 O_2。空气流量在一定范围内对响应值有影响。当空气流量较小时,对响应值影响较大,流量很小时,灵敏度较低。空气流量高于某一数值(如 $400 \ mL \cdot min^{-1}$),此时对响应值几乎没有影响。一般氢气与空气流量之比为 $1:10$。

气体中存在机械杂质或载气含微量有机杂质时,对基线的稳定性影响很大,因此要保证管路的干净并使用高纯载气。

(2)使用温度 与热导检测器不同,氢焰检测器的温度不是主要影响因素,但为了防止水蒸气冷凝在检测器中,温度一般应高于 $120 \ ℃$。

电子俘获检测器

电子俘获检测器(electron capture detector,ECD)是应用广泛的一种具有高选择性、高灵敏度的浓度型检测器。它的高选择性是指它只对具有电负性的物质(如含有卤素、硫、磷、氮、氧的物质)有响应,电负性愈强,灵敏度愈高。高灵敏度表现在能测出 $10^{-14} g \cdot mL^{-1}$ 的电负性物质。

电子俘获检测器的构造如图 2-14 所示。

在检测器池体内有一圆筒状 β 放射源(^{63}Ni 或 ^3H)作为阴极,一个不锈钢棒作为阳极。在此两极间施加一直流或脉冲电压。当载气(一般采用高纯氮)进入检测器时,在放射源发射的 β 射线作用下发生电离:

$$N_2 \longrightarrow N_2^+ + e^-$$

生成的正离子和慢速低能量的电子,在恒定电场作用下向极性相反的电极运动,形成恒定的电流即基流。当具有电负性的组分进入检测器时,它俘获了检测器中的电子而产生带负电荷的分子离子并放出能量:

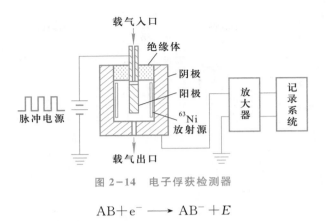

电子俘获检
测器

图 2-14 电子俘获检测器

$$AB + e^- \longrightarrow AB^- + E$$

带负电荷的分子离子和载气电离产生的正离子复合成中性化合物,被载气携出检测器外:

$$AB^- + N_2^+ \longrightarrow N_2 + AB$$

由于被测组分俘获电子,其结果使基流降低,产生负信号而形成倒峰。组分浓度愈高,倒峰愈大。

由于电子俘获检测器具有高灵敏度、高选择性,其应用范围日益扩大。它经常用于痕量的具有特殊官能团的组分的分析,如食品和农副产品中农药残留量的分析,大气和水中痕量污染物的分析等。

操作时应注意载气的纯度(应大于 99.99%)和流速对信号值和稳定性有很大的影响。检测器的温度对响应值也有较大的影响。由于线性范围较狭,只有 10^3 左右,要注意进样量不可太大。

火焰光度检测器

火焰光度检测器(flame photometric detector,FPD)是对含磷、含硫的化合物有高选择性和高灵敏度的一种色谱检测器。

这种检测器主要由火焰喷嘴、滤光片和光电倍增管三部分组成,见图 2-15。

当含有硫(或磷)的试样进入氢焰离子室,在富氢-空气焰中燃烧时,有下述反应:

$$RS + 空气 + O_2 \longrightarrow SO_2 + CO_2$$

$$2SO_2 + 8H \longrightarrow 2S + 4H_2O$$

亦即有机硫化物首先被氧化成 SO_2,然后被氢还原成 S 原子,S 原子在适当温度下生成激发态的 S_2^* 分子,当其跃迁回基态时,发射出 350~430 nm 波长的特征分子光谱。

火焰光度检测器

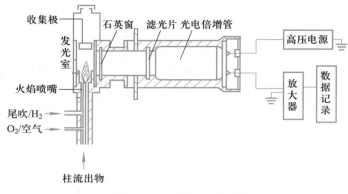

图 2-15 火焰光度检测器

$$S+S \longrightarrow S_2^*$$
$$S_2^* \longrightarrow S_2 + h\nu$$

含磷试样主要以 HPO 碎片的形式发射出 $480 \sim 600$ nm 波长的特征分子光谱。这些发射光通过滤光片照射到光电倍增管上,将光转变为光电流,经放大后在记录系统上记录下硫或磷化合物的色谱图。至于含碳有机化合物,在氢焰高温下进行电离而产生微电流,经收集极收集、放大后可同时记录下来。因此火焰光度检测器可以同时测定硫、磷和有机化合物,即火焰光度检测器、氢焰检测器联用。

检测器的性能指标

对检测器的要求是响应快,灵敏度高,稳定性好,线性范围宽,并以这些作为衡量检测器质量的指标。现将检测器的主要指标分述如下。

1. 灵敏度 S(sensitivity)

检测器的灵敏度,亦称响应值或应答值。实验表明,一定浓度或一定质量的试样进入检测器后,就产生一定的响应信号 R。如果以进样量 Q 对检测器响应信号作图,如图 2-16 所示,图中直线段的斜率就是检测器的灵敏度,以 S 表示之。因此灵敏度就是响应信号对进样量的变化率:

$$S = \frac{\Delta R}{\Delta Q} \qquad (2-36)$$

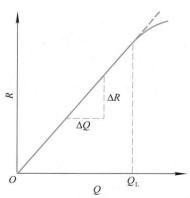

图 2-16 检测器的 R-Q 关系

检测器灵敏
度计算公式
推导

图中 Q_L 为最大允许进样量,超过此量时进样量与响应信号将不呈线性关系。由于各种检测器作用机理不同,灵敏度的计算式和量纲也不同。

测定检测器灵敏度时,一般将一定量的标准物质(m,单位 mg)注入色谱仪中,利用所测定标准物质的色谱峰面积和色谱仪操作参数进行计算。

浓度型检测器灵敏度的计算公式为

$$S_c = \frac{q_{V,0}A}{m} \tag{2-37}$$

式中,$q_{V,0}$ 为校正到检测器温度和大气压时的载气流量,即色谱出口流量(单位为 mL·min^{-1}),A 为峰面积(单位为 mV·min)。如果是液体或固体试样,灵敏度的单位是 mV·mL·mg^{-1}。

由式(2-37)可见,进样量与峰面积成正比,当进样量一定时,峰面积与流速成反比。前者是色谱定量的基础,后者要求定量时要保持载气流速恒定。

对于质量型检测器(如氢焰检测器),其响应值取决于单位时间内进入检测器某组分的质量。浓度型与质量型检测器所以有这样的差别,主要是由于前者对载气有响应,而后者对载气没有响应的缘故。

$$S_m = \frac{A}{m} \tag{2-38}$$

式(2-38)即质量型检测器的灵敏度计算式,符号意义同前,但式中 A 的单位为 mV·s,m 的单位为 g。由式(2-38)可见,峰面积与进样量成正比,进样量一定时,峰面积与载气流量无关。

2. 检出限 D(detection limit)

检出限也称敏感度,是指检测器恰能产生和噪声相鉴别的信号时,在单位体积或时间需向检测器进入的物质质量(单位为 g)。通常认为恰能鉴别的响应信号至少应等于检测器噪声的 3 倍[①](图 2-17)。

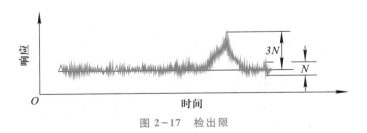

图 2-17 检出限

[①] 对于某些仪器的检出限,IUPAC 建议以信噪比 2 : 1 来确定。

检出限以 D 表示,则可定义为

$$D = \frac{3N}{S} \qquad (2-39)$$

式中,N 为检测器的噪声,指由于各种因素所引起的基线在短时间内左右偏差的响应数值(单位为 mV),S 为检测器的灵敏度。一般说来,D 值越小,说明仪器越敏感。

3. 最小检出量 Q_0(minimum detectable quantity)

指检测器恰能产生和噪声相鉴别的信号时所需进入色谱柱的最小物质质量(或最小浓度),以 Q_0 表示。

由于 $A = 1.065 \times Y_{1/2} \times h$(见 §2-7),代入式(2-38)及式(2-39)可得

$$Q_0 = 1.065 Y_{1/2} \cdot D \qquad (2-40)$$

式(2-40)是对质量型检测器而言的,对于浓度型可得

$$Q_0 = 1.065 Y_{1/2} \cdot q_{V,0} \cdot D \qquad (2-41)$$

由式(2-40)及式(2-41)可见,Q_0 与检测器的检出限成正比。但与检出限不同,Q_0 不仅与检测器的性能有关,还与柱效率及操作条件有关。所得色谱峰的半宽度越窄,Q_0 就越小。

4. 响应时间(response time)

要求检测器能迅速地和真实地反映通过它的物质的质量或浓度变化情况,即要求响应速度快。为此,检测器的死体积要小,电路系统的滞后现象要尽可能小,一般都小于 1 s。

5. 线性范围(linear range)

这是指试样量与信号之间保持线性关系的范围,用最大进样量与最小检出量的比值来表示,这个范围愈大,愈有利于准确定量。

§2-6 气相色谱定性方法

应用气相色谱法进行定性分析存在着一定的问题。长期以来,色谱工作者在这方面作了很多努力,建立了很多新方法和辅助技术,使其在定性方面有了很大进展,但总的来说,仍然不能令人十分满意。近年来,将气相色谱与质谱、光谱等技术联用,既充分利用了色谱的高效分离能力,又利用了质谱、光谱的高鉴别能力,加上电子计算机对数据的快速处理及检索,为未知物的定性分析打开了广阔的前景。

根据色谱保留值进行定性分析

已如前述,各种物质在一定的色谱条件(固定相、操作条件)下均有确定不变的保留值,因此保留值可作为一种定性指标,它的测定是最常用的色谱定性方法。这种方法应用简便,不需其他仪器设备,但由于不同化合物在相同的色谱条件下往往具有近似甚至完全相同的保留值,因此这种方法的应用有很大的局限性。其应用仅限于当未知物通过其他方面的考虑(如来源,其他定性方法的结果等),已被确定可能为某几个化合物或属于某种类型时做最后的确证,其可靠性不足以鉴定完全未知的物质。

这种方法的可靠性与色谱柱的分离效率有密切关系。只有在高的柱效下,其鉴定结果才可认为有较充分的根据。为了提高可靠性,应采用重现性较好和较少受到操作条件影响的保留值。保留时间(或保留体积)由于受固定液含量、载气流速、柱温等操作条件的影响较大,重现性较差,因此一般宜采用仅与柱温有关,而不受其他操作条件影响的相对保留值 r_{21} 作为定性指标。

对于较简单的多组分混合物,如果其中所有待测组分均为已知,它们的色谱峰也能一一分离,则为了确定各个色谱峰所代表的物质,可将各色谱峰的保留值与相应的标准试样在同一条件下所测得的保留值进行对照比较(纯物质对照定性)。

但更多的情况是需要对色谱图上出现的未知峰进行鉴定。这时,首先要充分利用对未知物了解的情况(如来源、性质等),估计出未知物可能是哪几种化合物。再从文献中找出这些化合物在某固定相上的保留值,与未知物在同一固定相上的保留值进行粗略比较,以排除一部分化合物,同时保留少数可能的化合物。然后将未知物与每一种可能化合物的标准试样在相同的色谱条件下进行验证,比较两者的保留值是否相同。

如果两者(未知物与标准试样)的保留值相同,但峰形不同,仍然不能认为是同一物质。进一步的检验方法是将两者混合起来进行色谱实验。如果发现有新峰或在未知峰上有不规则的形状(如峰略有分叉等)出现,则表示两者并非同一物质;如果混合后峰增高而半峰宽并不相应增加,则表示两者很可能是同一物质。这种定性方法称为用已知物增加峰高法,是确认未知试样中是否含有某一组分的有效方法。

应注意,在一根色谱柱上用保留值鉴定组分有时不一定可靠,因为不同物质有可能在同一色谱柱上具有相同的保留值。所以应采用双柱法或多柱法进行定性分析。即采用两根或多根性质(极性)不同的色谱柱进行分离,观察未知物和标准试样的保留值是否始终重合。

保留指数(retention index),又称科瓦茨(Kováts)指数,是一种重现性较其他保留数据都好的定性参数,可根据所用固定相和柱温直接与文献值对照而不需标准试样。

保留指数 I 是把物质的保留行为用两个紧靠近它的标准物(一般是两个正构烷烃)来标定。恒温分析时,某物质的保留指数可由下式计算而得

$$I=100\left(\frac{\lg X_i-\lg X_Z}{\lg X_{Z+1}-\lg X_Z}+Z\right) \tag{2-42}$$

式中,X 为保留值,可以用调整保留时间 t_R',调整保留体积 V_R' 表示。i 为被测物质。$Z,Z+1$ 代表具有 Z 个和 $Z+1$ 个碳原子数的正构烷烃。被测物质的 X 值应恰在这两个正构烷烃的 X 值之间,即 $X_Z<X_i<X_{Z+1}$。正构烷烃的保留指数则人为地定义为它的碳数乘以 100,例如,正戊烷、正己烷、正庚烷的保留指数分别为 500、600、700。因此,欲求某物质的保留指数,只要将其与相邻的正构烷烃混合在一起,在给定条件下进行色谱实验,然后按式(2-42)计算其保留指数。

现以乙酸正丁酯在阿皮松 L 柱上,柱温为 100 ℃时的保留指数为例来加以说明。选正庚烷、正辛烷两个正构烷烃,乙酸正丁酯的峰在此两正构烷烃峰的中间(图 2-18)。

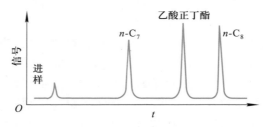

图 2-18　保留指数测定示意图

正庚烷(n-C$_7$)	$X_Z=174.0$ s	$\lg 174.0=2.2405$
乙酸正丁酯	$X_i=310.0$ s	$\lg 310.0=2.4914$
正辛烷(n-C$_8$)	$X_{Z+1}=373.4$ s	$\lg 373.4=2.5722$

$Z=7$,将上述数据代入式(2-42)得

$$I=100\times\left(\frac{2.4914-2.2405}{2.5722-2.2405}+7\right)=775.6$$

同一物质在同一柱上,其 I 值与柱温呈直线关系,这就便于用内插法或外推法求出不同柱温下的 I 值。保留指数的有效数字为三位,其准确度和重现性都很好,相对误差<1%,因此只要柱温和固定液相同,就可用文献上发表的保留指数进行定性鉴定,而不必用纯物质。需指出的是,式(2-42)仅适用于恒温分离

的情况,程序升温条件下,该保留指数的计算公式并不适用。

与其他方法结合的定性分析法

1. 与质谱、红外光谱等仪器联用

较复杂的混合物经色谱柱分离为单组分,再利用质谱、红外光谱或核磁共振等仪器进行定性鉴定。联用的方法有两种,一种是将色谱柱分离得到的需要定性的组分收集起来,然后分别用上述质谱、核磁共振等定性方法进行分析。这一方法烦琐、费时,称为离线联用模式。另一种是利用在线联用仪,即通过一个"接口"装置将色谱柱流出物直接送入上述定性仪器中进行分析,获得被测试样中各组分的结构信息。显然,后一种方法更为高效,称为在线联用模式。在线联用仪器中,气相色谱和质谱的联用,是目前解决复杂未知物定性问题的最有效工具之一。这将在第十四章质谱分析中进行讨论。

2. 与化学方法配合进行定性分析

带有某些官能团的化合物,经一些特殊试剂处理,发生物理变化或化学反应后,其色谱峰将会消失、提前或移后,比较处理前后色谱图的差异,就可初步辨认试样含有哪些官能团。使用这种方法时可直接在色谱系统中装上预处理柱。如果反应过程进行较慢或进行复杂的试探性分析,也可使试样与试剂在注射器内或者其他小容器内反应,再将反应后的试样注入色谱柱。

3. 利用检测器的选择性进行定性分析

不同类型的检测器对各种组分的选择性和灵敏度是不相同的,例如,热导检测器对无机化合物和有机化合物都有响应,但灵敏度较低;氢焰检测器对有机化合物灵敏度高,而对无机气体、水分、二硫化碳等响应很小,甚至无响应;电子捕获检测器只对含有卤素、氧、氮等电负性强的组分有高的灵敏度;火焰光度检测器只对含硫、磷的物质有信号。利用不同检测器具有不同的选择性和灵敏度,可以对未知物大致分类定性。

§2-7 气相色谱定量方法

如§2-5所述,在一定操作条件下,分析组分 i 的质量(m_i)或其在载气中的浓度与检测器的响应信号(色谱图上表现为峰面积 A_i 或峰高 h_i)成正比,可写作

$$m_i = f_i' \cdot A_i \qquad (2-43)$$

这就是色谱定量分析的依据。由式(2-43)可见,在定量分析中需要:① 准确测量峰面积;② 准确求出比例常数 f_i'(称为定量校正因子);③ 根据式(2-43)正确

选用定量计算方法,将测得组分的峰面积换算为质量分数。下面分别进行讨论。

峰面积测量法

峰面积的测量直接关系到定量分析的准确度。当采用记录仪记录色谱图时,需手工测量峰面积,而采用积分仪和色谱工作站时,峰面积可由仪器自动给出。

1. 手工测量法

当色谱峰为对称峰时,通常根据峰形的不同使用不同的峰面积测量方法。根据等腰三角形面积的计算方法,可以近似认为峰面积等于峰高乘以半峰宽,即

$$A = h \cdot Y_{1/2} \tag{2-44}$$

这样测得的峰面积为实际峰面积的 0.94 倍,实际上峰面积应为

$$A = 1.065 h \cdot Y_{1/2} \tag{2-45}$$

在做绝对测量时(如测灵敏度),应乘以 1.065。但在相对计算时,1.065 可约去。此法简单、快速,在实际工作中最常采用。

对于矮而宽的峰,则可用峰高和峰底宽度来计算。但应注意,在同一分析中,只能用同一种近似测量方法。

对于不对称色谱峰采用以下公式计算峰面积:

$$A = h \times \frac{(Y_{0.15} + Y_{0.85})}{2} \tag{2-46}$$

其中 $Y_{0.15}$,$Y_{0.85}$ 分别是指在峰高 0.15 和 0.85 处测出的峰宽。

2. 积分仪和色谱工作站

积分仪(或称数据处理机)是测量峰面积方便的工具,速度快,线性范围宽,精度一般可达 0.2%～2%,对小峰或不对称峰也能得出较准确的结果。

随着计算机技术在分析仪器上的广泛应用,大部分色谱仪器已配有称为"色谱工作站"的微型电子计算机控制系统,它不仅具有积分仪的所有功能,还能对仪器进行实时控制,对色谱输出信号进行自动数据采集和处理,以可视的图像和数据形式监控整个分析过程,以报告格式给出定量、定性分析结果,使测定的精度、灵敏度、稳定性和自动化程度都大为提高。但应该注意,使用积分仪和色谱工作站时,峰面积的测量结果与积分参数的设定有关。

定量校正因子

色谱定量分析是基于被测物质的量与其峰面积的正比关系。但是由于同一检测器对不同的物质具有不同的响应值,所以两个相等量的不同物质出的峰面

积往往不相等,这样就不能用峰面积来直接计算物质的含量。为了使检测器产生的响应信号能真实地反映出物质的含量,就要对响应值进行校正,因此引入"定量校正因子"(quantitative calibration factor)。

前已述及,在一定的操作条件下,进样量(m_i)与响应信号(峰面积 A_i)成正比,即式(2-43),或写作

$$f'_i = \frac{m_i}{A_i} \tag{2-47}$$

式中,f'_i 为绝对质量校正因子,也就是单位峰面积所代表物质的质量。f'_i 主要由仪器的灵敏度所决定,它既不易准确测定,也无法直接应用。所以在定量工作中都是用相对校正因子,即某物质与一标准物质的绝对校正因子之比值,平常所指及文献查得的校正因子都是相对校正因子。常用的标准物质,对热导检测器是苯,对氢焰检测器是正庚烷。按被测组分使用的计量单位的不同,可分为质量校正因子、摩尔校正因子和体积校正因子(通常把相对二字略去)。

1. 质量校正因子 f_m

这是一种最常用的定量校正因子,即

$$f_m = \frac{f'_{i(m)}}{f'_{s(m)}} = \frac{A_s m_i}{A_i m_s} \tag{2-48}$$

式中,下标 i,s 分别代表被测物和标准物质。

2. 摩尔校正因子 f_M

如果以物质的量计量,则

$$f_M = \frac{f'_{i(M)}}{f'_{s(M)}} = \frac{A_s m_i M_s}{A_i m_s M_i} = f_m \cdot \frac{M_s}{M_i} \tag{2-49}$$

式中,M_i,M_s 分别为被测物和标准物质的摩尔质量。

3. 体积校正因子 f_V

如果以体积计量(气体试样),则体积校正因子就是摩尔校正因子,这是因为 1 mol 任何理想气体在标准状态下其体积都是 22.4 L。

$$f_V = \frac{f'_{i(V)}}{f'_{s(V)}} = \frac{A_s m_i M_s \times 22.4}{A_i m_s M_i \times 22.4} = f_M \tag{2-50}$$

对于气体分析,使用摩尔校正因子可得体积分数。

4. 相对响应值 s

相对响应值是被测组分与标准物质的响应值(灵敏度)之比。单位相同时,它与校正因子互为倒数,即

$$s = \frac{1}{f} \qquad (2-51)$$

s 和 f 只与试样、标准物质及检测器类型有关,而与操作条件如柱温、载气流量、固定液性质等无关,因而是一个能通用的常数。表 2-8 列出了一些化合物的校正因子数据。

校正因子的测定方法是,准确称量被测组分和标准物质,混合后,在实验条件下进样分析(注意进样量应在线性范围之内),分别测量相应的峰面积,由式(2-48)、式(2-49)计算质量校正因子、摩尔校正因子。如果数次测量数值接近,可取其平均值。除了利用实验方法直接测定校正因子,还可以利用已有文献查找校正因子和利用一些规律估算校正因子,表 2-8 中的校正因子即为文献值。

表 2-8   一些化合物的校正因子

化合物	沸点/℃	相对分子质量	热导检测器 f_M	热导检测器 f_m	氢焰检测器 f_m
甲烷	−160	16	2.80	0.45	1.03
乙烷	−89	30	1.96	0.59	1.03
丙烷	−42	44	1.55	0.68	1.02
丁烷	−0.5	58	1.18	0.68	0.91
乙烯	−104	28	2.08	0.59	0.98
乙炔	−83.6	26	—	—	0.94
苯	80	78	1.00	0.78	0.89
甲苯	110	92	0.86	0.79	0.94
环己烷	81	84	0.88	0.74	0.99
甲醇	65	32	1.82	0.58	4.35
乙醇	78	46	1.39	0.64	2.18
丙酮	56	58	1.16	0.68	2.04
乙醛	21	44	1.54	0.68	—
乙醚	35	74	0.91	0.67	—
甲酸	100.7	—	—	—	1.00
乙酸	118.2	—	—	—	4.17
乙酸乙酯	77	88	0.9	0.79	2.64
氯仿		119	0.93	1.10	—
吡啶	115	79	1.0	0.79	—
氨	33	17	2.38	0.42	—
氮	—	28	2.38	0.64	—
氧	—	32	2.5	0.80	—
CO_2	—	44	2.08	0.92	—
CCl_4	—	154	0.93	1.43	—
水	100	18	3.03	0.55	—

几种常用的定量计算方法

1. 归一化法(normalization method)

当试样中各组分都能流出色谱柱,并在色谱图上显示色谱峰时,可用此法进行定量计算。

假设试样中有 n 个组分,每个组分的质量分别为 $m_1, m_2, \cdots, m_n$,各组分含量的总和为 m,其中第 i 种组分的质量分数 w_i 可按下式计算:

$$w_i = \frac{m_i}{m} \times 100\% = \frac{m_i}{m_1 + m_2 + \cdots + m_i + \cdots + m_n} \times 100\%$$

$$= \frac{A_i f_i}{A_1 f_1 + A_2 f_2 + \cdots + A_i f_i + \cdots + A_n f_n} \times 100\% \qquad (2-52)$$

f_i 为质量校正因子,得出质量分数;如为摩尔校正因子,则得出摩尔分数或体积分数(气体)。

若各组分的 f 值相近或相同,例如,同系物中沸点接近的各组分,则上式可简化为

$$w_i = \frac{A_i}{A_1 + A_2 + \cdots + A_i + \cdots + A_n} \times 100\% \qquad (2-53)$$

归一化法的优点是简便、准确,当操作条件、如进样量、流量等变化时,对结果影响小。但若试样中的组分不能全部出峰,则不能应用此法。

应用归一化法定量的另一个困难是需测定(查找)所有组分的校正因子,在实际工作中较难实现。若在气相色谱中,使用 FID 检测器时,某些同系物及结构类似物的校正因子彼此相近(如表 2-8 中甲烷、乙烷、丙烷、乙烯、乙炔的 f_i 在 $0.94 \sim 1.03$),直接利用式(2-53)计算则十分简便,且误差较小。而采用其他检测器时,或在高效液相色谱中,由于不同组分的响应值差别较大,归一化法的应用受到限制。

2. 内标法(internal standard method)

当只需测定试样中某几个组分,而且试样中所有组分不能全部出峰时,可采用此法。

所谓内标法是将一定量的纯物质作为内标物,加入到准确称取的试样中,根据被测物和内标物的质量及其在色谱图上相应的峰面积比,求出某组分的含量。例如,要测定试样中第 i 种组分(质量为 m_i)的质量分数 w_i,可于试样中加入质量为 m_s 的内标物,试样质量为 m,则

$$m_i = f_i A_i$$
$$m_s = f_s A_s$$

$$\frac{m_i}{m_s}=\frac{A_i f_i}{A_s f_s}$$

$$m_i=\frac{A_i f_i}{A_s f_s}\cdot m_s \qquad (2-54)$$

$$w_i=\frac{m_i}{m}\times 100\%=\frac{A_i f_i}{A_s f_s}\cdot \frac{m_s}{m}\times 100\% \qquad (2-55)$$

一般常以内标物为基准,则 $f_s=1$,此时计算可简化为

$$w_i=\frac{A_i}{A_s}\cdot \frac{m_s}{m}\cdot f_i \times 100\% \qquad (2-56)$$

由上述计算式可以看到,本法是通过测量内标物及欲测组分的峰面积的相对值来进行计算的,因而由于操作条件变化而引起的误差,将同时反映在内标物及欲测组分上而得到抵消,所以可得到较准确的结果。这是内标法的主要优点,该法在很多仪器分析方法上得到应用。

内标物的选择是很重要的。它应该是试样中不存在的纯物质;加入的量应接近于被测组分;同时要求内标物的色谱峰位于被测组分色谱峰附近,或几个被测组分色谱峰的中间,并与这些组分完全分离;还应注意内标物与欲测组分的物理及物理化学性质(如挥发度,化学结构,极性及溶解度等)相近,这样,当操作条件变化时,更有利于内标物及欲测组分做匀称的变化。

当选择合适的内标物比较困难时,以某一欲测组分的纯物质作为内标物,加入到被测试样中,然后在相同的色谱条件下,测定加入内标物前后欲测组分的峰面积,从而计算组分在试样中的含量。此方法实质是一种特殊的内标法,又称为叠加法。

叠加法的计算公式

内标法优点是定量较准确,而且不像归一化法有使用上的限制,但每次分析都要准确称取试样和内标物的质量,因而它不宜于做快速控制分析。

3. 内标标准曲线法

为了减少称样和计算数据的麻烦,适于工厂控制分析的需要,可用内标标准曲线法进行定量测定,这是一种简化的内标法。

由式(2-54)可知,当试样中加入恒定的内标物时,

$$m_i=\frac{A_i}{A_s}\cdot 常数 \qquad (2-57)$$

即欲测组分的质量 m_i 与 A_i/A_s 呈线性关系。

制作标准曲线时,先将欲测组分的纯物质配成不同浓度的标准溶液。取相同体积不同浓度的标准溶液,分别加入同样量的内标物(通常将内标物配制成一

定浓度的溶液,每次加入相同的体积),混合后进样,测 A_i 和 A_s,以 A_i/A_s 对标准溶液的质量 m_i 或浓度 c_i (因体积相同)作图,可得一直线(图 2-19),即为内标标准曲线。分析时,取和制作标准曲线时同样体积的试样溶液和相同量的内标物混合,测出其峰面积比,从标准曲线上查出欲测组分的浓度,进而计算欲测组分在试样中的含量。此法的优点是定量准确,消除了某些操作条件的影响,不需要严格定量进样,且无需每次称量内标物质的质量,操作更加快速、简便。

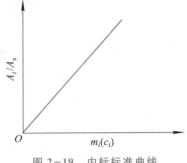

图 2-19　内标标准曲线

4. 外标法(又称标准曲线法)(external standard method)

所谓外标法就是应用欲测组分的纯物质来制作标准曲线,这与分光光度分析中的标准曲线法是相同的。此时用欲测组分的纯物质加稀释剂(对液体和固体试样用溶剂稀释,气体试样用载气或空气稀释)配成不同浓度的标准溶液,取固定体积的标准溶液进样分析,从所得色谱图上测出响应信号(峰面积或峰高等),然后绘制响应信号(纵坐标)对浓度(或质量)(横坐标)的标准曲线。分析试样时,取和制作标准曲线时同样体积的试样溶液(定量进样),测得该试样的响应信号,由标准曲线即可查出其浓度(或质量),再根据被测试样的取样量及稀释倍数计算欲测组分的质量分数。

此法的优点是操作简单,计算方便,但结果的准确度主要取决于进样量的重现性和操作条件的稳定性。

当被测试样中各组分浓度变化范围不大时(如工厂控制分析往往是这样的),可不必绘制标准曲线,而用单点校正法。即配制一个和被测组分含量(或浓度)十分接近的标准溶液,定量进样,由被测试样和标准溶液中组分峰面积比或峰高比来求被测组分的质量分数(或浓度)。

$$\frac{w_i}{w_s} = \frac{A_i}{A_s}$$

$$w_i = \frac{A_i}{A_s} w_s \tag{2-58}$$

此法假定标准曲线是通过坐标原点的直线,因此可由一点决定这条直线,绝对校正因子 $\dfrac{w_s}{A_s}$ 即直线的斜率,因而称之为单点校正法。

值得一提的是,色谱定量分析的参数可以用峰面积,也可以用峰高,选择何者,主要取决于在检测器的线性范围内,峰高和峰面积测量的准确度和重复性。

例如,在分离度较好,峰形较佳的情况下,峰面积可以准确测量时,以峰面积法定量为好;而在分离度不好,峰拖尾严重时,峰面积测量误差大,此时以峰高为参数定量较好。另外,归一化定量时最好使用峰面积计算,而其他定量方法中,峰面积和峰高均可使用。

§2-8　毛细管柱气相色谱法

毛细管柱气相色谱法(capillary column gas chromatography)是用毛细管柱作为气相色谱柱的一种高效、快速、高灵敏的分离分析方法,是 1957 年由戈雷(Golay M J E)首先提出的。他用内壁涂渍一层极薄而均匀的固定液膜的毛细管代替填充柱,解决组分在填充柱中由于受到大小不均匀载体颗粒的阻碍而造成色谱峰扩展,柱效降低的问题。这种色谱柱的固定液涂布在柱内壁上,中心是空的,故称开管柱(open tubular column),习惯称毛细管柱。由于毛细管柱具有相比大、渗透性好、分析速度快、总柱效高等优点,因此可以解决原来填充柱色谱法不能解决或很难解决的问题。图 2-20 表示菖蒲油(一种香精)试样分别在相

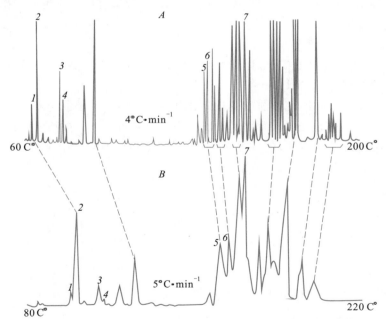

图 2-20　菖蒲油(calamus oil)色谱图

A—使用 50 m×0.3 mm 内径,OV-1 玻璃毛细管柱;B—4 m×3 mm 内径填充柱,内填 5%
OV-1 固定相涂在 60/80 目 Gaschrom Q 担体上,两个分析各自选择最佳色谱条件

同固定相的毛细管柱和填充柱上,在各自的最佳色谱条件分离所得色谱图。由图可见,好几对在填充柱上未能分开的峰,如峰 *1* 与峰 *2*、峰 *3* 与峰 *4*、峰 *5* 与峰 *6* 等,在毛细管柱上均被完全分离。由此可见,毛细管柱的应用大大提高了气相色谱对复杂物质的分离能力。

毛细管色谱柱

毛细管柱可由不锈钢、玻璃等制成,不锈钢毛细管柱由于惰性差,有一定的催化活性,加上不透明,不易涂渍固定液,现已很少使用。玻璃毛细管柱表面惰性较好,易观察,早期较多使用,但易折断,安装较困难。1979 年出现使用熔融石英制作的柱子,由于这种色谱柱具有化学惰性、热稳定性及机械强度好并具有弹性,因此它已占主要地位。

毛细管柱按其固定液的涂渍方法可分为如下几种。

(1) 壁涂开管柱(wall coated open tubular,WCOT)　将固定液直接涂在毛细管内壁上,这是戈雷最早提出的毛细管柱。由于管壁的表面光滑,润湿性差,对表面接触角大的固定液,直接涂渍制柱,重现性差,柱寿命短,现在的 WCOT 柱,其内壁通常都先经过表面处理,以增加表面的润湿性,减小表面接触角,再涂固定液。

(2) 多孔层开管柱(porous layer open tubular,PLOT)　在管壁上涂一层多孔性吸附剂固体微粒,不再涂固定液,实际上是使用开管柱的气-固色谱。

(3) 载体涂渍开管柱(support coated open tubular,SCOT)　为了增大开管柱内固定液的涂渍量,先在毛细管内壁上涂一层很细的($<2\ \mu m$)多孔颗粒,然后再在多孔层上涂渍固定液,这种毛细管柱,液膜较厚,因此柱容量较 WCOT 柱高。

(4) 化学键合相毛细管柱　将固定相用化学键合的方法键合到硅胶涂敷的柱表面或经表面处理的毛细管内壁上。经过化学键合,大大提高了柱的热稳定性。

(5) 交联毛细管柱　由交联引发剂将固定相交联到毛细管管壁上。这类柱子具有耐高温、抗溶剂抽提、液膜稳定、柱效高、柱寿命长等特点,因此得到迅速发展。

毛细管柱的制备可参阅章末参考文献[2],[7],[11]。

毛细管色谱柱的特点

1. 渗透性好,可使用长色谱柱

柱渗透性好,即载气流动阻力小。柱渗透性一般用比渗透率 B_0 表示:

$$B_0 = \frac{L\eta\bar{u}}{j\Delta p} \qquad (2-59)$$

式中, L 为柱长, η 为载气黏度, $\bar{u}$ 为载气平均线速, Δp 为柱压降, j [①] 为压力校正因子。

毛细管色谱柱的比渗透率约为填充柱的 100 倍, 这样就有可能在同样的柱压降下, 使用 100 m 以上的柱子, 而载气流速仍可保持不变。

2. 相比 (β) 大, 有利于实现快速分析

由于毛细管柱的相比 β 大, 根据式 (2-10), 组分在毛细管柱中的 k 值比填充柱小, 出峰快 [参见式 (2-16)], 加上由于渗透性大可使用很高的载气流速, 从而使分析时间变得很短。为了弥补由于上述因素 (流速快) 所损失的柱效, 通过增加柱长来解决很方便, 这样既可实现更高的柱效, 又可实现快速分析。

3. 柱容量小, 允许进样量少

进样量取决于柱内固定液的含量。毛细管柱涂渍的固定液仅几十毫克, 液膜厚度为 $0.35\sim1.50$ μm, 柱容量小, 因此进样量不能大, 否则将导致过载而使柱效率降低, 色谱峰扩展、拖尾。对液体试样, 进样量通常为 $10^{-3}\sim10^{-2}$ μL。因此毛细管柱气相色谱在进样时需要采用分流进样技术。

4. 总柱效高, 分离复杂混合物的能力大为提高

从单位柱长的柱效看, 毛细管柱的柱效优于填充柱, 但二者仍处于同一数量级, 由于毛细管柱的长度比填充柱大 $1\sim2$ 个数量级, 所以总的柱效远高于填充柱, 可解决很多极复杂混合物的分离分析问题。

毛细管柱与填充柱的比较见表 2-9。

表 2-9　毛细管柱与填充柱的比较

		填充柱	毛细管柱
色谱柱	内径/mm	$2\sim6$	$0.1\sim0.53$
	长度/m	$0.5\sim6$	$15\sim100$
	比渗透率 B_0	$1\sim20$	$\sim10^2$
	相比 β	$6\sim35$	$50\sim1\,500$
	总塔板数 n	$\sim10^3$	$\sim10^6$

---

① 压力校正因子 j 的计算公式:

$$j = \frac{3[(p_i/p_o)^2-1]}{2[(p_i/p_o)^3-1]}$$

式中, p_i 与 p_o 分别为柱的进口压力和出口压力。

续表

		填充柱	毛细管柱
动力学方程式	方程式	$H = A + \dfrac{B}{u} + (c_g + c_1)u$	$H = A + \dfrac{B}{u} + (c_g + c_1)u$
	涡流扩散项	$A = 2\lambda dp$	$A = 0$
	分子扩散项	$B = 2\gamma D_g; \gamma = 0.5 \sim 0.7$	$B = 2D_g; \gamma = 1$
	气相传质项	$c_g = \dfrac{0.01\, k^2}{(1+k)^2} \cdot \dfrac{d_p^2}{D_g}$	$c_g = \dfrac{(1+6k+11k^2)}{24(1+k)^2} \cdot \dfrac{r^2}{D_g}$
	液相传质项	$c_1 = \dfrac{2}{3} \cdot \dfrac{k}{(1+k)^2} \cdot \dfrac{d_f^2}{D_1}$	$c_1 = \dfrac{2}{3} \cdot \dfrac{k}{(1+k)^2} \cdot \dfrac{d_f^2}{D_1}$
其他	进样量/μL	$0.1 \sim 10$	$0.01 \sim 0.2$
	进样器	直接进样	附加分流装置
	检测器	TCD, FID 等	常用 FID
	柱制备	简单	复杂
	定量结果	重现性好	与分流器设计性能有关

毛细管柱的色谱系统

　　毛细管柱和填充柱的色谱系统基本上是相同的。但由于毛细管柱内径小,因此即使采用很高的线性流速,载气的体积流量仍很小。如果柱两端连接管路的接头部件、进样器(汽化室)、检测器死体积大,就会使试样组分在这些部分扩散而影响毛细管系统的分离和柱效(柱外效应),所以毛细管柱色谱仪器对死体积的限制是很严格的。为了减少组分的柱后扩散,可在色谱系统中增加尾吹气,即在毛细管柱出口到检测器流路中增加一条叫尾吹气的辅助气路,以增加柱出口到检测器的载气流量,减少这段死体积的影响。又由于毛细管柱系统的载气 N_2 流量小($0.5 \sim 5$ mL·min^{-1}),使氢焰检测器所需 N/H 比过小而影响灵敏度,因此尾吹 N_2 还能增加 N/H 比而提高检测器的灵敏度。

　　另外一个不同处是由于毛细管柱的柱容量很小,用微量注射器很难准确地将小于 0.01 μL 的液体试样直接送入,为此常采用分流进样方式。毛细管柱色谱系统和填充柱色谱系统的流路比较如图 2-21 所示。由图可见,主要不同是毛细管柱色谱仪柱前增加了分流进样装置,柱后增加了尾吹气。

分流进样

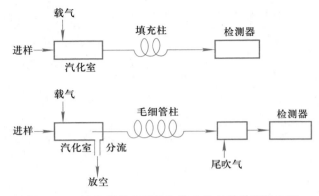

图 2-21 毛细管柱色谱仪和填充柱色谱仪流路比较

所谓分流进样,是将液体试样注入汽化室使其汽化,并与载气均匀混合,然后让少量试样和载气进入色谱柱,大量试样和载气放空,如图 2-21 所示。由于在分流且放空之前载气的流速较高,因此减小了汽化室死体积的影响。放空的试样量与进入毛细管柱试样的比称分流比,通常控制在 10∶1 至 500∶1。分流后的试样组分能否代表原来的试样与分流器的设计有关。分流进样由于简便易行而得到广泛应用。然而它尚未能很好适用于痕量组分的定量分析及定量要求高的分析,为此已发展了多种进样技术,如不分流进样、冷柱头进样等(参阅章末所列参考文献[9],[11])。

§2-9 气相色谱分析的特点及其应用范围

由前面的讨论可以看到,气相色谱分析是一种高效能、选择性好、灵敏度高、操作简单、应用广泛的分析和分离方法。

色谱分离主要是基于组分在两相间反复多次的分配过程。一根长 1~2 m 的色谱柱,一般可有上千个理论塔板,对于长柱(毛细管柱),甚至有一百多万个理论塔板,这样就可使一些分配系数很接近的及极为复杂、难以分离的物质,经过多次分配平衡,最后仍能得到满意的分离。例如,用空心毛细管色谱柱,一次可以解决含有一百多个组分的烃类混合物的分离及分析,因此气相色谱法的分离效能很高,选择性很好。这是这个方法的突出优点。

在气相色谱分析中,由于使用了高灵敏度的检测器,可以检测 $10^{-11} \sim 10^{-13}$ g 的物质,它可以检出超纯气体、高分子单体和高纯试剂中的质量分数为 10^{-6} 甚至 10^{-10} 数量级的杂质;在环境监测上可用来直接检测(即试样不需事先浓缩)大

气中质量分数为 $10^{-6}\sim10^{-9}$ 数量级的污染物;农药残留量的分析中可测出农副产品、食品、水质中质量分数为 $10^{-6}\sim10^{-9}$ 数量级卤素、硫、磷化物等,因此气相色谱法很适合于痕量分析。

气相色谱分析操作简单,分析快速,通常一个试样的分析可在几分钟到几十分钟内完成。某些快速分析,1 s 可分析好几个组分。

气相色谱法可以应用于气体试样的分析,也可分析易挥发或可转化为易挥发物质的液体和固体,不仅可分析有机化合物,也可分析部分无机化合物。一般地,只要沸点在 500 ℃ 以下,热稳定性良好,相对分子质量在 400 以下的物质,原则上都可采用气相色谱法。目前气相色谱法所能分析的有机化合物,约占全部有机化合物的 $15\%\sim20\%$,而这些有机化合物恰是目前应用很广的那一部分,因而气相色谱法的应用十分广泛。

对于难挥发和热不稳定的物质,气相色谱法是不适用的,但近年来裂解气相色谱法(将相对分子质量较大的物质在高温下裂解后进行分离检定,已应用于聚合物的分析)、衍生化气相色谱法(利用适当的化学反应将难挥发试样转化为易挥发的物质,然后以气相色谱法分析之)等的应用,大大扩展了气相色谱法的适用范围。

随着科学技术的不断发展,人们对认知的要求也越来越高。为此,发展了全二维气相色谱技术,即试样通过第一根气相色谱柱分离后,将全部流出物通过接口的作用分次转入第二根极性或作用原理完全不同的色谱柱中做进一步分离,利用该技术,已从航空煤油一次分离出一万多种化合物,这在过去,是难以想象的。

全二维气相色谱

思考题与习题

1. 简要说明气相色谱分析的分离原理。

2. 气相色谱仪的基本设备包括哪几部分? 各有什么作用?

3. 当下述参数改变时:(1) 柱长缩短;(2) 固定相改变;(3) 流动相流速增加;(4) 相比减小,是否会引起分配系数的变化? 为什么?

4. 当下述参数改变时:(1) 柱长增加;(2) 固定相量增加;(3) 流动相流速减小;(4) 相比增大,是否会引起分配比的变化? 为什么?

5. 试以塔板高度 H 作指标讨论气相色谱操作条件的选择。

6. 试述速率方程式中 A,B,C 三项的物理意义。$H-u$ 曲线有何用途? 曲线的形状变化受哪些主要因素影响?

7. 在气相色谱中,若要实现快速分析,可以采取哪些手段? 试从速率方程的角度加以讨论。

8. 为什么可用分离度 R 作为色谱柱的总分离效能指标?

参考答案

9. 能否根据理论塔板数来判断分离的可能性？为什么？

10. 试述色谱分离基本方程的含义，它对色谱分离有什么指导意义？

11. 对担体和固定液的要求分别是什么？

12. 试比较红色担体和白色担体的性能。对担体进行钝化处理的目的是什么？

13. 试述"相似相溶"原理应用于固定液选择的合理性及其存在问题。

14. 试述热导检测器的工作原理。有哪些因素影响热导检测器的灵敏度？

15. 试述氢焰检测器的工作原理。如何考虑其操作条件？

16. 色谱定性的依据是什么？主要有哪些定性方法？

17. 何谓保留指数？应用保留指数作定性指标有什么优点？

18. 色谱定量分析中，为什么要用定量校正因子？在什么情况下可以不用定量校正因子？

19. 有哪些常用的色谱定量方法？试比较它们的优缺点及适用情况。

20. 在一根 2 m 长的硅油柱上，分析一个混合物，得下列数据：苯、甲苯及乙苯的保留时间分别为 $1'20''$，$2'2''$ 及 $3'1''$；半峰宽为 $6.33''$，$8.73''$ 及 $12.3''$，求色谱柱对每种组分的理论塔板数及塔板高度。

21. 在一根 3 m 长的色谱柱上，分离一试样，得如下的色谱图及数据：

(1) 用组分 2 计算色谱柱的理论塔板数；

(2) 求调整保留时间 $t'_{R(1)}$ 及 $t'_{R(2)}$；

(3) 若需达到分离度 $R=1.5$，所需的最短柱长为几米？

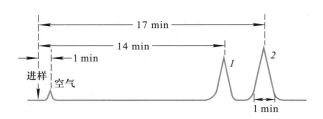

22. 分析某种试样时，两个组分的相对保留值 $r_{21}=1.11$，柱的有效塔板高度 $H=1$ mm，需要多长的色谱柱才能分离完全（即 $R=1.5$）？

23. 载气流量为 25 mL·min^{-1}，进样量为 0.5 mL 饱和苯蒸气，其质量经计算为 0.11 mg，得到的色谱峰的实测面积为 384 mV·s。求该热导检测器的灵敏度。

24. 已知载气流量为 20 mL·min^{-1}，放大器灵敏度 1×10^3，进样量 50 μL 苯蒸气，质量为 0.011 mg，所得苯色谱峰的峰面积为 200 mV·min，$Y_{1/2}$ 为 0.3 min，检测器噪声为 0.1 mV，求该氢焰检测器的灵敏度及最小检出量。

25. 丙烯和丁烯的混合物进入气相色谱柱得到如下数据:

组分	保留时间/min	峰宽/min
空气	0.5	0.2
丙烯	3.5	0.8
丁烯	4.8	1.0

计算:(1) 丁烯在这根柱上的分配比是多少?

(2) 丙烯和丁烯的分离度是多少?

26. 某一气相色谱柱,速率方程式中 A,B 和 C 的值分别是 0.15 cm, 0.36 $cm^2 \cdot s^{-1}$ 和 4.3×10^{-2} s,计算最佳流速和最小塔板高度。

27. 在一色谱图上,测得各峰的保留时间如下:

组分	空气	辛烷	壬烷	未知峰
t_R/min	0.6	13.9	17.9	15.4

求未知峰的保留指数。

28. 化合物 A 与正二十四烷及正二十六烷相混合注入色谱柱进行试验,得调整保留时间为:A,10.20 min;$n-C_{24}H_{50}$,9.81 min;$n-C_{26}H_{54}$,11.56 min。计算化合物 A 的保留指数。

29. 测得石油裂解气的色谱图(前面四个组分为经过衰减至原有峰面积的 1/4 得到),从色谱图得到各组分峰面积及已知的组分的 f 值分别为

出峰顺序	空气	甲烷	二氧化碳	乙烯	乙烷	丙烯	丙烷
峰面积/(mV·min)	34	214	4.5	278	77	250	47.3
质量校正因子 f	0.84	0.74	1.00	1.00	1.05	1.28	1.36

用归一法定量,求各组分的质量分数各为多少?

30. 有一试样含甲酸、乙酸、丙酸及不少水、苯等物质,称取此试样 1.055 g。以环己酮作内标,称取 0.1907 g 环己酮,加到试样中,混合均匀后,吸取此试液 3 μL 进样,得到色谱图。从色谱图上测得的各组分峰面积及已知的 s 值如下表所示:

	甲酸	乙酸	环己酮	丙酸
峰面积/(mV·min)	14.8	72.6	133	42.4
相对响应值 s	0.261	0.562	1.00	0.938

求甲酸、乙酸、丙酸的质量分数。

31. 在测定苯、甲苯、乙苯、邻二甲苯的峰高校正因子时,称取的各组分的纯物质质量,以及在一定色谱条件下所得色谱图上各种组分色谱峰的峰高分别如下:

	苯	甲苯	乙苯	邻二甲苯
质量/g	0.596 7	0.547 8	0.612 0	0.668 0
峰高/mV	180.1	84.4	45.2	49.0

求各组分的峰高校正因子,以苯为标准。

32. 已知在混合酚试样中仅含有苯酚、邻甲酚、间甲酚和对甲酚四种组分,经乙酰化处理后,用液晶柱测得色谱图,图上各组分色谱峰的峰高、半峰宽,以及已测得各组分的校正因子分别如下。求各组分的质量分数。

	苯酚	邻甲酚	间甲酚	对甲酚
峰高/mV	64.0	104.1	89.2	70.0
半峰宽/min	0.194	0.240	0.285	0.322
校正因子 f	0.85	0.95	1.03	1.00

33. 测定氯苯中的微量杂质苯、对二氯苯、邻二氯苯时,以甲苯为内标,先用纯物质配制标准溶液,进行气相色谱分析,得如下数据(见下表),试根据这些数据以 $h_i/h_s - m_i/m_s$ 绘制标准曲线。

编号	甲苯质量	苯		对二氯苯		邻二氯苯	
	g	质量/g	峰高比	质量/g	峰高比	质量/g	峰高比
1	0.045 5	0.005 6	0.234	0.032 5	0.080	0.024 3	0.031
2	0.046 0	0.010 4	0.424	0.062 0	0.157	0.042 0	0.055
3	0.040 7	0.013 4	0.608	0.084 8	0.247	0.061 3	0.097
4	0.041 3	0.020 7	0.838	0.119 1	0.334	0.087 8	0.131

在分析未知试样时,称取氯苯试样 5.119 g,加入内标物 0.042 1 g,测得色谱图,从图上量取各色谱峰的峰高,并求得峰高比如下。求试样中各杂质的质量分数。

苯峰高:甲苯峰高＝0.341

对二氯苯峰高:甲苯峰高＝0.298

邻二氯苯峰高:甲苯峰高＝0.042

参 考 文 献

[1] 刘密新.仪器分析.2 版.北京:清华大学出版社,2002.

[2] 史景江.色谱分析法.重庆:重庆大学出版社,1990.

[3] 孙传经.气相色谱分析原理与技术.2 版.北京:化学工业出版社,1985.

[4] 汪正范.色谱定性与定量.北京:化学工业出版社,2000.

[5] 金鑫荣.气相色谱法.北京:高等教育出版社,1987.

[6] 周良模.气相色谱新技术.北京:科学出版社,1994.

[7] 李浩春.分析化学手册　第五分册——气相色谱分析.北京:化学工业出版社,1999.

[8] 吴烈钧.气相色谱检测方法.北京:化学工业出版社,2000.

[9] 李 M L,杨 F J,巴特尔 K D.毛细管柱气相色谱法.王其昌,等译.北京:化学工业出版社,1988.

[10] 艾特利 L S.开管柱入门.陈维杰,张铁垣译.北京:北京师范大学出版社,1982.

[11] 傅若农,刘虎威.高分辨气相色谱及高分辨裂解气相色谱.北京:北京理工大学出版社,1992.

[12] 浙江大学分析化学教研组.分析化学习题集.2 版.北京:高等教育出版社,1990.

[13] 施荫玉,冯亚非.仪器分析解题指南与习题.北京:高等教育出版社,1998.

[14] Grob R L.Modern practice of gas chromatography.3nd ed.John Willey & Sons,2004.

[15] 汪正范.色谱定性与定量.2 版.北京:化学工业出版社,2007.

第3章 高效液相色谱分析

High Performance Liquid Chromatography, HPLC

§3-1 高效液相色谱法的特点

高效液相色谱法是 20 世纪 70 年代发展起来的一项高效、快速的分离、分析技术。液相色谱法是指流动相为液体的色谱技术。在经典的液相色谱法基础上,引入了气相色谱法的理论,在技术上采用了高压泵、高效固定相和高灵敏度检测器,实现了分析速度快,分离效率高和操作自动化。这种柱色谱技术称作高效液相色谱法。它可用来进行液-固吸附、液-液分配、离子交换和空间排阻色谱(即凝胶色谱)分析,应用非常广泛。高效液相色谱法具有以下几个突出的特点。

(1) 高压 液相色谱法以液体作为流动相(也称为洗脱液),液体流经色谱柱时,受到的阻力较大,为了能迅速地通过色谱柱,必须对流动相施加高压。在现代液相色谱法中供液压力和进样压力都很高,一般可达到 $150 \times 10^5 \sim 350 \times 10^5$ Pa。高压是高效液相色谱法的一个突出特点。

(2) 高速 高效液相色谱法所需的分析时间较经典液相色谱法少得多,一般小于 1 h。例如,分离苯的羟基化合物七个组分,只需要 1 min 即可完成;对氨基酸分离,用经典液相色谱法,柱长约 170 cm、柱径 0.9 cm、洗脱液流量 30 mL·h^{-1},需用 20 多小时才能分离出 20 种氨基酸,而用高效液相色谱法,在 1 h 之内即可完成。流动相在色谱柱内的流量较之经典液相色谱法高得多,一般可达 $1 \sim 10$ mL·min^{-1}。

(3) 高效 气相色谱法的分离效能很高,填充柱柱效约为 1 000 塔板/m,而高效液相色谱法的柱效更高,可达 30 000 塔板/m 以上。这是由于近年来研究出了许多新型固定相(如化学键合固定相),使分离效率大大提高。

(4) 高灵敏度 高效液相色谱法已广泛采用高灵敏度的检测器,进一步提高了分析的灵敏度。如紫外检测器的最小检出量可达 10^{-9} g 数量级;荧光检测

器的灵敏度可达 10^{-11} g 数量级。高效液相色谱法的高灵敏度还表现在所需试样很少,微升数量级的试样就足以进行全分析。

高效液相色谱法由于具有上述优点,因而在色谱文献中又将它称为现代液相色谱法、高压液相色谱法或高速液相色谱法。

气相色谱法虽具有分离能力强、灵敏度高、分析速度快、操作方便等优点,但是受分离原理的限制,沸点太高的物质或热稳定性差的物质都难于直接应用气相色谱法进行分析。而高效液相色谱法只要求试样能制成溶液,而不需要汽化,因此不受试样挥发性的限制。对于高沸点、热稳定性差、相对分子质量大(大于 400 以上)的有机化合物(这些物质几乎占有机化合物总数的 $75\%\sim80\%$)原则上都可用高效液相色谱法来进行分离、分析。

§3-2 影响色谱峰扩展及色谱分离的因素

高效液相色谱法的基本概念及理论基础,如保留值、分配系数、分配比、分离度、塔板理论、速率理论等与气相色谱法是一致的,但有其不同之处。液相色谱法与气相色谱法的主要区别可归结于流动相的不同。液相色谱法的流动相为液体,气相色谱法的流动相为气体。液体的扩散系数只有气体的万分之一至十万分之一,液体的黏度比气体大 100 倍,而密度为气体的 1 000 倍左右(见表 3-1)。这些差别显然将对色谱过程产生影响。现根据速率理论对色谱峰扩展及色谱分离的影响讨论如下。

表 3-1 影响色谱峰扩展的主要物理性质

参 数	气 体	液 体
扩散系数 $D_m/(\text{cm}^2\cdot\text{s}^{-1})$	10^{-1}	10^{-5}
密度 $\rho/(\text{g}\cdot\text{cm}^{-3})$	10^{-3}	1
黏度 $\eta/[\text{g}\cdot(\text{cm}\cdot\text{s})^{-1}]$	10^{-4}	10^{-2}

1. 涡流扩散项 H_e

$$H_e = 2\lambda d_p \tag{3-1}$$

其含义与气相色谱法的相同。

2. 纵向扩散项 H_d

当试样分子在色谱柱内被流动相携带前进时,由分子本身运动所引起的纵向扩散同样引致色谱峰的扩展。它与分子在流动相中的扩散系数 D_m 成正比,与流动相的线速度 u 成反比:

$$H_d = \frac{C_d D_m}{u} \tag{3-2}$$

式中，C_d 为一常数。由于分子在液体中的扩散系数比在气体中要小 $4\sim5$ 个数量级，因此在液相色谱法中，当流动相的线速度大于 $0.5\ \mathrm{cm \cdot s^{-1}}$ 时，这个纵向扩散项对色谱峰扩展的影响实际上是可以忽略的，而气相色谱法中这一项却是重要的。

3. 传质阻力项

可分为固定相传质阻力项和流动相传质阻力项。

（1）固定相传质阻力项 H_s 试样分子从流动相进入到固定液内进行质量交换的传质过程取决于固定液的厚度 d_f，以及试样分子在固定液内的扩散系数 D_s：

$$H_s = \frac{C_s d_f^2}{D_s} u \tag{3-3}$$

式中，C_s 是与 k（容量因子）有关的系数。H_s 与气相色谱法中液相传质项含义是一致的。由式（3-3）可见，对由固定相的传质所引起的峰扩展，主要从改善传质，加快溶质分子在固定相上的解吸过程着手加以解决。对液-液分配色谱法，可使用薄的固定相层，而对吸附、排阻和离子交换色谱法，则可使用小的颗粒填料来解决。当然，使用具有扩散系数大的液相固定液，可改善传质。另外，减小流动相流速，亦可改善传质。不过这与分子扩散作用相矛盾，还会增长分析时间。

（2）流动相传质阻力项 试样分子在流动相的传质过程有两种形式，即在流动的流动相中的传质和滞留的流动相中的传质。

① 流动的流动相中的传质阻力项 H_m 当流动相流过空管柱时，柱内流动相的流速并不均匀，靠近柱管内壁的分子因受到阻力，其运动速度要比柱管中部的慢一些，使流体前沿呈抛物线形。与此类似，当流动相流经色谱柱内的填充物间的通道时，近填充物颗粒的流动相流动得稍慢一些，使靠近固定相表面的试样分子在同样的时间内走的距离比中间的要短些，由此导致流形展宽。该因素对塔板高度变化的影响是与线速度 u 和固定相粒度 d_p 的平方成正比，与试样分子在流动相中的扩散系数 D_m 成反比：

$$H_m = \frac{C_m d_p^2}{D_m} u \tag{3-4}$$

式中，C_m 是一常数，是容量因子 k 的函数，其值取决于柱直径、形状和填充的填料结构。当柱填料规则排布并紧密填充时，C_m 降低。

② 滞留的流动相中的传质阻力项 H_{sm} 这是由于固定相的多孔性会造成某部分流动相滞留，这种滞留在固定相空隙间和微孔内的流动相一般是停滞不动的。流动相中的试样分子要与固定相进行质量交换，必须先自流动相扩散到滞留区。如果固定相的微孔既小又深，此时传质速率就慢，对峰的扩展影响就大，这种影响

液相色谱中
的传质阻力
项

在整个传质过程中起着主要的作用。固定相的粒度愈小,它的微孔孔径愈大,传质途径也就愈短,传质效率也愈高,因而柱效就高。由于滞留区传质与固定相的结构有关,所以改进固定相就成为提高液相色谱柱效的一个重要问题。

滞留区传质阻力项 H_{sm} 为

$$H_{sm} = \frac{C_{sm}d_p^2}{D_m}u \tag{3-5}$$

式中,C_{sm} 是一常数,它与颗粒微孔中被流动相所占据部分的分数及容量因子有关。

综上所述,由于柱内色谱峰扩展所引起的塔板高度的变化可归纳为

$$H = 2\lambda d_p + \frac{C_d D_m}{u} + \left(\frac{C_m d_p^2}{D_m} + \frac{C_{sm} d_p^2}{D_m}u + \frac{C_s d_f^2}{D_s} \right)u \tag{3-6}$$

若将式(3-6)简化,可写作:

$$H = A + \frac{B}{u} + Cu$$

上式与气相色谱的速率方程形式是一致的,其主要区别在于纵向扩散项可以忽略不计,影响柱效的主要因素是传质项。

根据以上讨论可知,要提高液相色谱分离的效率,必须提高柱内填料装填的均匀性和减小粒度以加快传质速率。由式(3-6)可看出,H 近似正比于 d_p^2,减小粒度是提高柱效能的最有效途径。早期,由于装柱技术的困难,小于 10 μm 的填料没有得到实际应用。直到后来(1973 年)采用了湿法匀浆装柱技术,才使微粒型填料进入了实用阶段,随着填料制备技术和装柱技术的不断改进,5 μm 的填料成为目前广泛应用的高效柱的填料。选用低黏度的流动相,或适当提高柱温以降低流动相黏度,都有利于提高传质速率。降低流动相流速可降低传质阻力项的影响,但又会使纵向扩散增加并延长分析时间。可见在色谱分析过程中,各种因素是互相联系和互相制约的。

根据范第姆特方程做 HPLC 和 GC 的 $H-u$ 曲线,分别如图 3-1 和图 3-2 所示。由图 3-1 和图 3-2 不难看出:两者 $H-u$ 曲线的形状十分相似,对应某一流速都有一个板高的极小值,这个极小值就是柱效最高点;HPLC 的板高极小值比 GC 的极小值小一个数量级以上,说明液相色谱的柱效比气相色谱高得多;由曲线还可以看出,HPLC 的板高最低点对应流速比起 GC 的流速亦小近一个数量级。

对于液相色谱法,除上述影响色谱扩展的因素外,还有其他一些因素,如柱外展宽(柱外效应)的影响等。所谓柱外展宽是指色谱柱外各种因素引起的峰扩展。这可以分为柱前和柱后两种因素。

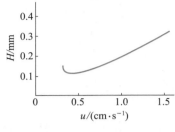

图 3-1 HPLC 的 H-u 图

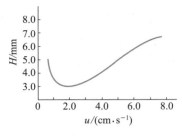

图 3-2 GC 的 H-u 图

柱前峰展宽主要由进样所引起。液相色谱法进样方式,大都是将试样注入进样器的液流中。采用这种进样方式时,由于进样器的死体积,以及进样时液流扰动引起的扩散造成了色谱峰的不对称和展宽。若将试样直接注入色谱柱顶端填料上的中心点,或注入填料中心之内 1~2 mm 处,则可减少试样在柱前的扩散,峰的不对称性得到改善,柱效显著提高。

柱后展宽主要由连接管、检测器流通池体积所引起。由于分子在液体中有较低的扩散系数,因此在液相色谱法中,这个因素要比在气相色谱法中更为显著。为此,连接管的体积、检测器的死体积应尽可能小。

§3-3 高效液相色谱仪

近年来,高效液相色谱技术得到了极其迅猛的发展。仪器的结构和流程也是多种多样的。现将典型的高效液相色谱仪的结构系统示于图 3-3。高效液相色谱仪一般都具备贮液器、高压泵、梯度洗提装置、进样器、色谱柱、检测器、恒温器和色谱工作站等主要部件。从图 3-3 可见,贮液器中贮存的流动相(常需脱气)经过过滤后,由高压泵输送到色谱柱入口。试样由进样器注入流动相系统,而后被送到色谱柱进行分离。分离后的组分由检测器检测,输出信号供给数据记录及处理装置。如果需收集馏分做进一步分析,则在色谱柱另一侧出口或检测器出口将试样馏分收集起来。现将高压泵、梯度洗提装置、进样器、色谱柱和检测器等主要部件简述于后。

1. 高压泵

液相色谱分析的流动相是用高压泵来输送的。由于色谱柱很细(1~6 mm),填充剂粒度小(目前常用颗粒直径约为 5 μm),因此阻力很大,为达到快速、高效的分离,必须有很高的柱前压力,以获得高速的液流。对高压输液泵来说,一般要求最高输出压力达(400~600)×10⁵ Pa,关键是要流量稳定,因为它不仅影

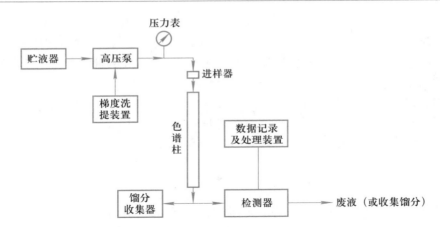

图 3-3　高效液相色谱仪典型结构示意图

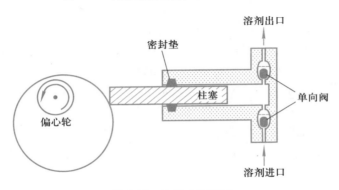

图 3-4　往复式柱塞泵

高效液相色谱仪

高压泵工作原理

响柱效能,而且直接影响到峰面积的重现性和定量分析的精密度,还会引起保留值和分辨能力的变化。另外,要求压力平稳无脉动,这是因为压力的不稳和脉动的变化,对很多检测器来说是很敏感的,它会使检测器的噪声加大,仪器的信噪比变差。对于流速也要有一定的可调范围,因为流动相的流速是分离条件之一。

高压泵按其性质可分为恒流泵和恒压泵两类。现介绍常用的两种。

(1) 往复式柱塞泵(reciprocating piston pump)　这是 HPLC 系统中最广泛使用的一种恒流泵,其结构如图 3-4 所示。当柱塞推入缸体时,泵头出口(上部)的单向阀打开,同时,流动相(溶剂)进口的单向阀(下部)关闭,这时就输出少量(约0.1 mL)的流体。反之,当柱塞从缸体向外拉时,流动相入口的单向阀打开,出口的单向阀同时关闭,一定量的流动相就由其贮液器吸入缸体中。为了维持一定的流量,柱塞每分钟大约需往复运动 100 次。这种泵的特点是不受整个色谱体系中其余部分阻力稍有变化的影响,连续供给恒定体积的流动相。这种泵可方便地通过改变柱塞进入缸体中距离的大小(即冲程大小)或往复的频率来调节流量。另外,由于死体积小(约 0.1 mL),更换溶剂方便,很适用于梯度洗提。不足之处是输出有脉冲波动,它会干扰某些检测器(如示差折光检测器)的正常工作,并且由于产生基线噪声而影响检测的灵敏度。为了消除输出脉冲,可使用脉冲阻尼器,或能对输出流量相互补偿的具有两个柱塞杆的双柱塞型往复泵。目前,并联和串联式的双柱塞泵在高效液相色谱仪中应用最多。

(2) 气动放大泵(pneumatio pressure intensifier) 气动放大泵是根据液体的压力传导原理:

$$p_1 S_A = p_2 S_B$$

而设计的,其结构如图 3-5 所示。它的工作原理是,压力为 p_1 的低压气体推动大面积(S_A)活塞 A,则在小面积(S_B)活塞 B 输出压力增大至 p_2 的液体。压力增大的倍数取决于 A 和 B 两活塞的面积比,如果 A 与 B 的面积之比($S_A:S_B$)为 50:1,则用压力为 $5×10^5$ Pa 的气体就可得到压力为 $250×10^5$ Pa 的输出液体。气动放大泵属恒压泵。泵体一次吸入液体的量取决于液缸的体积(数十毫升至一百多毫升)。气动泵活塞回转装置是自动控制的,它可将流动相贮器中的液体吸入泵体。这种泵的缺点是液缸体积大,更换流动相不方便,不适用于流动相筛选试验,也不便于梯度洗提(需要用两台泵)。但它能供给无脉冲的、稳定流量的输出。由于气动泵能使输送的液体迅速达到输出的压力,在泵的负荷阻力小的情况下,可提供大的输出流量,因此,它适用于匀浆法填装色谱柱。

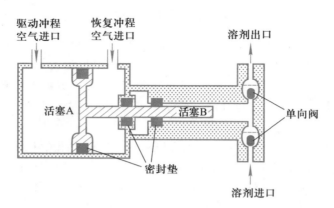

图 3-5 气动放大泵

2. 梯度洗提(gradient elution,又称梯度洗脱、梯度淋洗)装置

高效液相色谱法中的梯度洗提,和气相色谱法中的程序升温一样,给分离工作带来很大的方便,现在已成为高端高效液相色谱仪中一个重要的不可缺少的部分。所谓梯度洗提,就是流动相中含有两种(或更多)不同极性的溶剂,在分离过程中按一定的程序连续改变流动相中溶剂的配比和极性,通过流动相中极性的变化来改变被分离组分的容量因子 k 和选择性因子,以提高分离效果。应用梯度洗提还可以使分离时间缩短,分辨能力增加,由于峰形的改善,还可以减低最小检出量和提高定量分析的精度。梯度洗提可以在常压下预先按一定的程序将溶剂混合后再用泵输入色谱柱,这种方式叫作低压梯度,也称外梯度,也可以将溶剂用高压泵增压以后输入色谱系统的梯度混合室,加以混合后送入色谱柱,即所谓高压梯度或称内梯度。

低压梯度和
高压梯度流
路

3. 进样装置

在高效液相色谱中,进样方式及试样体积对柱效有很大的影响。要获得良好的分离效果和重现性,需要将试样瞬时注入色谱柱上端固定相的中心成一个小点。如果把试样注入柱前的流动相中,通常会使溶质以扩散形式进入柱顶,就会导致试样组分分离效能的降低。但在实际操作中,由于柱前压力很高,用注射器将试样直接注入固定相床层会导致进样口密封垫泄漏,故不易实现。目前,高效液相色谱仪中一般采用高压定量进样阀进样。

这是通过进样阀(常用六通阀)直接向压力系统内进样而不必停止流动相流动的一种进样装置。六通进样阀的原理如图 3-6 所示。操作分两步进行。当阀处于装样位置(准备)时,*1* 和 *6*、*2* 和 *3* 连通,试样用注射器由 *4* 注入一定容积的定量管中。根据进样量大小,接在阀外的定量管按需要选用。

六通进样阀

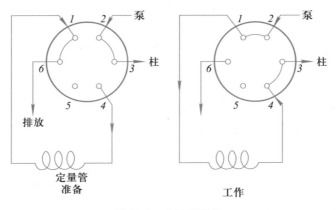

图 3-6　六通进样阀

注射器要取比定量管容积大 3～5 倍的试样溶液,多余的试样通过接连 6 的管道溢出。进样时,将阀芯沿顺时针方向迅速旋转 60°,使阀处于进样位置(工作),这时,*1* 和 *2*、*3* 和 *4* 连通,流动相将贮存于定量管中固定体积的试样送入柱中。

自动进样器

如上所述,进样体积是由定量管的体积严格控制的($20\sim100\ \mu L$),所以进样准确,重现性好,适于做定量分析。更换不同体积的定量管,可调整进样量。也可采用较大体积的定量管进少量试样,进样量由注射器控制,试样不充满定量管,而只是填充其一部分的体积。

4. 色谱柱

目前液相色谱法常用的标准柱形是内径为 4.6 mm 或 3.9 mm,长度为 15~30 cm 的直形不锈钢柱。填料颗粒度 5~10 μm,柱效以理论塔板数计为 5000~20 000。液相色谱柱发展的一个重要趋势是减小填料颗粒度(1.7~5 μm)以提高柱效,这样可以使用更短的柱(数厘米),加快分析速度。另一方面是减小柱径(内径≤2.1 mm,空心毛细管液相色谱柱的内径只有数十微米),既大为降低溶剂用量又提高检测浓度,但这对仪器及技术提出更高的要求。

液相色谱柱的分离效能,主要取决于柱填料的性能,但也与柱床的结构有关,而柱床结构直接受装柱技术的影响。因此,装柱质量对柱性能有重大的影响。液相色谱柱的装柱方法有干法和湿法两种。填料粒度大于 20 μm 的可用和气相色谱柱相同的干法装柱,粒度小于 20 μm 的填料不宜用此法装柱,这是由于微小颗粒表面存在着局部电荷,具有很高的表面能,因此在干燥时倾向于颗粒间的相互聚集,产生宽的颗粒范围并黏附于管壁,这些都不利于获得高的柱效。目前,对微颗粒填料的装柱只能采用湿法完成。

湿法也称匀浆法,即以一合适的溶剂或混合溶剂作为分散介质,使填料微粒在介质中高度分散,形成匀浆,然后,用加压介质在高压下将匀浆压入柱管中,以制成具有均匀、紧密填充床的高效柱。液相色谱柱的装填是一项技术性很强的工作。为装填出高效柱,除根据柱尺寸和填料性质选择适宜的装柱条件外,还要注意许多操作细节,这需要在实践中摸索。

5. 检测器

一个理想的检测器应具有灵敏度高,重现性好,响应快,线性范围宽,适用范围广,对流动相流量和温度波动不敏感,死体积小等特性。现简要介绍几种常用检测器的基本原理及其特性。

(1) 紫外光度检测器(ultraviolet photometric detector)　紫外光度检测器是液相色谱法广泛使用的检测器,它的作用原理是基于被分析试样组分对特定波长紫外线的选择性吸收,组分浓度与吸光度的关系遵守比尔定律。紫外光度检测器有固定波长(单波长和多波长)和可变波长(紫外分光和紫外可见分光)两类。

图 3-7 是一种双光路结构的固定波长紫外光度检测器光路图。光源 *1* 一般常采用低压汞灯,透镜 *2* 将光源射来的光束变成平行光,经过遮光板 *3* 变成一对细小的平行光束,分别通过测量池(流通池) *4* 与参比池 *5*,然后用紫外滤片 *6* 滤掉非单色光,用双紫外光敏电阻 *7* 接成惠斯顿电桥,根据输出信号差(即代

液相色谱柱

表被测试样的浓度)进行检测。为适应高效液相色谱分析的要求,测量池体积都很小,在 $5\sim10\ \mu L$,光路长 $5\sim10\ mm$,其结构形式常采用 H 形(见图 3-7)或 Z 形。接收元件采用光电管、光电倍增管或光敏电阻。检测波长一般固定在 254 nm 或 280 nm。

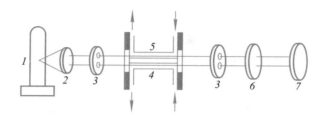

图 3-7　紫外光度检测器光路图

1—低压汞灯;2—透镜;3—遮光板;4—测量池;5—参比池;
6—紫外滤光片;7—双紫外光敏电阻

紫外光度检测器具有很高的灵敏度,最小检测质量浓度可达 $10^{-9}\ g\cdot mL^{-1}$,因而即使是那些对紫外光吸收较弱的物质,也可用这种检测器进行检测。此外,这种检测器对温度和流速不敏感,可用于梯度洗提,其结构较简单,缺点是不适用于对紫外光完全不吸收的试样,溶剂的选用受限制(紫外光不透过的溶剂如苯等不能用,参阅第九章)。为了扩大应用范围和提高选择性,可应用可变波长检测器。这实际上就是装有流通池的紫外分光光度计或紫外可见分光光度计。应用此检测器,还能获得分离组分的紫外吸收光谱。即当试样组分通过流通池时,短时间中断液流进行快速扫描(停流扫描),以得到紫外吸收光谱,为定性分析提供信息,或据此选择最佳检测波长。

紫外检测器
(DAD)

光电二极管阵列检测器(photo-diode array detector,PDA 或 DAD)是紫外可见光度检测器的一个重要进展。在这类检测器中采用光电二极管阵列作检测元件,阵列由几百至上千个光电二极管组成,检测波长范围达 190~800 nm。由图 3-8 可见,在此检测器中先使光源发出的紫外或可见光通过液相色谱流通池,在此被流动相中的组分进行特征吸收,然后通过入射狭缝进行分光,使所得含有吸收信息的全部波长,聚焦在阵列上同时被检测,并用电子学方法及计算机技术对二极管阵列快速扫描采集数据。由于扫描速率非常快,每帧图像仅需 $10^{-2}\ s$,远远超过色谱峰流出的速率,因此无需停流扫描亦可观察色谱柱流出物的各个瞬间的动态光谱吸收图。经计算机处理后可得到三维色谱-光谱图(图 3-9)。因此,可利用色谱保留值规律及光谱特征吸收曲线综合进行定性分析。此外,可在色谱分离时,对每个色谱峰的指定位置(峰前沿、峰顶点、峰后沿)实时记录吸收光谱图并进行比较,可判别色谱峰的纯度及分离状况。

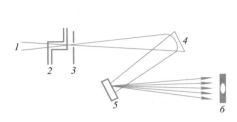

图 3-8 光电二极管阵列检测器光路示意
1—光源；2—流通池；3—入射狭缝；4—反射镜；
5—光栅；6—二极管阵列

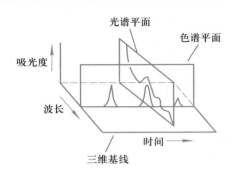

图 3-9 三维色谱-光谱示意图

（2）荧光检测器（fluorescence detector） 荧光检测器是一种很灵敏和选择性好的检测器。许多物质，特别是具有对称共轭结构的有机芳环分子受紫外光激发后，能辐射出比紫外光波长较长的荧光，如多环芳烃、维生素 B、黄曲霉素、卟啉类化合物等，许多生化物质包括某些代谢产物、药物、蛋白质、胺类、甾族化合物都可用荧光检测器检测，其中某些不发射荧光的物质亦可通过化学衍生转变成能发出荧光的物质而得到检测。荧光检测器的结构及工作原理和荧光光度计或荧光分光光度计相似（参见第十二章），图 3-10 是典型的直角形荧光检测器的示意图。由卤化钨灯产生 280 nm 以上的连续波长的强激发光，经透镜和激发滤光片将光源发出的光聚焦于流通池上。另一个透镜将流通池中欲测组分发射出来的与激发光呈 90°的荧光聚焦，透过发射滤光片照射到光电倍增管上进行检测。一般情况下，荧光检测器比紫外光度检测器的灵敏度要高 2 个数量级，但其线性范围仅约为 10^3。利用可调节的激光作光源（激光荧光光谱），可使检测灵敏度和准确度都得到提高。

（3）示差折光检测器（differential refractive index detector） 示差折光检测器是借连续测定流通池中溶液折射率的方法来测定试样浓度的检测器。溶液的折射率是纯溶剂（流动相）和纯溶质（试样）的折射率乘以各物质的浓度之和。因此溶有试样的流动相和纯流动相之间折射率之差，表示试样在流动相中的浓度。

示差折光检测器按其工作原理可以分成偏转式、反射式、干涉式等类型，现以偏转式为例做一介绍。当介质中的成分发生变化时，其折射随之发生变化，如入射角不变（一般选 45°），则光束的偏转角是介质（如流动相）中成分变化（如有试样流出）的函数。因此，利用测量折射角偏转值的大小，便可以测定试样的浓度。图 3-11 是一种偏转式示差折光检测器的光路图。光源 1 射出的光线由透镜 2 聚焦后，从遮光板 4 的狭缝射出一条细窄光束，经反射镜 5 反射以后，由透镜 6 汇聚两次，穿过工作池 7 和参比池 8，被平面反射镜 9 反射出来，成像

荧光检测器

示差折光检测器

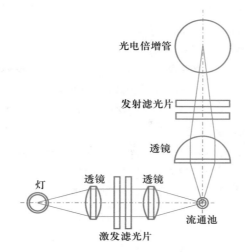

图 3-10 直角形滤色片荧光检测器光路图

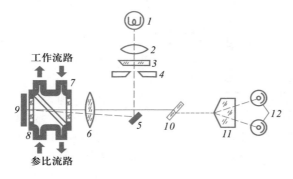

图 3-11 偏转式示差折光检测器光路图

1—钨丝灯光源;2—透镜;3—红外隔热滤光片;4—遮光板;5—反射镜;6—透镜;7—工作池;
8—参比池;9—平面反射镜;10—平面细调透镜;11—棱镜;12—光电管

于棱镜 11 的棱口上,然后光束均匀分解为两束,到达左右两个对称的光电管 12 上。如果工作池和参比池皆通过纯流动相,光束无偏转,左右两个光电管的信号相等,此时输出平衡信号。如果工作池中有试样通过,由于折射率改变,造成了光束的偏移,从而使到达棱镜的光束偏离棱口,左右两个光电管所接受的光束能量不等,因此输出一个代表偏转角大小,也就是试样浓度的信号而被检测。红外隔热滤光片 3 可以阻止那些容易引起流通池发热的红外光通过,以保证系统工作的热稳定性。平面细调透镜 10 用来调整光路系统的不平衡。

几乎每种物质都有各自不同的折射率,因此都可用示差折光检测器来检测,如同气相色谱仪的热导检测器一样,它是一种通用型的浓度检测器。灵敏度可

达到 $10^{-7}\,g\cdot mL^{-1}$。主要缺点在于它对温度变化很敏感,折射率的温度系数为 $10^{-4}\,RIU^{①}\cdot ℃^{-1}$,因此检测器的温度控制精度应为 $\pm 10^{-3}\,℃$。此检测器不能用于梯度洗提。

（4）电导检测器(electrical conductivity detector)　电导检测器属电化学检测器,是离子色谱法(参见§3-4)中使用最广泛的检测器。其作用原理是根据物质在某些介质中解离后所产生电导变化来测定解离物质含量。图 3-12 是这种检测器的结构示意。电导池内的检测探头是由一对平行的铂电极(表面镀铂黑以增加其表面积)组成,将两电极构成电桥的一个测量臂。图 3-13 是其测量线路图。电桥可用直流电源,也可用高频交流电源。电导检测器的响应受温度的影响较大,因此要求严格控制温度。一般在电导池内放置热敏电阻器进行监测。

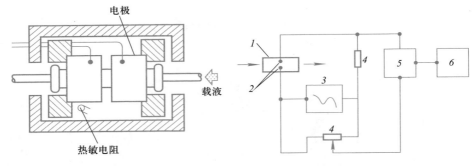

电极

载液

热敏电阻

图 3-12　电导检测器结构示意图

图 3-13　电导检测器检测线路图

1—检测器池体；2—电极；3—电源；4—电阻；

5—相敏检波器；6—记录系统

电导检测器

在化学抑制型离子色谱体系中,背景电导极低,可采用上述两电极电导检测器。但在非抑制型离子色谱体系中,洗脱液背景电导高,极化效应严重,此时应采用五电极式电导检测器或经改进的两电极式电导检测器。图 3-14 为五电极式电导检测器的结构示意及等效电路。这个电导池由两个施加电压电极①,两个测量电极②和屏蔽电极③五个环状电极构成。在电路设计中维持两测量电极间电压恒定,不受负载电阻 R_L、电极间电阻 R_x 和双电层电容变化的影响。因此,两测量电极间的电流变化仅与溶液的电阻有关,从而控制仅随溶液电阻变化而变化,再从负载电阻 R_L 两端取出信号进行放大显示。屏蔽电极有助于提高测量的稳定性。五电极式电导检测器有效地消除了极化和电解效应的影响,在高背景电导下仍能获得极低的噪声水平,适用于非抑制型离子色谱系统。

---

　　①　RIU 为 refractive index unit 的缩写。

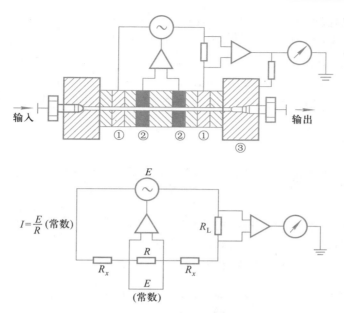

$$I = \frac{E}{R} \text{(常数)}$$

图 3-14　五电极式电导检测器结构示意及等效电路

（5）蒸发光散射检测器（evaporative light scattering detector）　蒸发光散射检测器是一种通用型检测器，工作原理如图 3-15 所示。色谱柱 *1* 后的流出物在通向散射室 *7* 的途中与高流速 N_2 混合，形成微小均匀的雾状液滴。在加热的蒸发漂移管 *3* 中，流动相不断蒸发，溶质分子形成悬浮在溶剂蒸气中的小颗粒，被 N_2 气载带进入散射室。在此，溶质颗粒受到由激光光源 *5* 发射的激光束的照射，其散射光由光电二极管 *6* 检测产生电信号，电信号的强弱取决于散射室中溶质颗粒的大小与数量。单位时间内通过散射室溶质颗粒的数量与流动相的性质、雾化气体及流动相的流速有关，当上述条件恒定时，散射光的强度仅取决于被测组分的浓度。

由于蒸发光散射检测器是基于不挥发性溶质对光的散射现象，因此在高效液相色谱中是一种通用性较强的检测器。与示差折光检测器相比，蒸发光散射检测器的

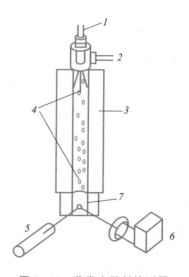

图 3-15　蒸发光散射检测器
工作原理示意图

1—色谱柱；2—喷雾气体；3—蒸发漂移管；
4—试样液滴；5—激光光源；
6—光电二极管；7—散射室

蒸发光散射检测器

蒸发光散射检测器的应用

灵敏度高,响应信号不受溶剂和温度的影响,可用于梯度洗提。但不宜采用非挥发性缓冲溶液为流动相。目前,蒸发光散射检测器已广泛用于检测糖类、表面活性剂、聚合物、酯类等无紫外吸收或紫外吸收系数较小的物质。此外,蒸发光散射检测器的响应值与试样质量成正比,即对几乎所有试样的响应因子接近一致,因此可以在没有标准品的情况下,采用内标法测定未知物的近似含量(f_i/f_s 接近 1)。

§3-4　高效液相色谱法的主要类型及其分离原理

根据分离原理的不同,高效液相色谱可分为:分配色谱、吸附色谱、离子交换色谱、空间排阻色谱和亲和色谱等。而分离原理的不同主要取决于固定相的结构和性质的差异,以下将分别讨论之。

分配色谱（partition chromatography）——化学键合相色谱法（chemically bonded phase chromatography）、离子对色谱法（ion pair chromatography）

1. 分离原理

试样溶于流动相后,在色谱柱内经过两相界面进入固定液(固定相)中,由于试样组分在固定相和流动相之间的相对溶解度存在差异,因而溶质在两相间进行分配。当达到平衡时,物质的分配同样服从于下式:

$$K = \frac{c_s}{c_m} = k\,\frac{V_m}{V_s}$$

式中,K 是分配系数,k 为容量因子,c_s 和 c_m 分别是溶质在固定相和流动相中的浓度,V_m 和 V_s 分别为流动相和固定相的体积。

与气-液分配色谱法相似,基于分配原理的液相色谱中,组分分离的顺序决定于分配系数的大小,分配系数大的组分保留值大。但也有不同之处,气相色谱法中流动相的性质对分配系数影响不大,而液相色谱法中流动相的种类对分配系数却有较大的影响。

在分配色谱法中,一般为了避免固定相的流失,对于亲水性固定相常采用疏水性流动相,即流动相的极性小于固定相的极性,这种情况称为正相色谱法(normal phase liquid chromatography)。反之,若流动相的极性大于固定相的极性,则称为反相色谱法(reverse phase liquid chromatography),后者的出峰顺序与正相色谱相反。

2. 固定相

在高效液相色谱发展的初期,曾借鉴气-液色谱中固定相的制备方法,将固定液如 β,β′-氧二丙腈、角鲨烷等涂覆在硅胶微粒上作固定相。尽管选择的流动相与固定相极性差异很大,但因微弱溶解、机械冲刷导致的固定液流失仍相当严重,色谱柱的保留和分离性能持续变差,在实际工作中没有应用价值,故早已被淘汰。

为了解决固定液的流失问题,20 世纪 60 年代后期发展了一种新型的固定相——化学键合固定相,使用此类固定相的色谱方法,被称为化学键合相色谱法。所谓化学键合固定相,即通过化学反应将有机基团结合到担体(如硅胶颗粒)表面。根据在硅胶颗粒表面(具有 $\equiv Si-OH$ 基团)的化学反应不同,键合固定相可分为:硅氧碳键型($\equiv Si-O-C$),硅氧硅碳键型($\equiv Si-O-Si-C$),硅碳键型($\equiv Si-C$)和硅氮键型($\equiv Si-N$)等。例如,在硅胶颗粒表面利用硅烷化反应制得 $\equiv Si-O-Si-C$ 键型(十八烷基键合相)的反应为

键合于硅胶担体上的官能团,可以是非极性的长烷链,如十八烷基,也可以是其他的一些有机官能团如脂肪胺、芳烃(如苯)及氰基等,因此可以得到不同极性的化学键合相(表 3-2),其中,十八烷基(C_{18})键合硅胶(Octadecylsilyl, ODS)是最常用的反相色谱固定相。

表 3-2　化学键合相色谱应用

试样种类	键合基团	流动相	色谱类型	实例
低极性溶解于烃类	—C_{18}	甲醇-水 乙腈-水 乙腈-四氢呋喃	反相	多环芳烃、甘油三酯、类脂、脂溶性维生素、甾族化合物、氢醌
中等极性可溶于醇	—CN —NH_2	乙腈、正己烷、氯仿 正己烷 异丙醇	正相	脂溶性维生素、甾族、芳香醇、胺、类脂止痛药 芳香胺、酯、氯化农药、苯二甲酸

续表

试样种类	键合基团	流动相	色谱类型	实例
中等极性 可溶于醇	—C$_{18}$ —C$_8$ —CN	甲醇、水 乙腈	反相	甾族,可溶于醇的天然产物、维生素、芳香酸、黄嘌呤
高极性 可溶于水	—C$_8$ —CN	甲醇、乙腈、水、缓冲液	反相	水溶性维生素、胺、芳醇、抗生素、止痛药
	—C$_{18}$	水、甲醇、乙腈	反相离子对	酸、磺酸类染料、儿茶酚胺
	—SO$_3^-$	水和缓冲溶液	阳离子交换	无机阳离子、氨基酸
	—NR$_3^+$	磷酸缓冲液	阴离子交换	核苷酸、糖类、无机阴离子、有机酸

制备化学键合相的担体(基质)可分为无机和有机两类,其中,硅胶是高效液相色谱中应用最为广泛的担体。它又分为两种形态,一种是全多孔型微球,另一种是薄壳型微球。全多孔型微球是由 nm 级的硅胶微粒堆聚而成为多孔小球,微球表面及内部存在大小不一的孔道,粒径 3.5～5 μm 的最为常用,由于颗粒小,传质距离短,因此柱效高,又由于多孔造成的比表面积较大,故柱容量也不小。全多孔型化学键合固定相能够很好地兼顾柱效、试样容量和使用寿命,应用最为普遍。

薄壳型微球是在实心硅胶核的表层上附有一层厚度为几百纳米的多孔表面(如多孔硅胶)。由于固定相的孔层厚度小,孔道又浅,因此传质速率很快、渗透性好、柱效高;又由于其比表面积较小,因此试样容量低,允许进样量少,需要配用较高灵敏度的检测器。薄壳型(也称为核壳型)化学键合固定相近年来发展十分迅速,已有许多生产厂商推出了相关产品,这一类固定相目前主要用于快速分离。

高效液相色谱的固定相

化学键合相色谱法的色谱柱具有稳定性好,寿命长,柱效高等优点;可以根据键合的官能团灵活地改变选择性,因此已成为高效液相色谱中应用最广的分离模式。特别是其中的反相化学键合相色谱法,由于操作系统简单,色谱分离过程稳定,加之分离技术灵活多变,是高效液相色谱法中应用最广泛的一个分支。

对化学键合相色谱的分离原理目前还没有统一的认识。一般认为在键合相色谱法中,溶质既可能在固定相(如 ODS)表面的烃类和流动相之间进行分配,也可能吸附于固定相表面的烃类分子上,故并非典型的液-液分配过程。但多数情况下,组分在色谱柱中的保留行为仍可以用分配原理加以解释。

3. 流动相

在气相色谱中,载气的性质相差不大,所以主要通过改变固定相的性质来改善分离。液相色谱则与气相色谱不同,当固定相选定时,流动相的种类、配比能显著地影响组分的保留、分离选择性和分离效果,因此流动相的选择非常重要。

在选择流动相时应注意下列几个因素。

(1)流动相纯度　一般采用色谱纯试剂。因为在色谱柱使用期间,流过色谱柱的溶剂是大量的,如溶剂不纯,则其中的杂质会在柱上累积,当采用梯度洗脱时,会导致鬼峰出现和检测器噪声增加,同时也影响收集的馏分纯度。

(2)应避免使用会引起柱效损失或保留特性变化的溶剂　例如,ODS 柱要避免使用碱性流动相,否则会引起键合相硅氧键断裂,导致色谱柱寿命缩短。

(3)对试样要有适宜的溶解度　否则在色谱柱头易产生部分沉淀。

(4)溶剂的黏度小些为好　否则会降低试样组分的扩散系数,造成传质速率缓慢,柱效下降。同时,在同一温度下,柱压随溶剂黏度增加而增加。

(5)应与检测器相匹配　例如,对紫外光度检测器而言,不能用对紫外光有吸收的溶剂。

在选用溶剂时,溶剂的极性显然仍为重要的依据。例如,在正相键合相色谱中,可先选中等极性的溶剂为流动相,若组分的保留时间太短,表示溶剂的极性太大;若改用极性较弱的溶剂,组分保留时间又太长,则再选择极性在上述两种溶剂之间的溶剂;如此多次试验,以选得最适宜的溶剂。

常用溶剂的极性顺序排列如下:

水(极性最大),甲酰胺,乙腈,甲醇,乙醇,丙醇,丙酮,二氧六环,四氢呋喃,甲乙酮,正丁醇,醋酸乙酯,乙醚,异丙醚,二氯甲烷,氯仿,溴乙烷,苯,氯丙烷,甲苯,四氯化碳,二硫化碳,环己烷,己烷,庚烷,煤油(极性最小)。

为了获得合适的溶剂强度(极性),常采用二元或多元组合的溶剂体系作为流动相。通常根据所起的作用,采用的溶剂可分成底剂及洗脱剂两种。底剂决定基本的色谱分离情况;而洗脱剂则起调节试样组分的滞留并对某几个组分具有选择性的分离作用。因此,流动相中底剂和洗脱剂的组合选择直接影响分离效率。正相色谱中,底剂采用低极性溶剂如正己烷(洗脱能力最弱)、苯、氯仿等,而洗脱剂则根据试样的性质选取极性较大、洗脱能力较强的针对性溶剂如醚、酮、醇和酸等。在反相色谱中,通常以水为流动相的底剂(在反相色谱中水的洗脱能力最弱),以加入不同配比的有机溶剂作洗脱强度调节剂。反相色谱中常用的有机溶剂是甲醇、乙腈、二氧六环、四氢呋喃等。

当欲测组分为有机弱酸、弱碱时,由于会在含水流动相中发生解离,因此虽是同种组分,却以分子和离子两种形式存在。这两种形式在固定相和流动相间的分配系数不同,故保留程度不同。又由于解离平衡在分离过程中不断发生,最终导致色谱峰展宽、峰形变差,分离度下降,展宽严重时甚至看不到色谱峰。为了抑制弱酸、弱碱组分的离子化,以减少谱带拖尾、改善峰形,提高分离的选择性,可在流动相中添加改性剂。例如,在分析有机弱酸时,常向流动相中加入甲酸、乙酸、磷酸等(如添加量0.1%),而分析有机弱碱试样,可添加三乙胺、氨水等。pH缓冲溶液,如磷酸盐、乙酸盐溶液等也是理想的改性剂,不仅能够抑制解离,还能减弱键合相表面未反应完的硅羟基的影响,从而达到改善峰形的目的。

对于有机强酸、强碱组分,在流动相中添加酸、碱、盐改性剂并不能抑制其解离,组分全部以离子形式存在,故在ODS等反相色谱固定相中几乎没有保留;再者,对于某些极性很强的有机弱酸、弱碱,即使通过在流动相中添加改性剂抑制了离子化,但由于组分的极性很强,在ODS仍没有保留。对于这两类化合物,可以在流动相中添加离子对试剂进行分离,故称为离子对色谱法。

离子对色谱
分离机理

离子对色谱法是将一种(或多种)与溶质分子电荷相反的离子(称为对离子或反离子)加到流动相或固定相中,使其与溶质离子结合形成疏水型离子对化合物,从而控制溶质离子的保留行为。用于阴离子分离的对离子是烷基铵类,如氢氧化四丁基铵,氢氧化十六烷基三甲铵等;用于阳离子分离的对离子是烷基磺酸类,如己烷磺酸钠等。离子对色谱的分离原理有不同的假说,现以离子对分配机理说明之。在色谱分离过程中,流动相中待分离的有机离子 X^+(也可以是带负电荷的离子)与固定相或流动相中带相反电荷的对离子 Y^- 结合,形成离子对化合物 X^+Y^-,然后在两相间进行分配:

$$X^+_{水相} + Y^-_{水相} \underset{}{\overset{K_{XY}}{\rightleftharpoons}} X^+Y^-_{有机相}$$

K_{XY}是其平衡常数:

$$K_{XY} = \frac{[X^+Y^-]_{有机相}}{[X^+]_{水相} \cdot [Y^-]_{水相}} \tag{3-7}$$

根据定义,溶质的分配系数 D_X 为

$$D_X = \frac{[X^+Y^-]_{有机相}}{[X^+]_{水相}} = K_{XY} \cdot [Y^-]_{水相} \tag{3-8}$$

这表明,分配系数与水相中对离子 Y^- 的浓度和 K_{XY} 有关。

根据式(2-10),有机离子 X^+ 的容量因子 k 为

$$k = D_X \cdot \frac{V_S}{V_M} = K_{XY} \cdot [Y^-]_{水相} \cdot \frac{1}{\beta} \tag{3-9}$$

将式(3-9)代入整理后的式(2-12)及式(2-13),可得

$$t_R = \frac{L}{u} \left(1 + K_{XY}[Y^-]_{水相} \cdot \frac{1}{\beta} \right) \tag{3-10}$$

式中 β 为相比，u 为流动相线速度，L 为色谱柱长。可见保留值随 K_{XY} 和 $[Y^-]_{水相}$ 的增大而增大。平衡常数 K_{XY} 决定于对离子和有机相的性质。对离子的浓度是控制反相离子对色谱溶质保留值的主要因素，可在较大范围内改变分离的选择性。

4. 应用

化学键合相色谱法具有稳定性好，柱寿命长，分离效能高等优点，可以根据键合的官能团灵活地改变选择性，因此已成为高效液相色谱中应用最广的分离模式。特别是其中的反相键合相色谱法，由于操作系统简单，色谱分离过程稳定，加之分离技术灵活多变，是高效液相色谱法中应用最广泛的一个分支，已占到其应用的 70%～80%。

化学键合相色谱法适用的试样极性范围很广，从强极性到非极性的试样均可分析。采用合适的分离模式，可用于中性小分子、有机离子甚至部分大分子的分离，其中的离子对色谱法解决了以往难分离混合物的分离问题，诸如酸、碱和离子、非离子的混合物。在药物、农药、生化、环境等诸多领域均有应用。

吸附色谱（adsorption chromatography）—— 液-固色谱法（liquid-solid chromatography）

1. 分离原理

液-固色谱法中流动相为液体，固定相为固体吸附剂。它是根据物质吸附作用的不同来进行分离的。其作用机制是溶质分子（X）和溶剂分子（S）对吸附剂活性表面的竞争吸附，可用下式表示：

$$X_m + nS_a \rightleftharpoons X_a + nS_m$$

式中，X_m 和 X_a 分别表示在流动相中的溶质分子和被吸附的溶质分子，S_a 代表被吸附在吸附剂表面上的溶剂分子，S_m 表示在流动相中的溶剂分子，n 是被吸附的溶剂分子数。溶质分子 X 被吸附，将取代固定相表面上的溶剂分子，这种竞争吸附达到平衡时，可用下式表示：

$$K = \frac{[X_a][S_m]^n}{[X_m][S_a]^n}$$

式中，K 为吸附平衡系数，亦即分配系数。上式表明，如果溶剂分子吸附性更强，则被吸附的溶质分子将相应地减少。显然，K 值大的组分，吸附剂对它的吸附力强，保留值就大。

2. 固定相

液-固色谱法采用的吸附剂有硅胶、氧化铝、氧化镁、分子筛、聚酰胺等，其中硅胶为酸性吸附剂,而氧化铝和氧化镁为碱性吸附剂。这些吸附剂的极性都比较大,对非极性组分的保留能力较弱,与极性化合物的相互作用较强。目前较常使用的吸附色谱固定相是 5 μm 的全多孔型硅胶。

近年来也出现了一些新型吸附剂,如多孔石墨化炭黑。不同于硅胶等极性吸附剂,这种吸附剂的极性弱。但由于其表面与溶质之间存在偶极作用,对强极性化合物的保留比烷基键合硅胶或多孔聚合物强,因此适合于分离在 C_{18} 键合相上保留值较小的强亲水性化合物。

3. 流动相

由于液–固色谱中的固定相种类不多,因此流动相成为影响分离性能的主要因素,常用的溶剂种类与化学键合相色谱相同。为了获得合适极性的流动相,往往采用二元或多元混合溶剂。对于极性吸附剂,其流动相的选择与正相色谱类似,通常以正己烷等非极性溶剂为底剂,加入氯仿、异丙醇等作为洗脱剂,非极性吸附剂的流动相体系则与反相色谱类似。

最常用的液–固色谱固定相硅胶,其表面分布有大量的硅羟基,表现出较强的酸性,易导致碱性组分的色谱峰严重拖尾或不可逆吸附。为消除此种不良影响,常向流动相中加入改性剂(如三乙胺),以中和游离的硅羟基,改善峰形的拖尾。

流动相中的含水量对硅胶的分离性能有很大影响,其主要原因是硅羟基与水发生作用,可形成水合硅羟基、游离硅羟基等不同形式,或相邻的硅羟基脱水形成氢键,吸附活性也就随之变化。例如,在用硅胶固定相分离苯、甲苯、乙苯、丙苯同系物时,用干燥的正庚烷作流动相时,四个组分保留时间很短,无法实现分离,而用 1 份水饱和的正庚烷和 2 份干燥的正庚烷混合作为流动相,则可获得满意的结果。

4. 应用

由于溶质保留值的大小与空间效应、吸附剂的表面结构有关,因此液–固色谱法对结构异构和几何异构体有良好的选择性,常用于分离含有不同官能团的有机化合物及其异构体。缺点是非线性等温吸附,常引起色谱峰的拖尾现象。

离子交换色谱(ion–exchange chromatography)——离子色谱法(ion chromatography,IC)

1. 分离原理

离子交换色谱是基于离子交换树脂上可解离的离子与流动相中具有相同电荷的溶质离子进行可逆交换,根据这些离子对交换剂具有不同的亲和力而将它们分离。

凡是在溶剂中能够解离的物质通常都可以用离子交换色谱进行分离。被分析物质解离后产生的离子与树脂上带相同电荷的离子(反离子)进行交换而达到平衡,其过程可用下式表示。

阳离子交换:

$$M^+ + (Na^{+-}O_3S—树脂) \rightleftharpoons (M^{+-}O_3S—树脂) + Na^+ \qquad (3-11)$$

　　溶剂中　　　　　　　　　　　　　　　　　　　　　　　　　　　　溶剂中

阴离子交换:

$$X^- + (Cl^{-+}R_4N—树脂) \rightleftharpoons (X^{-+}R_4N—树脂) + Cl^- \qquad (3-12)$$

　　溶剂中　　　　　　　　　　　　　　　　　　　　　　　　　　　　溶剂中

从式(3-11)可以看到,溶剂中的阳离子 M^+ 与树脂中的 Na^+ 交换以后,溶剂中的 M^+ 进入树脂,而 Na^+ 进入溶剂里,最终达到平衡。同样,在式(3-12)中,溶剂中的阴离子 X^- 与树脂中的 Cl^- 进行交换,达到平衡后,此浓度表示的平衡常数 K_x 为

$$K_x = \frac{[—NR_4^+ X^-][Cl^-]}{[—NR_4^+ Cl^-][X^-]}$$

分配系数 D_x(阴离子交换)为

$$D_x = \frac{[—NR_4^+ X^-]}{[X^-]} = K_x \frac{[—NR_4^+ Cl^-]}{[Cl^-]} \qquad (3-13)$$

对于阳离子交换过程,类推可得相应的 K 及 D。

　　分配系数 D 值愈大,表示溶质的离子与离子交换剂的相互作用愈强。由于不同的物质在溶剂中解离后,对离子交换中心具有不同的亲和力,因此就产生不同的分配系数。亲和力愈高的,在柱中的保留值也就愈大。

2. 离子色谱法和离子色谱仪

　　离子色谱法是在离子交换色谱的基础上于 20 世纪 70 年代中期发展起来的液相色谱法。该方法利用离子交换树脂为固定相,电解质溶液为流动相,基于离子交换的原理对组分进行分离,由于解决了被测组分的在线检测问题,构建了离子型化合物的色谱分析仪器,故称为离子色谱法。离子色谱仪通常以电导检测器为检测器,为消除流动相中强电解质背景离子对电导检测器的干扰,设置了抑制器(suppressor)。图 3-16 为典型的离子色谱仪的流程示意图。例如,在阴

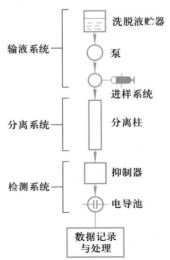

图 3-16　离子色谱仪流程示意

离子色谱仪

离子分析中,试样通过阴离子交换树脂时,流动相中待测阴离子(以 Br⁻ 为例)与树脂上的 OH⁻ 离子交换。洗脱反应则为交换反应的逆过程。

$$R{-}OH^- + Na^+Br^- \underset{\text{洗脱}}{\overset{\text{交换}}{\rightleftharpoons}} R{-}Br^- + Na^+OH^-$$

式中,R 代表离子交换树脂。在阴离子分离中,最简单的洗脱液是 NaOH,洗脱过程中 OH⁻ 从分离柱的阴离子交换位置置换待测阴离子 Br⁻。当待测阴离子从柱中被洗脱下来进入电导池时,要求能检测出洗脱液中电导的改变。但洗脱液中 OH⁻ 的浓度要比试样阴离子浓度大得多才能使分离柱正常工作。因此,与洗脱液的电导值相比,由于试样离子进入洗脱液而引起电导的改变就非常小,其结果是用电导检测器直接测定试样中阴离子的灵敏度极差。如果在柱后连接一个自动连续再生阴离子抑制器(图 3-17),该抑制器由两张阳离子交换膜分隔成三室,洗脱液 NaOH 携带组分 NaBr 流经中间的抑制室。在电场和阳离子交换膜的共同作用下,阳离子将定向迁移。由阳极电解水产生的 H⁺ 通过阳离子交换膜渗透进入抑制室,而抑制室内的 Na⁺ 透过阳离子交换膜进入阴极室。

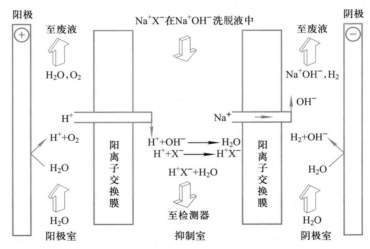

图 3-17 自动连续再生阴离子抑制器工作原理示意图

由图 3-17 的抑制室中的反应式可见,从抑制室流出的洗脱液中,NaOH 已被转变成电导值很小的水,消除了本底电导的影响。试样阴离子则被转变成其相应的酸,由于 H⁺ 的离子淌度 7 倍于 Na⁺,这就大大提高了所测阴离子的检测灵敏度。

阳离子分析时,与阴离子分析类似,以阳离子抑制器降低洗脱剂的电导,提高检测的灵敏度。

上述离子色谱法又称为化学抑制型离子色谱法(suppressed IC)。如果选用低电导的洗脱液(流动相),如 $1 \times 10^{-4} \sim 5 \times 10^{-4}$ mol·L^{-1} 的苯甲酸盐或邻苯二甲酸盐等稀溶液,不仅能有效地分离、洗脱分离柱上的各个阴离子,而且背景电导较低,能显示试样中痕量 F$^-$,Cl$^-$,NO$_3^-$ 和 SO$_4^{2-}$ 等阴离子的电导信号。该方法称为非抑制型离子色谱法(unsuppressed IC),其分析流程类似于通常的高效液相色谱法,分离柱直接连接电导检测器而不采用抑制器。阳离子分离可选用稀硝酸、乙二胺硝酸盐稀溶液等作为洗脱液。

3. 固定相

离子色谱中,固定相是影响分离的关键因素。应用最广泛的固定相是在高交联度苯乙烯－二乙烯苯共聚物上连接可解离的官能团制得的离子交换树脂,也称为离子交换剂。根据所连接官能团所带电荷的不同,可分为阳离子及阴离子交换树脂。按离子交换官能团酸碱性的强弱,阳离子交换树脂又分为强酸性(如磺酸基团)与弱酸性(羧酸基团等);阴离子交换树脂也分为强碱性(如季铵基团)及弱碱性(伯胺、仲胺、叔胺基团等)。由于强酸或强碱性离子交换树脂比较稳定,pH 适用范围较宽,因此在高效液相色谱中应用较多。

与化学键合固定相一样,根据固定相形态的不同,离子交换树脂也可分为全多孔型和薄壳型两类,其中薄壳型是在苯乙烯－二乙烯苯共聚物惰性实心球的表面偶联一层离子交换膜或在表面附聚 $20 \sim 100$ μm 的全多孔微球离子交换树脂制得,这类离子交换树脂的交换基团都位于固定相的表层,故传质速率快,柱效高,应用广泛,但由于试样容量较低,需使用灵敏度高的检测器。

除了以苯乙烯－二乙烯苯共聚物作为离子色谱固定相的基质外,羟基化聚醚、聚甲基丙烯酸酯类也较为常用。另外,以硅胶为基质的离子交换键合相(参见表 3-2 中的磺酸基和季氨基化学键合相)具有耐压、无溶胀、颗粒均匀性好、传质快、操作简单等优点,近年来发展也十分迅速。

4. 流动相

在离子色谱中,流动相又称为洗脱液或淋洗液。离子色谱分析主要在含水介质中进行,由于流动相离子与交换树脂相互作用力不同,洗脱强度不同,因此流动相中的离子类型对试样组分的保留值有显著的影响;组分的保留值也可用流动相中盐的浓度(或离子强度)和 pH 来控制,有时还可通过加入有机溶剂来改善分离。

化学抑制型离子色谱的流动相离子对离子交换树脂的亲和力应比试样离子的相近或稍大,且能发生抑制反应生成电导率很小的物质。因此分离阴离子时,常用的流动相为 B$_4$O$_7^-$、OH$^-$、HCO$_3^-$、CO$_3^{2-}$、甘氨酸等,其中 HCO$_3^-$/CO$_3^{2-}$ 混合离子是最常用的阴离子洗脱液;非抑制型离子色谱常用低浓度的苯甲酸盐、邻苯二甲酸盐、柠檬酸盐等。阳离子分析使用的洗脱液有 HCl、HNO$_3$ 或与乙二胺的混合液等。由于离子色谱流动相中的离子浓度较高,故离子色谱仪的部件及管路需使用耐腐蚀材料。因此,一般 HPLC 仪器并不适合直接用于离子色谱分析。

在离子色谱中,被测组分的保留强弱与其所带电荷及离子水合半径的大小等性质有关,所带电荷越多、水合半径越小,组分与离子交换树脂的作用力越强。一般的,其阴离子的滞留次序大致为:柠檬酸离子$>SO_4^{2-}>$草酸离子$>I^->NO_3^->CrO_4^{2-}>Br^->SCN^->Cl^->HCOO^->CH_3COO^->OH^->F^-$,所以用柠檬酸离子洗脱要比用氟离子快。阳离子的滞留次序大致为:$Ba^{2+}>Pb^{2+}>Ca^{2+}>Ni^{2+}>Cd^{2+}>Cu^{2+}>Co^{2+}>Zn^{2+}>Mg^{2+}>Ag^+>Cs^+>Rb^+>K^+>NH_4^+>Na^+>H^+>Li^+$,但差别不及阴离子明显。

5. 应用

离子型化合物的阴离子分析长期以来缺乏快速灵敏的方法,离子色谱法是目前唯一快速、灵敏($\mu g \cdot L^{-1}$级)和准确的阴离子(尤其是无机阴离子)多组分分析的方法,因而得到广泛重视和迅速的发展。检测手段已扩展到电导检测器之外的其他类型的检测器,如电化学检测器、紫外光度检测器等。应用范围也在扩展,从无机和有机阴离子到金属阳离子,从有机阳离子到糖类、氨基酸、核苷酸等均可用离子色谱法进行分析。

空间排阻色谱（steric exclusion chromatography ）—— 凝胶色谱法（gel chromatography ）

1. 分离原理

空间排阻色谱以凝胶(gel)为固定相。它的分离原理与其他色谱法完全不同。它类似于分子筛的作用,但凝胶的孔径比分子筛要大得多,一般为数纳米到数百纳米。溶质在两相之间不是靠其相互作用力的不同来进行分离,而是按分子大小进行分离。分离只与凝胶的孔径分布和溶质的流体力学体积或分子大小有关。色谱柱内填充以凝胶,对于一定的凝胶,它具有一定大小的孔穴分布。试样进入色谱柱后,随流动相在凝胶外部间隙及孔穴旁流过。在试样中一些太大的分子不能进入胶孔而受到排阻,因此就直接通过柱子并首先在色谱图上出现,另外一些很小的分子可以进入所有胶孔并渗透到颗粒中,这些组分在柱上的保留值最大,在色谱图上最后出现。因为溶剂分子通常是非常小的,它们最后被洗脱(在 t_M 时),结果使整个试样都在 t_M(死时间)以前洗脱。这和前述几种色谱方法所看到的现象是相反的。重要的是,试样的中等大小的分子可渗透到其中某些孔穴而不能进入另一些孔穴,并以中等速度通过柱子。所以排阻色谱法的分离是建立在分子大小的基础上的。洗脱体积是试样组分相对分子质量的函数。洗脱次序将取决于相对分子质量的大小。相对分子质量大的先洗脱。分子的形状也同相对分子质量一样,对保留值有重要的作用。例如,利血平

(一种药物)的实际相对分子质量为 608,而实验校正曲线上所表示的却是相应于相对分子质量 410 的洗脱体积,这是由于它有紧密的结构,在溶剂中分子显得小了。

图 3-18 是空间排阻色谱分离情况的示意图。图中下部分为相对分子质量分布较窄的聚合物标准试样的洗脱曲线。上部分表示洗脱体积和聚合物相对分子质量之间的关系(即校正曲线)。由图可见,凝胶有一个排斥极限(A 点)。凡是比 A 点对应的相对分子质量大的分子,均被排斥于所有的胶孔之外,因而在保留体积 V_0 时一起被洗脱,将以一个单一的谱峰 C 出现,显然,V_0 是柱中凝胶填料颗粒之间的体积。另一方面,凝胶还有一个全渗透极限(B 点),凡是比 B 点相应的相对分子质量小的分子都可完全渗入凝胶孔穴中。同理,这些化合物也将在保留体积 V_M 时被洗脱,以一个单一的谱峰 F 出现。可预期,相对分子质量介于上述两个极限之间的化合物,将按相对分子质量降低的次序被洗脱。通常将 $V_0 < V_e < V_M$ 这一范围称为分级范围。当化合物的分子大小不同而又在此分级范围内时,它们就可得到分离。

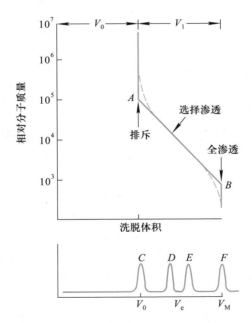

图 3-18 空间排阻色谱分离示意

由于固定相为凝胶,空间排阻色谱也称作凝胶色谱法。这种方法在 1950 年以后开始应用。在交联葡聚糖凝胶出现以后,由于可以测量较广范围的相对分子质量的分布,因此这种方法受到很大重视。最初,流动相主要只使用水溶液,所以采用凝胶过滤色谱法(gel filtration chromatography,GFC)这一名词,其后用非水溶剂,所以采用凝胶渗透色谱法(gel permeation chromatography)这一名词,它们的分离原理没有任何区别,统称为凝胶色谱法。

2. 固定相

常用的排阻色谱固定相可分为软质、半硬质和硬质凝胶三种。所谓凝胶,是含有大量液体(一般是水)的柔软而富于弹性的物质,是一种经过交联而具有立体网状结构的多聚体。

(1)软质凝胶 如葡聚糖凝胶、琼脂糖凝胶等,适用于水为流动相。葡聚糖凝胶也称交联葡聚糖凝胶,是由葡聚糖(右旋糖酐)和甘油基通过醚桥(—O—CH₂—CHOH—CH₂—O—)相交联而成的多孔状网状结构,在水中可膨胀成凝胶粒子。葡聚糖凝胶孔径的大小,可由制备时添加不同比例的交联剂来控制,交联度大的孔隙小,吸水少,膨胀也少,适用于小相对分子质量物质的分离。交联度小的孔隙大,吸水膨胀的程度也大,适用于大相对分子质量物质的分离。

软质凝胶在压强 $1 \, \text{kg} \cdot \text{cm}^{-2}$ 左右即压坏,因此这类凝胶只能用于常压排阻色谱法。

空间排阻色谱分离机理

(2)半硬质凝胶 苯乙烯-二乙烯基苯交联共聚凝胶、小孔聚苯乙烯凝胶等是应用较多的半硬质凝胶,也称有机凝胶,适用于非极性有机溶剂,不能用于丙酮、乙醇类极性溶剂。同时,由于不同溶剂其溶胀因子各不相同,因此不能随意更换溶剂。这些固定相通常是 $10 \, \mu\text{m}$ 左右粒度的均匀微球,能耐较高压力,可作为高效凝胶色谱(高压排阻色谱)的固定相,但流速不宜过高。羟基化聚醚树脂是近年来在高效凝胶色谱中广泛应用的另一类有机凝胶,适合使用水或含部分有机溶剂的水溶液作流动相,用于分析和分离蛋白质、多糖、DNA 及水溶性聚合物等。

(3)硬质凝胶 是高效凝胶色谱的常用固定相,如多孔硅胶、多孔玻珠等。多孔硅胶是一种无机凝胶,为了消除硅胶表面硅羟基对组分的吸附等作用,通常需要进行表面改性,目前商品化固定相中应用最多的是二醇型化学键合硅胶。硬质凝胶具有恒定的孔径(不因柱压或流动相种类变化而改变)和较窄的粒度分布,色谱柱易于填充均匀,化学稳定好,机械强度高,可使用的流动相溶剂体系多,适用于较高流速下操作。

在选择柱填料时首先要考虑相对分子质量排阻极限(即无法渗透而被排阻的相对分子质量极限)。每种商品填料都给出了它的相对分子质量排阻极限值,可以参考有关资料。

3. 流动相

空间排阻色谱法中,由于流动相的种类并不会影响组分与固定相之间的排阻作用,因此改变流动相组成一般不会改变分离效果。空间排阻色谱法中流动相的选择原则是：

（1）流动相能充分溶解试样。

（2）黏度小　溶剂的黏度是重要的，因为高黏度将限制扩散作用而损害分辨率。

（3）流动相与检测器匹配　当采用紫外检测器时，应选择在检测波长无紫外吸收的溶剂。

（4）流动相必须与固定相匹配　空间排阻色谱法所用的溶剂必须与凝胶本身非常相似，这样才能润湿凝胶并防止吸附作用。例如，苯乙烯-二乙烯基苯交联固定相应选用非极性或弱流动相，而多孔硅胶固定相则需选用强极性溶剂作流动相。

一般情况下，对高分子有机化合物的分离和测定，采用的溶剂主要是四氢呋喃、正己烷、甲苯、间甲苯酚、$N，N-$二甲基甲酰胺等；对于水溶性大分子和生物物质的分离主要用水、缓冲盐溶液、无机盐水溶液（保持一定的离子强度，以减少试样及固定相之间存在的其他相互作用）、乙醇及丙酮等。

4. 应用

由于空间排阻色谱法的分离机理与其他色谱法类型不同，因此，它具有一些突出的特点。空间排阻色谱法的试样峰全部在溶剂的保留时间前出峰，它们在柱内停留时间短，故柱内峰扩展就比其他分离方法小得多，所得峰通常都较窄，有利于进行检测。固定相和流动相的选择简便。适用于分离相对分子质量大的化合物（约为 2 000 以上），在合适的条件下，也可分离相对分子质量小至 100 的化合物，故相对分子质量为 $100 \sim 8 \times 10^5$ 的任何类型化合物，只要在流动相中是可溶的，都可用空间排阻色谱法进行分离。然而排阻色谱法不能用来分离大小相似、相对分子质量接近的分子，如异构体等。这是由于方法本身所限制的，它只能分离相对分子质量差别在 10% 以上的分子。对于一些高聚物，由于其组分相对分子质量的变化是连续的，虽不能用空间排阻色谱法进行分离，但可测定其相对分子质量的分布（分级）情况（图 3-26），这正是我们想要知道的。

§3-5　高效液相色谱分离类型的选择

应用高效液相色谱法对试样进行分离、分析，其方法的选择，应考虑各种因素，其中包括试样的性质（相对分子质量、化学结构、极性、溶解度参数等化学性质和物理性质）、液相色谱分离类型的特点及应用范围、实验室条件（仪器、色谱柱等）等。

相对分子质量较低，挥发性较高的试样，适于用气相色谱法。标准的液相色谱类型(液-固,正、反相键合相色谱,离子对色谱,离子色谱等)适用于分离相对分子质量为 200～2 000 的试样,而相对分子质量大于 2 000 的则宜用空间排阻色谱法,此时可判定试样中具有高相对分子质量的聚合物、蛋白质等化合物,以及测出相对分子质量的分布情况。因此在选择时应了解、熟悉各种液相色谱类型的特点(这已在§3-4 中进行了初步的讨论)。

了解试样在多种溶剂中的溶解情况,有助于分离类型的选用。例如,对能溶解于水的试样可采用反相色谱法。若溶于酸性或碱性水溶液,则表示试样为离子型化合物,以采用离子对色谱法或离子色谱法为佳。

对非水溶性试样(很多有机化合物属此类),弄清它们在烃类(戊烷、已烷、异辛烷等)、芳烃(苯、甲苯等)、二氯甲烷或氯仿、甲醇中的溶解度是很有用的。溶于烃类(如苯或异辛烷),可选用液-固吸附色谱;如溶于二氯甲烷或氯仿,则多用正相色谱和吸附色谱;如溶于甲醇等,则可用反相色谱。一般用吸附色谱分离异构体。用正相或反相色谱来分离同系物。空间排阻色谱可适用于溶于水和非水溶性、分子大小有差别的试样,表 3-3 所列可供在选择分离类型时参考。

表 3-3　液相色谱分离类型选择参考表

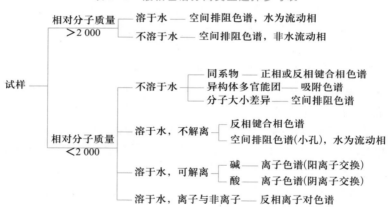

§3-6　高效液相色谱法应用实例

如§3-1 所指出,高效液相色谱法更适宜于分离、分析高沸点、热稳定性差、生理活性及相对分子质量比较大的物质,因而已应用于核酸、肽类、内酯、稠环芳烃、高聚物、药物、人体代谢产物、生物大分子、表面活性剂、抗氧剂、除莠剂等的分析中,在化工、环保、临床药物等领域被广泛应用,目前在生命科学中又显示出其突出地位。现仅举数例如下。

环境监测中取代尿素除莠剂的分析——键合相色谱法[①]（图 3-19）

（a）反相键合相色谱

色谱柱：C_8 改性多孔硅质微球，8.4 μm（25 cm×0.46 cm）

流动相：φ（甲醇∶水）＝75∶25 [②]

流量：2.0 mL·min^{-1}

温度：50 ℃

检测器：紫外检测器，254 nm

试样：25 μL，每种组分的质量浓度均为 0.1 mg·mL^{-1}

（b）正相键合相色谱

色谱柱：Zorbax—CN（氰基键合相），6～8 μm（25 cm×0.46 cm）

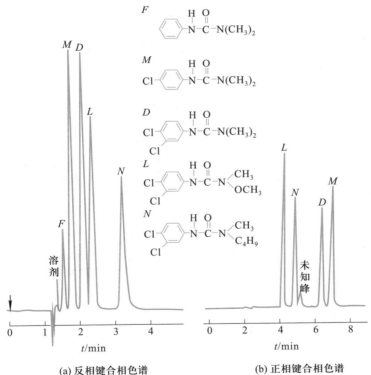

（a）反相键合相色谱 　　　（b）正相键合相色谱

图 3-19 取代尿素除莠剂的分析

F—非草隆；M—灭草隆；D—敌草隆；L—立草隆；N—3,4-二氯苯基甲基正丁基脲

---

① 章末所列参考文献［3］295,302 页。

② φ 为体积比。

流动相:φ(四氢呋喃:正己烷)=20:80

温度:室温

检测器:紫外检测器,254 nm

血浆中双氢氯噻嗪的临床分析——反相键合相色谱法[①]（图 3-20）

色谱柱:Spherisorb ODS(十八烷基键合相),10 μm(25 cm×0.3 cm)

流动相:φ(甲醇:水)=15:85

流量:2.1 mL·min^{-1}

温度:室温

检测器:紫外检测器,280 nm

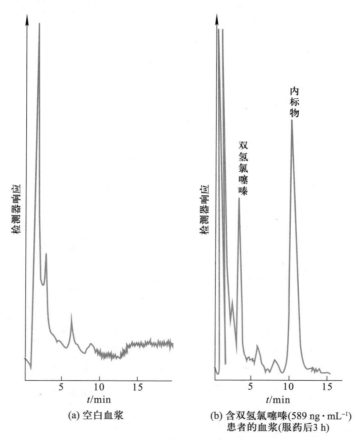

(a) 空白血浆

(b) 含双氢氯噻嗪(589 ng·mL^{-1})
患者的血浆(服药后3 h)

图 3-20 血浆中双氢氯噻嗪的分析

---

① Christophersen A S,et al.J Chromatog,1977,132:91.

有机氯农药的分析——液–固色谱法[①]（图3-21）

固定相:薄壳硅胶 Corasil II(37～50 μm)

流动相:正己烷

色谱柱:50 cm×2.5 mm(内径)

流量:1.5 mL·min⁻¹

检测器:示差折光检测器

多组分镇痛药的分析——阴离子交换色谱法（图3-22）

固定相:强阴离子交换剂(SAX)

流动相:pH9.2＋0.005 mol·L⁻¹ NaNO₃ 水溶液

流量:1.2 mL·min⁻¹

检测器:紫外检测器,254 nm

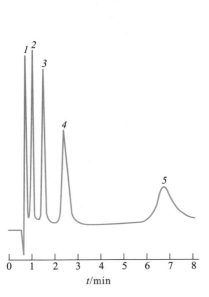

图 3-21　有机氯农药的分析

1—艾氏剂；2—p,p'-DDT；

3—p,p'-DDD；4—γ-666；5—异狄氏剂

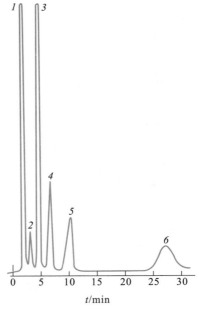

图 3-22　多组分镇痛药的分析

1—可待因磷酸盐；2—咖啡因；3—非那西汀；

4—阿司匹林；5—苯甲酸(内标)；6—苯巴比妥

① Bombaugh K J,et al.J Chromatog Sci,1970,8：657.

正相离子对色谱分析生物胺[①]（图 3-23）

固定相:0.1 mol·L^{-1} HClO$_4$ 溶液＋0.9 mol·L^{-1} NaClO$_4$ 溶液为对离子涂渍于硅胶表面

流动相:φ（乙酸乙酯∶磷酸三丁酯∶己烷）＝72.5∶10∶17.5

反相离子对色谱分析有机酸[②]（图 3-24）

固定相:C$_2$ 烷基键合相

流动相:0.03 mol·L^{-1}四丁基铵溶液＋戊醇,pH 7.4

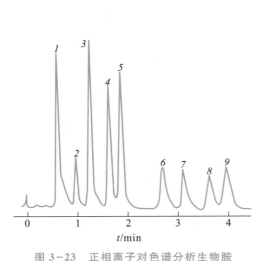

图 3-23　正相离子对色谱分析生物胺

1—甲苯;2—苯乙基胺;3—3-对羟苯基乙胺;
4—3-甲氧基对羟苯基乙胺;
5—多巴胺;6—去甲变肾上腺素;7—变肾上腺素;
8—去甲肾上腺素;9—肾上腺素

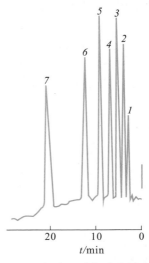

图 3-24　反相离子对色谱分析有机酸

1—4-氨基苯甲酸;2— 3-氨基苯甲酸;
3—4-羟基苯甲酸;4—3-羟基苯甲酸;
5—苯磺酸;6—苯甲酸;7—甲苯-4-磺酸

离子色谱法（双柱法）分析阴离子（图 3-25）

分离柱:250 mm×3 mmAnex 薄壳型阴离子交换树脂

抑制柱:100 mm×9 mmCatex 强酸型树脂(H$^+$型)

流动相:0.003 mol·L^{-1}NaHCO$_3$ 溶液/0.0024 mol·L^{-1}Na$_2$CO$_3$ 溶液

---

①　章末所列参考文献[1]152 页。

②　章末所列参考文献[1]153 页。

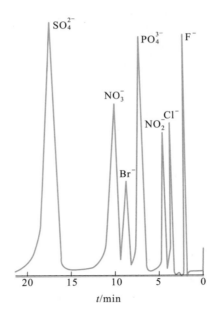

图3-25　阴离子的离子色谱分析

3 $\mu g \cdot g^{-1}$氟化物、4 $\mu g \cdot g^{-1}$氯化物、10 $\mu g \cdot g^{-1}$亚硝酸盐、50 $\mu g \cdot g^{-1}$磷酸盐、

10 $\mu g \cdot g^{-1}$溴化物、50 $\mu g \cdot g^{-1}$硝酸盐、50 $\mu g \cdot g^{-1}$硫酸盐

流量:2.3 mL·min^{-1}

进样体积:100 μL

检测器:电导检测器

聚苯乙烯相对分子质量分级的高速分析——空间排阻色谱[①]（图3-26）

固定相:多孔硅胶微球 Zorbax 型(孔径约 35 nm),5～6 μm

流动相:四氢呋喃

色谱柱:250 mm×2.1 mm

流量:1.0 mL·min^{-1}

柱温:60 ℃

检测器:紫外检测器

① Kirkland J J.J Chromatog Sci,1972,10：593.

反应活性化合物－过氧化氢催化剂混合物分析
——空间排阻色谱[①]（图 3-27）

固定相:Poragel 50 nm [②]〔柱尺寸 380 mm×7.6 mm（内径）〕加上 300 mm 的 Porage 10 nm

流动相:四氢呋喃

流量:0.9 mL·min^{-1}

试样:2 μL

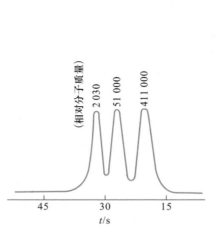

图 3-26 聚苯乙烯相对
分子质量分级

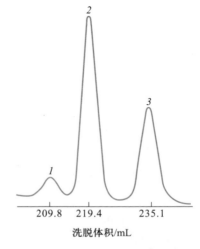

图 3-27 用空间排阻色谱分离催化剂混合物
1—双过氧化氢物；*2*—过氧化氢；*3*—二烷基芳基烃

§3-7 制备液相色谱
(preparative liquid chromatography)

制备色谱是以色谱技术来分离、制备较大量纯组分的有效方法。各种色谱方法几乎都可作为制备手段,但液相色谱更为有利,这是由于液相色谱的分离条件较温和,分离、检测中一般不导致试样被破坏,且试样易于回收,所以受到重视。当前,从直径约为 10 mm 的实验室半制备柱,到直径为 500 mm 的工业制

---

① Bombaugh K J,et al.J Chromatog Sci,1969,7：42.

② 苯乙烯－二乙烯苯交联共聚凝胶。

备柱,及其相应的设备,相继商品化,以解决诸如合成化学、制药工业、生物技术等多领域的分离纯化问题。用液相色谱技术分离时希望获得纯物质的量取决于分离的目的。对于有机复杂混合物的组分及结构鉴定分析,一些常用仪器分析方法所需的试样质量约为 mg 级(见表 3-4)。

表 3-4　一些仪器分析方法需要的试样质量

方法		m/mg
核磁共振波谱	碳谱	1～10
	氢谱	0.1～1
红外吸收光谱		0.1～1
质谱		0.01～0.1
元素分析		1～10

应该注意的是,应用表 3-4 中常用方法对组分进行结构分析前,应对试样进行纯化预处理。为省却纯化步骤,联用技术,如 GC-MS(§14-8)、HPLC-MS(§14-9)、GC-FTIR 等日益受到重视并得到迅速发展。然而在现代科学研究工作中,经常期望采用有效方法以获得需要的较高纯度的标准物质,为深入的鉴定及研究工作提供 10 mg 以上乃至克级规模的纯组分等。这时对普通的分析型 HPLC 系统予以适当扩大为半制备型系统常可满足要求。例如,对于数十毫克量级的制备,扩大色谱柱内径至 10～20 mm,长度为 15～50 cm,若流动相流量不够,可另配流量大一些的高压输液泵(>20 mL·min^{-1}),选择适合制备色谱的实验条件等。本章简要讨论实现制备液相色谱的几个主要问题。

1. 色谱柱的柱容量(column capacity)

柱容量又称柱负荷,对分析型色谱柱是指在不影响柱效能的情况下的最大进样量;对于制备色谱柱则指在不影响收集物纯度的前提下的最大进样量。制备色谱中柱容量是影响所用技术和装置的重要因素。图 3-28 以液-固吸附色谱为例说明分析型和制备型色谱的一些差异。在此例中,分析型分离的进样量小于 1 mg/g 吸附剂时,保留值(k)和柱效(H)基本不随进样量的改变而变化 [1],但超过此进样量时(这是制备色谱经常遇到的情况),亦即使色谱柱处于超载情况时,柱效将大幅度降低,峰形变宽,分离度变差,保留值也随之改变。可见,进样量越大柱效越低,分离度越差,这是制备色谱主要限制之一。制备柱虽允许过载,但以柱效降至原有的一半或容量因子 k 减小 10% 为宜。图 3-28 为硅胶柱

---
　① 严格地讲,对于分析型色谱,进样量应小于柱容量的 1% 时才能保持此关系。

的数据,而各类色谱柱的柱容量并不一样。硅胶柱的容量比反相烷基键合相柱高十倍,离子交换柱与填料的交换容量有关,而空间排阻色谱柱则与孔径分布及洗脱溶剂的流量有关。

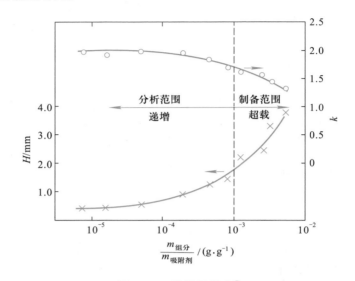

图 3-28 进样量影响①

色谱柱:含有水 10%(质量分数)的 35~75 μm Porasil-A(全多孔硅胶),

50 cm×10.9 cm;流动相:氯仿(50%水饱和);试样:二乙酮的氯仿溶液

2. 制备液相色谱方法

应用液相色谱制备可能出现如图 3-29 所示的几种典型情况:(a) 欲分离组分呈现一个单峰;(b) 两个或多个主组分;(c) 较少的组分是欲分离制备化合物。对于第一种情况(a),可采用图 3-30 中所示方法进行处理。首先在分析型 HPLC 上进行试验[图 3-30(a)],利用色谱分离基本方程,通过 k,α,n 值的优化提高分离度[图 3-30(b)],随后增加进样量直到色谱峰发生重叠[图 3-30(c)]。如果不是需要大量的分离组分或需要最大的分离度来分离那些洗脱时间很接近的组分,就可在满足某些分离目的的试样负荷量下,分离出纯组分。在这一柱负荷极限内,色谱柱的操作情况与分析型分离很接近,但所用的柱径要按比例扩大以允许最大的试样量,并相应扩大输液泵流量。然后制备分离可按图 3-30(c)的方式进行。如果需要更大量的纯物质,可使柱超载运行[图 3-30(d)],此时会产生峰重叠,然后按中心切割法收集较少量馏分,以薄层色谱或分析型 HPLC 检验其纯度,最后将多次重复制备得到的足够纯度的馏分合并,以得到所需量纯组分。

---

① De Stetano J J,Kirkland J J.Anal Chem,1975,47;1103A,1193A;章末所列参考文献[3]591 页。

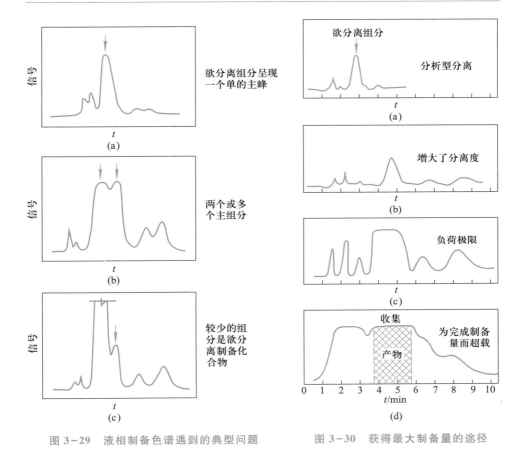

图 3-29　液相制备色谱遇到的典型问题　　图 3-30　获得最大制备量的途径

　　当要求分离的物质是微量或痕量组分时[如图 3-29(c)]，使用的制备方法如图 3-31 所示。在色谱柱的负荷极限时的痕量组分[图 3-31(a)]，可用前述方法在达到最佳分离度后，利用柱超载进行富集，图 3-31(b)表示在所期望的洗脱区收集要求分离的组分，将那些含这种痕量组分浓度较高的馏分合并，然后使用相近于图 3-29(a)的方法对这一富集的试样进行纯化制备。

　　3. 制备液相色谱仪

　　通常分析型 HPLC，由于柱容量有限，只有采取小量、多次进样的方式才能取得微克量的纯组分，费工又费时。若使用内径为 10 mm，长度 15～30 cm 的半制备柱，一次制备量可在 0.1～1 mg。

　　制备型液相色谱仪的结构及流路与图 3-3 相同。其中输液泵的流量为 20～100 mL·min^{-1}，相应的制备色谱柱内径 20～50 mm，长度 25～50 cm；采用六通进样阀进样，但定量管的体积通常≥200 μL。在检测器后增加自动馏分收集器，可将试样组分按顺序以固定体积收集在玻璃管内。

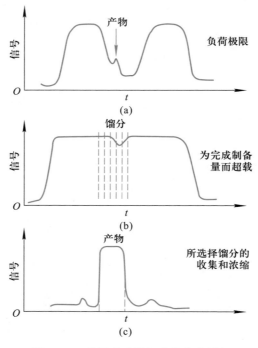

图 3-31　微量或痕量组分的分离制备

§3-8　毛细管电泳

(capillary electrophoresis, CE)

　　在外加电场的影响下,带电荷的胶体粒子或离子在介质中做定向移动的现象称为电泳。例如,蛋白质分子在偏碱性的缓冲液(即缓冲液的 pH 大于蛋白质的等电点)中带有负电荷,在外加电场作用下,蛋白质分子即向正极泳动。混合物中不同带电荷粒子由于电荷量不同,分子大小不同,泳动速率也就不同,因此电泳是一种适用于带电荷胶体粒子和离子的分析分离技术。

　　带电荷粒子的电泳速率 u_{ep} 由下式决定:

$$u_{ep} = \mu_{ep} \cdot E = \frac{q}{6\pi r \eta} \cdot E \tag{3-14}$$

式中,E 为电场强度,μ_{ep} 为溶质的淌度,即离子在给定介质中单位时间和单位场强下移动的距离。q 为离子所带的有效电荷,r 为离子的表现液态动力学半径,η 为介质的黏度,可见,淌度的大小与粒子的净电荷、半径及介质黏度等有关。

经典电泳是在平板介质如多孔半固体胶或滤纸上进行分离,而毛细管电泳是在毛细管柱中完成分离过程。在毛细管中,带电荷粒子借助外加电场作用在缓冲溶液中做定向移动,即电泳;另一方面,当缓冲溶液的 pH>3 时,石英毛细管内壁的硅醇基(Si—OH)解离,使表面带负电荷,并吸引与所接触的缓冲液中的水合阳离子而形成双电层,在高场的作用下,双电层中的水合阳离子层向负极移动,将毛细管内溶液整体拖向负极方向流动而形成电渗流(electroosmotic flow)。此时,带电荷粒子在毛细管内缓冲溶液中的迁移速率等于电泳速率和电渗流速率的矢量和。在缓冲液中带正电荷的粒子电泳方向和电渗流方向相同,因此首先流出;中性粒子的迁移速率与电渗流相同;负电荷粒子的电泳方向与电渗流方向相反,由于电渗流速率一般大于电泳速率,所以它将在中性粒子之后流出,因而各种粒子因差速迁移而分离。这种分离方式带来的好处是:所有正、负离子和中性分子都向同一个方向迁移,因此可在柱末端放置检测器实现在线检测。

电泳和电渗
流

　　粒子在电场中的迁移速率可用下式表示:

$$v = (\mu_{ep} + \mu_{eo}) \cdot E = (\mu_{ep} + \mu_{eo}) \cdot \frac{V}{L} \qquad (3-15)$$

式中,μ_{ep} 为电泳淌度,μ_{eo} 为电渗淌度,V 为外加电压,L 为毛细管总长度。理论塔板数 n 为

$$n = \frac{(\mu_{ep} + \mu_{eo})V}{2D} \qquad (3-16)$$

式中,D 为扩散系数。分离度 R 为

$$R = \left(\frac{1}{4\sqrt{2}}\right)(\mu_1 - \mu_2) \cdot \left[\frac{V}{D(\overline{\mu_{ep}} + \mu_{eo})}\right]^{\frac{1}{2}} \qquad (3-17)$$

μ_1,μ_2 分别为相邻两溶质的电泳淌度,$\overline{\mu_{ep}}$ 为两溶质的平均电泳淌度。

　　与 HPLC 相比,CE 有更高的分辨能力,主要源于两个因素:一是 CE 在进样端和检测时均没有像 HPLC 那样的死体积存在;二是 CE 用电渗作为推动流体前进的驱动力,整个流形呈扁平形的塞式流,使溶质区带在毛细管内原则上不会扩散,而 HPLC 用压力驱动,使柱中流形呈现抛物线形,导致溶质区带本身扩散,引起柱效下降。

　　经典电泳技术最大局限性是难以克服由两端高电压引起的电解质离子流的自热(焦耳热),此热会引起电泳仪载板从中心到两侧或管柱内径向的温度梯度、黏度梯度和速率梯度,从而导致区带展宽,影响迁移,降低分离效率,且此影响随外加电场强度增大而加剧,因此限制了高电场的使用。毛细管电泳使电泳过程在散热效率很高的极细毛细管($25\sim75~\mu m$)中进行,可减少因焦耳热效应导致

的区带展宽，因而可采用较高的电压($20\sim30$ kV)，由式(3-16)可知，高电压的使用，利于 CE 获得很高柱效，每米理论塔板数为几十万，高者可达 10^6，分析时间也大大缩短，一般小于 30 min，试样分析范围宽，检出限低。值得指出的是，随着生命科学的迅速发展，对生物物质的分离和分析日益重要，虽然 GC 和 HPLC 有较高的分离能力，但由于大分子的扩散系数很小($10^{-6}\sim10^{-7}$ cm$^2\cdot$s^{-1})，因而柱效低[式(3-6)]。与此相反，电泳效率则随相对分子质量增大、扩散系数降低而提高[式(3-16)，式(3-17)]，因此受到极大重视。

毛细管电泳法的仪器装置如图 3-32 所示，主要包括高压电源、毛细管、检测器和两个贮液槽(电极槽 6，9)等。毛细管的两端分别浸在含有同样电解质溶液(缓冲液)的电极槽中，毛细管内也充满此缓冲液，一端为进样端，另一端连接在线检测器，待分离的试样通过进样机构 7 从毛细管一端进入后，在毛细管两端施加电压进行电泳分离分析。所用毛细管通常为内径 100 μm 或更细的弹性融熔石英毛细管，因而管中溶质区带具有超小体积的特性，这就对光学类检测器的灵敏度要求很高。CE 中应用最广泛的是紫外光度检测器。激光诱导荧光检测器(参见§12-4)已商品化，其检测灵敏度要比紫外检测器提高 1 000 倍，解决了紫外检测器不够灵敏的难题，极大地拓展了 CE 的应用。CE 可有多种分离模式(见下述)，原则上，各种常用的分离模式可在图 3-32 所示的毛细管电泳仪上实现。

毛细管电泳仪

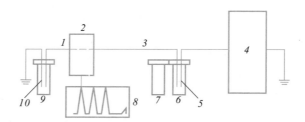

图 3-32 毛细管电泳仪的基本结构

1，3—毛细管；2—检测器；4—高压电源；5—正极；6，9—电极槽；

7—进样机构；8—记录系统；10—负极

1. 毛细管区带电泳(capillary zone electrophoresis，CZE)

CZE 是 CE 中最基本、应用面最广的分离模式，其条件选择和控制也是其他分离模式的基础。CZE 的基本特征是，在整个分离区域中充满组成恒定的缓冲溶液，溶质基于各自迁移速率的不同而分离。CZE 在条件选择上需要考虑的因素有缓冲液组成与 pH、电渗控制、电场强度、温度等。

毛细管区带电泳的应用范围广，除分离生物大分子(肽、蛋白质、DNA、糖类等)外，还可用于小分子(氨基酸、药物等)及离子(无机、有机)，甚至可分离各种颗粒(如硅胶颗粒等)。图 3-33 是以毛细管区带电泳分离 4 种碱性蛋白质的例子。实验条件如下。

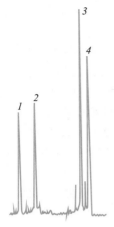

石英毛细管:50 μm(内径),
375 μm(外径),总长 65 cm,
有效分离长度(进样端至检测器)50 cm
检测波长:214 nm
电泳电压:18 kV
温度:20 ℃

图 3-33 四种碱性蛋白质的电泳分离图

1—色素细胞;2—溶菌酶;3—胰蛋白酶原;4—α-胰凝胶蛋白酶原 A

2. 毛细管凝胶电泳(capillary gel electrophoresis,CGE)

以起"分子筛"作用的凝胶作支持物在毛细管内进行的区带电泳。常用凝胶主要有聚丙烯酰胺、琼脂等。例如,十二烷基硫酸钠-聚丙烯酰胺电泳(SDS-PAGE),将被测分子(通常是蛋白质)溶于 SDS(十二烷基硫酸钠),使蛋白质-SDS 复合物在聚丙烯酰胺上进行电泳迁移,由于不同蛋白质与 SDS 的复合物所带电荷相同,其迁移速率仅和复合物的有效分子直径有确定的关系,因此和其相对分子质量有相应的关系。也即当被分离分子的大小与凝胶孔径相当时,其淌度与分子尺寸有关,因而可提供丰富的有关相对分子质量的信息。常用于蛋白质、寡聚核苷酸、RNA、DNA 片断分离和测序等。CGE 的主要缺点是柱制备较困难,寿命偏短。

随后发展的"无胶筛分"技术,采用低黏度的线性聚合物溶液代替高黏度交联的聚丙烯酰胺,这种线性聚合物溶液仍有按分子大小分离组分的分子筛作用。它比凝胶柱便宜、简单,其功能可通过改变线性聚合物的种类、浓度等予以调节。常用的无胶筛分剂有未交联的聚丙烯酰胺、甲基纤维素及其衍生物、聚乙二醇和葡聚糖等,前两种通常用于核酸及其片段的分离,后两种更多用于蛋白质。

3. 胶束电动力学毛细管色谱(micellar electrokinetic capillary chromatography,MECC 或 MEKC)

它是一种既能分离中性溶质又同时能分离带电荷组分的 CE 模式。其分离原理涉及物质在两相间的分配。两相之一是电泳移动的相,即带电荷的分子或分子聚集体,称为 MECC 的载体(carrier)。目前一般以阴离子表面活性剂,如十二烷基磺酸(或硫酸)钠为载体,浓度大于其临界胶束浓度($100 \ mmol \cdot L^{-1}$ 以内),SDS 在水中聚成球形胶束,电荷朝外,烷基藏于内部,胶束表面具有较大的净负荷,表现有较大的朝向阳极的电泳迁移率,但是多数缓冲液有较强的电渗流,方向朝阴极。电渗流略大于胶束移动,形成一个快速流动的水相(缓冲液相)和慢速移动的胶束相(其作用类似于色谱固定相,称为准固定相),溶质则在此两相间分配。在 MECC 中,分离是借助疏水性和亲水性的差异来实现的,疏水性强的溶质保留大。容量因子 k 可视为进入载体(准固定相)和水相中溶质之比值。除 CZE 的实验条件外,本法的分离能力还受胶束浓度、种类及性质的影响。MECC 在中小分子、中性化合物、手性对映体、特别是各种药物分析的应用中受到注视。

4. 毛细管等电聚焦(capillary isoelectric fousing,CIEF)

当向毛细管内充有的两性电解质(ampholine)[①]载体两端施加直流电压时,管内将建立一个由阳极到阴极逐步升高的 pH 梯度。而蛋白质分子是典型的两性电解质,所带电荷与溶液 pH 有关,在酸性溶液中带正电荷,在碱性溶液中则带负电荷,当其表观电荷数为零时溶液的 pH 称为蛋白质的等电点(isoelectric point)。不同蛋白质具有不同的等电点。因此,不同等电点的蛋白质在电场作用下,将迁移至管内适当的 pH 梯度位置(等电点位置),并不再移动,形成一窄聚焦区带而得到分离。

5. 毛细管等速电泳(capillary isotachophoresis,CITP)

采用两种不同的缓冲液体系,一种是前导电介质,充满整个毛细管柱,另一种称尾随电介质,置于一端的贮液槽中,前者的淌度高于任何试样组分,后者则低于任何试样组分,被分离的组分按其不同的淌度夹在中间以同一速率移动,实现分离。例如,在阴离子分析时,所选的前导电介质必须含阴离子,其有效淌度高于被测组分的相应值,尾随电介质也是那样,但其有效淌度低于被测组分的相应值,施加电场后,阴离子按其淌度大小朝阳极泳动,前导电介质中的离子淌度大,速率快,集中在最前面,紧接着是被分离组分中淌度最大的那一个,以此类推,排在最后的是尾随电介质,于是所有的阴离子形成各自独立的界面清晰的区带而达到分离。CITP 是一种较早出现的电泳方式,目前较多被用于其他 CE 分离模式中作为柱前浓缩手段用于富集试样。

6. 毛细管电渗色谱(capillary electroosmotic chromatography,CEC)

在毛细管壁上键合涂渍固定液或填充 HPLC 固定相微粒,以试样与固定相之间的相互作用为分离机制,以电渗流为流动相驱动力的色谱过程。这种方式

---

① 是一种人工合成的许多等电点不同的脂肪族多氨基多羧酸的混合物。

将 HPLC 发展的固定相引入到 CE 中,增加了选择性,但又保持了 CE 的固有优点,是一种有发展前景的分离模式。

思考题与习题

1. 从分离原理、仪器构造及应用范围上简要比较气相色谱及高效液相色谱的异同点。

2. 高效液相色谱中影响色谱峰扩展的因素有哪些? 与气相色谱比较,有哪些主要不同之处?

3. 在高效液相色谱中,提高柱效的途径有哪些? 其中最有效的途径是什么?

4. 高效液相色谱仪的基本设备包括哪几部分? 各起什么作用?

5. 在高效液相色谱仪中,常用的检测器有哪几种? 试述其应用特点。

6. 根据分离原理,液相色谱法有几种类型? 它们的保留机理是什么? 在这些类型的应用中,最适宜分离的物质是什么?

7. 何谓正相色谱及反相色谱? 在应用上各有何特点?

8. 何谓化学键合固定相? 它有什么突出的优点?

9. 何谓离子对色谱法? 在应用上有何特点?

10. 何谓化学抑制型离子色谱及非抑制型离子色谱? 试述它们的基本原理。

11. 何谓梯度洗提? 它与气相色谱中的程序升温有何异同之处?

12. 高效液相色谱进样技术与气相色谱进样技术有何不同?

13. 以液相色谱进行制备有什么优点?

14. 在毛细管中实现电泳分离有什么优点?

15. 试述 CZE,CGE,MECC 的基本原理。

参考文献

[1] 朱彭龄,云自厚,谢光华.现代液相色谱.兰州:兰州大学出版社,1989.

[2] 金恒亮.高压液相色谱法.北京:原子能出版社,1987.

[3] 斯奈德 L R,柯克兰 J J.现代液相色谱法导论.2 版.高潮,等译.北京:化学工业出版社,1988.

[4] 史景江.色谱分析法.重庆:重庆大学出版社,1990.

[5] 王俊德,商振华,郁组璐.高效液相色谱法.北京:中国石化出版社,1992.

[6] 张玉奎,张维冰,邹汉法.分析化学手册(第六分册).3 版.北京:化学工业出版社,2016.

[7] 袁黎明.制备色谱技术及应用.北京:化学工业出版社,2005.

[8] 朱良漪.分析仪器手册.第九章 色谱分析仪与电泳仪.北京:化学工业出版社,1997.

[9] 林炳承.毛细管电泳导论.北京:科学出版社,1996.

[10] 罗国安,王义明.大学化学.1996,11(1):1～5,27.

[11] Gillbert M T.High performance liquid chromatography.Wright,1987.

[12] 于世林.图解高效液相色谱技术与应用.北京:科学出版社,2009.

第4章 电位分析法
Potentiometry

§4-1 电分析化学法概要

利用物质的电学及电化学性质来进行分析的方法称为电分析化学法 (electroanalytical method)。它通常是使待分析的试样溶液构成一化学电池(电解池或原电池),然后根据所组成电池的某些物理量(如两电极间的电动势,通过电解池的电流或电荷量,电解质溶液的电阻等)与其化学量之间的内在联系来进行测定。因而电分析化学法可以分为三种类型。

化学电池

第一类是通过试液的浓度在某一特定实验条件下与化学电池中某些物理量的关系来进行分析的。这些物理量包括电极电位(电位分析等)、电阻(电导分析等)、电荷量(库仑分析等)、电流-电压曲线(伏安分析等)等。这些方法是电分析化学法中很重要的一大类方法,发展亦很迅速。例如,离子选择性电极就是20世纪60年代以来,在电位分析法领域内迅速发展起来的一个活跃的分支。又如,伏安分析法,由于电解方式的不同(直流电压、方波电压、脉冲电压等),电解电压大小的不同,电极类型的不同,测量手段的不同,所研究物理量的关系不同等,由它所派生的方法目前已不下几十种。

第二类方法是以上述这些电物理量的突变作为滴定分析中终点的指示,所以又称为电容量分析法。属于这一类方法的有电位滴定、电流滴定、电导滴定等。

第三类方法是将试液中某一个待测组分通过电极反应转化为固相(金属或其氧化物),然后由工作电极上析出的金属或其氧化物的质量来确定该组分的量。这一类方法实质上是一种重量分析法,不过不使用化学沉淀剂而已。所以这类方法称为电重量分析法,也即通常所称的电解分析法。这种方法在分析化学中也是一种重要的分离手段。

　　电分析化学法的灵敏度和准确度都很高,手段多样,分析浓度范围宽,能进行组成、状态、价态和相态分析,适用于各种不同体系,应用面广。由于在测定过程中得到的是电信号,因而易于实现自动化和连续分析。

　　电分析化学法在化学研究中亦具有十分重要的作用。它已广泛应用于电化学基础理论、有机化学、药物化学、生物化学、临床化学、环境生态等领域的研究中,例如,各类电极过程动力学、电子转移过程、氧化还原过程及其机制、催化过程、有机电极过程、吸附现象、大环化合物的电化学性能等。因而电分析化学法对成分分析(定性及定量分析)、生产控制和科学研究等方面都有很重要的意义,并得到极为迅速的发展[1]。

　　本章及以后的两章,将着重从成分分析的角度,讨论几种较为重要而又常用的电分析化学法:电位分析法、伏安分析法及库仑分析法。

§4-2　电位分析法原理

　　电位分析法是电分析化学法的重要分支,它的实质是通过在零电流条件下测定两电极间的电位差(即所构成原电池的电动势)进行分析测定。它包括电位测定法和电位滴定法。

　　已知能斯特方程(Nernst equation)表示了电极电位 E 与溶液中对应离子活度之间存在的简单关系。例如,对于氧化还原体系:

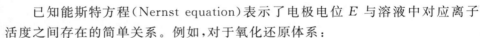

$$Ox + ne^- \rightleftharpoons Red$$

$$E = E^{\ominus}_{Ox/Red} + \frac{RT}{nF}\ln\frac{a_{Ox}}{a_{Red}} \tag{4-1}$$

式中,$E^{\ominus}$ 是标准电极电位,R 是摩尔气体常数[8.314 41 J·(mol·K)$^{-1}$],F 是法拉第常数(96 485.34 C·mol^{-1}),T 是热力学温度,n 是电极反应中传递的电子数,a_{Ox} 及 a_{Red} 为氧化态 Ox 及还原态 Red 的活度。

　　对于金属电极,还原态是纯金属,其活度是常数,定为 1,则式(4-1)可写作:

$$E = E^{\ominus}_{M^{n+}/M} + \frac{RT}{nF}\ln a_{M^{n+}} \tag{4-2}$$

式中,$a_{M^{n+}}$ 为金属离子 M^{n+} 的活度。

　　由式(4-2)可见,测定了电极电位,就可确定离子的活度(或在一定条件下

　　① 参阅高鸿. 分析化学前沿. 七、电分析化学发展趋向. 北京:科学出版社,1991.
汪尔康. 21 世纪的分析化学. 六、近代电化学的发展. 北京:科学出版社,1999.

确定其浓度),这就是电位测定法的依据。

在滴定分析中,滴定进行到化学计量点附近时,将发生浓度的突变(滴定突跃)。如果滴定过程中,在滴定容器内浸入一对适当的电极,则在化学计量点附近可以观察到电极电位的突变(电位突跃),因而根据电极电位突跃可确定终点的到达,这就是电位滴定法的原理。

§4-3 电位法测定溶液的 pH

应用最早、最广泛的电位测定法是测定溶液的 pH。20 世纪 60 年代以来,由于多种离子选择性电极的出现和迅速发展,电位测定法的应用及重要性有了新的突破。

用于测量溶液 pH 的典型电极体系如图 4-1 所示。其中玻璃电极(glass electrode)是作为测量溶液中氢离子活度的指示电极(indicator electrode),用以指示待测溶液中离子浓度(或活度)的变化。而饱和甘汞电极(saturated calomel electrode,SCE)则作为参比电极(reference electrode),为测量指示电极的电极电位提供电位标准。

玻璃电极的构造如图 4-2 所示。它的主要部分是一个玻璃泡,泡的下半部为特殊组成的玻璃薄膜(如摩尔分数约为 $x_{Na_2O}=22\%$,$x_{CaO}=6\%$,$x_{SiO_2}=72\%$)。膜厚为 30～100 μm。在玻璃泡中装有 pH 一定的溶液(内参比溶液,或称内部溶液,通常为 0.1 mol·L⁻¹ HCl 溶液),其中插入一银−氯化银电极作为内参比电极。

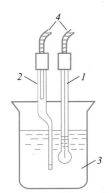

图 4-1 用作测量溶液 pH 的电极体系
1—玻璃电极;2—饱和甘汞电极;
3—试液;4—接至 pH 计

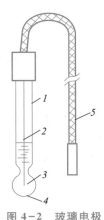

图 4-2 玻璃电极
1—玻璃管;2—内参比电极(Ag/AgCl);
3—内参比溶液(0.1 mol·L⁻¹ HCl 溶液);
4—玻璃薄膜;5—接线

玻璃电极

参比电极

内参比电极的电位是恒定的,与被测溶液的 pH 无关。玻璃电极作为指示电极,其作用主要在玻璃薄膜上。当玻璃电极浸入被测溶液时,玻璃薄膜处于内部溶液(氢离子活度为 $a_{H+,内}$)和待测溶液(氢离子活度为 $a_{H+,试}$)之间,这时跨越玻璃薄膜产生一电位差 ΔE_M(这种电位差称为膜电位(membrane potential),有关膜电位的机制将在 §4−4 中讨论),它与氢离子活度之间的关系符合能斯特方程:

$$\Delta E_M = \frac{2.303RT}{F} \lg \frac{a_{H+,试}}{a_{H+,内}} \tag{4-3}$$

因 $a_{H+,内}$ 为一常数,故式(4−3)可写成:

$$\Delta E_M = K + \frac{2.303RT}{F} \lg a_{H+,试} = K - \frac{2.303RT}{F} pH_试 \tag{4-4}$$

从式(4−3)可见,当 $a_{H+,内} = a_{H+,试}$ 时,$\Delta E_M = 0$。实际上,ΔE_M 并不等于零,跨越玻璃薄膜仍存在一定的电位差,这种电位差称为不对称电位($\Delta E_{不对称}$),它是由于玻璃薄膜内外表面的情况不完全相同而产生的。其值与玻璃的组成、膜的厚度、吹制条件和温度等有关。

当用玻璃电极作指示电极,饱和甘汞电极(SCE)为参比电极时,若组成下列原电池:

$$Ag \mid AgCl, 0.1 \ mol \cdot L^{-1} \ HCl \mid 玻璃膜 \mid 试液 \ \| \ KCl(饱和), Hg_2Cl_2 \mid Hg$$

$$\xleftarrow{\hspace{2cm}} 玻璃电极 \xrightarrow{\Delta E_M} \xleftarrow{\Delta E_L} SCE \xrightarrow{\hspace{2cm}}$$

pH 计的结构和使用

在此原电池中,以玻璃电极为负极,饱和甘汞电极为正极,则所组成电池的电动势 $E^{①}$ 为

$$E = E_{SCE} - E_{玻璃} = E_{SCE} - (E_{AgCl/Ag} + \Delta E_M) \tag{4-5}$$

但上述关系中还应考虑玻璃电极的不对称电位的影响,除此之外,还存在液接电位(液体接界面电位)ΔE_L。这种电位差是由于浓度或组成不同的两种电解质溶液接触时,在它们的相界面上正、负离子扩散速率不同,破坏了界面附近原来溶液正、负电荷分布的均匀性而产生的。这种电位也称为扩散电位。在电池中通常用盐桥连接两种电解质溶液而使 ΔE_L 减至最小,一般为 $1 \sim 2$ mV,但在电位测定法中,严格来说仍不能忽略这种电位差,因此上述原电池的电动势应为

$$E = E_{SCE} - (E_{AgCl/Ag} + \Delta E_M) + \Delta E_{不对称} + \Delta E_L$$

$$= E_{SCE} - E_{AgCl/Ag} + \Delta E_{不对称} + \Delta E_L - K + \frac{2.303RT}{F} pH_试 \tag{4-6}$$

---

① 电池的电动势规定为 $E = E_+ - E_-$,式中 E_+ 代表具有较高电位的电极电位,E_- 代表电位较低(较负)的那一极的电极电位。

令 $E_{SCE} - E_{AgCl/Ag} + \Delta E_{不对称} + \Delta E_L - K = K'$，得

$$E = K' + \frac{2.303RT}{F} pH_{试} \qquad (4-7)$$

式中，K' 在一定条件下为一常数，故原电池的电动势与溶液的 pH 之间呈线性关系，其斜率为 $2.303RT/F$，此值与温度有关，于 25 ℃ 时为 0.059 16 V，即溶液 pH 变化一个单位时，电池电动势将改变 59.16 mV（25 ℃）。这就是以电位法测定 pH 的依据。

25 ℃ 时，由式（4-7）得

$$pH_{试} = \frac{E - K'}{0.059 \text{ V}} \qquad (4-8)$$

式（4-8）中，K' 无法测量与计算，因此在实际测定中，试样的 pH 是同已知 pH 的标准缓冲溶液相比求得的。在相同条件下，若标准缓冲溶液的 pH 为 $pH_{标}$，以该缓冲溶液组成原电池的电动势为 $E_{标}$，则

$$pH_{标} = \frac{E_{标} - K'}{0.059 \text{ V}} \qquad (4-9)$$

由式（4-8）及式（4-9），并以 $2.303RT/F$ 代替 0.059 V，得

$$pH_{试} = pH_{标} + \frac{E - E_{标}}{2.303RT/F} \qquad (4-10)$$

式（4-10）即为按实际操作方式对水溶液 pH 的实用定义（或工作定义，operational definition of pH），亦称为 pH 标度。因此用电位法以 pH 计测定溶液 pH 时，先用标准缓冲溶液定位，然后可直接在 pH 计上读出 $pH_{试}$。

另外，在实际测定中，为方便操作，也常把 pH 玻璃电极和参比电极组合在一起，组成 pH 复合电极，结构如图 4-3 所示。图中的 Ag/AgCl 外参比电极与图 4-1 中的饱和甘汞电极的作用一样，与玻璃薄膜、内参比电极及 0.1 mol·L^{-1} HCl 溶液构成的玻璃电极共同组成测量体系。

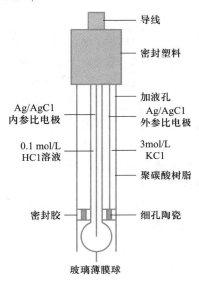

图 4-3　pH 复合电极结构图

§4-4 离子选择性电极与膜电位

离子选择性电极(ion selective electrode)是一种以电位法测量溶液中某些特定离子活度的指示电极。由于所需仪器设备简单、轻便,适于现场测量,易于推广,对于某些离子的测定灵敏度可达 10^{-6} 数量级,选择性好,因此发展极为迅速。

前述 pH 玻璃电极,就是具有氢离子专属性响应的典型离子选择性电极。随着科学技术的发展,目前已制成了几十种离子选择性电极,例如,对 Na^+ 有选择性的钠离子玻璃电极,以氟化镧单晶为电极膜的氟离子选择性电极,以卤化银或硫化银(或它们的混合物)等难溶盐沉淀为电极膜的各种卤素离子和硫离子选择性电极等。

各种离子选择性电极的构造随薄膜(敏感膜)不同而略有不同,但一般都由薄膜及其支持体、内参比溶液(含有与待测离子相同的离子)、内参比电极(Ag/AgCl电极)等组成,其中敏感膜是最关键部分。图 4-4 表示有代表性的氟离子选择性电极的构造(试与 pH 玻璃电极比较)。

用离子选择性电极测定有关离子,一般都是基于内部溶液与外部溶液之间产生的电位差,即所谓膜电位。

离子选择性电极的膜电位的机制是一个复杂的理论问题,目前对这个问题仍在进行深入研究,但对一般离子选择性电极来说,膜电位的建立已证明主要是溶液中的离子与电极膜上离子之间发生交换作用的结果。玻璃电极的膜电位的建立是一个典型例子。

玻璃电极的玻璃膜浸入水溶液中时,形成一层很薄($10^{-4} \sim 10^{-5}$ mm)的溶胀的硅酸层(水化层)[1]。其中 Si 与 O 构成的骨架是带负电荷的,与此抗衡的离子是碱金属离子 M^+:

氟电极

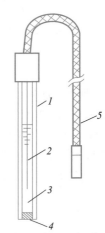

图 4-4 氟离子选择性电极

1—塑料管或玻璃管;2—内参比电极;
3—内参比溶液(NaF-NaCl);
4—氟化镧单晶膜;5—接线

---

① 玻璃电极在使用前必须在水中浸泡足够的时间,使其形成溶胀的水化层。

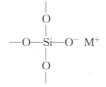

当玻璃薄膜与水溶液接触时,其中 M^+(Na^+)为氢离子所交换,因为硅酸结构与 H^+ 所结合的键的强度远大于与 M^+ 的强度(约为 10^{14} 倍),因而膜表面的点位几乎全为 H^+ 所占据而形成 $\equiv SiO^- H^+$。膜内表面与内部溶液接触时,同样形成水化层。但若内部溶液与外部溶液(试液)的 pH 不同,则将影响 $\equiv SiO^-$ H^+ 的解离平衡:

$$\equiv SiO^- H^+(表面)+H_2O \rightleftharpoons \equiv SiO^-(表面)+H_3O^+ \qquad (4-11)$$

故在膜内、外的固-液界面上由于电荷分布不同而形成二界面电位[道南(Donnan)电位],这样就使跨越膜的两侧具有一定的电位差,这个电位差称为膜电位。

当将浸泡后的电极浸入待测溶液时,膜外层的水化层与试液接触,由于溶液中 H^+ 活度的不同,将使式(4-11)的解离平衡发生移动,此时可能有额外的 H^+ 由溶液进入水化层,或由水化层转入溶液中,因而膜外层的固-液两相界面的电荷分布发生了改变,从而使跨越电极膜的电位差发生改变,而这个改变显然与溶液中 H^+ 活度 $a_{H^+,试}$ 有关。可见,膜电位的产生并不是由于电子的得失(如在氧化还原电位中那样)。这可用图 4-5 示意。

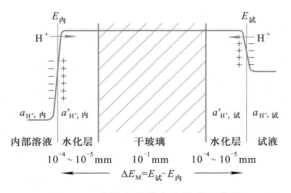

图 4-5　玻璃电极膜电位形成示意图

若膜的内、外侧水化层与溶液间的界面电位(道南电位)分别为 $E_内$ 及 $E_试$,膜两边溶液的 H^+ 活度为 $a_{H^+,内}$ 及 $a_{H^+,试}$,而 $a'_{H^+,内}$ 及 $a'_{H^+,试}$ 是接触此两溶液的各自水化层中的 H^+ 活度,则膜电位 ΔE_M 应为

$$\Delta E_M = E_试 - E_内 \qquad (4-12)$$

根据热力学,界面电位与 H^+ 活度应符合下述关系:

$$E_{试} = k_1 + \frac{RT}{F} \ln \frac{a_{H^+,试}}{a'_{H^+,试}} \tag{4-13}$$

$$E_{内} = k_2 + \frac{RT}{F} \ln \frac{a_{H^+,内}}{a'_{H^+,内}} \tag{4-14}$$

式(4-12)的玻璃膜电位还应包含扩散电位,此电位将分布在膜两侧的水化层内及膜内。为简化讨论,假定玻璃膜两侧的水化层完全对称,因此其内部形成的两个扩散电位将相等且符号相反,故可不予考虑。根据此假设,$k_1 = k_2$,$a'_{H^+,试} = a'_{H^+,内}$ [①],于是将式(4-13)及式(4-14)代入式(4-12),可得

$$\Delta E_M = E_{试} - E_{内} = \frac{RT}{F} \ln \frac{a_{H^+,试}}{a_{H^+,内}} \tag{4-15}$$

由于 $a_{H^+,内}$ 为一常数,式(4-15)可写作

$$\Delta E_M = K + \frac{2.303RT}{F} \lg a_{H^+,试}$$

这就是式(4-4)。此式说明在一定温度下玻璃电极的膜电位与溶液的 pH 呈线性关系。

与玻璃电极类似,各种离子选择性电极的膜电位在一定条件下遵守能斯特公式。对阳离子有响应的电极,膜电位为

$$\Delta E_M = K + \frac{2.303RT}{nF} \lg a_{阳离子} \tag{4-16}$$

对阴离子有响应的电极则为

$$\Delta E_M = K - \frac{2.303RT}{nF} \lg a_{阴离子} \tag{4-17}$$

不同的电极,其 K 值是不相同的,它与感应膜、内部溶液等有关。式(4-16)及式(4-17)说明,在一定条件下膜电位与溶液中欲测离子的活度的对数呈线性关系,这是利用离子选择性电极测定离子活度的基础。

§4-5　离子选择性电极的选择性

理想的离子选择性电极是只对特定的一种离子产生电位响应。事实上,电极不仅对一种离子有响应,与欲测离子共存的某些离子也能影响电极的膜电位。

---

① 当玻璃膜内、外表面的结构相同,且表面 Na^+ 的点位几乎全部被 H^+ 占据时,可以认为,由于式(4-11)的解离平衡引起的水化层 H^+ 活度的变化不大。

例如,用 pH 玻璃电极测定 pH,在 pH>9 时,由于碱金属离子(Na⁺等)的存在,玻璃电极的电位响应偏离理想线性关系而产生误差(测得值比实际值低),此误差称为钠误差。产生钠误差的原因是电极膜除对 H⁺ 有响应外,对 Na⁺ 也有响应,只不过是响应程度不同而已。在 H⁺ 活度较高时,Na⁺ 的影响显示不出来。但在 H⁺ 活度很低时,Na⁺ 的影响就显著了,故对 H⁺ 的测定产生干扰。考虑到钠离子对膜电位的贡献,式(4-4)显然应修正为

$$\Delta E_{\mathrm{M}} = K + \frac{2.303RT}{F} \lg(a_{\mathrm{H}^+} + a_{\mathrm{Na}^+} K_{\mathrm{H}^+,\mathrm{Na}^+}) \qquad (4-18)$$

式中,a_{Na^+} 为溶液中共存的钠离子活度,$K_{\mathrm{H}^+,\mathrm{Na}^+}$ 为钠离子对 H⁺ 的选择性系数(selectivity coefficient)。

设 i 为某离子选择性电极的欲测离子,j 为共存的干扰离子,n_i 及 n_j 分别为 i 离子及 j 离子的电荷数,则考虑了干扰离子贡献的膜电位的通式为

$$\Delta E_{\mathrm{M}} = K \pm \frac{2.303RT}{n_i F} \lg[a_i + K_{i,j}(a_j)^{n_i/n_j}] \qquad (4-19)$$

式中第二项对阳离子为正号,阴离子为负号。$K_{i,j}$ 为干扰离子 j 对欲测离子 i 的选择性系数。它可理解为在其他条件相同时,提供相同电位的欲测离子活度 a_i 和干扰离子活度 a_j 的比值:

$$K_{i,j} = a_i/(a_j)^{n_i/n_j} \qquad (4-20)$$

例如,设 $K_{i,j} = 10^{-2}$($n_i = n_j = 1$),这意味着 a_j 一百倍于 a_i 时,j 离子所提供的电位才等于 i 离子所提供的电位。即此电极对 i 离子比 j 离子敏感性超过 100 倍。若 $K_{i,j} = 10^2$,则与 i 比较,j 是电极主要响应的离子。显然,$K_{i,j}$ 愈小愈好。选择性系数愈小,说明 j 离子对 i 离子的干扰愈小,亦即此电极对欲测离子的选择性愈好。

应该注意,$K_{i,j}$ 值并非一真实的常数,其值与 i 及 j 离子的活度和实验条件及测定方法等有关,因此不能直接利用 $K_{i,j}$ 的文献值作分析测定时的干扰校正。但它仍为判断一种离子选择性电极在已知杂质存在时的干扰程度的一个有用指标,对拟定有关分析方法时起参考作用。例如,有一种硝酸根离子选择性电极的 $K_{\mathrm{NO}_3^-,\mathrm{SO}_4^{2-}} = 4.1 \times 10^{-5}$。现欲在 1 mol·L⁻¹ 硫酸盐溶液中测定硝酸根离子,如要求硫酸根离子造成的误差小于 5%,试估算待测的硝酸根离子的活度至少应不低于何数值?

由式(4-20)得

$$0.05 a_{\mathrm{NO}_3^-} = 4.1 \times 10^{-5} \times 1^{1/2}$$

故待测的硝酸根离子活度至少应不低于

$$a_{NO_3^-} = 8.2 \times 10^{-4} \text{ mol·L}^{-1}$$

借选择性系数可以估量某种干扰离子对测定造成的误差，以判断某种干扰离子存在下所用测定方法是否可行。根据 $K_{i,j}$ 的定义，在估量测定的误差时可用下式计算：

$$相对误差 = K_{i,j} \times \frac{(a_j)^{n_i/n_j}}{a_i} \times 100\% \tag{4-21}$$

式中，$K_{i,j} \times (a_j)^{n_i/n_j}$ 的物理含义是能与干扰离子提供等同电位的欲测离子的活度。此处的 $K_{i,j}$ 是通过测量得到的常数，故不能再将式(4-20)代回式(4-21)中。

例如，$K_{i,j} = 10^{-2}$，当测定离子活度等于干扰离子活度 $(a_i = a_j)$ 时，且 $n_i = n_j = 1$，则

$$相对误差 = \frac{10^{-2} \times a_i}{a_i} \times 100\% = 1\%$$

故由此而产生的测定误差将为 1%。若 $K_{i,j} = 20$，当干扰离子活度仅为测定离子活度的 1/100，$n_i = n_j = 1$ 时，得

$$相对误差 = \frac{20 \times a_i/100}{a_i} \times 100\% = 20\%$$

此时将导致 20% 的测定误差。由此可见，选择性系数 $K_{i,j}$ 是评价离子选择性电极性能的重要参数。

§4-6　离子选择性电极的种类和性能

其他离子选
择性电极

离子选择性电极的种类繁多，且与日俱增。1976 年国际纯粹与应用化学联合会(IUPAC)基于离子选择性电极绝大多数都是膜电极这一事实，依据膜的特征，推荐将离子选择性电极分为两大类：原电极(primary electrodes)和敏化电极(sensitized eletrodes)。原电极中又包括晶体(膜)电极和非晶体(膜)电极两类。其中，晶体膜电极又分均相膜和非均相膜电极；而非晶体膜电极又分为刚性基质电极和活动载体电极。敏化电极的分类较为简单，分为气敏电极和酶电极。以下介绍几类常见电极。

1. 晶体(膜)电极[crystalline(membrane)electrodes]

这类电极的薄膜一般都是由难溶盐经过加压或拉制成单晶、多晶或混晶的活性膜。由于制备敏感膜的方法不同，晶体膜又可分为均相膜和非均相膜两类。均相膜电极的敏感膜由一种或几种化合物的均匀混合物的晶体构成，而非均相膜则除了电活性物质外，还加入某种惰性材料，如硅橡胶、聚氯乙烯、聚苯乙烯、

石蜡等,其中电活性物质对膜电极的功能起决定性作用。

电极的机制是,由于晶格缺陷(空穴)引起离子的传导作用。接近空穴的可移动离子移动至空穴中,一定的电极膜,按其空穴大小、形状、电荷分布,只能容纳一定的可移动离子,而其他离子则不能进入。晶体膜就是这样限制了除待测离子外其他离子的移动而显示其选择性。因为没有其他离子进入晶格,干扰只是由于晶体表面的化学反应引起。

图 4-4 所示的氟离子选择性电极是这种电极的代表。将氟化镧单晶(掺入微量氟化铕(Ⅱ)以增加导电性)封在塑料管的一端,管内装 0.1 mol·L^{-1} NaF — 0.1 mol·L^{-1} NaCl 溶液(内部溶液),以 Ag—AgCl 电极作内参比电极,即构成氟电极。氟化镧单晶中可移动离子是 F$^-$(亦即由 F$^-$ 传递电荷),所以膜电位反映试液中 F$^-$ 活度:

$$\Delta E_M = K - \frac{2.303RT}{F} \lg a_{F^-}$$

一般在 $1 \sim 1 \times 10^{-6}$ mol·L^{-1} 范围内其大小符合能斯特公式。电极的检测下限实际由单晶的溶度积决定,LaF$_3$ 饱和溶液中氟离子活度约为 10^{-7} mol·L^{-1} 数量级,因此氟电极在纯水体系中检测下限最低亦即在 10^{-7} mol·L^{-1} 左右。氟电极具有较好的选择性。主要干扰物质是 OH$^-$。产生干扰的原因,很可能是由于在膜表面发生如下的反应:

$$LaF_3 + 3OH^- \rightleftharpoons La(OH)_3 + 3F^-$$

反应产物 F$^-$ 为电极本身的响应而造成正干扰。在较高酸度时由于形成 HF$_2^-$ 而降低氟离子活度,因此测定时需控制试液 pH 在 5~6。

硫化银膜电极是另一常用的晶体膜电极。硫化银在 176 ℃ 以下以单斜晶系 β-Ag$_2$S 形式存在,它具有离子传导及电子传导的导电性能。将 Ag$_2$S 晶体粉末置于模具中,加压力(10^3 MPa)使之形成一坚实的薄片,可按图 4-6 所示形式装成电极。晶体中可移动离子是 Ag$^+$,所以膜电位对 Ag$^+$ 敏感。

图 4-6 是两种最常用形式的晶体膜电极。图 4-6(a)是一般离子选择性电极的形式(离子接触型)。目前以硫化银为基质的商品晶体电极多不使用内部溶液,而采用图(b)全固态型的结构,以金属银丝与硫化银膜片直接接触。全固态电极制作较简便,电极可以在任意方向倒置使用,且消除了压力和温度对含有内部溶液的电极所加的限制,因而对用于生产过程的监控检测特别有意义。

与硫化银接触的试液中,存在银离子与硫离子的活度之间由溶度积所决定的平衡关系:

$$Ag_2S \rightleftharpoons 2Ag^+ + S^{2-}$$

$$a_{Ag^+}^2 \cdot a_{S^{2-}} = K_{sp(Ag_2S)}$$

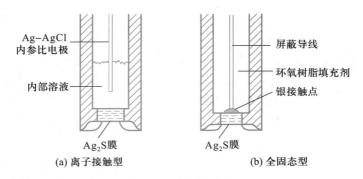

图 4-6   硫化银膜电极

$$\Delta E_{M} = K + \frac{2.303RT}{F} \lg a_{Ag^+}$$

$$= k - \frac{2.303RT}{2F} \lg a_{S^{2-}}$$

式中, k 为一新的常数。可见硫化银电极同时能用作硫离子电极。实际上,硫化银电极对硫离子的响应较上述沉淀平衡关系复杂。据认为,电极的机制可能是 S^{2-} 与晶格空隙中的 Ag^+ 反应:

$$2Ag^+ + S^{2-} \rightleftharpoons Ag_2S$$

本身成为晶格的一部分而参与电荷传递。

在一定条件下可用硫化银电极测定氰离子。此时可在试液中加入少量银氰配离子使其浓度为 $10^{-5} \sim 10^{-6}$ mol·L^{-1},在试液中将存在如下平衡:

$$Ag(CN)_2^- \rightleftharpoons Ag^+ + 2CN^-$$

$$K_{稳} = \frac{a_{Ag(CN)_2^-}}{a_{Ag^+} \cdot a_{CN^-}^2}$$

由于 $K_{稳}$(稳定常数)很大,因解离引起的配离子活度的变化可忽略不计,故

$$a_{Ag^+} = \frac{a_{Ag(CN)_2^-}}{K \times a_{CN^-}^2} = 常数 \times \frac{1}{a_{CN^-}^2}$$

即试液中 a_{CN^-} 若改变 10 倍, a_{Ag^+} 将改变 100 倍,故可借硫化银电极测定 CN^- 变化时 Ag^+ 活度的变化。

与此相类似的有用于测定卤素离子的卤化银-硫化银膜电极,其电极膜是使卤化银(AgCl,AgBr 或 AgI)沉淀分散在硫化银骨架中压制而成。加入硫化银后可降低膜的电阻,且易于加压成片。如将硫化银与另一金属的硫化物(如 CuS,CdS,PbS 等)混合加工成膜,则可制成测定相应金属离子的晶体膜电极。显然,金属硫

化物的溶度积必须大于 Ag_2S 的溶度积,否则,电极与含该金属离子的试液接触时,将与 Ag_2S 发生置换反应。由于 Ag_2S 的溶度积极小,此一条件是易于满足的。

部分晶体膜电极的测定活度范围及干扰情况见表 4-1。

表 4-1　晶体膜电极

电极组成	被测浓度范围 pM 或 pA*		使用限制
$AgBr-Ag_2S$	Br^-	$0\sim5.3$	不能用于强氧化性溶液;S^{2-} 不能存在;CN^-,I^- 可痕量存在
$AgCl-Ag_2S$	Cl^-	$0\sim4.3$	S^{2-} 不能存在;I^-,CN^- 可痕量存在
$AgI-Ag_2S$	I^-	$0\sim7.3$	不能用于强还原性溶液;S^{2-} 不能存在
$AgCN-Ag_2S$	CN^-	$2\sim6$	S^{2-} 不能存在;$c_{I^-}<10c_{CN^-}$
Ag_2S	S^{2-}	$0\sim7$	Hg^{2+} 干扰
$AgSCN-Ag_2S$	SCN^-	$0\sim5$	不能用于强还原性溶液;I^- 只能痕量存在;$c_{Cl^-}<c_{SCN^-}$
LaF_3	F^{3-}	$0\sim6$	OH^- 干扰($c_{OH^-}<0.1c_{F^-}$)
任何卤化银或 Ag_2S	Ag^+	$0\sim7$	Hg^{2+} 干扰;不能存在硫化物
$CdS-Ag_2S$	Cd^{2+}	$1\sim7$	Pd^{2+},Fe^{3+} 量不大于 Cd^{2+} 量;Ag^+,Hg^{2+},Cu^{2+} 干扰
$CuS-Ag_2S$	Cu^{2+}	$0\sim8$	Ag^+,Hg^{2+} 干扰;$c_{Fe^{3+}}<0.1c_{Cu^{2+}}$;$Cl^-$,$Br^-$ 含量高时有干扰
$PbS-Ag_2S$	Pb^{2+}	$1\sim7$	Ag^+,Hg^{2+},Cu^{2+} 不能存在;$c_{Cd^{2+}}<c_{Pb^{2+}}$,$c_{Fe^{3+}}<c_{Pb^{2+}}$

* pM,pA 分别为金属离子、阴离子浓度的负对数。

2. 刚性基质电极(rigid matrix electrodes)

玻璃电极属于刚性基质电极,它是出现最早,至今仍属应用最广的一类离子选择性电极。常用的 pH 玻璃电极的构造及机制已于 §4-3 及 §4-4 讨论过。除此以外,钠玻璃电极(pNa 电极)亦为较重要的一种。其结构与 pH 玻璃电极相似,选择性主要取决于玻璃组成。对 $Na_2O-Al_2O_3-SiO_2$ 玻璃膜,改变三种组分的相对含量会使选择性表现大的差异。表 4-2 列出阳离子玻璃电极的玻璃膜组成及其性能。

表 4-2　阳离子玻璃电极的玻璃膜组成

被测离子	玻璃组成(摩尔比)	近似选择性系数
Li^+	$15Li_2O-25Al_2O_3-60SiO_2$	$K_{Li^+,Na^+}=0.3, K_{Li^+,K^+}<10^{-3}$
Na^+	$11Na_2O-18A_2O_3-71SiO_2$	$K_{Na^+,K^+}=3.6\times10^{-4}(pH=11)$
		$K_{Na^+,K^+}=3.3\times10^{-4}(pH=7)$
Na^+	$10.4Li_2O-22.6Al_2O_3-67SiO_2$	$K_{Na^+,K^+}=10^{-5}$
K^+	$27Na_2O-5Al_2O_3-68SiO_2$	$K_{K^+,Na^+}=5\times10^{-2}$
Ag^+	$11Na_2O-18Al_2O_3-71SiO_2$	$K_{Ag^+,Na^+}=10^{-3}$

3. 活动载体电极(液膜电极)(eletrodes with a mobile carrier)

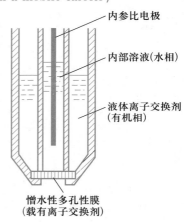

此类电极是用浸有某种液体离子交换剂的惰性多孔膜作电极膜制成。Ca^{2+} 选择性电极是这类电极的一个重要例子。它的构造如图4-7所示。电极内装有两种溶液,一种是内部溶液($0.1\ mol\cdot L^{-1}CaCl_2$ 水溶液),其中插入内参比电极($Ag-AgCl$ 电极);另一种是液体离子交换剂,它是一种水不溶的非水溶液,如 $0.1\ mol\cdot L^{-1}$二癸基磷酸钙的苯基磷酸二辛酯溶液,底部用多孔性膜材料如纤维渗析膜与外部溶液(试液)隔开,这种多孔性膜是憎水性的,仅支持离子交换剂液体形成一薄膜。在薄膜两面发生以下的离子交换反应:

内参比电极

内部溶液(水相)

液体离子交换剂(有机相)

憎水性多孔性膜(载有离子交换剂)

图 4-7　液膜电极

$$\left[(RO)_2PO_2\right]_2^-Ca^{2+} \Longleftrightarrow 2(RO)_2PO_2^- + Ca^{2+}$$

有机相　　　　　　有机相　水相

$R=C_8\sim C_{16}$。若为癸基,则 $R=C_{10}$。

这类电极的机制与玻璃电极相类似。若以 S 代表离子交换剂,i^{n+} 为敏感离子,则此类电极的机制可用下图示意:

$E_内$　　$E_试$

iS

$i^{n+}_内 \Longleftrightarrow i^{n+}_膜 \Longleftrightarrow i^{n+}_试$

$+$

S^{n-}

$a_{i,内}$　　　有机相　　　$a_{i,试}$

水相　　载于多孔膜中　水相

膜内配合物 iS 有一定程度的解离,生成 $i_{膜}^{n+}$ 及 S^{n-},因为 S^{n-}(带负电荷的液体离子交换剂)对 i^{n+} 离子(对钙电极为 Ca^{2+})有选择性,并由于 $i_{膜}^{n+}$ 与 $i_{试}^{n+}$ 的活度不同,于是在膜界面上发生交换平衡:

$$i_{膜}^{n+} \underset{}{\overset{k_i}{\rightleftharpoons}} i_{试}^{n+}$$

式中,k_i 为交换常数或分配常数。显然 $a_{i,试}$ 的变化将引起膜界面的电荷分布的变化,从而改变其相界电位($E_{试}$)。同样,对于内部溶液与膜相亦产生 $E_{内}$。若 $a_{i,内}$ 与 $a_{i,试}$ 不同,则跨越膜产生膜电位,这与玻璃膜产生的电位相似。

具有 $R—S—CH_2COO^-$ 形式的离子交换剂,由于基团中的硫及羧基可与重金属离子形成五元内环配合物,因而对 Cu^{2+},Pb^{2+} 等具有良好的选择性。

某些带正电荷的离子交换剂可用于阴离子选择性电极。例如,金属离子与邻菲啰啉($o-phen$)生成带正电荷的配离子 $[M(o-phen^-)_3]^{2+}$(M 为 Ni^{2+},Fe^{2+} 等),可与阴离子 ClO_4^-,NO_3^-,BF_4^- 等生成离子缔合物,因而可用以制成这些阴离子的电极。

由上述可见,这类电极所用载体为带有正电荷或负电荷的有机离子或配离子(表 4-3),载体分散在有机溶剂相中构成膜相。当这种电极膜与含有敏感离子的试液接触时,有机离子[如 $(RO)_2PO_2^-$]被限制在膜相中,但与前面所述固定载体(如带电荷的硅酸在玻璃骨架上可视为固定不动)不同,这种有机离子在膜相内是可活动的,而膜相中的敏感离子(Ca^{2+})可自由地与溶液中的敏感离子进行交换。

表 4-3 液 膜 电 极

电极	电极组成	测量范围 pM 或 pA	pH 范围	干扰情况(近似 $K_{i,j}$ 值)
Ca^{2+}	$(RO)_2PO_2^-$	0～5	5.5～11	Zn^{2+}(50);Pb^{2+}(20);Fe^{2+},Cd^{2+}(1);Mg^{2+},Sr^{2+}(0.01);Ba^{2+}(0.003);Ni^{2+}(0.002);Na^+(0.001)
Cu^{2+}	$R—S—CH_2COO^-$	1～5	4～7	$Fe^{2+} > H^+ > Zn^{2+} > Ni^{2+}$
Cl^-	NR_4^+	1～5	2～11	ClO_4^-(20);I^-(10);NO_3^-,Br^-(3);OH^-(1);HCO_3^-,Ac^-(0.3);F^-(0.1);SO_4^{2-}(0.02)
BF_4^-	$Ni(o-phen)_3(BF_4)_2$	1～5	2～12	NO_3^-(0.005);Br^-,Ac^-,HCO_3^-,OH^-,Cl^-(0.005);SO_4^{2-}(0.0002)

续表

电极	电极组成	测量范围 pM 或 pA	pH 范围	干扰情况(近似 $K_{i,j}$ 值)
ClO_4^-	$Fe(o-phen)_3(ClO_4)_2$	$1\sim5$	$4\sim11$	I^- (0.05);NO_3^-,OH^-,Br^- (0.002)
NO_3^-	$Ni(o-phen)_3(NO_3)_2$	$1\sim5$	$2\sim12$	ClO_4(1000);I^-(10);ClO_3^-(1);Br^- (0.1);NO_2^- (0.05);HS^-,CN^- (0.02);Cl^-,HCO_3^- (0.002);Ac^- (0.001)

在膜相中采用中性载体是液膜电极的一个重要进展。中性载体是一种电中性的大有机分子,在这些分子中都具有带中心空腔的紧密结合结构,它只对具有适当电荷和原子半径(其大小与空腔适合)的离子进行配合。因此选择适当的载体分子,可使电极具有高的选择性。中性分子与待测离子形成带电荷的配离子并可溶于有机相(膜相),就形成了欲测离子通过膜相迁移的通道而组成离子选择性膜。

用于钾离子电极的缬氨霉素(valinomycin)是一个典型的例子。它的结构为

它是一种由 12 个氨基酸组成的环形小肽,与钾离子配合时,带 * 号的六个羰基氧原子与 K^+ 键合而生成 1∶1 的配合物。将其溶于某些有机溶剂如二苯醚、硝基苯等中,可制成对钾离子有选择性的液膜,能在一万倍 Na^+ 存在下测定 K^+。

20 世纪 60 年代合成的一系列大环聚醚化合物,或称之为王冠化合物(crown compound),与前面列举的缬氨霉素等配合钾的性能相似,虽选择性稍差一些,但易于合成,因而有很大的实用价值。例如,有的钾电极产品用 $4,4'(5')-$ 二叔丁基二苯并$-30-$冠-10:

将此化合物溶于邻苯二甲酸二辛酯中并使分散于 PVC(聚氯乙烯)微孔膜中,内部溶液为 10^{-2} mol·L^{-1}KCl 溶液,用银－氯化银作内参比电极。此电极在 pH4.0～

11.5 时,钾离子的测量线性范围为 $1\sim1\times10^{-5}$ mol·L^{-1},检出限为 10^{-6} mol·L^{-1},其选择性见表 4-4。

表 4-4 钾离子电极的选择性

离子 M^{n+}	$K_{K,M}$	离子 M^{n+}	$K_{K,M}$
Li^+	1.0×10^{-3}	Ca^{2+}	2.2×10^{-5}
Na^+	3.1×10^{-3}	Mg^{2+}	4.2×10^{-5}
Rb^+	1	Ba^{2+}	1.6×10^{-5}
Cs^+	2.7×10^{-1}	Cu^{2+}	5.4×10^{-5}
NH_4^+	1.0×10^{-3}		

4. 敏化电极(sensitized eletrodes)

此类电极包括气敏电极(gas sensing eletrodes)、酶电极(enzyme substrate electrodes)等。

气敏电极是基于界面化学反应的敏化电极。实际上,它是一种化学电池,由一对电极,即离子选择性电极(指示电极)与参比电极组成。这一对电极组装在一个套管内,管中盛电解质溶液,管的底部紧靠选择性电极敏感膜,装有聚四氟乙烯、硅橡胶等材质的透气膜使电解液与外部试液隔开。试液中待测组分气体扩散通过透气膜,进入离子电极的敏感膜与透气膜之间的极薄液层内,使液层内某一能由离子电极测出的离子活度发生变化,从而使电池电动势发生变化而反映出试液中待测组分的量。由此可见,将气敏电极称为电极似不确切,故有的资料称之为"探头"、"探测器"或"传感器"。

图 4-8 是一种气敏氨电极示意图,指示电极用平头形 pH 玻璃电极;参比电极是 Ag-AgCl 电极。此电极对置于盛有 0.1 mol·L^{-1} NH_4Cl 溶液(内部电解质溶液)的塑料套管中,管底用一聚偏氟乙烯微孔透气膜与试液隔开。测定试样中的氨时,向试液中加入强碱使铵盐转化为溶解的氨,由扩散作用通过透气膜进入 NH_4Cl 溶液而影响其pH 以及玻璃电极电位,故测量电池的电动势就可以求出氨的含量。

部分气敏电极的性能列于表4-5 中。

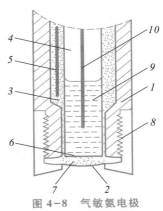

图 4-8 气敏氨电极

1—电极管;2—透气膜;3—0.1 mol·L^{-1} NH_4Cl 溶液;
4—离子电极(pH 玻璃电极);5—Ag-AgCl 参比电极
6—离子电极的敏感膜(玻璃膜);7—电解质溶液
(0.1 mol·L^{-1} NH_4Cl 溶液)薄层;8—可卸电极头;9—离子
电极的内参比溶液;10—离子电极的内参比电极

表 4-5 气 敏 电 极

电极	指示电极	内充液	平衡式	$\dfrac{检出限}{mol \cdot L^{-1}}$
CO_2	pH 玻璃电极	0.01 mol·L^{-1} NaHCO$_3$ 溶液	$CO_2 + H_2O \rightleftharpoons H^+ + HCO_3^-$	约 10^{-5}
		0.01 mol·L^{-1} NaCl 溶液	$CO_2 + H_2O \rightleftharpoons H^+ + HCO_3^-$	约 10^{-5}
NH_3	pH 玻璃电极	0.1 mol·L^{-1} NH$_4$Cl 溶液	$NH_3 + H_2O \rightleftharpoons NH_4^+ + OH^-$	约 10^{-6}
SO_2	pH 玻璃电极	0.01 mol·L^{-1} NaHSO$_3$ 溶液	$SO_2 + H_2O \rightleftharpoons HSO_3^- + H^+$	约 10^{-6}
NO_2	pH 玻璃电极	0.02 mol·L^{-1} NaNO$_2$ 溶液	$2NO_2 + H_2O \rightleftharpoons 2H^+ + NO_3^- + NO_2^-$	约 10^{-7}
H_2S	硫离子电极 (Ag$_2$S)	柠檬酸缓冲液 (pH=5)	$S^{2-} + H_2O \rightleftharpoons HS^- + OH^-$	约 10^{-3}
HCN	硫离子电极 (Ag$_2$S)	0.01 mol·L^{-1} KAg(CN)$_2$ 溶液	$HCN \rightleftharpoons H^+ + CN^-$ $Ag^+ + 2CN^- \rightleftharpoons [Ag(CN)_2]^-$	约 10^{-7}

与气敏电极相似,酶电极也是一种基于界面反应敏化的电极。此处的界面反应是酶催化的反应。酶是具有特殊生物活性的催化剂,它的催化反应选择性强,催化效率高,而且大多数催化反应可在常温下进行。而催化反应的产物,如 CO_2,NH_3,NH_4^+,CN^-,F^-,S^{2-},I^-,NO_2^- 等,大多数可被现有的离子选择性电极所响应。如尿素在脲酶的催化下发生如下反应:

$$CO(NH_2)_2 + H_2O \xrightarrow{\text{脲酶}} 2NH_3 + CO_2$$

通过用氨气敏电极或中性载体铵离子电极检测生成的氨可测定尿素的浓度。

葡萄糖氧化酶能催化葡萄糖的氧化反应:

$$\text{葡萄糖} + O_2 + H_2O \xrightarrow{\text{葡萄糖氧化酶}} \text{葡萄糖酸} + H_2O_2$$

可采用氧电极检测试液中氧含量的变化,间接测定葡萄糖的含量。氧电极是一种电流型指示电极,其结构如图 4-9 所示。其中电解质溶液为含饱和氯化银的 $0.1\ mol \cdot L^{-1}$ 氯化钾溶液,当外加 $0.63\ V$ 极化电压时,氧在铂阴极上还原,产生与氧浓度成正比的稳态扩散电流,其电极反应为

阴极:$O_2 + 2H_2O + 4e^- \longrightarrow 4OH^-$

阳极:$4Ag + 4Cl^- \longrightarrow 4AgCl + 4e^-$

图 4-10 是酶电极的构造示意。目前已有为数众多的高纯酶商品供应,但价格昂贵,且寿命较短,使应用受到限制。值得指出的是以动植物组织或微生物代替酶作为生物膜催化材料所构成的组织电极(tissue based membrane electrode)或微生物电极(microbial membrane electrode)是敏化电极的一种有意义的进展,直接利用生物组织及微生物制作电极有以下优点。

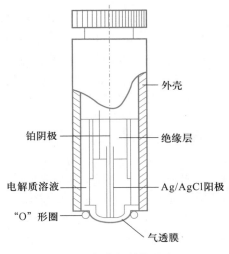

图 4-9 氧电极结构示意

(1) 许多组织细胞和微生物中含有大量的酶,因而提供了丰富的酶源。

(2) 组织细胞中的这些酶处于天然状态和理想环境,它一般也是在性质最稳定、发挥功效最佳的状态。

(3) 生物组织一般都有一定的机械性和膜结构,适于固定作膜,因此组织电极的制作简便而经济,省去了酶提取和固定时的烦琐步骤及价格昂贵的纯酶。

(4) 还可以利用微生物对有机化合物的同化作用,通过检测呼吸活性(摄氧量)的变化,间接测定某些有机化合物,扩大了电极的测量范围。

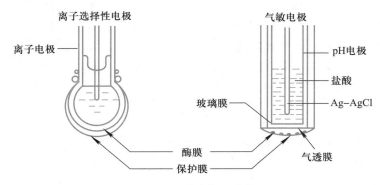

图 4-10 酶电极示意图

最早的组织电极于 1979 年提出[1]，此电极用猪肾组织切片与氨气敏电极组成用以测定 L-谷氨酰胺，测定的线性范围是 $6.0 \times 10^{-5} \sim 6.7 \times 10^{-3}$ mol·L^{-1}，斜率为 50 mV，电极寿命 28 d。其制作方法和测定原理是将新鲜猪肾深冻后切成 0.05 mm 的薄片，固定在氨电极敏感膜表面，当被测物扩散进入组织膜时，被其中的谷氨酰胺水解酶分解产生氨而被测定。

制作组织电极（和其他类型生物膜电极）时，生物膜的固定化是关键，它决定了电极的使用寿命并对灵敏度、重现性等性能也有很大影响。固定的方法有物理吸附、共价附着、交联、包埋等[2]。

5. 离子敏场效应晶体管（ion sensitive field effective transistor, ISFET）

ISFET 是在金属-氧化物-半导体场效应晶体管（MOSFET）基础上构成的，它既具有离子选择性电极对敏感离子响应的特性，又保留场效应晶体管的性能，是微电子技术与离子电极技术的综合应用。MOSFET 的结构如图 4-11 所示，由 P 型 Si 薄片做成，其中有两个高掺杂的 N 区，分别作为源极（source）和漏极（drain），在两个 N 区之间的 Si 表面上有一层很薄的 SiO$_2$ 绝缘层，绝缘层上则为金属栅极，构成金属-氧化物-半导体（MOS）组合层，它具有高阻抗转换的特性，如在源极和漏极之间施加电压，电子便从源极流向漏极，即有电流通过沟道（称为漏极电流 I_d），I_d 受栅极和源极间电压控制。若将 MOSFET 的金属栅极代之以离子选择性电极的敏感膜，即成为对相应离子有响应的 ISFET。当它与试液接触并与参比电极组成测量体系时，由于膜与溶液的界面产生膜电位叠加在栅压上，ISFET 的漏极电流 I_d 就会发生相应的变化，I_d 与响应离子活度之间具有相似于能斯特公式的关系，这就是 ISFET 的工作原理和定量关系基础。如果在栅极膜上形成对各种离子有选择性响应的膜，就可制成各种离子电极，已制成的

[1] Rechnitz G A, et al. Nature, 1979, 278: 466.

[2] Stoecker P W, et al. Select Electr Rev, 1990, 12(1): 137.

ISFET 有 pH,pNa,pK,pCa,pF,pAg,pBr,pCl,H_2,NH_3,H_2S 和青霉素等。ISFET 是全固态器件,体积小,易于微型化,本身具有高阻抗转换和放大功能等优点,已在生物医学、临床诊断、环境分析、食品工业、生产过程监控等方面得到应用[①]。

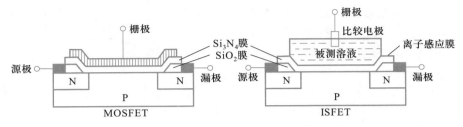

图 4-11　金属－氧化物－半导体场效应晶体管(MOSFET)和
离子敏场效应晶体管(ISFET)的比较

§4-7　测定离子活（浓）度的方法

　　离子选择性电极可以直接用来测定离子的活(浓)度,也可作为指示电极用于电位滴定。本节只讨论直接电位测定法。

　　与用 pH 指示电极测定溶液 pH 时类似,用离子选择性电极测定离子活度时也是将它浸入待测溶液与参比电极组成一电池,并测量其电动势。例如,使用氟离子选择性电极测定 F^- 活度时,若以氟离子选择性电极为正极,饱和甘汞电极为负极,组成如下工作电池:

$$Hg \mid Hg_2Cl_2,KCl(饱和) \; \vdots \; 试液 \mid LaF_3 膜 \mid NaF,NaCl,AgCl \mid Ag$$

$$\longleftarrow SCE \underset{\Delta E_L}{\longrightarrow} \underset{\Delta E_M}{\longleftarrow} 氟电极 \longrightarrow$$

此时电池的电动势 E 为

$$E=(E_{AgCl/Ag}+\Delta E_M)-E_{SCE}+\Delta E_L+\Delta E_{不对称}$$

根据式(4-17):

$$\Delta E_M=K-\frac{2.303RT}{F}\lg a_{F^-}$$

合并上述两式得

$$E=E_{AgCl/Ag}+K-\frac{2.303RT}{F}\lg a_{F^-}-E_{SCE}+\Delta E_L+\Delta E_{不对称}$$

---

① 郑建斌,等. 离子敏感场效应晶体管及其应用. 分析化学,1995,23(7):842-849.

令 $E_{AgCl/Ag} + K - E_{SCE} + \Delta E_L + \Delta E_{不对称} = K'$,则

$$E = K' - \frac{2.303RT}{F} \lg a_{F^-} \qquad (4-22)$$

式中,K' 的数值取决于温度,膜的特性,内参比溶液,内、外参比电极的电位及液接电位等。其值在一定的实验条件下为定值。

对于各种离子选择性电极,可得如下通式[①]:

$$E = K' - \frac{2.303RT}{nF} \lg a_{阴离子} \qquad (4-23)$$

$$E = K' + \frac{2.303RT}{nF} \lg a_{阳离子} \qquad (4-24)$$

式(4-23)和式(4-24)说明,工作电池的电动势在一定实验条件下与欲测离子的活度的对数值呈线性关系。因此通过测量电动势可测定欲测离子的活度。下面叙述几种常用的测定方法。

1. 标准曲线法

将离子选择性电极与参比电极插入一系列活(浓)度已确知的标准溶液,测出相应的电动势。然后以测得的 E 值对相应的 $\lg a_i$($\lg c_i$)值绘制标准曲线(校正曲线)。在同样条件下测出对应于欲测溶液的 E 值,即可从标准曲线上查出欲测溶液中的离子活(浓)度。

一般分析工作中要求测定的是浓度,而离子选择性电极根据能斯特公式测量的则是活度。图 4-12 是一个典型的标准曲线图。由此图可见,$E-\lg a_i$ 曲线(曲线 1)及 $E-\lg c_i$ 曲线(曲线 2)是有差异的,这种差异在高浓度范围尤为显著。这是由于活度和浓度的关系为 $a_i = \gamma_i c_i$,γ_i 是活度系数,它是溶液中离子强度的函数,在极稀溶液中,$\gamma_i \approx 1$,而在较浓的溶液中,$\gamma_i < 1$。

在实际工作中,很少通过计算活度系数来求欲测离子的浓度,而是在控制溶液的离子强度的条件下,依靠实验通过绘制 $E-\lg c_i$ 曲线来求得浓度的。针对不同情况可采取不同办法来控制离子强度。当试样中含有一种含量高而基本恒定的非欲测离子时,可使用"恒定离子背景法",即配制与试样组成相似的标准溶液。如果试样所含非欲测离子及其浓度不能确知或变动

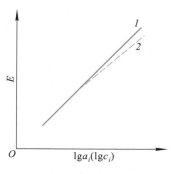

图 4-12 标准曲线
1—$\lg a_i$;2—$\lg c_i$

---

① 指示电极作正极,参比电极作负极。

较大,则可使用加入"离子强度调节剂"的办法。离子强度调节剂是浓度很大的电解质溶液,它应对欲测离子没有干扰,将它加到标准溶液及试样溶液中,使它们的离子强度都达到很高而近乎一致,从而使活度系数基本相同。在某些情况下,此种高离子强度的溶液还含有 pH 缓冲剂和消除干扰的配位剂。如测定水样中 F^- 浓度时,应加入一定量的"总离子强度调节缓冲剂"(total ionic strength adjustment buffer, TISAB)即属此例。此种调节剂的一种组成为:氯化钠 0.1 $mol \cdot L^{-1}$,醋酸 0.25 $mol \cdot L^{-1}$,醋酸钠 0.75 $mol \cdot L^{-1}$,柠檬酸钠 0.001 $mol \cdot L^{-1}$,pH 为 5.0,总离子强度为 1.75 $mol \cdot L^{-1}$。

电位分析法所用的标准曲线不及吸光光度法的标准曲线稳定。这与 K' 值易受参比电极的电极电位、温度、盐桥液接电位等影响有关。某些离子电极的膜表面状态亦影响 K' 值。这些影响常表现为标准曲线的平移。实际工作中,可每次检查标准曲线上的 1~2 点。在取直线部分工作时,若通过这 1~2 点做一直线与原标准曲线的直线部分平行,即可用于未知液的分析。

2. 标准加入法

标准曲线法要求标准溶液与待测试液具有接近的组成,否则将会因欲测离子的副反应(如试液中的配位剂引起的副反应)不同而引起误差。如采用标准加入法,则可在一定程度上减免这一误差。

设某一未知溶液待测离子浓度为 c_x,其体积为 V_0,测得电动势为 E_1,E_1 与 c_x 应符合如下关系:

$$E_1 = K' + \frac{2.303RT}{nF} \lg(x_1 \gamma_1 c_x) \tag{4-25}$$

式中,x_1 是游离的(即未配合)离子的摩尔分数。

然后加入小体积 V_s(约为试样体积的 1/100)的待测离子的标准溶液(浓度为 c_s,此处 c_s 约为 c_x 的 100 倍),然后再测量其电动势 E_2,于是得

$$E_2 = K' + \frac{2.303RT}{nF} \lg(x_2 \gamma_2 c_x + x_2 \gamma_2 c_\Delta) \tag{4-26}$$

这里 c_Δ 是加入标准溶液后试样浓度的增加值:

$$c_\Delta = \frac{V_s c_s}{V_0 + V_s}$$

式(4-26)中 γ_2 和 x_2 分别为加入标准溶液后新的活度系数和游离离子的摩尔分数。由于试样中加入了 TISAB,且 $V_s \ll V_0$,故由标准溶液的加入引起的离子强度变化可忽略不计,试样溶液的活度系数保持恒定,亦即 $\gamma_1 \approx \gamma_2$。又由于加入标准溶液后试样中的干扰物质(如配位剂)的浓度几乎不变,因此,$x_1 \approx x_2$,且

$$c_\Delta = \frac{V_s c_s}{V_0} \qquad (4-27)$$

二次测得电动势的差值为(若 $E_2 > E_1$)

$$\Delta E = E_2 - E_1 = \frac{2.303RT}{nF} \lg \frac{x_2 \gamma_2 (c_x + c_\Delta)}{x_1 \gamma_1 c_x} = \frac{2.303RT}{nF} \lg \left(1 + \frac{c_\Delta}{c_x}\right) \qquad (4-28)$$

令 $S = \dfrac{2.303RT}{F}$,得

$$\Delta E = \frac{S}{n} \lg \left(1 + \frac{c_\Delta}{c_x}\right)$$
$$c_x = c_\Delta (10^{n\Delta E/S} - 1)^{-1} \qquad (4-29)$$

式中,S 为常数,c_Δ 可由式(4-27)求得,因而根据测得的 ΔE 值可算出 c_x。实际分析时,如 S 值固定(温度固定),若 $n=1$,只要令 V_x,c_s 与 V_s 为常数,则 c_Δ 为常数,于是 c_x 仅与 ΔE 有关。若预先计算出以 c_x/c_Δ 作为 ΔE 的函数的数值,并列成表,分析时按测得的 ΔE 值由表中查出 c_x/c_Δ,即可求得 c_x。

　　本法的优点是,仅需要一种标准溶液,操作简单快速。在有大量过量配合剂存在的体系中,此法是使用离子选择性电极测定欲测离子总浓度的有效方法。对于某些成分复杂的试样,若以标准曲线法测定,在配制同组成的标准溶液上会发生困难,而以本法测定,可得较高的准确度。

　　为了提高分析结果的准确度,也可以采用连续多次加入标准溶液的方法,即连续标准加入法,也称为格氏(Grans)作图法。格氏作图法的测定步骤与单次标准加入法相似,只是将能斯特公式以另外一种形式表示,并用另一种方式作图以求算欲测离子的浓度。

　　于体积为 V_0 试样溶液中加入体积为 V_s 标准溶液后,测得的电动势 E 与 c_x 和 c_s,应有下述关系:

$$E = K' + S\lg\gamma \left(\frac{c_x V_0 + c_s V_s}{V_0 + V_s}\right) \qquad (4-30)$$

将此式重排,得

$$E + S\lg(V_0 + V_s) = K' + S\lg\gamma(c_x V_0 + c_s V_s)$$
$$\frac{E}{S} + \lg(V_0 + V_s) = \frac{K'}{S} + \lg\gamma(c_x V_0 + c_s V_s)$$
$$(V_0 + V_s)10^{E/S} = 10^{K'/S} \times \gamma(c_x V_0 + c_s V_s)$$

式中,$10^{K'/S} \cdot \gamma =$ 常数 $=k$,则

$$(V_0 + V_s) 10^{E/S} = k(c_x V_0 + c_s V_s) \quad\quad (4-31)$$

在每次添加标准溶液 V_s 后测量 E 值,根据式(4-31)计算出 $(V_0 + V_s) \cdot 10^{E/S}$,以它作为纵坐标,$V_s$ 为横坐标作图,可得一直线。延长直线使之与横坐标轴相交,得 V_s(为负值),此时在纵坐标零处,亦即

$$(V_0 + V_s) 10^{E/S} = 0$$

故由式(4-31)得

$$k(c_x V_0 + c_s V_s) = 0$$

即

$$c_x = -\frac{c_s V_s}{V_0} \quad\quad (4-32)$$

因此按式(4-32)可求算 c_x。

图 4-13 所示为用格氏作图法以 ClO_3^- 电极测定 ClO_3^- 浓度的一个实例。

在计算机没有普及的年代,求算 $(V_0 + V_s) 10^{E/S}$ 值是很不方便的。若用市售的半反对数格氏作图纸则颇为方便。这种坐标纸可将 $(V_0 + V_s) 10^{E/S}$ 与 V_s 的线性关系,转变为 E 与 V_s 的线性关系,简化计算过程,故在 20 世纪六七十年代很常用。现在,一般用计算机求解、作图,准确性与简便性均得以提高(参见章末参考文献[4])。

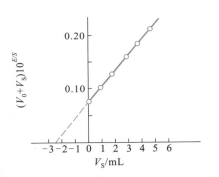

图 4-13 格氏作图法
(加入的 $NaClO_3$ 标准溶液浓度为 1.0×10^{-2} mol·L^{-1},$V_0 = 50$ mL)

§4-8 影响测定的因素

对离子选择性电极测量有影响而导致误差的因素较多,如电极性能、测量系统、温度、溶液组成等。现讨论其中一些较为重要的因素。

1. 温度

已知工作电池的电动势在一定条件下与离子活度的对数值呈线性关系[见式(4-23)和式(4-24)]。温度不但影响直线的斜率 $[2.303RT/(nF)]$,也影响直线的截距,K' 项包括参比电极电位、液接电位等,这些电位数值都与温度有关。因此在整个测定过程中应保持温度恒定,以提高测定的准确度。另外,电位

分析仪上都有温度校准功能,用于校正温度对曲线斜率的影响,但并不能校正温度对截距的影响。

2. 电动势测量

电动势测量的准确度(亦即测量系统的误差)直接影响测定的准确度。电动势测量误差 ΔE 与相对误差 $\Delta c/c$ 的关系可根据能斯特公式导出如下:

$$E = K + \frac{RT}{nF}\ln c$$

$$\Delta E = \frac{RT}{nF} \cdot \frac{1}{c}\Delta c$$

将 $R = 8.314\ \mathrm{J \cdot K^{-1} \cdot mol^{-1}}$,$F = 96\ 485\ \mathrm{C \cdot mol^{-1}}$ 代入上式,温度用 25 ℃,E 的单位换算成 mV,则

$$\Delta E = \frac{0.025\ 68}{n} \cdot \frac{\Delta c}{c} \times 1\ 000$$

或

$$\text{相对误差} = \frac{\Delta c}{c} \times 100\% = \frac{n\Delta E}{0.025\ 68 \times 1\ 000} \times 100\% \approx 4\%\, n\Delta E \quad (4-33)$$

即对于一价离子的电极电位值测定误差 ΔE,每 ± 1 mV 将产生约 $\pm 4\%$ 的浓度相对误差;对两价离子响应的电极产生的浓度相对误差为 $\pm 8\%$,三价离子则为 $\pm 12\%$。这说明用直接电位法测定,误差一般较大,对价数较高的离子尤为严重。因此离子选择性电极宜于测定低价离子,对于高价离子,将其转变为电荷数较低的配离子后测定是较为有利的。例如,将 B(Ⅲ) 转化为 BF_4^- 后,用 BF_4^- 液膜电极测定。测定 S^{2-} 时,加入过量 Ag^+ 使之形成 Ag_2S 沉淀,再测定剩余的 Ag^+。其测定误差将符合 $n = 1$ 时的关系。从式(4-33)看,测定相对误差与浓度无关,所以直接电位法一般适用于较低浓度的测定。测试较高含量组分时,则以采用电位滴定等方法为宜。

由上述可见,对于直接电位测定法,要求测量电位的仪器必须具有高的灵敏度和相当的准确度(见 §4-9)。

工作电池的电动势本身是否稳定也影响测定的准确率。K' 不仅受温度的影响,也受试液的组成、电极状态等的影响。只有在严格的实验条件下,K' 才基本上维持不变。

3. 干扰离子

共存离子之所以发生干扰作用,有的是由于能直接与电极膜发生作用。例如,当干扰离子和电极膜反应生成可溶性配合物时会发生干扰,以氟离子电极为

例,当试液中存在大量柠檬酸根离子(Ct^{3-})时:

$$LaF_3(s) + Ct^{3-}(aq) \rightleftharpoons LaCt(aq) + 3F^-(aq)$$

由于上述反应的发生使试液中 F^- 增加,因而结果将偏高。

当共存离子在电极膜上反应生成一种新的不溶性化合物时,则出现另一种形式的干扰。例如,SCN^- 与 Br^- 电极的溴化银膜反应:

$$SCN^- + AgBr(s) \rightleftharpoons AgSCN(s) + Br^-$$

溴离子电极可以接纳一定量的 SCN^-,但当 SCN^- 浓度超过一定限度时,将发生上述反应而使硫氰酸银膜开始覆盖溴化银膜的表面。

试液中其他共存离子还可能在不同程度上影响溶液的离子强度,因而影响欲测离子的活度,亦能与欲测离子形成配合物或发生氧化还原反应而影响测定,这是较为常见的情况。例如,氟离子电极对铝离子虽无直接响应,但后者在试液中与 F^- 共存时,能形成稳定的 AlF_6^{3-} 配离子,而氟电极对此种配离子无响应,因此产生负误差。

干扰离子不仅给测定带来误差,并且使电极响应时间增加。

为了消除干扰离子的作用,较方便的办法是加入掩蔽剂,只有必要时,才预先分离干扰离子。例如,测定 F^- 时加入 TISAB 溶液(参阅§4-7)的目的之一就是掩蔽铁、铝等离子。对于能使待测离子氧化的物质(如水中的溶解氧能氧化 S^{2-}),可加入还原剂(如抗坏血酸)以消除其干扰。

4. 溶液的 pH

因为 H^+ 或 OH^- 能影响某些测定,必要时应使用缓冲液以维持一个恒定的 pH 范围。例如,在使用氟离子电极时,酸度过高或过低都将影响测定(参阅§4-6)。又如,用以测定一价阳离子的玻璃电极(如钠离子电极),一般都对 H^+ 敏感,所以试液的 pH 不能太小。

5. 被测离子的浓度

使用离子选择性电极可以检测的线性范围一般为 $10^{-1} \sim 10^{-6}$ mol·L^{-1}。检测下限主要取决于组成电极膜的活性物质的性质。例如,沉淀膜电极所能测定的离子活度不能低于沉淀本身溶解而产生的离子活度。测定的线性范围还与共存离子的干扰和 pH 等因素有关。

6. 响应时间

这是指电极浸入试液后达到稳定的电位所需的时间。一般用达到稳定电位的 95% 所需时间表示,它与以下几个因素有关。

(1) 与欲测离子到达电极表面的速率有关。搅拌溶液可加速响应时间。

(2) 与欲测离子的活度有关。离子选择性电极的响应时间一般很短(几秒钟),但测量的活度愈小,响应时间愈长,接近检测极限的极稀溶液的响应时间,有的甚至要 1 h 左右,使电极在此情况下的应用受到限制。

(3) 与介质的离子强度有关。在通常情况下,含有大量非干扰离子时响应较快。

(4) 共存离子的存在对响应时间有影响,如 Ba^{2+}, Sr^{2+}, Mg^{2+} 等共存时,活动载体钙电极响应时间要延长。

(5) 与膜的厚度、表面光洁度等有关。在保证有良好的机械性能条件下,薄膜越薄,响应越快。光洁度好的膜,响应也较快。

响应时间在电极的实际应用中显然是一个重要的参数。在应用离子选择性电极进行连续自动测定时,尤需考虑电位响应的时间因素。

7. 迟滞效应

这是与电位响应时间相关的一个现象,即对同一活度值的离子试液,测出的电位值与电极在测定前接触的试液成分有关。此现象亦称为电极存储效应,它是直接电位分析法的重要误差来源之一。减免此现象引起的误差的办法之一,是固定电极的测定前预处理条件。

§4-9 测试仪器

离子选择性电极测定系统包括一对电极(指示电极及参比电极)、试液容器、搅拌装置及测量电动势的仪器。电动势的测量可以使用精密毫伏计。对测试仪器的要求,主要是要有足够高的输入阻抗和必要的测量精度与稳定性。

离子选择性电极的阻抗以玻璃电极最高,可达 10^8 Ω 数量级以上。因此要求使用的仪器是高输入阻抗的电子毫伏计,其输入阻抗不应低于 10^{10} Ω。输入阻抗愈高,通过电池回路的电流愈小,愈接近在零电流下测试的条件,由电池内阻产生的电压降 iR 对电池电动势的贡献才可以忽略不计。

已如前述,以离子选择性电极测量离子活度时,如欲达到约 2% 的精度,需要测定的电极电位应精确到 0.2 mV 数量级[参见式(4-33),$n=2$]。因此用离子选择性电极做测定时电位测量的精度较一般 pH 测定的要求高(pH 测定时 0.1 pH 单位的测量误差相当于电极电位 6 mV 的变化)。

对仪器的另一要求是稳定性。用仪器直读或标准曲线法进行测定时,在仪器定位或标准曲线绘制后,仪器的零漂或读数值变化都将直接影响测定结果。

由上述可见,使用离子选择性电极进行直接电位分析的,对测试仪器有较高的要求。应根据测定时要求的精度选择适当的精密酸度计或离子活度计(pX计),现通用的 pH,pX 计大多数是数字显示式的。

§4-10 离子选择性电极分析的应用

使用离子选择性电极进行直接电位测定的优点是简便快速。因为电极对欲测离子有一定的选择性,一般常可避免麻烦的分离干扰离子的步骤。对有颜色、混浊液和黏稠液,也可直接进行测量。电极响应快,在多数情况下响应是瞬时的,即使在不利条件下也能在几十分钟内得出读数。测定所需试样量可很少,若使用特制的电极,所需试液可少至几微升。和其他仪器分析比较起来,本法所需的仪器设备较为简单。对于一些用其他方法难以测定的某些离子,如氟离子、硝酸根离子、碱金属离子等,用离子选择性电极测定可以得到满意的结果。例如,氟离子的测定以往是先采用蒸馏法、沉淀法等,将氟从干扰组分中分离出来,然后以滴定法或比色法测定,手续冗繁,灵敏度低,且操作方法难以掌握。如用氟离子电极进行测定,由于省去了冗长的分离步骤,数分钟就能测一个试样,已实际应用于自来水或工业废水、岩石、氧化物中或气体中氟的测定。又如,用钠离子电极测定 Na^+ 含量,灵敏度比火焰光度法高,已用来测定锅炉水、气体中的盐含量和矿物岩石、玻璃中氧化钠含量。

由于电位分析法所依据的电位变化信号可供连续显示和自动记录,因而使用这种方法有利于实现连续和自动分析。

由于电极电位所响应的是溶液中给定离子的活度,而不是一般分析中离子的总浓度,这在某种场合中具有重要的意义。例如,航空铝制件表面处理所用溶液的效率,取决于其中游离氟离子的活度。根据一般化学分析法测得的总氟量,不能判断溶液是否失效。而能响应氟离子活度变化的氟电极,是用以进行这一监测的较好工具。又如,研究血清中钙对生理过程的影响,需要了解的往往不是总钙浓度,而是游离钙离子的活度。钙离子电极就是应此需要而设计的。

20 世纪中期,离子选择性电极已得到较全面的发展,在此基础上,20 世纪60 年代成功地把葡萄糖氧化酶固定到氧电极上制成第一只生物传感器(biosensor),所谓生物传感器主要由两部分组成:分子识别元件(生物敏感膜)和换能器(将分子识别产生的信号转换成可检测的电信号)。其中电化学生物传感器是一个重要分支,它由电化学基础电极(换能器)和生物活性材料(分子识别元件)组成,因此又称生物电极。除前述酶电极、组织电极、微生物电极外,还有免疫电极、细胞器电极等。生物电极中一个成功的例子是血样中葡萄糖的检测。电极的微型化是近年来发展较快的技术。微电极的出现使活体分析(包括细胞分析)及皮下监测等方面的应用成为现实。

　　但是也应该看到,离子选择性电极就目前的发展水平,在实际应用中还受到一些限制。首先是直接电位法的误差较大,因此它只适用于对准确度要求不高的快速分析。当精密度要求优于±2％时,一般不宜用此法,采用电位滴定法等方法能得到较高的精度,但在一定程度上将失去快速、简便的优点。电极的选择性也是其应用受到局限的一个因素。目前电极品种仍限于一些低价离子,主要是阴离子。另一方面,电极电位值的重现性受实验条件变化影响较大,其标准曲线不及光度法测定的曲线稳定。由于这些因素的影响,目前许多已制成的离子电极,其实际应用的潜力尚未充分发挥。

　　尽管本法尚有不少缺陷,但仍成为工业生产控制,环境监测,理论研究,以及与海洋、土壤、地质、医学、化工、冶金、原子能工业、食品加工、农业等有关的分析工作的重要工具。

§4-11　电位滴定法
(potentiometric titration)

　　电位滴定法是一种用电位法确定终点的滴定方法。进行电位滴定时,在待测溶液中插入一个指示电极,并与一参比电极组成一个工作电池。随着滴定剂的加入,由于发生化学反应,待测离子或与之有关的离子的浓度不断变化,指示电极电位也发生相应的变化,而在化学计量点附近发生电位的突跃,因此,测量电池电动势的变化,就能确定滴定终点。由此可见,电位滴定法与电位测定法不同,它是以测量电位的变化情况为基础的。电位滴定法比电位测定法更准确,但费时稍多。

　　电位滴定法的基本仪器装置如图 4-14 所示。进行电位滴定时,在滴定过程中,每加一次滴定剂,测量一次电动势,直到超过计量点为止。这样就得到一系列的滴定剂用量(V)和相应的电动势(E)数据。除非要研究整个滴定过程,一般只需准确测量和记录化学计量点前后 1~2 mL 的电动势即可。应该注意,在化学计量点附近应加入 0.1~0.2 mL 滴定剂就测量一次电动势,为便于计算,此时每次加入的量应该相等(如每次都加入 0.10 mL)。表 4-6 是用 0.1 mol·L^{-1} 硝酸银标准溶液滴定氯离子时的数据示例。

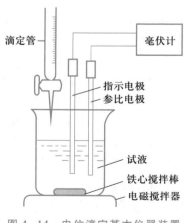

图 4-14　电位滴定基本仪器装置

在电位滴定中,确定滴定终点的方法很多。现利用表4-6的数据讨论这几种确定终点的方法。

1. 绘 E-V 曲线法[图4-15(a)]

用加入滴定剂的体积(V)作横坐标,电动势读数(E)作纵坐标,绘制 E-V 曲线,曲线上的转折点即为化学计量点。

表 4-6 以 0.1 mol·L^{-1} AgNO₃ 溶液滴定 NaCl 溶液

$\dfrac{\text{AgNO}_3 \text{ 的体积 } V}{\text{mL}}$	$\dfrac{E}{\text{V}}$	$\dfrac{\Delta E/\Delta V}{\text{V·mL}^{-1}}$	$\Delta^2 E/\Delta V^2$
5.0	0.062		
		0.002	
15.0	0.085		
		0.004	
20.0	0.107		
		0.008	
22.0	0.123		
		0.015	
23.0	0.138		
		0.016	
23.50	0.146		
		0.050	
23.80	0.161		
		0.065	
24.00	0.174		
		0.09	
24.10	0.183		
		0.11	2.8
24.20	0.194		
		0.39	4.4
24.30	0.233		
		0.83	−5.9
24.40	0.316		
		0.24	−1.3
24.50	0.340		
		0.11	−0.4
24.60	0.351		
		0.07	
24.70	0.358		
		0.050	
25.00	0.373		
		0.024	
25.5	0.385		
		0.022	
26.0	0.396		
		0.015	
28.0	0.426		

2. 绘($\Delta E/\Delta V$)-V 曲线法[图 4-15(b)]

这又称一级微商法。$\Delta E/\Delta V$ 为 E 的变化值与相对应的加入滴定剂体积的增量的比,如在 24.10 mL 和 24.20 mL 之间为

$$\frac{\Delta E}{\Delta V}=\frac{0.194-0.183}{24.20-24.10}=0.11$$

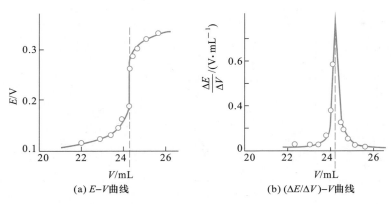

图 4-15　电位滴定曲线

用表 4-6 中 $\Delta E/\Delta V$ 值对 V 作图,可得一呈现尖峰状极大的曲线,尖峰所对应的 V 值即为滴定终点。需指出的是,在作图时横坐标应取计算微商用的两体积值的均值。用此法作图确定终点较为准确,但手续较烦,且峰尖是由实验点的连线外推得到,所以也会引致一定的误差。

3. 二级微商法

此法的依据是一级微商曲线的极大点是终点,那么二级微商 $\Delta^2 E/\Delta V^2=0$ 时就是终点。计算方法如下。

对应于 $V=24.30$ mL 有

$$\frac{\Delta^2 E}{\Delta V^2}=\frac{\left(\dfrac{\Delta E}{\Delta V}\right)_{24.35\ \text{mL}}-\left(\dfrac{\Delta E}{\Delta V}\right)_{24.25\ \text{mL}}}{V_{24.35\ \text{mL}}-V_{24.25\ \text{mL}}}=\frac{0.83-0.39}{24.35-24.25}=4.4$$

同样,对应于 $V=24.40$ mL 有

$$\frac{\Delta^2 E}{\Delta V^2}=\frac{0.24-0.83}{24.45-24.35}=-5.9$$

既然二级微商等于零处为终点,故滴定终点应在 $\Delta E/\Delta V$ 等于 $+4.4$ 和 -5.9 所对应的体积之间,亦即在 24.30 mL 至 24.40 mL。加入 $AgNO_3$ 溶液的体积自 24.30 mL 到 24.40 mL 时,$\Delta^2 E/\Delta V^2$ 的变化为 $4.4-(-5.9)=10.3$,设滴定剂消

耗体积为$(24.30+x)$mL 时,$\Delta^2 E/\Delta V^2 = 0$ 即为终点,则

$$0.10 : 10.3 = x : 4.4$$

$$x = 0.10 \times \frac{4.4}{10.3} \text{ mL} = 0.04 \text{ mL}$$

所以终点应为$(24.30+0.04)$mL$=24.34$ mL。

与滴定终点相对应的终点电位为

$$0.233 \text{ V} + (0.316-0.233) \times \frac{4.4}{10.3} \text{ V} = 0.268 \text{ V}$$

电位滴定也常应用滴定至终点电位的方法来确定终点。自动电位滴定法就是根据这一原理设计的。终点电位应预先由实验测得,如上例所示,不能根据标准电极电位进行计算。

商品电位滴定仪有半自动、全自动两种,全自动电位滴定仪至少包括两个单元,即更换试样系统(取样系统)和测量系统,测量系统中包括自动加试剂部分(量液计)及数据处理部分。仪器的结构框图如图 4-16 所示。

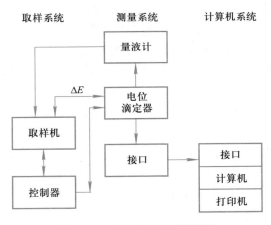

自动电位滴定仪

图 4-16 全自动电位滴定框图

§4-12 电位滴定法的应用和指示电极的选择

在电位滴定中判断终点的方法,比用指示剂指示终点的方法更为客观,因此在许多情况下电位滴定更为准确。此外,电位滴定尤为适用于有色的、浑浊的、荧光性的、甚至不透明的溶液。没有适当指示剂的滴定(如在一些非水滴定中)也可用电位滴定来完成,所以它的应用范围较广。利用电位滴定法,还可以根据溶液体系

电位的变化确定库仑滴定的滴定终点,具体参见本书第 6 章。

1. 酸碱滴定

在酸碱滴定中发生溶液 pH 变化,所以最常应用 pH 玻璃电极作指示电极,用甘汞电极作参比电极。在化学计量点附近,pH 突跃使指示电极电位发生突跃而指示出滴定终点。

用指示剂法确定终点时,往往要求在化学计量点附近有 2 个 pH 单位的突跃,才能观察出指示剂颜色有明显的变化。而使用电位法确定终点,因为 pH 计较灵敏,化学计量点附近即使有零点几个单位的 pH 变化,也能觉察出,所以很多弱酸、弱碱,以及多元酸(碱)或混合酸(碱)可用电位滴定法测定。

在非水溶液的酸碱滴定中,或没有适当的指示剂可用,或虽有指示剂但往往变色不明显,因此在非水滴定中电位滴定法是基本的方法。滴定时常用的电极系统仍可用玻璃电极-甘汞电极。为了避免由甘汞电极漏出的水溶液及在甘汞电极口上析出的不溶盐(KCl)影响液接电位,可以使用饱和氯化钾无水乙醇溶液代替电极中的饱和氯化钾水溶液。

溶剂的介电常数大小与电动势读数的稳定性有关。在介电常数较大的溶剂中,电动势读数较为稳定,但有时因突跃不明显而不能进行滴定;在介电常数较小的溶剂中滴定,虽反应易于进行完全,滴定突跃较明显,但电动势读数不够稳定。因此在非水溶液中进行电位滴定时,常于介电常数较大的溶剂中加入一定比例的介电常数较小的溶剂,这样既易于得到较稳定的电动势,又能获得较大的电位突跃。

2. 氧化还原滴定

一般应用铂电极作指示电极,以甘汞电极为参比电极,或者采用两个微铂电极,又称为双指示电极体系。氧化还原滴定都能应用电位滴定法确定终点。

3. 沉淀滴定

在进行沉淀反应的电位滴定中,应根据不同的沉淀反应采用不同的指示电极。例如,以硝酸银标准溶液滴定卤素离子时,可以用银电极作指示电极。若滴定的是氯、溴、碘三种离子或其中两种离子的混合溶液,由于它们银盐溶解度不同,而且相差足够大,可以利用分级沉淀的原理,用硝酸银溶液分步滴定。碘化银的溶度积最小,碘离子的滴定突跃最先出现,然后是溴离子,最后是氯离子,如图 4-17 所示。图中虚线为碘离子、溴离子单独存在时的滴定曲线。

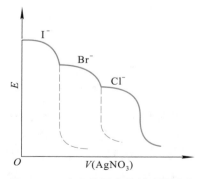

图 4-17 卤化物混合物的滴定曲线

但是在实际测定中,由于沉淀的吸附作用和沉淀易于附着在指示电极上引起反应迟钝等原因,测定结果有偏差。一般测得的碘离子和溴离子的浓度偏高约1%～2%,氯离子浓度则偏低。若仅有碘离子和溴离子或碘离子和氯离子共存,其测定结果较三种离子共存时的测定结果为好。

在这类滴定中,直接插入甘汞电极作为参比电极是不适当的,因为甘汞电极漏出的氯离子显然对测定有干扰。因此需要用硝酸钾盐桥将试液与甘汞电极隔开(双盐桥甘汞电极)。比较方便的办法是在试液中加入少量酸(HNO_3),然后用 pH 玻璃电极作为参比电极。因在滴定时 pH 不会变化,所以玻璃电极的电位就能保持恒定。

当用 $K_4Fe(CN)_6$ 标准溶液滴定 Pb^{2+},Cd^{2+},Zn^{2+},Ba^{2+} 等时,滴定反应为

$$2Pb^{2+} + [Fe(CN)_6]^{4-} \Longrightarrow Pb_2Fe(CN)_6 \downarrow$$

在此滴定过程中,$[Fe(CN)_6]^{4-}$ 浓度是变化的,在化学计量点附近变化最为剧烈。若在滴定前在试液中加入少量 $[Fe(CN)_6]^{3-}$,它并不与 Pb^{2+},Cd^{2+} 等生成沉淀,但与 $[Fe(CN)_6]^{4-}$ 组成一氧化还原体系——$[Fe(CN)_6]^{3-}/[Fe(CN)_6]^{4-}$,而此体系的浓度比在滴定过程中同样发生变化。若在此溶液中插入一铂电极,即可反映出因浓度比突变而引起的电位突跃。所以在此滴定中可以使用铂电极作指示电极。

4. 配位滴定

在配位滴定中(以 EDTA 为滴定剂),若共存杂质离子对所用金属指示剂有封闭、僵化作用而使滴定难以进行,或需要进行自动滴定时,电位滴定是一种好的方法。最早的配位滴定电位法是利用待测离子的变价的氧化还原体系进行电位滴定,即利用某些氧化还原体系,如 Fe^{3+}/Fe^{2+},Cu^{2+}/Cu^+,…,在滴定过程中的电位变化来确定终点。指示电极用铂电极,参比电极用甘汞电极。

在滴定溶液中加入少量汞(Ⅱ)−EDTA 配合物(3～5滴 0.05 $mol \cdot L^{-1}$ Hg^{2+} − EDTA 溶液)并使用 汞电极(图 4−18)作为指示电极时,可滴定多种金属离子。其电极电位与某二价待测离子浓度 $[M^{2+}]$ 存在以下关系。

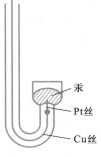

图 4−18　汞电极

$$E_{Hg} = K + \frac{0.059}{2} \lg \frac{[M^{2+}]}{[MY^{2-}]} \tag{4−34}$$

式中,K 为一新常数,$[MY^{2-}]$ 是待测离子与 EDTA 形成的配合物的浓度。由

汞电极电位
公式推导

此式可知,汞电极电位随 $[M^{2+}]/[MY^{2-}]$ 比例的变化而变化,所以可用作以 EDTA 滴定二价金属离子的指示电极。只要欲测金属离子与 EDTA 的配合物比 $Hg^{2+}-$EDTA 配合物的稳定性差,都可用这种方法来进行电位滴定,如 Cu^{2+},Zn^{2+},Cd^{2+},Pb^{2+},Ni^{2+},Ca^{2+},Mg^{2+},Co^{2+},Al^{3+} 等。

配合滴定的终点也可用离子选择性电极作指示电极来确定。例如,以氟离子选择性电极为指示电极可以用镧滴定氟化物,用氟化物滴定铝离子;以钙离子选择性电极作指示电极可以用 EDTA 滴定钙,等等。

思考题与习题

参考答案

1. 电位测定法的根据是什么?

2. 何谓指示电极及参比电极?试各举例说明其作用。

3. 试以 pH 玻璃电极为例简述膜电位的形成。

4. 为什么离子选择性电极对欲测离子具有选择性,如何估量这种选择性?

5. 直接电位法的主要误差来源有哪些,应如何减免之?

6. 为什么一般说来,电位滴定法的误差比电位测定法小?

7. 简述离子选择性电极的类型及一般作用原理。

8. 列表说明各类反应的电位滴定中所用的指示电极及参比电极,并讨论选择指示电极的原则。

9. 当下述电池中的溶液是 pH 等于 4.00 的缓冲溶液时,在 25 ℃时用毫伏计测得下列电池的电动势为 0.209 V:

$$玻璃电极\,|\,H^+(a=x)\,\|\,饱和甘汞电极$$

当缓冲溶液由三种未知溶液代替时,毫伏计读数如下:(a) 0.312 V;(b) 0.088 V;(c) -0.017 V。试计算每种未知溶液的 pH。

10. 设溶液中 pBr＝3,pCl＝1。如用溴离子选择性电极测定 Br^- 离子活度,将产生多大误差?已知电极的选择性系数 $k_{Br^-,Cl^-}=6\times10^{-3}$。

11. 某钠电极,其选择性系数 K_{Na^+,H^+} 约为 30。如用此电极测定 pNa 等于 3 的钠离子溶液,并要求测定误差小于 3%,则试液的 pH 必须大于多少?

12. 用标准加入法测定离子浓度时,于 100 mL Cu^{2+} 溶液中加入 1.0 mL 0.100 mol·$L^{-1}$$Cu(NO_3)_2$ 后,电动势增 4.0 mV,求 Cu^{2+} 的原来浓度。

13. 下面是用 0.100 0 mol·L^{-1}NaOH 溶液电位滴定 50.00 mL 某一元弱酸的数据:

V/mL	pH	V/mL	pH	V/mL	pH
0.00	2.90	14.00	6.60	16.00	10.61
2.00	4.50	15.00	7.04	17.00	11.30
4.00	5.05	15.50	7.70	18.00	11.60
7.00	5.47	15.60	8.24	20.00	11.96
10.00	5.85	15.70	9.43	24.00	12.39
12.00	6.11	15.80	10.03	28.00	12.57

（a）绘制滴定曲线；

（b）绘制 $\Delta pH/\Delta V - V$ 曲线；

（c）用二级微商法确定终点；

（d）计算试样中弱酸的浓度；

（e）化学计量点的 pH 应为多少？

（f）计算此弱酸的解离常数（提示：根据滴定曲线上的半中和点的 pH）。

14. 以 $0.033\,18\ mol \cdot L^{-1}$ 的硝酸镧溶液电位滴定 100.0 mL 氟化钠溶液，滴定反应为

$$La^{3+} + 3F^- \Longrightarrow LaF_3 \downarrow$$

滴定时用氟离子选择性电极为指示电极（负极），饱和甘汞电极为参比电极（正极），得下列数据：

加入 La(NO₃)₃ 的体积/mL	电动势/V	加入 La(NO₃)₃ 的体积/mL	电动势/V
0.00	0.104 5	31.20	−0.065 6
29.00	0.024 9	31.50	−0.076 9
30.00	0.004 7	32.50	−0.088 8
30.30	−0.004 1	36.00	−0.100 7
30.60	−0.017 9	41.00	−0.106 9
30.90	−0.041 0	50.00	−0.111 8

（a）确定滴定终点，并计算氟化钠溶液的浓度；

（b）计算加入 50.00 mL 滴定剂后氟离子的浓度；

（c）计算加入 50.00 mL 滴定剂后游离 La^{3+} 的浓度；

（d）用(c)，(b)两项的结果计算 LaF_3 的溶度积常数。

参考文献

［1］俞汝勤.离子选择性电极分析法.北京：人民教育出版社,1980.

［2］黄德堵,沈子琛,吴国梁.离子选择电极的原理及应用.北京：新时代出版社，1982.

［3］朱良漪.分析仪器手册.第十二章电化学仪器.北京：化学工业出版社,1997.

［4］胡坪.仪器分析实验.3 版.北京：高等教育出版社,2016.82-84.

［5］李筑琦.现代酶法分析.北京：北京医科大学中国协和医科大学联合出版社，1994.

［6］吴守国,袁倬斌.电分析化学原理.2 版.合肥：中国科学技术大学出版社,2012.

［7］Willard H H,Merritt L L Jr,Dean J A,et al.Instrumental methods of analysis.7th ed.Wadsworth,1998.

第5章 | 伏安分析法
Voltammetry

§5-1 极谱及伏安分析的基本原理

以测定电解过程中的电流-电压曲线(伏安曲线)为基础的一大类电化学分析法称为伏安法。它是一类应用广泛而重要的电化学分析法。极谱分析属于伏安法,在这种方法中应用了滴汞电极(dropping mercury electrode)作为工作电极,通常将使用滴汞电极的伏安法称为极谱法(polarography)。由于极谱法的理论较为系统,故以极谱法为例阐述电解过程中电流-电压曲线的基本原理及特点。

若在一含有可还原物质,如 Cd^{2+} 的溶液中浸入两个大的铂片电极,在充分搅拌下进行电解(图 5-1),当外加电压从零开始增加,起初没有明显的电流通过,直到使铂电极达到足够大的电压(亦即达到 Cd^{2+} 的分解电压)后,就有电极反应发生,通过溶液的电流随之增加。此时在阴极上发生还原反应:

$$Cd^{2+} + 2e^- \rightleftharpoons Cd$$

阳极上则发生氧化反应:

$$2OH^- - 2e^- \rightleftharpoons H_2O + \frac{1}{2}O_2$$

此时,电流与电压间的关系,在理论上应该是一直线,如图 5-2(a)中的 AB 所示,此直线的斜率可用欧姆定律求出:

$$U_外 - U_d = iR$$

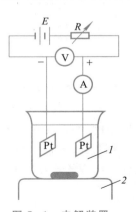

图 5-1 电解装置

E—电源;R—可变电阻器;
V—伏特计;A—安培计;Pt—铂电极;
1—溶液;2—电磁搅拌器

伏安分析法
的起源

分解电压

式中,$U_\text{外}$ 为外加电压,U_d 为金属离子的分解电压,R 为电解线路的总电阻,i 为通过的电流。

但是,仅当电解时电流密度不大,而且溶液得到充分搅拌,使电极表面的金属离子与溶液本体的浓度相差很小时,上述关系才能成立。若电流密度较大,电极表面周围的金属离子(本例中 Cd^{2+})浓度由于电解反应而迅速降低,加上搅拌又不充分,溶液本体中的金属离子来不及扩散到电极表面来进行补充,使电极表面的金属离子浓度比溶液本体的浓度还小。根据能斯特方程:

$$E = E^\ominus + \frac{RT}{nF}\ln a_\text{M}$$

由于金属离子浓度 c_M 的降低,其活度 a_M 也随之降低,电极电位将偏离其原来的平衡电位而发生所谓极化现象。由上式可见,对于阴极,其电位将向负的方向移动。这种由于电解时在电极表面浓度的差异而引起的极化现象,称为浓差极化(concentration polarization)。由于浓差极化的发生,必须增加外加电压才能在溶液中通过同样的电流,因此图 5-2(a)的直线部分 AB 将偏离为 AC。显然,浓差极化愈严重,其偏离亦愈严重。

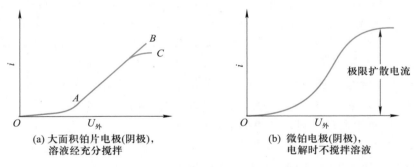

(a) 大面积铂片电极(阴极),　　　　(b) 微铂电极(阴极),
　　溶液经充分搅拌　　　　　　　　　电解时不搅拌溶液

图 5-2　在不同条件下电解时的电流电压曲线

如果上述电解池中的阴极,以微铂电极代替原来具有较大面积的铂片电极,并且在电解时不搅拌溶液,则由于电极表面的面积很小,电流密度就较大,溶液又是静止的(不搅拌),电解时电极很快发生浓差极化,在微电极表面的金属离子(Cd^{2+})浓度随着外加电压的增加而迅速降低,直至实际上变为零。此时电流不再随外加电压的增加而增加,而受 Cd^{2+} 从溶液本体扩散到达电极表面的速率所控制,并达到一个极限值,称之为极限扩散电流(limiting diffusion current)(图 5-2b)。Cd^{2+} 的扩散速率与溶液本体 Cd^{2+} 浓度有关,因此根据极限扩散电流可以测定溶液中金属离子的浓度,这就是极谱和伏安定量分析的依据。

使用微铂电极测定极限电流时,每次电解后可能有析出的金属残留其上或吸附了生成的气体,改变了电极表面的性质,因而每次分析不能保证好的重现性。或每次分析要事先进行电极处理,比较麻烦,且往往得不到满意的结果。另一方面,用固体电极作为工作电极①时,由离子扩散速率控制的电流(扩散电流)不是恒定的,而是随外加电压的增加,扩散层厚度的增大而不断减小。所以每记录一个电流数值,应在同一测量时间下进行比较才有意义。因此在极谱分析中使用表面不断更新的滴汞电极来解决上述困难。滴汞电极(图5-3)的上端为一储汞瓶,瓶中的汞通过橡胶管(或塑料管)进入玻璃毛细管(内径约0.05 mm),然后由毛细管滴入电解池的溶液中。汞滴不断下滴,电极表面始终是新鲜的,且汞滴下滴时基本上带走了汞滴表面的扩散层而不再影响后一滴汞滴的扩散层的形成和扩散电流的大小。极谱分析的简单装置如图5-4所示,加在电解池两极上的电压可借移动滑线电阻上的接触点 C 来调节, A, C 间的电压由伏特计 V 读出;G 为检流计,可测量在电解过程中通过的电流。

图 5-3　滴汞电极

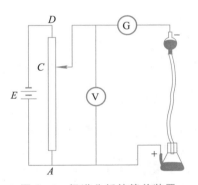

图 5-4　极谱分析的简单装置

滴汞电极

分析时,将试液如 $CdCl_2$ 溶液,其浓度约为 5×10^{-4} mol·L^{-1}(极谱分析所测定的离子浓度一般都很小,以实现浓差极化),加入电解池中。在试液中加入大量 KCl,使其浓度为 0.1 mol·L^{-1},此 KCl 称为支持电解质(supporting electrolyte)(参见§5-4)。通入氮气以除去溶解于溶液中的氧,然后调节储汞瓶的高度,使汞滴以每 10 s 2~3 滴的速率滴下,移动接触点 C,使两电极上的外加电压自零逐渐增加。在未达到 Cd^{2+} 的分解电压前,溶液中只有微小的电流通过(称为残余电流)。当外加电压增加到 Cd^{2+} 的分解电压时,Cd^{2+} 开始电解,此时在滴汞电极上 Cd^{2+} 还原为镉汞齐:

---

① 所谓工作电极指的是在分析过程中可引起试液中待测组分浓度明显变化的电极。

$$Cd^{2+} + 2e^- + Hg \Longrightarrow Cd(Hg)$$

电解池的阳极为具有大面积的汞池电极或甘汞电极,此时汞氧化为 Hg_2^{2+} 并与溶液中的 Cl^- 生成 Hg_2Cl_2:

$$2Hg - 2e^- + 2Cl^- \Longrightarrow Hg_2Cl_2$$

此时外加电压稍稍增加,电流就迅速增加,但当外加电压增加到一定数值时,由于发生浓差极化而使电流达到极限值,即极限扩散电流。这时所得的曲线称为电流-外加电压曲线($i-U$ 曲线)。在极谱分析中,主要观察极化电极(发生浓差极化的电极)在改变电位时相应的电流变化情况,因此电流-滴汞电极电位曲线($i-E_{de}$ 曲线)更为重要。若以饱和甘汞电极为阳极(其电位为 E_{SCE}),滴汞电极为阴极(其电位为 E_{de}),则它们与外加电压 U 的关系为

$$U = (E_{SCE} - E_{de}) + iR$$

在极谱电解过程中,电流一般很小(μA 数量级),电解线路的总电阻 R 也不会太大,iR 值可忽略,则

$$U = E_{SCE} - E_{de}$$

又由于使用了具有大面积的汞池电极或甘汞电极作阳极,电解过程阳极产生的浓差极化很小,因此阳极的电极电位实际上基本保持不变,这样

$$U = -E_{de}(\text{vs. SCE}) \,^{①}$$

可见一般情况下滴汞电极的电位完全受外加电压所控制,因此,$i-E_{de}$ 曲线与 $i-U$ 曲线形状一致。此 $i-E_{de}$ 曲线称为极谱波,为更好地消除 iR 降的影响,目前许多极谱仪器已采用三电极体系(参阅§5-7)。因为在滴汞电极中汞滴是周期性落下的,故扩散电流呈周期性的重复变化。图5-5表示在各种仪器上记录的滴汞电极 $i-t$ 曲线。若用示波器快速记录,得到图中的实线,在每一滴汞周期电流都从零快速升高到扩散电流区,电流振荡幅度很大。若用记录仪记录电流,由于响应滞后,得到图中的"·"信号。实际上,极谱仪一般采用周期比较长的检流计记录电流,此时检流计信号的实际振荡是很小的(见图5-5"×"信号),因此所得极谱曲线(极谱波)呈锯齿状(图5-6)。波的高度(极限扩散电流 i_d)与溶液中 Cd^{2+} 的浓度有关,因而可作为定量分析的基础。电流等于极限扩散电流一半时的滴汞电极的电位则称为半波电位 $E_{1/2}$(half-wave potential),不同物质在一定条件下具有不同的 $E_{1/2}$,可作为极谱定性分析的依据。

---

① 相对于饱和甘汞电极(SCE)而言的滴汞电极电位。

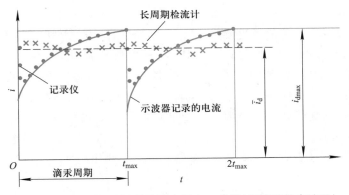

图5-5　各种仪器记录的滴汞电极 $i-t$ 曲线(极限扩散电流区)

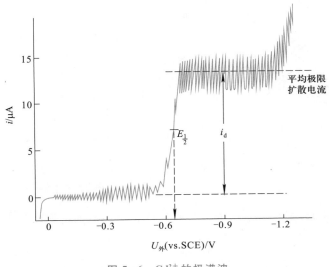

图5-6　Cd²⁺ 的极谱波

§5-2　扩散电流方程式——极谱定量分析基础

前已指出,极谱方法是以测量滴汞电极上的扩散电流为基础的。现仍以 Cd^{2+} 的测定为例进行讨论,它在滴汞电极上的反应为

$$Cd^{2+} + 2e^- + Hg \rightleftharpoons Cd(Hg)$$

假定此反应为可逆并遵守能斯特方程:

$$E_{de} = E^{\ominus} + \frac{RT}{nF}\ln\frac{c_e}{c_a} \qquad (5-1)$$

式中, c_e 为电极表面 Cd^{2+} 的浓度, c_a 为电极表面 $Cd(Hg)$ 中 Cd 的浓度(为方便起见,此处以浓度代替活度进行讨论)。如前所述,随着外加电压的不断增大,若溶液是静止的,滴汞电极表面的 Cd^{2+} 将发生浓差极化,形成一个厚度约为 0.05 mm 的扩散层,如图 5-7 所示。在扩散层内, c_e 取决于电极电位;在扩散层外面,溶液中 Cd^{2+} 的浓度等于溶液本体中的 Cd^{2+} 浓度 c;在扩散层中则浓度从小到大,浓度的变化如图 5-8 所示。如果除扩散运动以外没有其他运动可使离子到达电极表面,那么电解电流就完全受电极表面 Cd^{2+} 的扩散速率所控制。由图 5-8 可见,电极表面的浓度梯度 $\Delta c/\Delta x$ 可近似地作线性关系处理:

$$\left(\frac{\Delta c}{\Delta x}\right)_{电极表面} = \frac{c_0 - c_e}{\delta}$$

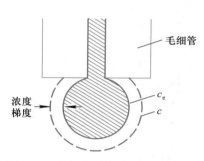

图 5-7   滴汞周围的浓差极化的距离

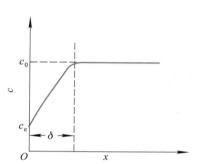

图 5-8   扩散层中的浓度变化

x—离电极表面距离; δ—扩散层厚度

式中, δ 是扩散层厚度。故在一定电位下,受扩散控制的电解电流可表示为

$$i = K(c - c_e)$$

K 为一比例常数,当外加电压继续增加使滴汞电极的电位变得更负时, c_e 将趋近于零,此时:

$$i_d = Kc \tag{5-2}$$

扩散电流达到极限值且正比于溶液中 Cd^{2+} 浓度,并不再随外加电压的增加而改变。

上述比例常数 K,在滴汞电极上称为尤考维奇(Ilkovic)常数,为

$$K = 607nD^{1/2}m^{2/3}t^{1/6}$$

故

$$i_d = 607nD^{1/2}m^{2/3}t^{1/6}c \tag{5-3}$$

式(5-3)即扩散电流方程,或称为尤考维奇公式。式中, i_d 为平均极限扩散电流

(μA,见图 5-6),n 为电极反应中电子的转移数,D 为电极上起反应的物质在溶液中的扩散系数($cm^2 \cdot s^{-1}$),m 为汞流速率($mg \cdot s^{-1}$),t 为测量 i_d 阶段的滴汞周期(s),c 为在电极上起反应的物质的浓度($mmol \cdot L^{-1}$)。

由上式可见,影响 i_d 的因素很多,这些因素可归纳如下。

(1) 影响扩散系数 D 的因素,如离子的淌度、离子强度、溶液的黏度、介电常数及温度等。

(2) 影响 m 及 t,即毛细管特性的因素,如毛细管的直径、汞压、电极电位等。

如果温度、试液组成及毛细管特性不变,则 i_d 与 c 成正比,这就是极谱定量分析的基础。

极谱定量方法一般有如下几种。

(1) 直接比较法　将浓度为 c_s 的标准溶液及浓度为 c_x 的未知液在同一实验条件下,分别测得其极限扩散电流,即记录纸上极谱波的波高 h_s 及 h_x,由

$$c_x = \frac{h_x}{h_s} \cdot c_s \tag{5-4}$$

求出未知液的浓度。

(2) 标准曲线法　分析大量同一类的试样时,可先用不同浓度的标准溶液在同一条件下分别测出波高,以所得波高及浓度绘制标准曲线,此曲线通常为一直线。测定未知液时可在同样条件下测定其波高,再由标准曲线上找出其浓度。

(3) 标准加入法　当试样组成复杂时,常应用此法。此时先测定体积为 V 的未知液的极谱波高 h_x,然后加入一定体积(V_s)的相同物质的标准溶液(c_s),在同一实验条件下再测定其极谱波高 H,由波高的增加计算出未知液的浓度。由极限扩散电流公式得

$$h_x = K c_x$$

$$H = K \left(\frac{V c_x + V_s c_s}{V + V_s} \right)$$

由以上两式可求得未知液的浓度 c_x:

$$c_x = \frac{c_s V_s h_x}{H(V + V_s) - h_x V} \tag{5-5}$$

§5-3　半波电位——极谱定性分析原理

不同金属离子具有不同的分解电压,但分解电压随离子浓度而改变,所以极谱分析不用分解电压而用半波电位来做定性分析。所谓半波电位($E_{1/2}$)就是当

电流等于极限扩散电流的一半时的电位,其最重要的特征是 $E_{1/2}$ 的大小与被还原离子的浓度无关(如支持电解质的浓度与溶液的温度保持不变)。这种关系可以由不同浓度的 Cd^{2+} 在 $1\ mol \cdot L^{-1}$ KCl 溶液中的极谱图来说明(图 5-9)。由图可见,半波电位与浓度无关,分解电压 $U_分$ 则受浓度的影响。

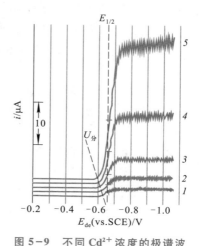

图 5-9　不同 Cd^{2+} 浓度的极谱波

Cd^{2+} 浓度($mol \cdot L^{-1}$):

$1—2.8 \times 10^{-4}$;$2—5.6 \times 10^{-4}$;

$3—1.1 \times 10^{-3}$;$4—2.5 \times 10^{-3}$;

$5—5 \times 10^{-3}$,在 $1\ mol \cdot L^{-1}$ KCl 溶液中

极谱波的方程可根据能斯特方程推导如下(以简单金属离子为例)。

设以 A 代表可还原物质,B 代表还原产物,则滴汞电极反应可写为

$$A + ne^- \rightleftharpoons B$$

如 c_{Ae} 和 c_A 分别代表 A 在滴汞电极表面和在溶液中的浓度,c_{Be} 代表 B 在滴汞电极表面的浓度,如 B 为可溶性物质,那么 c_{Be} 是指 B 在滴汞电极表面附近溶液中的浓度;如 B 与汞成汞齐,则 c_{Be} 是指汞齐中 B 的浓度;如 B 为金属,不溶于汞而以固体状态沉积于滴汞电极上,则 c_{Be} 为一常数。至于 c_B,即 B 在溶液中的浓度,则等于零,即在反应前溶液中并没有 B。

滴汞电极的电位 E_{de} 为

$$E_{de} = E^{\ominus} + \frac{0.059}{n} \lg \frac{\gamma_A c_{Ae}}{\gamma_B c_{Be}} \tag{5-6}$$

式中,γ_A 与 γ_B 分别为 A 及 B 的活度系数。已知

$$-i_d{}^{①} = k_A c_A \tag{5-7}$$

未达到极限电流前,c_{Ae} 不等于零,故上式应写为

$$-i = k_A (c_A - c_{Ae}) \tag{5-8}$$

由式(5-7)及式(5-8)得

$$c_{Ae} = \frac{-i_d + i}{k_A} \tag{5-9}$$

---

① 过去在文献上将伏安曲线中的阴极电流规定为正电流,阳极电流为负电流。1975 年 IUPAC 重新规定,将阳极电流改为正电流,而将阴极电流改为负电流。

根据法拉第电解定律,在电解过程中,还原产物 B 的浓度 c_{Be} 应与通过的电流 i 成正比,令比例常数为 $1/k_B$,则

$$c_{Be} = \frac{-i}{k_B} \qquad (5-10)$$

将式(5—9)及式(5—10)代入式(5—6)得

$$E_{de} = E^{\ominus} + \frac{0.059}{n} \lg \left(\frac{\gamma_A \cdot k_B}{\gamma_B \cdot k_A} \cdot \frac{i_d - i}{i} \right) \qquad (5-11)$$

对某一可还原物质 A,在一定的底液和实验条件下,$E^{\ominus}$,γ_A,γ_B,k_A 及 k_B 都是常数,它们可合并为常数 E',如下式所示:

$$E_{de} = E' + \frac{0.059}{n} \lg \frac{i_d - i}{i} = E^{\ominus} + \frac{0.059}{n} \lg \frac{\gamma_A k_B}{\gamma_B k_A} + \frac{0.059}{n} \lg \frac{i_d - i}{i} \qquad (5-12)$$

当 $i = \frac{1}{2} i_d$ 时,相应的电极电位称半波电位 $E_{1/2}$,此时

$$\lg \frac{i_d - i}{i} = 0$$

由式(5—12)可得

$$E_{1/2} = E' = E^{\ominus} + \frac{0.059}{n} \lg \frac{\gamma_A k_B}{\gamma_B k_A} \qquad (5-13)$$

所以对某一可还原物质,在一定的底液及实验条件下,$E_{1/2}$ 为一常数,它与浓度无关[①],因此半波电位可作为定性分析的依据。

如以 $E_{1/2}$ 代替 E',并将 i_d 及 i 改写为 $(i_d)_c$ 及 i_c 以表示阴极上的还原电流,则式(5—12)可写作

$$E_{de} = E_{1/2} + \frac{0.059}{n} \lg \frac{(i_d)_c - i_c}{i_c} \qquad (5-14)$$

式(5—14)为还原波的方程。

极谱分析不但可利用还原波进行离子的定量测定,亦可利用其氧化波,即以阳极作为工作电极,将可氧化物质氧化,得到相应的极谱波,氧化波方程可以上述方法作类似处理,本书不再赘述。

氧化波和还原波

---

① 并不是所有类型的电极反应,其半波电位都与浓度无关。例如,铁离子在滴汞电极上还原为不溶于汞的金属铁时,其半波电位与离子浓度有关,而不是一个恒定值。

超电势

　　上述极谱波方程适用于可逆电极反应的情况。所谓可逆波,是指电极反应速率很快,极谱波上任何一点的电流都受扩散速率控制;而可逆性差,或甚至不可逆的极谱波,则是指电极反应缓慢,极谱波上的电流不完全由扩散速率所控制,而还受电极反应速率所控制,表现出明显的超电势(over-potential),且波形较差,延伸较长(图 5-10),不利于定性及定量测定。

　　以上讨论的是简单金属离子(即金属的水合离子)的情况。在实际分析时,金属离子常常可以配离子的形式存在,此时金属配离子的半波电位要比简单金属离子的半波电位负。半波电位向负的方向移动多少,取决于配离子的稳定常数。稳定常数愈大,半波电位愈负,因此同一物质在不同的溶液中,其半波电位常不相同。例如,1 mol·L^{-1}KCl 溶液中,Cd^{2+} 与 Tl^+ 的半波电位分别为 -0.64 V 及 -0.48 V(对饱和甘汞电极),但在 NH_3 及 NH_4Cl 溶液中则为 -0.81 V 及 -0.48 V(对饱和甘汞电极)。这在极谱分析中具有很重要的意义,因为在中性氯化钾溶液中,Cd^{2+} 与 Tl^+ 的 $E_{1/2}$ 非常接近,所得两个波互相重叠,无法进行分析,但改用 NH_3 及 NH_4Cl 溶液,由于 Cd^{2+} 生成较稳定的配离子,二者的 $E_{1/2}$ 相差较大,因而可顺利地进行分析。如果选择适当的支持电解质,有时可同时测定四五种离子,如在 NH_3 及 NH_4Cl 溶液中可测定 Cd^{2+},Ni^{2+},Zn^{2+} 及 Mn^{2+} 等(图 5-11)。

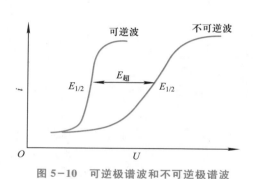

图 5-10　可逆极谱波和不可逆极谱波

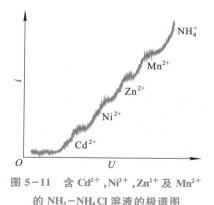

图 5-11　含 Cd^{2+},Ni^{2+},Zn^{2+} 及 Mn^{2+} 的 NH_3-NH_4Cl 溶液的极谱图

　　表 5-1 列举了部分金属离子在不同底液中的半波电位数据。必须指出,在实际应用中,由于极谱分析可以使用的电极电位的范围有限(一般不超过 2 V),在一张极谱图上可以同时出现的极谱波只有几个,而且许多物质的半波电位有时相差不多或甚至重叠,因此用极谱半波电位作定性分析的实际意义不大,极谱分析主要是一种定量分析方法。但通过半波电位,可以了解在某种溶液体系下,各种物质产生极谱波的电位,因此对选择合适的分析条件,避免共存物质的干扰等,以利定量分析的进行是很重要的。

表 5-1　某些金属离子在不同底液中的半波电位（$E_{1/2}$(vs. SCE)/V）

金属离子	1 mol·L⁻¹ KCl	1 mol·L⁻¹ HCl	1 mol·L⁻¹ KOH (NaOH)	2 mol·L⁻¹ HAc + 2 mol·L⁻¹ NH₄Ac	1 mol·L⁻¹ NH₃⁺ 1 mol·L⁻¹ NH₄Cl
Al^{3+}	−1.75	—	—	—	—
Fe^{3+}	>0	>0	—	>0	1.49 (−0.34)
Fe^{2+}	−1.30	—	1.46 (−0.9)	—	—
Cr^{3+}	−0.85　−1.47	−0.99　−1.26	−0.92	−1.2	−1.43
Mn^{2+}	−1.51	—	−1.70	—	−1.71
Co^{2+}	−1.30	—	−1.43	−1.14	−1.66
Ni^{2+}	−1.10	—	—	−1.10	−1.29
Zn^{2+}	−1.00	—	−1.48	−1.10	−1.10
In^{3+}	−0.60	−0.60	−1.09	−0.71	−1.35
Cd^{2+}	−0.64	−0.64	−0.76	−0.65	−0.81
Pb^{2+}	−0.44	−0.44	−0.76	−0.50	—
Tl^{+}	−0.48	−0.48	−0.46	−0.47	−0.48
Cu^{2+}	+0.04　−0.22	+0.04　−0.22	−0.41	−0.07	−0.24
Bi^{3+}	—	−0.09	−0.6	−0.25	−0.51

注：括号内为氧化波，两个数值的表示两级还原，—表示在氢波后或发生水解、沉淀现象。

§5-4　干扰电流及其消除方法

双电层的形成

在极谱分析中,除前面讨论的扩散电流外,还有其他原因所引起的电流,这些电流与被测物质的浓度无关,因此它们的存在将干扰测定。

1. 残余电流(residual current)

在进行极谱分析时,外加电压虽未达到被测物质的分解电压,但仍有微小的电流通过电解池,这种电流称为残余电流。

残余电流的产生有两个原因,一是由于溶液中存在微量易在滴汞电极上还原的杂质。如溶解在溶液中的微量氧,普通蒸馏水及试剂中的微量金属离子等。因此在分析微量组分的含量时,必须十分注意所用试剂、水的纯度,以避免过高的空白值。另一个原因是存在电容电流(capacity current)[或称充电电流(charging current)],当溶液中没有可以在电极上起反应的杂质时,残余电流主要是电容电流。所谓电容电流是由于汞滴表面与溶液间形成的双电层(固体电极与溶液之间也同样存在双电层,其电学性质类似平板电容器),随着汞滴表面的周期性变化及外加电压的持续改变而发生的充电现象所引起的。电容电流的数量级约为 $0.1~\mu A$,若浓度为 $1.0 \times 10^{-5}~mol \cdot L^{-1}$ 的一价金属离子,则扩散电流仅为 $0.02~\mu A$,此值已低于在相同条件下的电容电流值。可见,对于微量组分(如 $c < 10^{-5}~mol \cdot L^{-1}$),由于电容电流的存在,将使测定发生困难。为了解决电容电流的问题,以提高极谱分析灵敏度,这就促使了新的极谱技术的发展。

2. 迁移电流(migration current)

在极谱分析中,要使电流完全受扩散速率所控制,必须消除溶液中待测离子的对流和迁移运动。在滴汞电极上,只要使溶液保持静止,一般不会有对流作用发生。待测离子向电极表面的移动除受扩散力作用外,还受电场的库仑引力作用,使滴汞电极对阳离子起静电吸引作用,由于这种吸引力,使得在一定时间内,有更多的阳离子趋向滴汞电极表面而被还原,因而观察到的电流比只有扩散电流时为高。这种由于静电吸引力而产生的电流称为迁移电流,它与被分析物质的浓度之间并无一定的比例关系,故应予以消除。

如果在电解池中加入大量电解质,它们在溶液中解离为阳离子和阴离子,负极对所有阳离子都有静电吸引力,因此作用于被分析离子的静电吸引力就大大地减弱了,以致由静电力引起的迁移电流趋近于零,从而达到消除迁移电流的目的。这种加入的电解质称为支持电解质,它是能导电但在该条件下不能起电解反应的所谓惰性电解质,如 KCl,HCl,H_2SO_4 等。一般支持电解质的浓度要比待测物质的浓度大 100 倍以上。

3. 极大

在极谱分析中,常常会出现一种特殊现象,即在电解开始后,电流随电位的增加而迅速增大到一个很大的数值,当电位变得更负时,这种现象就消失而趋于正常(图 5-12),这种现象称为极大或畸峰。

极大的产生是由于滴汞电极毛细管末端对汞滴上部有屏蔽作用而使被测离子不易接近,汞滴下部被测离子则可无阻碍地接近,因而在离子还原时,汞滴下部的电流密度将较上部为大,这种电荷分布的不均匀会引致汞滴表面张力的不均匀,表面张力小的部分要向表面张力大的部分运动,这种切向运动会搅动汞滴附近的溶液,加速被测离子的扩散和还原而形成极大电流,当电流峰上升至极大值后,可还原的离子在电极表面浓度趋近于零,达到完全浓差极化,电流就立即下降到极限电流区域。

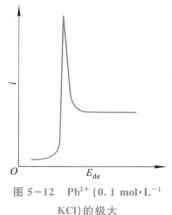

图 5-12　Pb^{2+} (0.1 mol·L^{-1} KCl)的极大

显然,由于极大的发生,将影响半波电位及扩散电流的正确测量,因此应除去之。除去极大,可在溶液中加入少量极大抑制剂(maximum suppressor)。常用的有动物胶、聚乙烯醇、羧甲基纤维素等表面活性剂。应该注意,加入极大抑制剂的量不能太大,否则将影响扩散电流,如动物胶的用量超过 0.01% 时会降低扩散电流。

4. 氧波

试液中的溶解氧在滴汞电极上被还原而产生两个极谱波:

第一个波 $E_{1/2} = -0.05$ V(vs. SCE):

$$O_2 + 2H^+ + 2e^- \longrightarrow H_2O_2 \text{(酸性溶液)}$$

$$O_2 + 2H_2O + 2e^- \longrightarrow H_2O_2 + 2OH^- \text{(中性或碱性溶液)}$$

第二个波 $E_{1/2} = -0.94$ V(vs. SCE):

$$H_2O_2 + 2H^+ + 2e^- \longrightarrow 2H_2O \text{(酸性溶液)}$$

$$H_2O_2 + 2e^- \longrightarrow 2OH^- \text{(中性或碱性溶液)}$$

氧波

这两个波覆盖在一个较广的电压范围内,故有干扰而需设法消除。为了除氧,通常可向试液中通入惰性气体(如 N_2 等)10~20 min。在中性和碱性溶液中,可加入少量亚硫酸钠,但当溶液为酸性时,由于 SO_3^{2-} 也可在滴汞电极上被还原,故不适用。

5. 氢波

氢波

极谱分析一般都是在水溶液中进行的,溶液中的氢离子在足够负的电位(虽然汞电极对氢的超电势是比较大的)时会在滴汞电极上析出而产生氢波。在酸性溶液中,氢离子在 $-1.2 \sim -1.4$ V 处开始被还原,故半波电位较 -1.2 V 更负的物质就不能在酸性溶液中测定。在中性或碱性溶液中,氢离子在更负的电位下开始起波,因此氢波的干扰作用大为减少。例如,在 0.1 mol·L^{-1} 季铵碱[如 N(CH$_3$)$_4$OH]的溶液中可用极谱法测定半波电位很负的碱金属离子(钾离子的半波电位为 -2.13 V)。

§5-5 极谱分析的特点及其存在的问题

极谱分析一般具有下列一些特点。

(1) 最适宜的测定浓度范围为 $10^{-2} \sim 10^{-4}$ mol·L^{-1}。

(2) 相对误差一般为 $\pm 2\%$。

(3) 在合适的情况下,可同时测定 $4 \sim 5$ 种物质(如 Cu^{2+},Cd^{2+},Ni^{2+},Zn^{2+},Mn^{2+} 等),不必预先分离。

(4) 电解时通过的电流很小(通常小于 100 μA),所以分析后溶液成分基本上没有改变,可重复使用。

(5) 凡在滴汞电极上可起氧化还原反应的物质,包括金属离子、金属配合物、阴离子和有机化合物,都可用极谱法测定。

但是上述极谱方法(通常称为经典极谱方法,以与以后发展起来的技术区别)存在着一些问题。首先是它的灵敏度及检出限受到一定的限制。如前所述,这主要是由于电容电流的存在而造成的。

另外,当试样中含有的大量组分较之欲测定的微量组分更易还原时,应用一般的极谱方法会遇到困难。此时由于该组分产生一个很大的前波,使 $E_{1/2}$ 较负的待测组分受到掩蔽,因此需要进行分离,而这种分离工作往往费时、烦琐,且会引起组分的损失及带入杂质而导致误差。

经典极谱法的另一个缺点是它的分辨力低,除非两种被测物的半波电位相差 100 mV 以上,否则要准确测量各个波高会有困难。

经典极谱法的一次分析过程中需用去几十至上百滴汞,不仅耗时,且带来毒性及环境污染问题,加之在检出限、分辨率方面的局限,在实际工作中已极少使用。

为解决上述存在的一些问题,发展了一些新的极谱及伏安技术,其中已得到比较广泛应用的有极谱催化波、单扫描极谱法及循环伏安法、方波极谱、脉冲极谱、溶出伏安法等。

§5-6 极谱催化波
(polarographic catalytic wave)

催化波是在电化学和化学动力学的理论基础上发展起来的提高极谱分析灵敏度和选择性的一种方法。它最低可检测范围为 $10^{-8} \sim 10^{-11}$ mol·L^{-1}，共存元素干扰少，有较好的选择性，所用仪器就是一般的极谱仪或示波极谱仪，因此方法简便、快速，灵敏度很高，所以受到重视。我国的科技工作者已提出了对 50 多个元素的 70 多种催化波体系，经常作分析应用的有 30 多种元素，并已成功地应用于超纯物质、冶金材料、环保监测和复杂的矿石分析中作微量、痕量，甚至超痕量的测定。以下简要讨论催化波的基本原理。

极谱电流按其电极过程的不同可分为以下几种。

(1) 受扩散控制的极谱电流——扩散电流，可逆波。

(2) 受电极反应速率控制的极谱电流——扩散电流，不可逆波。

(3) 受吸附作用控制的极谱电流——吸附电流。

(4) 受化学反应速率控制的极谱电流——动力波、催化波。

极谱动力波可分为三类。

第一类是化学反应超前于电极反应，第二类是化学反应滞后于电极反应，这两类动力波并不能增加极谱波的灵敏度，故不予讨论。

第三类是化学反应与电极反应平行：

$$A + ne^- \longrightarrow B（电极反应）$$
$$B + X \xrightarrow{\ k_1\ } A + Z（化学反应）$$

(5-15)

A 在电极上被还原为 B。若溶液中存在有第三种物质 X，它具有较强的氧化性，能较快地把 B 氧化为原来的氧化态 A，再生的 A 又在电极上还原，这样，就形成了一个电极反应—化学反应—电极反应的循环。这种情况称为电极反应与化学反应相平行。由于 A 在电极反应中消耗的，又在化学反应中得到补偿，因此 A 在反应前后的浓度几乎不变，从这一点看，A 可以称为催化剂。虽然电流是由 A 还原而产生的，但实际消耗的是氧化剂 X。所以在这反应中，A 催化了 X 还原。因催化反应而增加了的电流称为催化电流，它与催化剂 A 的浓度成正比，其数值要比单纯只是扩散电流时大很多倍，有些甚至大 3～4 数量级。

物质 X 应该具有相当强的氧化性，能迅速地氧化物质 B 而再生出 A。但由于它的氧化性,它本身会同时在电极上还原,因而要求 X 在电极上的电极反应具有很高的超电势,这样在 A 还原时 X 不会同时在电极上被还原,否则就不可能形成催化循环。

催化电流除受 A,B,X 的扩散速率所控制外,还受化学反应的速率常数 k_1 所控制。k_1 愈大,反应速率愈快,所得的催化电流也就愈大。过氧化氢就是这样一种很好的氧化剂,它在电极上还原时有很大的超电势,当它与铁离子共存时,会产生催化波,其反应机制大致为

$$Fe^{3+} + e^- \longrightarrow Fe^{2+} \text{(电极反应)} \tag{5-16}$$

$$Fe^{2+} + H_2O_2 \longrightarrow OH^- + \cdot OH + Fe^{3+} \tag{5-17}$$

$$Fe^{2+} + \cdot OH \longrightarrow Fe^{3+} + OH^- \tag{5-18}$$

Fe^{3+} 在电极上被还原为 Fe^{2+},过氧化氢将 Fe^{2+} 氧化而再生 Fe^{3+},同时产生的自由基·OH 又能氧化 Fe^{2+} 为 Fe^{3+},再生的 Fe^{3+} 再在电极上被还原,从而形成催化循环。反应式(5-16)及(5-18)进行得很快,只有式(5-17)进行得较慢,因而它决定整个化学反应的速率,也决定了催化电流的大小。

当电极上或电极过程不存在吸附现象时,催化波的波形与经典极谱波相同。对于上述类型,催化电流公式为

$$i_1 = 0.51 n F D^{1/2} m^{2/3} t^{2/3} k^{1/2} c_X^{1/2} c_A \tag{5-19}$$

式中,i_1 为极限催化电流,c_X 及 c_A 分别为物质 X 及 A 在溶液中的浓度,k 为化学反应的速率常数,D 为物质 A 的扩散系数。当 c_X 一定时,催化电流与物质 A 的浓度成正比,这是定量测定的依据。

催化电流还取决于化学反应的 k 值。另外,由于 m 与汞柱高度 h 成正比,t 则与 h 成反比,所以

$$i_1 \propto m^{2/3} t^{2/3} \propto h^{2/3} h^{-2/3} \propto h^0$$

即催化电流与汞柱高度 h 无关,而对于扩散控制的电流,由式(5-3):

$$i_d \propto m^{2/3} t^{1/6} \propto h^{2/3} h^{-1/6} \propto h^{1/2}$$

故扩散电流与汞柱高度的平方根成正比,这是它们两者不同的地方,常应用此关系来判别 i_1 及 i_d。

另一方面,i_d 的温度系数每度为 $1\% \sim 2\%$,而 i_1 的温度系数因受 k 值的温度系数影响,一般较大,为 $4\% \sim 5\%$,也有更高的,这是催化电流的另一个特征。

在这种类型的催化波中,常作为被催化还原的物质(即 X)有过氧化氢、氯酸

盐、高氯酸及其盐、硝酸盐、亚硝酸盐、盐酸羟胺或硫酸羟胺及四价钒等。被分析的金属离子则大多数是具有变价性质的高价离子,如 Mo(Ⅵ),W(Ⅵ),V(Ⅴ),U(Ⅵ),Co^{2+},Ni^{2+},Ti(Ⅳ),Te(Ⅳ)等。

§5-7　单扫描极谱法和线性扫描伏安法
(single-sweep polarography and linear sweep voltammetry)

　　单扫描极谱法与前述经典极谱不同的是,加到电解池两电极的电压扫描速率不同。经典极谱要获得一个极谱波,需要用近百滴汞,所加直流电压的扫描速率缓慢,一般为 $0.2\ V\cdot min^{-1}$,单扫描极谱则是在一滴汞的形成过程中进行快速线性扫描,如在 2 s 内扫描 0.5 V 电压。由于这样快的扫描速率,过去只有采用长余辉的阴极射线示波器才能观察其电流-电压曲线,因此曾称为示波极谱法(oscillographic polarography)。

　　单扫描极谱的工作原理如图 5-13(a)所示。在极谱电解池两个电极上加一个随时间做线性变化的直流电压(锯齿波)U。所得的极谱电解电流在电阻 R 上产生一个电位降 iR,将此 iR 电位降经放大后加到示波器的垂直偏向板上,同时将加在电解池两个电极上的电压经放大后加到示波器的水平偏向板上。这样就可在示波器的荧光屏上观察到完整的 $i-U_{de}$ 曲线,如图 5-13(b)所示。由于这种方法外加电压变化速率很快,电极表面附近的被测物在电极上迅速起电化学反应,因此电流急剧增加。随后当电压再增加时,由于扩散层厚度增加而使电流又迅速下降。因而所得电流-电压曲线出现峰形。电流的最大值称为峰值电流,以 i_p 表示。峰值电流所对应的电位称峰值电位,以 E_p 表示。

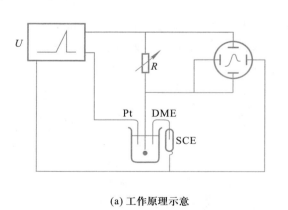

(a) 工作原理示意

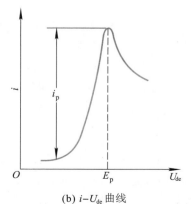

(b) $i-U_{de}$ 曲线

图 5-13　单扫描极谱

三电极体系

由图 5-13(a)可见,在示波极谱仪中采用了三电极体系,即在工作电极滴汞电极(DME)和参比电极(SCE)之外,还增加了一个辅助电极[auxiliary electrode,亦称为对电极(counter electrode),一般用铂电极],以确保滴汞电极的电位完全受外加电压所控制,而参比电极电位则保持恒定。其电路框图如图 5-14 所示。在三电极体系中极谱电流在工作电极与辅助电极间流过,参比电极与工作电极组成一个电位监控回路,因为运算放大器输入阻抗高,实际上没有明显的电流通过参比电极而使其电位保持恒定。当回路的电阻较大或电解电流较大时,电解池的 iR 降便相当大,如前所述(§5-1),滴汞电极的电位就不能简单地随外加电压的线性变化进行相应的线性电压扫描。而在三电极体系中,当参比电极和工作电极间的电位差由此而产生偏离时,其偏差信号通过参比电极电路反馈回放大器的输入端,调整放大器的输出使工作电极电位恢复到预计值,于是工作电极就能完全受外加电压 U 的控制,起到消除电位失真的作用。

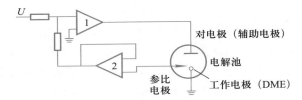

图 5-14 三电极体系电路框图

由于汞滴面积随时间而变化,因此当加上锯齿波电压时,不能得到一个稳定的图形。为解决此问题,根据滴汞面积随时间变化的关系

$$\frac{\mathrm{d}A}{\mathrm{d}t} = \frac{2}{3} \times 0.85 m^{2/3} t^{-1/3} \tag{5-20}$$

可见滴汞寿命 t 越大,电极面积变化率越小,到汞滴寿命的后期,电极面积可视为不变。若控制汞滴下落的时间为 7 s,前 5 s 不扫描,在汞滴寿命的最后 2 s 加扫描电压(250 mV·s^{-1})并记录 i-U_{de}曲线,即可获得重现性良好的结果。

对于可逆电极反应,单扫描极谱的扩散电流方程为

$$i_{\mathrm{p}} = 2.69 \times 10^5 n^{3/2} D^{1/2} v^{1/2} Ac \tag{5-21}$$

式中,i_{p} 为峰值电流(A),n 为电子转移数,D 为扩散系数(cm^2·s^{-1}),v 为电压扫描速率(V·s^{-1}),A 为电极面积(cm^2),c 为被测物质浓度(mol·L^{-1})。所以,在一定的底液及实验条件下峰值电流与被测物的浓度成正比,这是单扫描法定量分析的基础。从式(5-21)可看出影响峰值电流的一些因素。i_{p} 与 $v^{1/2}$ 成正比,扫描速率大,有利于提高灵敏度,但电容电流也随 v 而增大,故 v 也不

宜过大。

峰值电位 E_p 与经典极谱波的半波电位 $E_{1/2}$ 的关系为

$$E_p = E_{1/2} - 1.1\frac{RT}{nF} = E_{1/2} - \frac{0.028}{n} \text{ V} \qquad (25\ ℃) \qquad (5-22)$$

这表明 E_p 是被测物质的特征数据。对还原液,E_p 比相应的 $E_{1/2}$ 在 25 ℃时要负 $\frac{28}{n}$ mV,对氧化波则要正 $\frac{28}{n}$ mV。

若将一电压施加于化学电池上,使固体或静态汞工作电极的电位随外加电压快速线性变化,并记录 i-E 曲线,则称为线性扫描伏安法。该方法的扩散电流方程与单扫描极谱法一致[式(5-21)],峰值电流 i_p 与待测组分浓度在一定条件下成正比,可作为定量分析的依据。峰值电位 E_p 与半波电位 $E_{1/2}$ 的关系与式 5-22 相同,可见,对于可逆反应,峰值电位与扫描速度无关,亦与待测组分浓度无关,可作为定性指标。线性扫描伏安法中常用的工作电极有玻碳电极、铂电极、石墨电极和各种化学修饰电极等。

常用的固体
工作电极

与经典极谱法相比,单扫描极谱法和线性扫描伏安法的电压扫描速率很快,因此电极反应的速度对电流的影响很大。对电极反应为可逆的物质,极谱或伏安图(也称为极化曲线)上出现明显的尖峰;对于可逆性差或不可逆反应,由于其电极反应速度较慢,跟不上电压扫描速率,所得图形的尖峰就不明显或甚至没有尖峰,因此灵敏度低。除此之外,单扫描极谱法和线性扫描伏安法还具有下述一些特点:

(1) 灵敏度高,对可逆波,检测限一般可达 10^{-7} mol·L^{-1},甚至可达 5×10^{-8} mol·L^{-1},比经典极谱法高 2~3 个数量级。

(2) 测量峰高比测量波高易于得到较高的精密度。

(3) 方法快速、简便。由于扫描速度快,只需几秒至十几秒钟就可完成一次测量。

(4) 分辨率高。此法可分辨两个半波电位相差 35~50 mV 的离子,前还原物质的干扰小。

(5) 由于氧波为不可逆波,其干扰作用也就大为降低。因此分析前往往可不除去溶液中的溶解氧。

若以等腰三角形脉冲电压代替前述锯齿波施加于电解池的工作电极上,可进行另一有用的伏安法——循环伏安法(cyclic voltammetry)。如图 5-15(a)所示,当施加于工作电极上的电压由起始电压 U_i 开始按一定方向做线性扫描达到 U_s 后,将扫描反向,以相同的扫描速率回到原来的起始扫描电压 U_i。若开始扫描的方向使工作电极电位不断变负时,电解液中某物质在电极上产生被还原的阴极过程。而反向扫描时,在电极上将发生使还原产物重新氧化的阳极过程,于是一次三角波扫描可完成一个还原-氧化过程的循环。所得图5-15(b)极化曲线的上半部是还原波,下半部是氧化波。它们的峰电流和峰电位方程式均与单扫描极谱法相同。若电极反应是可逆的,则曲线上、下部基本上是对称的。根据式(5-21),由于$D_a \approx D_c$,故两峰电流之比$i_{p_a} \approx i_{p_c}$,式中下标a,c分别表示阳极波、阴极波。根据式(5-22),阳极峰电位和阴极峰电位之差应为

$$\Delta E_p = E_{p_a} - E_{p_c} = 2.22 \frac{RT}{nF} = \frac{56.5}{n} \ (mV)$$

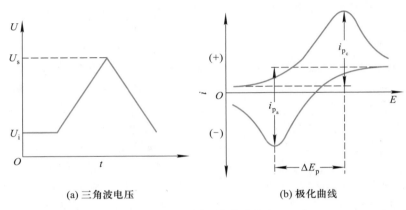

(a) 三角波电压   (b) 极化曲线

图5-15　循环伏安法示意

对于不可逆体系,则$\Delta E_p > 56.5/n(mV)$,$i_{p_a}/i_{p_c} < 1$。峰电位相距越远,阳、阴峰电流比值越小,则该电极体系越不可逆。

循环伏安法是一种很有用的电化学研究方法,在研究电极反应的性质、机理、电极过程动力学参数等有广泛的应用,但一般不用于成分分析上。

§5-8　方波极谱
(square-wave polarography)

方波极谱是交流极谱方法的一种。在这类极谱法中,在向电解池均匀而缓慢地加入直流电压的同时,再叠加一个225 Hz的振幅很小(≤30 mV)的交流方形波电压,因此,通过电解池的电流,除直流成分外,还有交流成分。可通过测量不同外加直流电压时交变电流的大小,得到交变电流-直流电压曲线以进行定量分析。其工作原理如图5-16及图5-17所示。图5-16(a)为所叠加的方波电压。假定外加直流电压使滴汞电极具有一E_1的电位(图5-17),由于在此直流电压上叠加有一个很小的方波电压ΔU(一般为10~30 mV),这时滴汞电极的电

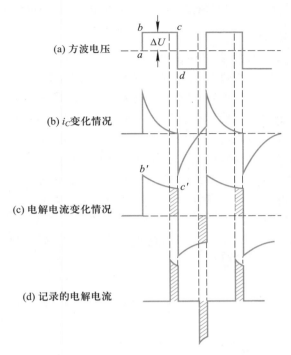

(a) 方波电压

(b) i_C 变化情况

(c) 电解电流变化情况

(d) 记录的电解电流

图 5-16 消除电容电流的工作原理示意图
（阴影部分表示记录的电解电流）

位将在 $-E_1 \pm \Delta U$ 间交替地变化着。若此时的电极电位仍不足以使金属离子还原，因而仅有残余电流通过电解池，所叠加的方波电压对电流不产生影响。同样，若电极具有 $-E_3$ 的电位（即处于极谱波的极限电流范围内），此时电流大小受扩散控制，由图可见，所加的方波电压对电流仍无影响。如果外加电压使滴汞电极具有 E_2 的电位（即在金属离子的起波范围），则情况就两样了。在此电位时，金属离子在电极上进行还原反应而产生还原电流（$-i$），当方波电压自 $-E_2$ 突然变至 $-E_2-\Delta U$ 时〔图5-16(a)及 5-17 中由 $a \rightarrow b$〕，由于电位变得更负，金属离子就更为迅速地在电极上还原而使电流变为 $-i-\Delta i$；当方波电压由 $-U-\Delta U$ 回到 $-U+\Delta U$（图中$c \rightarrow d$），则刚才还原到电极上去的金属离子又迅速地氧化，使电流变为 $-i+\Delta i$。所以，在这种情况下不但有电解电流（扩散电流），而且电解电流将随着叠加方波电压的变化也呈方波形状的变化〔图 5-16(c)〕。另一方面，由于方波具有一个持续不变的电压阶段〔图 5-16(a)及 5-17 中 bc〕。在这一阶段中，随着电解时间的延续（即方波半周期内），电极表面附近的金属离子浓度随着电解的进行而越来越小，这样就导致了扩散层厚度增加而使扩散电流下降。已知这个扩散电流的衰减程度与方波持续时间 t 的 $\frac{1}{2}$ 次方成正比,所以在图中可以看到一个倾斜部分 $b'c'$。

以上讨论的是电解电流的变化情况。现在讨论电容电流 i_C 的变化情况。为简单起见,设方波电压叠加在不发生电极反应的直流电压$-U_1$处。此时电解池的等效电路相当于一个电容器和一个电阻串联,如图 5-18 所示。C 表示滴汞电极的双电层电容(约为 0.3 μF),R 为包括溶液内阻在内的整个回路的电阻。当方波电压加于滴汞电极时,双电层电容立即充电,所以产生很大的充电电流,在方波持续阶段,电容器被充电后其电压不断增高,充电电流就不断减小,直到 C 被充满时充电电流为零;当方波电压变至另一半周时,双电层电容 C 立即放电而产生很大的放电电流(反向)。放电电流与充电电流一样,也是随着时间的增加愈来愈小,最后趋于零[图 5-16(b)]。方波电压周期性地变化,充电和放电过程也不断发生。方波电压通过电解池产生的电容电流是随着时间而衰减的,其衰减按下式指数规律进行:

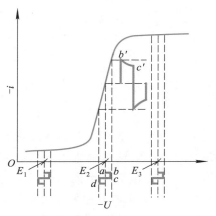

图 5-17　方波电压叠加于直流电压
时电解电流的变化情况

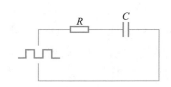

图 5-18　不发生电解反
应时电解池的等效电路

$$i_C = \frac{U_s}{R} e^{-\frac{t}{RC}} \tag{5-23}$$

式中,U_s 为方波电压,t 为时间。RC 称为时间常数,当 $t=RC$ 时,$e^{-\frac{t}{RC}} = e^{-1} = 0.368$,此时 i_C 为开始时的 36.8%;当 $t=5RC$ 时,$e^{-5} = 0.0067$,即经过 $5RC$ 的时间后,i_C 只剩下原来的 0.67%。因此只要 t 比 RC 足够大时,就可以把电容电流衰减到可以忽略的程度。

由上述讨论可见,电容电流和电解电流对时间衰减的情况不同,前者按指数规律衰减得很快,后者按平方根规律衰减得较慢,因此只要满足方波的半周期远大于电解池的时间常数 RC,就可以设计一种仪器,使 i_C 降至近零以后,在方波电压改变方向以前的一个很短时间记录电流(其记录闸门的开放情况如图 5−16 阴影部分所示),这时记录的电流绝大部分是电解电流,而电容电流可以忽略不计。这就较好地解决了电容电流的影响,使灵敏度大为提高,对可逆性好的离子,检出限可达 $4×10^{-8}$ mol·L^{-1},对可逆性差的离子亦可达 10^{-6} mol·L^{-1},是目前灵敏度较高的一种极谱技术。

方波极谱之所以灵敏度高,一方面固然是由于如上所述,能较彻底地消除电容电流的影响,另一方面也是由于方波电压变化 ΔU 的一瞬间电极的电位变化速率很大,离子在极短时间内迅速反应,因此这种脉冲电解电流值大大超过同样条件下经典极谱的扩散电流值。

由图 5−17 可见,当在直流电压上叠加一个很小的方波电压时,此方波电压在未起波前或在极限电流的电压处对电流的影响是很小的,记录的电流几乎为零。而在起波范围内的影响则较大,且在半波电位处(经典极谱波的斜率最大处)为最大,因而所得的极谱波呈峰形(图 5−19)。这样就使方波极谱具有较强的分辨能力,对于可逆性好的物质,其半波电位相差 40 mV 即可分开。另一方面,前极化电流(前波)影响亦较小,因此利用方波极谱可直接测定铜合金中的 Ni 和 Zn,而不需分离大量的铜;可在钢铁中直接测定 Cu,Pb 和 Zn,等等。由于可以免去一些不必要的化学分离步骤,所以测定速度比其他方法快得多。

图 5−19 为在 1 mol·L^{-1} KCl 溶液中含有 $2×10^{-5}$ mol·L^{-1} 的 Cu^{2+},Pb^{2+},Tl$^+$,Cd^{2+},Zn^{2+} 和 $4×10^{-6}$ mol·L^{-1} In^{3+} 的方波极谱图。

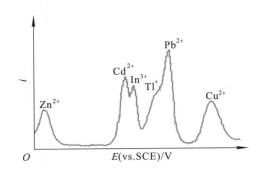

图 5−19 1 mol·L^{-1} KCl 溶液中含有 $2×10^{-5}$ mol·L^{-1} 的 Cu^{2+},Pb^{2+},Tl$^+$,Cd^{2+},Zn^{2+} 和 $4×10^{-6}$ mol·L^{-1} In^{3+} 的方波极谱图

应用方波极谱时应注意下述一些问题。

(1) 方波极谱法不需借加入表面活性物质来抑制极谱极大。相反,由于在电极上吸附表面活性物质会使电极反应速率受到阻滞,以及改变电极和溶液表

面的双电层电容,从而影响测定。

　　(2) 电极反应的可逆性对测定的灵敏度有很大影响。由于叠加较高频率(通常为 225 Hz)的电压,也即加入极化电压的速率相当快,所以对于电极反应速率较缓慢的物质,所得出的峰高将大为降低,可逆性差的物质,有时甚至不出峰,因而其应用会受到限制。

　　(3) 为了有效地消除电容电流,应使电解池回路的 RC 值远小于方波半周期的数值。故一般要求 R 值不大于 100 Ω。减小 R 值,一方面会使测量的微量电流转换为信号的电压相对减小,增加仪器放大的困难,另一方面要求溶液内阻减小,就需要采用高浓度的支持电解质,这就可能引入杂质,增大空白,因而对痕量测定是不利的。

　　(4) 毛细管噪声。由毛细管引致的噪声称为毛细管噪声。这种噪声比整个仪器的噪声高几倍,因而影响灵敏度的提高。其产生原因是每滴汞落下时毛细管汞线的收缩,在靠近溶液的毛细管管壁上引进溶液,溶液与汞线形成一层很薄的不规则的液层,因而产生不规则的电解电流和电容电流,即噪声。

　　方波极谱由于存在支持电解质浓度高,毛细管噪声大等缺点而未受到广泛应用。但这一思路较好地解决了充电电流的干扰问题,因此得到了进一步的发展,相继出现方波伏安法、Osteryoung 方波伏安法、方波溶出伏安法(参见 §5-10)等,拓展了该方法的应用范围[①]。

§5-9　脉冲极谱
(pulse polarography)

　　脉冲极谱是在方波极谱的基础上发展起来的。为解决上述困难,脉冲极谱[一般指微分脉冲极谱法,也称为差分脉冲极谱法,或称示差脉冲极谱法(differential pulse polarography)]采用的办法是减低方波频率及改变叠加电压的方式。在方波极谱中方波电压是连续的,而脉冲极谱是在每一滴汞滴增长到一定时间(如 3 s)时,在直流线性扫描电压上叠加一个 10~100 mV 的脉冲电压,脉冲持续时间 4~80 ms(如 60 ms),如图 5-20 所示。当直流扫描电压到达有关电活性物质的还原电压时,所加的脉冲电压就使电极产生脉冲电解电流和电容电流。与方波极谱一样,由于电容电流以 $e^{-\frac{t}{RC}}$ 关系衰减,电解电流则以 $t^{-\frac{1}{2}}$ 关系衰减,因此经适当延时(如 60 ms)后,电容电流便几乎衰减为零,而电解电流仍

---

　　① 杨晓云,莫金垣,詹淳.现代方波伏安法.分析测试学报,1998(17):3,80-85.

是显著的。如果在脉冲电压叠加前的 t_1（20 ms）先取一次电流试样，在脉冲叠加后并经适当延时的 t_2（20 ms）再取出一次电流试样，将这两次电流试样进行差分，则两者的差别 Δi 便是扣除了电容电流后的纯的脉冲电解电流（图 5-21），所得为与方波极谱图相似的峰形极谱图。

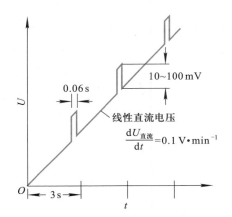 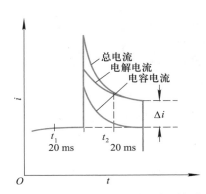

图 5-20　微分脉冲极谱施加的电压波形　　图 5-21　微分脉冲极谱的电流－时间曲线

由于脉冲极谱中叠加脉冲电压的持续时间（60 ms）比方波极谱（2 ms）长十倍以上，因此根据电容电流的衰减式[式（5-23）]，t 增加 10 倍，在满足电容电流足够衰减的前提下，R 的数值可以容许增加 10 倍。这样应用支持电解质的浓度就可以低得多（0.01～0.1 mol·L^{-1}），有利于降低痕量分析的空白值。另一方面，由实验表明，毛细管噪声也是随时间而衰减的，其衰减比电解电流随时间的衰减来得快，因此脉冲持续时间的增加可使毛细管噪声得到充分的衰减。

采用较长的脉冲持续时间的另一个重要的好处是，对于电极反应速率较缓慢的不可逆电对，其灵敏度亦有所提高，这就使脉冲极谱可应用于许多有机化合物的测定中。脉冲极谱是目前最灵敏的一种极谱方法。

上述方法记录的是在一个汞滴上叠加脉冲电压前后所引致电流的差分值，故称为示差或微分脉冲极谱法。脉冲极谱还可用另外一种形式进行。此时脉冲电压不是与缓慢的直流电压叠加在一起，而是采用振幅随时间增加而增加的脉冲电压，如图 5-22 所示。这种形式的脉冲极谱所得的极谱图（见图 5-23）与经典极谱图相同。此法称常规脉冲极谱法（normal pulse polarography）。它同样能消除电容电流的影响，但对前波的分辨力较差。

脉冲极谱法是对方波极谱的进一步改进。若采用固体电极或静态汞滴电极（悬汞电极）作工作电极，则称为脉冲伏安法，它不仅广泛地应用于痕量物质的分析，而且常用于电极过程的研究，如可逆性、吸附性的判别等。

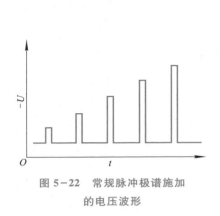

图 5-22　常规脉冲极谱施加
的电压波形

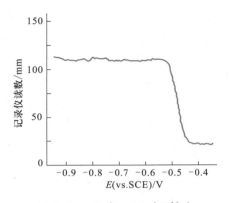

图 5-23　10^{-6} mol·L^{-1} Pb^{2+} 在
0.04 mol·L^{-1} KCl 溶液中的常规脉冲
极谱图(最大灵敏度/4)

§5-10　溶出伏安法
(stripping voltammetry)

　　溶出伏安法又称反向溶出极谱法,这种方法是使被测定的物质,在适当的条件下电解一定的时间,然后改变电极的电位,使富集在该电极上的物质重新溶出,根据溶出过程中所得到的伏安曲线来进行定量分析。例如,测定盐酸中微量的 Cu^{2+}(5×10^{-7} mol·L^{-1}),Pb^{2+}(1×10^{-6} mol·L^{-1})及 Cd^{2+}(5×10^{-7} mol·L^{-1})时,首先在 -0.8 V 下电解一定时间(如3 min),此时溶液中一部分 Cu^{2+},Pb^{2+},Cd^{2+} 在悬汞电极还原,生成汞齐并富集在汞滴上。电解完毕后,使悬汞电极的电位均匀地由负向正变化,首先达到可以使镉汞齐发生氧化反应的电位,此时由于镉的氧化,产生很大的氧化电流(正电流)。但当电位继续变正时,由于电极表面层的镉已被氧化得差不多了,而电极内部的镉又来不及扩散出来,故电流减小,因此将得到峰形溶出曲线(图5-24)。同样,当电位继续变正,达到铅汞齐和铜汞齐的氧化电位时,也将得到相应的溶出峰。

　　溶出曲线的峰高与溶液中金属离子的

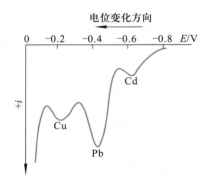

图 5-24　1.5 mol·L^{-1} HCl 溶液中
微量 Cd^{2+},Pb^{2+},Cu^{2+} 的
溶出伏安图(悬汞电极,
-0.8 V 电解 3 min)

浓度,电解富集时间,电解时溶液的搅拌速率,悬汞电极的大小及溶出时的电位变化速率等因素有关。当其他条件固定不变时,峰高与溶液中金属离子的浓度成比例,故可用以进行定量测定。因为在测定金属离子时是应用阳极溶出反应,所以较多地称本法为阳极溶出伏安法(anodic stripping voltammetry)。

若应用阴极溶出反应,则称为阴极溶出伏安法(cathodic stripping voltam-metry)。在阴极溶出法中,被测离子在预电解的阳极过程中形成一层难溶化合物,然后当工作电极向负的方向扫描时,这一难溶化合物被还原而产生还原电流的峰。阴极溶出法可用于卤素、硫、钨酸根等阴离子的测定。

溶出伏安法的全过程可在常规的电化学工作站上进行。也可与线性扫描伏安法、方波伏安法、脉冲伏安法等联用。图5-25是美国华盛顿特区自来水样用微分脉冲极谱法测定的结果。可见尽管微分脉冲极谱法较灵敏,但所得极谱图像一个背景电流信号图。同样的水样用阳极溶出-微分脉冲伏安联用法则可得图5-26。图中Zn(1 800 pg·mL^{-1})和Cu(13.7 pg·mL^{-1})是在悬汞电极上沉积(预电解)1.25 min后,以微分脉冲法测得的阳极溶出信号,但仍看不到Pb(15 pg·mL^{-1})的信号,当预电解时间延长到5.25 min,并将电流灵敏度增加10倍时就可观察到明显的Pb阳极溶出脉冲伏安峰[1]。

电化学工作站

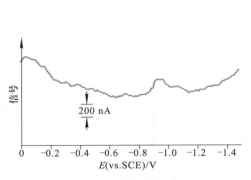

图5-25　美国华盛顿特区自来水
微分脉冲极谱分析

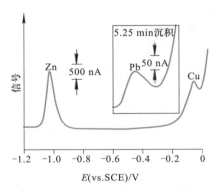

图5-26　美国华盛顿特区自来水
1.25 min沉积,悬汞电极,阳极
溶出-微分脉冲伏安联用法

溶出伏安法突出的优点是它的灵敏度很高,这主要由于经过长时间的预先电解,将被测物质富集浓缩的缘故。灵敏度提高了2~3个数量级,一般测定浓度可达10^{-6}~10^{-9} mol·L^{-1},在适宜的条件下甚至可以达到10^{-11} mol·L^{-1}。

溶出伏安法所使用的工作电极种类较多,主要有悬汞电极、汞膜电极及Au、

① 　Anson F. 电化学和电分析化学. 黄慰曾等编译. 北京:北京大学出版社,1983.42~43。

Ag、Pt、C 等固体电极。悬汞电极有一些缺点,首先,在富集阶段和溶出阶段之间必须有一个静置阶段,一般约为 30 s,以便使汞滴中欲测物质的浓度均一化,并使溶液中对流作用减缓;其次,由于沉积金属在汞中的扩散,降低了富集在表面的金属浓度,降低了悬汞电极的灵敏度;再者,在搅拌富集阶段,悬汞汞滴易脱落或变形。应用镀汞膜的玻璃态石墨电极,对溶出法的灵敏度有很大的提高。此电极的表面积大,汞膜很薄,这样在阳极溶出时由于电极表面沉积金属的浓度很高,而金属从内部到膜表面扩散的速率又非常快,因而汞膜电极的灵敏度比悬汞电极高 1～2 个数量级。固体电极与汞电极(悬汞和汞膜)相比,主要优点是无污染,使用简便,但由于电极表面状态在使用过程中可能发生连续的变化(如前次测定的金属残留等),使结果的重现性较差,为此,在每次测定前需对电极表面进行处理,如清洗、抛光、预极化等。

由于溶出伏安法的灵敏度很高,故在超纯物质分析中具有实用价值,此外,在环境监测、食品、生物试样等试样中微量元素的测定中也得到了广泛的应用。

§5-11 安培滴定
(amperometric titration)

安培滴定亦称为电流滴定,是利用伏安曲线的原理,根据恒定电位下两电极间电流的变化来确定滴定终点的容量分析方法。安培滴定根据电极的性质可分为两类,即单指示电极法和双指示电极法。

在极谱仪的电解池上增加一支装有滴定剂的滴定管,就组成单指示电极安培滴定的仪器。参比电极使用甘汞电极或汞池电极,极化电极使用滴汞电极或固体微电极。若电解池的溶液中含有某种待测离子,于固定外加电压下可在极化电极上还原(或氧化),此时由于浓差极化而产生扩散电流,此扩散电流与溶液中待测离子的浓度成正比。如果使待测离子与滴定剂发生反应,则由于待测离子的浓度降低而使扩散电流降低,继续滴加滴定剂,电流就会继续降低,当反应达到化学计量点时,电流降低至最低值或趋近于零。因此,在某一固定电压下,将滴定剂的体积对每加一次滴定剂后相应的电流读数作图,可得一直线[1]。超过化学计量点后电流的改变,取决于所加滴定剂的性质。若滴定剂在此电压下

---

[1] 由于加入滴定剂后产生的稀释效应,将使直线弯曲,因此应按下式进行校正:

$$i_{真实} = i_{测} \times \frac{V_0 + V}{V_0}.$$

式中,V_0 为原始溶液的体积,V 为加入滴定剂的体积。

不能在电极上还原,则由于没有电流产生,即使再滴加,电流仍保持在最低值,即得一水平直线[图5-27(a)];若滴定剂可以还原,则电流又随加入量而逐渐增加,故也得一直线,只是向上倾斜[图5-27(b)]。把化学计量点前后两直线延长相交,相交点即为滴定终点。

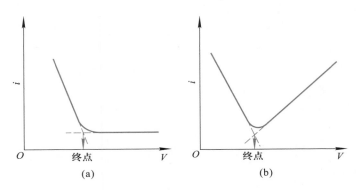

图5-27 安培滴定曲线

由上述可见,单指示电极安培滴定是应用极谱分析原理来进行滴定的一种分析方法,故又称为 极谱滴定法。该方法主要应用于沉淀滴定,也可应用于配位滴定和氧化还原滴定。极谱滴定法的主要缺点是操作烦琐,选择性差,易受其他物质干扰,故在实际工作中的运用远不及电位滴定法。

双指示电极安培滴定法又称为 永停滴定法(dead-stop end point titration)、双电流或双安培滴定法,简称永停法,其仪器装置如图5-28所示,在试液中浸入两个相同的微铂电极,电极间施加一个恒定的低电压(一般为10~200 mV),滴定时观察检流计上电流的变化来确定终点。

现以 $Ce(Ⅳ)$ 滴定 $Fe(Ⅱ)$ 为例来说明永停法的原理。

首先说明可逆电对的概念。若在图5-28的烧杯中加入含有 Fe^{2+} 和 Fe^{3+} 的溶液,并在二电极间施加很小电压,则在阴极上,发生 Fe^{3+} 的还原反应,在阳极上发生 Fe^{2+} 的氧化反应,这一对反应是可逆的,故 Fe^{3+}/Fe^{2+} 为可逆电对。由于两个电极

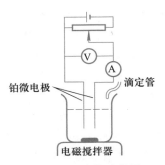

图5-28 永停法装置

反应它们一个得电子,一个失电子,沟通了一条电路。由此可见,在两支相同的电极间,只有存在可逆体系的电对,才能有电流通过。反之,不可逆体系,如 $S_2O_3^{2-}/S_4O_6^{2-}$ 电对,由于反应:$2S_2O_3^{2-} - 2e^- \longrightarrow S_4O_6^{2-}$ 只能从左向右进行,无法形成一条通路,故不可能有电流通过。

现进一步讨论双指示电极滴定的原理和加在两电极上的小电压所起的作用。

在 Ce^{4+} 滴定剂加入之前,溶液中只有 Fe^{2+} 存在,没有 Fe^{3+},也就没有 Fe^{3+}/Fe^{2+} 的可逆电对,此时,即使在电极两端施加电压,在电解池中也无电流通过。随着 Ce^{4+} 的加入,Fe^{2+} 被氧化成 Fe^{3+},形成了 Fe^{3+}/Fe^{2+} 可逆电对,体系中开始有电流产生,并随 Fe^{3+} 的浓度增大而增大。当滴定反应完成 50% 时,溶液中的 $[Fe^{3+}]=[Fe^{2+}]$,显然,此时体系电流值达到最大;随着滴定程度的进一步增大,Fe^{2+} 的浓度下降,电流值又逐渐减小,直至趋于零,即达到滴定终点。当继续加入滴定剂 Ce^{4+},Ce^{4+} 过量,可逆电对 Ce^{4+}/Ce^{3+} 发生电极反应,体系电流值又开始增加,得到 5−29 所示的滴定曲线 $ABCE$,电流的偏转点即为滴定终点。

上例是可逆体系滴定可逆体系的情况。若以不可逆体系滴定可逆体系,例如,以 $S_2O_3^{2-}$ 滴定 I_2,产物 I_2/I^- 是可逆电对,$S_4O_6^{2-}/S_2O_3^{2-}$ 是不可逆电对,此时滴定曲线如图 5−29 中 $ABCD$ 所示。过化学计量点后,由于过量 $S_2O_3^{2-}$ 为不可逆体系,检流计读数一直保持在最低值不动,因此称为永停法。若以可逆体系滴定不可逆体系,例如,以 I_2 滴定 $S_2O_3^{2-}$,则刚好相反,此时在终点前,检流计读数一直保持不动,表示没有电流通过,终点时,过量一滴试剂 (I_2),读数突然偏向一边不再到零点。

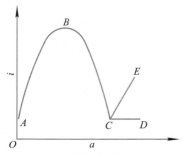

图 5−29 永停法滴定曲线

永停法装置简单,终点可直接根据电流的突然偏转而确定,方法快速而准确。这个方法在碘量法、溴量法、银量法、非水滴定、卡尔−费休水分测定法及重氮化法等容量分析法中作终点指示用,在药物、食品、环境分析领域应用广泛,该方法还常作为库仑滴定指示终点的方法(参见 §6−4)。

思考题与习题

1. 产生浓差极化的条件是什么?

2. 在极谱分析中所用的电极,为什么一个电极的面积应该很小,而参比电极则应具有大面积?

3. 在极谱分析中,为什么要加入大量支持电解质?加入电解质后电解池的电阻将降低,但电流不会增大,为什么?

4. 当达到极限扩散电流区域后,继续增加外加电压,是否还引起滴汞电极电位的改变及参加电极反应的物质在电极表面浓度的变化?

5. 残余电流产生的原因是什么?它对极谱分析有什么影响?

6. 极谱分析用作定量分析的依据是什么?有哪几种定量方法?如何进行?

7. 极谱分析的定性依据是什么？除用于定性之外它还有何用途？

8. 经典极谱法有哪些局限性？应从哪些方面来克服这些局限性？

9. 举例说明产生平行催化波的机制。

10. 方波极谱为什么能消除电容电流？

11. 比较方波极谱及脉冲极谱的异同点。

12. 在 0.1 $mol \cdot L^{-1}$ 氢氧化钠溶液中，用阴极溶出法测定 S^{2-}，以悬汞电极为工作电极，在 -0.4 V 时电解富集，然后溶出。

(1) 分别写出富集和溶出时的电极反应式；

(2) 画出它的溶出伏安图。

13. 在 0 V(对饱和甘汞电极)时，重铬酸根离子可在滴汞电极上还原而铅离子不被还原。若用极谱滴定法以重铬酸钾标准溶液滴定铅离子，滴定曲线形状如何？为什么？

14. 3.000 g 锡矿试样以 Na_2O_2 熔融后溶解之，将溶液转移至 250 mL 容量瓶中，稀释至刻度。吸取稀释后的试液 25 mL 进行极谱分析，测得极限扩散电流为 24.9 μA。然后在此液中加入 5 mL 浓度为 6.00×10^{-3} $mol \cdot L^{-1}$ 的标准锡溶液，测得极限扩散电流为 28.3 μA。计算矿样中锡的质量分数。

15. 溶解 0.20 g 含镉试样，测得其极谱波的波高为 41.7 mm，在同样实验条件下测得含镉 150 μg，250 μg，350 μg 及 500 μg 的标准溶液的波高分别为 19.3 mm，32.1 mm，45.0 mm 及 64.3 mm。计算试样中的质量分数。

16. 用下列数据计算试样中铅的质量浓度，以 $mg \cdot L^{-1}$ 表示。

溶 液	测得电流/μA
25.0 mL 0.040 $mol \cdot L^{-1}$ KNO_3 稀释至 50.0 mL	12.4
25.0 mL 0.040 $mol \cdot L^{-1}$ KNO_3 加 10.0 mL 试样溶液，稀释至 50.0 mL	58.9
25.0 mL 0.040 $mol \cdot L^{-1}$ KNO_3 加 10.0 mL 试样，加 5.0 mL 1.7×10^{-3} $mol \cdot L^{-1}$ Pb^{2+}，稀释至 50.0 mL	81.5

参 考 文 献

[1] 高鸿. 仪器分析. 修订本. 北京:人民教育出版社,1964.

[2] 海洛夫斯基,等. 极谱学基础. 汪尔康,译. 北京:科学出版社,1996.

[3] 柯尔蜀夫,等. 极谱学. 许大兴,译. 北京:科学出版社,1958.

[4] 高鸿,张祖训. 极谱电流理论. 北京:科学出版社,1986.

[5] 瓦索斯 B H,尤因 G W. 电分析化学. 张慧明,吴君,译. 重庆:重庆出版

社,1987.

[6] 赵藻藩,等. 仪器分析. 北京:高等教育出版社,1990.

[7] 王国顺,吕荣山,施清照,等. 电化学分析——溶出伏安法. 北京:中国计量出版社,1988.

[8] 高小霞,等. 电分析化学导论. 北京:科学出版社,1986.

[9] Lingane J J. Electroanalytical chemistry. 2nd ed. Wiley Interscience,1958.

[10] Zuman P. Progress in polarography. Vol Ⅱ. Interscience,1962.

[11] 李启隆,胡劲波. 电分析化学,2 版. 北京:北京师范大学出版社. 2007.

第6章 库仑分析法
Coulometry

§6-1 法拉第电解定律及库仑分析法概述

进行电解反应时,在电极上发生的电化学反应与溶液中通过电荷量的关系,可以用法拉第电解定律表示,即

(1) 在电极上发生反应的物质的质量与通过该体系的电荷量成正比。

(2) 通过同量的电荷量时,电极上所沉积的各物质的质量与各该物质的 M/n 成正比。

上述关系亦可用下式表示:

$$m = \frac{MQ}{96\,485n} = \frac{M}{n} \cdot \frac{it}{96\,485} \tag{6-1}$$

式中,m 为电解时于电极上析出物质的质量(g),M 为析出物质的摩尔质量,Q 为通过的电荷量(C),n 为电解反应时电子的转移数,i 为电解时的电流(A),t 为电解时间(s),96 485 则为法拉第常数。因此利用电解反应来进行分析时,可称量在电极上析出物质的质量(电重量分析),亦可测量电解时通过的电荷量,再由上式计算反应物质的量,后者即为库仑分析法的基本依据。可见库仑分析法就是一种电解分析法,但它与电重量法不同,分析结果是通过测量电解反应所消耗的电荷量来求得的,因而省却了费时的洗涤、干燥及称量等步骤。另一方面,由于可以精确地测量分析时通过溶液的电荷量,故可得到准确度很高的结果,并可应用于微量成分的分析。

进行库仑分析时,显然应注意使发生电解反应的电极(工作电极)上只发生单纯的电极反应,而此反应又必须以 100% 的电流效率进行,即通过电解池的电流必须全部用于电解被测的物质,且被测物质的电极反应式是唯一的。保证电流效率 100% 是库仑分析的关键和前提条件。为了满足上述条件,可以采用两

库仑分析法
起源

种方法——控制电位库仑分析及恒电流库仑滴定。为了便于理解控制电位库仑分析的基本原理,以下先讨论控制电位电解法。

§6-2 控制电位电解法
(controlled potential electrolysis)

在电解分析中,金属离子大部分在阴极上析出,要达到分离目的,就需要控制阴极电位。阴极电位的控制可由控制外加电压而实现,这可由下式说明。

$$U_分=(E_a+\omega_a)-(E_c+\omega_c)+iR \qquad (6-2)$$

式中,E_a 及 E_c 分别为阳极电位及阴极电位,ω_a 及 ω_c 为阳极及阴极的超电势,$U_分$ 为分解电压,R 为电解池线路的内阻,i 为通过电解池的电流。现以电解浓度分别为 0.01 mol·L^{-1} 及 1 mol·L^{-1} 的 Ag$^+$ 和 Cu^{2+} 的硫酸盐溶液为例来说明。

已知

$$E^{\ominus}_{Ag^+/Ag}=0.800 \text{ V}$$
$$E^{\ominus}_{Cu^{2+}/Cu}=0.345 \text{ V}$$

比较上述标准电极电位,可见在上述溶液中 Ag$^+$ 先在阴极上被还原而析出 Ag:

$$Ag^+ + e^- \longrightarrow Ag$$

在阳极上则发生水的氧化反应而析出氧:

$$2H_2O - 4e^- \longrightarrow O_2 + 4H^+ \qquad E^{\ominus}_{O_2+4H^+/2H_2O}=+1.23 \text{ V}$$

银开始析出时,根据能斯特方程,阴极电位为

$$E_{Ag^+/Ag}=E^{\ominus}_{Ag^+/Ag}+0.059\,2 \text{ V } lg[Ag^+]$$
$$=0.800 \text{ V}+0.059\,2 \text{ V } lg0.01=0.682 \text{ V}$$

若溶液的氢离子浓度为 1 mol·L^{-1},阳极电位应等于 1.23 V。通常析出金属的电极的超电势很小,可以忽略,阳极的超电势已知等于 0.47 V。根据式(6-2):

$$U_分=(1.23+0.47) \text{ V}-0.682 \text{ V}=1.02 \text{ V}$$

上式中忽略了 iR,这是由于电解池的 R 一般都很小。所以,当外加电压大于

1.02 V 时就可使 Ag^+ 在阴极上析出(同时在阳极上析出氧)。当 Ag^+ 浓度降至很低如为 10^{-7} mol·L^{-1} 时,阴极电位为

$$E_{Ag^+/Ag} = 0.800 \text{ V} + 0.059 \text{ 2 V lg}[10^{-7}] = 0.386 \text{ V}$$

此时,

$$U_{分} = (1.23 + 0.47) \text{ V} - 0.386 \text{ V} = 1.31 \text{ V}$$

由上述计算可见,随着电解的进行,溶液中 Ag^+ 浓度的降低,阴极电位将相应向负的方向改变。此时外加电压应相应地增加(由 1.02 V 增加至 1.31 V),才能使电解继续进行。另一方面,铜开始由 1 mol·L^{-1} Cu^{2+} 溶液中析出时的阴电极电位为

$$E_{Cu^{2+}/Cu} = E^{\ominus}_{Cu^{2+}/Cu} + \frac{0.059 \text{ 2}}{2} \text{ V lg}[1]$$
$$= 0.345 \text{ V}$$

故铜析出的分解电压应为

$$U_{分} = (1.23 + 0.47) \text{ V} - 0.345 \text{ V} = 1.35 \text{ V}$$

这样,当外加电压为 1.35 V 时,Cu^{2+} 才开始电解而在阴极上析出铜。但此时,银已沉积完全。因此在此例中,控制外加电压不高于 1.35 V,便可用电解法将 Cu^{2+} 与 Ag^+ 分离。由此例可见,若能通过控制外加电压来控制合适的工作电极电位,就有可能利用电解法来进行分离。这种方法称为控制电位电解法。但是在实际应用中,由于在电解过程中(若应用还原反应来进行分离),阳极电位并不是完全恒定的,电流亦在改变,因此,想借控制外加电压来控制阴极电位(根据式 6-2)并实现分离,往往是有困难的。为了用电解法来进行分离、分析,较精密的办法是控制阴极电位。要实现对阴极电位的控制,需要在电解池中插入一参比电极(如甘汞电极),然后用电位计测量此参比电极与阴极的电位差(图 6-1),以监控在电解过程中阴极电位的变化。若发现变化,即可调节可变电阻 R,使阴极电位恢复至预选的合适数值。这样的三电极体系与伏安分析法中的测量体系类似(参见 §5-7),可以实现工作电极电位的自动、严格的控制。

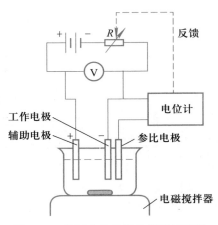

图 6-1 控制电位电解的装置示意图

§6-3 控制电位库仑分析法
(controlled potential coulometry)

控制电位库仑分析的仪器装置与前述控制电位电解法相同。由于库仑分析是根据进行电解反应时通过电解池的电荷量来分析的,因此需要在电解电路中串联一个能精确测量电荷量的库仑计(coulometer)(图 6-2)。

早期的库仑计本身也是一种电解电池,可以应用不同的电极反应来构成。例如,银库仑计(重量库仑计),是利用称量硝酸银溶液在铂阴极上析出金属银的质量来测定电荷量的[根据式(6-1)计算]。滴定库仑计是利用 H_2O 在阴极上还原生成 OH^-,再利用标准酸溶液滴定生成的 OH^-(用 pH 计指示终点),根据消耗的标准酸量计算电荷量。

上述库仑计精确度高,但不能直接指示读数,特别是重量库仑计,不适用于常规分析。气体库仑计由于可以根据电解时产生的气体体积来直接读数,使用较为方便。气体库仑计的构造如图 6-3 所示。它是将一支刻度管用橡胶管与电解管相接,电解管中焊接两片铂电极,管外装有恒温水套。常用的电解液是 $0.5\ mol \cdot L^{-1}\ K_2SO_4$ 或 Na_2SO_4,通过电流时,在阳极上析出氧,阴极上析出氢。

库仑计

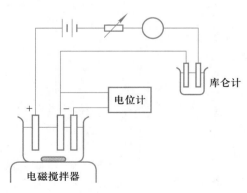

图 6-2 控制电位库仑分析的装置示意

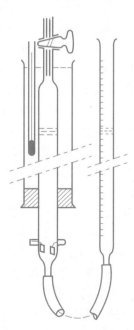

图 6-3 气体库仑计

电解前后刻度管中液面之差就是氢、氧气体的总体积。在标准状态下,每库仑电荷量析出 0.174 2 mL 氢、氧混合气体。设电解后体积为 V(mL),则根据式(6-1)得

$$m=\frac{VM}{0.174\,2\times 96\,485n}=\frac{VM}{1.681\times 10^4 n}$$

此库仑计的准确度可达±0.1%,操作方便,是早期最常用的一种库仑计,称为氢氧库仑计。但在微量电荷量的测定上,若电极上电流密度低于 0.05 A·cm^{-2},常会产生较大的负误差,如电流密度为 0.01 A·cm^{-2} 时,负误差可达 4%。这可能是由于在阳极上同时能产生少量的过氧化氢,而过氧化氢没有来得及进一步在阳极上被氧化为氧,就扩散至阴极上被还原,使氢、氧气体的总量减少(当电流密度高时,阳极电位很正,有利于过氧化氢的氧化)。如果用 0.1 mol·L^{-1} 硫酸肼代替硫酸钾,阴极反应物仍是氢,而阳极产物却是氮:

$$N_2H_5^+ \longrightarrow N_2+5H^++4e^-$$

而产生的 H$^+$ 在铂阴极上被还原为氢气。这种气体库仑计称为氢氮库仑计。氢氮库仑计每库仑电荷量产生气体的体积与氢氧库仑计相同,它在电流密度很低时,测定误差小于 1%,适合于微量分析。

在控制电位库仑分析中,由于离子浓度的降低,在电解过程中,电流将随之而降低,完成电解反应所需的总电荷量 Q 为

$$Q=\int_0^t i\,\mathrm{d}t$$

因而可用电流积分的办法直接指示出电荷量。据此构成的电流积分库仑计(电子式库仑计)可直接显示电解过程中消耗的电荷量。现代仪器中一般采用这类电子(数字)库仑计测量电量。

实际工作中,往往需要向电解液中通几分钟惰性气体(如氮气),以除去溶解氧,有的整个电解过程都需在惰性气氛下进行。在加入试样以前,先在比测定时约负 0.3~0.4 V 的阴极电位下进行预电解,这是为了除去所用电解液中可能存在的杂质,直到电解电流已降至一很小的数值(本底电流),再将阴极电位调整至对待测物质合适的电位值。在不切断电流的情况下加入一定体积的试样溶液,接入库仑计,再电解至本底电流,以库仑计测量整个电解过程中消耗的电荷量。若溶液中尚有次易还原物质需要测定,即可将工作电极电位调整至它的合适数值,再重复上述步骤。控制电位库仑分析法对测定含有几种可还原物质的试样有特殊的优点。例如,它有可能在同一试液中连续进行五次电解,以测定银、铊、镉、镍和锌,并且不论这五种成分的相对浓度如何,每一次测定误差都可小于千

分之几。目前这种分析方法已成功地应用于许多金属的测定中,例如,镍及钴的连续测定,混合物中砷、锑和铋的测定,等等。某些电极反应,其氧化型和还原型都是溶解的,不能用电解法析出,但控制电位库仑分析却不受限制。例如,在氨性溶液中,三氯醋酸 Cl_3CCOOH 可逐步还原为 $Cl_2CHCOOH$ 及 $ClCH_2COOH$:

$$Cl_3CCOO^- + H^+ + 2e^- \rightleftharpoons Cl_2HCCOO^- + Cl^-$$

$$Cl_2HCCOO^- + H^+ + 2e^- \rightleftharpoons ClCH_2COO^- + Cl^-$$

这两步的还原电位相差约 0.8 V。用控制电位库仑法可测定 0.04～5 g 的三氯醋酸,其相对误差为 ±0.2%。在二氯醋酸存在下亦可得同样好的测定结果。

§6-4 恒电流库仑滴定(库仑滴定)
(constant current coulometric titration)

恒电流库仑滴定简称库仑滴定,是建立在控制电流电解过程基础上的。从理论上讲,它可按下述两种类型进行。

(1)被测定物直接在电极上起反应。

(2)在试液中加入大量物质,使此物质经电解反应后产生一种试剂,然后被测定物与所产生的试剂起反应。

事实上,单纯按照第一种类型进行分析的情况是很少的,因为这种类型难以保证 100% 的电流效率,故一般都是按第二种类型进行。按第二种类型进行,不但可以测定在电极上不能起反应的物质,而且还易于使电流效率达到 100%。

例如,在酸性介质中,测定两价铁离子可利用它在铂阳极上直接氧化为三价铁离子的反应。进行测定时调节外加电压使电流维持不变(恒电流),开始时电极反应为

$$Fe^{2+} \rightleftharpoons Fe^{3+} + e^-$$

并以 100% 电流效率进行,然而,由于反应的进行,阳极表面上 Fe^{3+} 不断产生而使其浓度增加,相应地,Fe^{2+} 浓度则降低,因而阳极电位逐渐向正的方向移动。最后,溶液中 Fe^{2+} 还没有全部氧化为 Fe^{3+},阳极电极电位已达到了水的分解电位,此时在阳极上发生下列反应:

$$2H_2O \rightleftharpoons O_2 + 4H^+ + 4e^-$$

就使 Fe^{2+} 氧化反应的电流效率低于 100%,因而使测定失败(图 6-4 中曲线 1)。可见,为了使电流效率达 100%,必须控制阳极电位,若以恒电流进行电解,则不可能进行。

　　但是,若在此溶液中加入过量的 Ce^{3+} ,则 Fe^{2+} 就可能以恒电流进行完全电解。开始时阳极上的主要反应为 Fe^{2+} 氧化为 Fe^{3+} ,当阳极电位向正方向移动至一定数值时(该电位低于水的分解电位), Ce^{3+} 氧化为 Ce^{4+} 的反应即开始,而所产生的 Ce^{4+} 则转移至溶液本体中并使溶液中的 Fe^{2+} 氧化:

$$Ce^{4+} + Fe^{2+} \Longleftrightarrow Fe^{3+} + Ce^{3+}$$

由于 Ce^{3+} 是过量存在的,因而就稳定了阳极电位并防止了氧的析出(图 6-4 中曲线 2)。从反应可知,阳极上虽发生了 Ce^{3+} 的氧化反应,但所产生的 Ce^{4+} 同时又将 Fe^{2+} 氧化为 Fe^{3+} ,因此,电解时所消耗的总电荷量与单纯 Fe^{2+} 完全氧化为 Fe^{3+} 的电荷量是相当的。

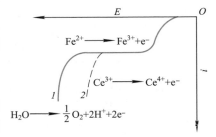

图 6-4　在酸性介质中 Fe^{2+}
被氧化的 i-E 曲线
1—Fe^{2+};2—1+过量 Ce^{3+}

　　由此典型例子中可以看出应用第二种类型的优越性。它不仅可稳定工作电极电位而避免副反应的产生,而且由于用于电解产生试剂的物质可以大量存在,使本法可以在较高的电流密度下进行电解(可高达 20 mA·cm^{-2},有时还可更高些),因而测定可在数分钟内完成。

　　由上述可知,库仑滴定是在试液中加入适当物质后,以一定强度的恒定电流进行电解,使之在工作电极(阳极或阴极)上电解产生一种试剂,此试剂与被测物发生定量反应,当被测物作用完毕后,用适当的方法指示终点并立即停止电解。由电解进行的时间 t(s)及电流 i(A),可按式(6-1)法拉第电解定律计算出被测物的质量 m(g)。

　　因此,库仑滴定和一般的容量分析或电位、伏安滴定法不同,滴定剂不是用滴定管滴加,而是用恒电流通过电解在试液内部产生。

　　库仑滴定的装置线路如图 6-5 所示。最简单的恒电流源可用 45～90 V 乙型干电池串联可变高电阻而得,亦可使用晶体管恒电流源。通过电解池工作电极的电流可用电位计测定流经与电解池串联的标准电阻 R 上的电压降 iR 而得。

库仑滴定仪

　　时间可用计时器(如电子计数式频率计)或停表测量。电解池(滴定池)有各种形式,图 6-6 所示为其中的一种。工作电极一般为产生试剂的电极,直接浸于溶液中;辅助电极则经常需要套一多孔性隔膜(如微孔玻璃),以防止由于辅助电极所产生的反应干扰测定。库仑滴定的终点可根据测定溶液的性质选择适宜的方法确定。如各种伏安法,电位法,电导法及比色法等,甚至化学指示剂都可应用。如果应用电化学分析法确定终点,则需要在溶液中再浸入一对电极,因此溶液中有两组(四个)电极,一组供电解用,另一组则用作终点指示(图 6-5)。

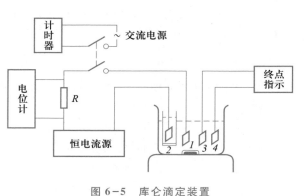
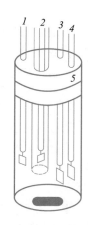

图 6-5　库仑滴定装置

1—工作电极；2—辅助电极；3,4—指示电极

图 6-6　库仑滴定池

1—工作电极；2—辅助电极；

3,4—指示电极；5—橡胶塞

§6-5　库仑滴定的特点及应用

凡与电解时所产生的试剂能迅速反应的物质,都可用库仑滴定测定,故能用容量分析的各类滴定,如酸碱滴定、氧化还原法滴定、容量沉淀法、配合滴定等测定的物质都可应用库仑滴定测定。表 6-1 中列举了部分应用例子。

表 6-1　库仑滴定应用示例

电极产生的试剂	工作电极反应	被测定物质
H^+	阳极反应： $H_2O \rightleftharpoons 2H^+ + \frac{1}{2}O_2 + 2e^-$	碱类
Cl_2	$2Cl^- \rightleftharpoons Cl_2 + 2e^-$	$As(\text{III})$, SO_3^{2-}, 不饱和脂肪酸, Fe^{2+} 等
Br_2	$2Br^- \rightleftharpoons Br_2 + 2e^-$	$As(\text{III})$, $Sb(\text{III})$, $U(\text{IV})$, Tl^+, Cu^+, I^-, H_2S, CNS^-, N_2H_2, NH_2OH, NH_3, 硫代乙醇酸, 8-羟基喹啉, 苯胺, 酚, 芥子气, 水杨酸等
I_2	$2I^- \rightleftharpoons I_2 + 2e^-$	$As(\text{III})$, $Sb(\text{III})$, $S_2O_3^{2-}$, S^{2-}, 水分（卡尔-费休测水法）等

续表

电极产生的试剂	工作电极反应	被测定物质
Ce^{4+}	$Ce^{3+} \rightleftharpoons Ce^{4+} + e^-$	Fe^{2+}，$Ti(\mathrm{III})$，$U(\mathrm{IV})$，$As(\mathrm{III})$，I^-，$Fe(CN)_6^{4-}$，氢醌等
Mn^{3+}	$Mn^{2+} \rightleftharpoons Mn^{3+} + e^-$	Fe^{2+}，$As(\mathrm{III})$，$C_2O_4^{2-}$ 等
$[Fe(CN)_6]^{3-}$	$[Fe(CN)_6]^{4-} \rightleftharpoons [Fe(CN)_6]^{3-} + e^-$	Tl^+ 等
Ag^+	$Ag \rightleftharpoons Ag^+ + e^-$	Cl^-，Br^-，I^-，CNS^- 等
Hg_2^{2+}	$2Hg \rightleftharpoons Hg_2^{2+} + 2e^-$	Cl^-，Br^-，I^-，S^{2-} 等
阴极反应： OH^-	$2H_2O + 2e^- \rightleftharpoons 2OH^- + H_2$	酸类
Fe^{2+}	$Fe^{3+} + e^- \rightleftharpoons Fe^{2+}$	MnO_4^-，VO_3^-，CrO_4^{2-}，Br_2，Cl_2，Ce^{4+} 等
Ti^{3+}	$TiO^{2+} + 2H^+ + e^- \rightleftharpoons Ti^{3+} + H_2O$	Fe^{3+}，$V(\mathrm{V})$，$Ce(\mathrm{IV})$，$U(\mathrm{IV})$，偶氮染料等
U^{4+}	$UO_2^{2+} + 4H^+ + 2e^- \rightleftharpoons U^{4+} + 2H_2O$	Ce^{4+}，CrO_4^{2-} 等
$[Fe(CN)_6]^{4-}$	$[Fe(CN)_6]^{3-} + e^- \rightleftharpoons [Fe(CN)_6]^{4-}$	Zn^{2+} 等
H_2	$2H_2O + 2e^- \rightleftharpoons 2OH^- + H_2$	不饱和的有机化合物等
$[CuCl_3]^{2-}$	$Cu^{2+} + 3Cl^- + e^- \rightleftharpoons [CuCl_3]^{2-}$	$V(\mathrm{V})$，CrO_4^{2-}，IO_3^- 等

对于一些反应速率慢的反应，如以容量分析测定一些有机化合物时，往往需要先加过量滴定剂，在反应进行完全后，再反滴定此过量的滴定剂。若采用库仑滴定进行此类滴定，可在同一试液中电解产生两种试剂，例如，以 $2Br^-/Br_2$ 和 Cu^+/Cu^{2+} 两个电对可进行有机化合物溴值的测定。先使 $CuBr_2$ 溶液在阳极电解产生过量 Br_2，待 Br_2 与有机化合物反应完全后，倒换工作电极的极性。再于阴极电解产生 Cu^+，以滴定过量 Br_2。

库仑滴定一般具有下列一些特点。

(1) 在现代技术条件下，电流和时间都可精确地测量，因而本法的精密度及准确度都是很高的，一般可达 0.2%。即使在微量测定中，亦可使误差低达千分之几。例如，测定 0.1 mL 10^{-6} mol·L^{-1}溶液，这相当于

$$10^{-6} \text{ mol·L}^{-1} \times 0.1 \text{ mL} = 10^{-10} \text{ mol}$$

由式(6-1):

$$Q = it = \frac{m}{M/n} \times 96\ 485$$

若 $n=1, t=10$ s,则以库仑滴定测定此试样时的电流为

$$i = \frac{10^{-10} \times 96\ 485}{10} \mu\text{A} = 0.965\ \mu\text{A}$$

对于这样大小的电流(μA)及时间(s),都易于精确地测定。所以它是一个能测定微量甚至痕量物质而又准确的分析方法。通常影响测定精确度的主要因素是终点指示方法的灵敏度和准确性及电流效率。

（2）某些试剂如 Cu^+,Br_2,Cl_2 等由于很不稳定,所以在一般的容量分析中不能作为标准溶液,但在库仑滴定中却可应用。

（3）分析结果是客观地通过测量电荷量而得,因而可避免使用基准物及标定标准溶液时所引起的误差。另一方面,若采取适当的措施,可以保证方法的高精确度。精密库仑滴定法可用于测定基准物质的纯度及标准溶液的标定。

（4）易于实现自动滴定。

§6-6 自动库仑分析

随着工业生产和科学研究的发展,已出现多种类型的库仑分析仪器。例如,应用库仑滴定自动测定钢铁中含碳量,其原理为,使钢样在通氧气的情况下在 1 200 ℃左右燃烧,其中的碳经燃烧产生 CO_2 气体,导入一预定 pH 的高氯酸钡溶液中,CO_2 被吸收,发生下述反应:

$$Ba(ClO_4)_2 + H_2O + CO_2 \longrightarrow BaCO_3 \downarrow + 2HClO_4$$

生成的 $HClO_4$ 使溶液的酸度提高。此时在铂工作电极上通过一定量的脉冲电流进行电解,产生一定量的 OH^-:

$$2H_2O + 2e^- \rightleftharpoons 2OH^- + H_2 \text{（阴极反应）}$$

产生的 OH^- 中和上述反应中生成的 $HClO_4$,直至使溶液恢复到原来的 pH 为止。这样,所消耗的电荷量(即电解产生 OH^- 所消耗的电荷量)相当于产生的 $HClO_4$ 量,而每摩尔的 $HClO_4$ 相当于 1 摩尔的碳,故可求出钢样中的含碳量。

测定仪器用玻璃电极作指示电极,饱和甘汞电极作参比电极,以电位法指示溶液 pH 的变化,到达终点时自动停止滴定,由计数器直接读出试样中的含碳量。如果对 CO_2 的吸收效率和电解效率都能够达到 100%,则此法可作为分析钢样的绝对方法。但实际上吸收效率难以达到 100%,因此在分析试样之前应使用已知含碳量的标准钢样校正仪器。

上述测定过程可在微库仑仪上完成,故这类自动库仑滴定也称为微库仑法。微库仑法是一种动态库仑滴定技术,它与恒电流库仑滴定原理相似,不同之处在于测定过程中,微库仑法的电流不是恒定的,而是随被测物的浓度而变化。微库仑仪一般由裂解炉(燃烧炉)、滴定池、微库仑放大器、进样器、电子积分仪等部件构成,其工作原理如图 6-7 所示。

微库仑仪

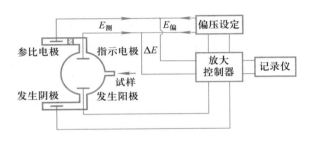

图 6-7 微库仑仪工作原理图

滴定池是微库仑仪的核心部件,由一对电解电极和一对指示电极浸入电解液中构成,电解电极对用于产生滴定剂,指示电极对用于指示滴定终点。当没有待测物进入电解池时,调节外加偏压,使指示电极对产生的电位信号与外加偏压相互抵消,放大器输入信号为零,输出信号也为零,电解电极对之间没有电流通过,微库仑仪处于平衡状态。当被测物进入滴定池时,指示电极电位变化(上例中 CO_2 被吸收后,滴定池中的 H^+ 浓度发生变化),不能抵消外加偏压,放大器便有了信号输入。此信号经放大器放大并施加于电解电对上,电解反应产生滴定剂(如 OH^-),不断与被测物反应,直至反应完全(电解液 pH 回到初始值),微库仑仪恢复平衡状态,电解过程即自动停止。微库仑放大器的输出信号(电解电流)可用计算机记录下来,得到电流–时间曲线,曲线下的面积积分即为电量。

微库仑分析法灵敏度高,仪器结构简单,测量误差小,易于实现自动及连续测量,是目前用于测量石油产品和其他有机、无机化合物中硫、氮、卤素、水、砷及不饱和烃的有效方法,被诸多国家或行业标准所采用。

自动库仑分析在大气污染连续监测中也有诸多应用。图 6-8 是硫化氢测定仪的工作原理示意图。库仑池由三个电极组成:铂丝阳极、铂网阴极和活性炭参比电极。电解液为柠檬酸钾(缓冲液)、二甲亚砜(溶解反应析出的

游离硫）及碘化钾组成。恒电流源加到两个电解电极上后，两电极上发生的反应为

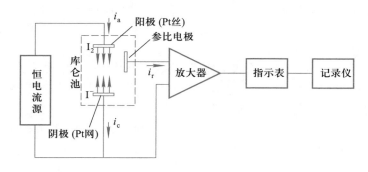

图 6-8   硫化氢测定仪工作原理图

阳极 $2I^- \longrightarrow I_2 + 2e^-$

阴极 $I_2 + 2e^- \longrightarrow 2I^-$

由阳极的氧化作用连续地产生 I_2，I_2 被带到阴极后，因阴极的还原作用而被还原为 I^-。若库仑池内无其他反应，在碘浓度达到平衡后，阳极的氧化速率和阴极的还原速率相等，阴极电流 i_c 等于阳极电流 i_a，这时参比电极无电流输出[①]。如进入库仑池的大气试样中含有 H_2S，则与碘产生下列反应：

$$H_2S + I_2 \longrightarrow 2HI + S$$

这个反应在池中定量地进行，因而就降低了流入阴极的 I_2 浓度，从而使阴极电流降低。为了维持电极间氧化还原的平衡，降低的部分将由参比电极流出。试样中 H_2S 含量越大，消耗 I_2 越多，导致阴极电流相应减小，而通过参比电极的电流相应地增加。若大气以 $150\ \text{mL} \cdot \text{m}^{-1}$ 的流量通入库仑池，且其中 H_2S 的质量浓度为 $1\ \text{mg} \cdot \text{m}^{-3}$ 时，流过参比电极的电流为 $14.16\ \mu\text{A}$。可见该库仑仪的灵敏度是很高的。

大气中若存在二氧化硫等还原性组分，则与池中的 I_2 可发生下列反应：

$$SO_2 + I_2 + 2H_2O \longrightarrow SO_4^{2-} + 2I^- + 4H^+$$

因此适当改变条件，硫化氢测定仪同样可用作 SO_2 测定仪。为了防止大气中常见干扰气体的影响，需要在进气管路内装置选择过滤器。例如，在测定 H_2S 时，过滤器内填充载有副品红试剂的 6201 担体，此时 SO_2 与副品红发生下述反应

---

①   但由于导入库仑池的气体和温度的影响，不可避免地会有微量的 I_2 随气流挥发等而损失，因而有一极小的恒定电流通过参比电流，这就是仪器的零点电流。

而吸收除去：

在 SO_2 测定仪中当被测气体通过硫酸亚铁过滤器和银网过滤器时可除去臭氧、NO_2、Cl_2 等干扰气体。

思考题与习题

参考答案

1. 以电解法分离金属离子时，为什么要控制阴极的电位？

2. 库仑分析法的基本依据是什么？为什么说电流效率是库仑分析的关键问题？在库仑分析中用什么方法保证电流效率达到 100%？

3. 电解分析与库仑分析在原理、装置上有何异同之处？

4. 试述库仑滴定的基本原理。

5. 在控制电位库仑分析法和恒电流库仑滴定中，是如何测得电荷量的？

6. 微库仑分析仪一般由哪几部分组成？其中的滴定池又包含哪些部件？

7. 在库仑滴定中，$1\ mA \cdot s^{-1}$ 相当于下列各物质多少克？（1）OH^-；（2）Sb（Ⅲ～Ⅴ价）；（3）Cu（Ⅱ～0 价）；（4）As_2O_3（Ⅲ～Ⅴ价）。

8. 在一硫酸铜溶液中，浸入两个铂片电极，接上电源，使之发生电解反应。这时在两铂片电极上各发生什么反应？写出反应式。若通过电解池的电流为 24.75 mA，通过电流时间为 284.9 s，在阴极上应析出多少毫克铜？

9. 10.00 mL 浓度约为 $0.01\ mol \cdot L^{-1}$ 的 HCl 溶液，以电解产生的 OH^- 滴定此溶液，用 pH 计指示滴定时 pH 的变化，当到达终点时，通过电流的时间为 6.90 min，滴定时电流为 20.0 mA，计算此 HCl 溶液的浓度。

10. 以适当方法将 0.854 g 铁矿试样溶解并使转化为 Fe^{2+} 后，将此试液在 $-1.0\ V$（vs. SCE）处，在 Pt 阳极上定量地氧化为 Fe^{3+}，完成此氧化反应所需的电荷量以碘库仑计测定，此时析出的游离碘以 $0.019\ 7\ mol \cdot L^{-1}\ Na_2S_2O_3$ 标准溶液滴定时消耗 26.30 mL。计算试样中 Fe_2O_3 的质量分数。

11. 上述试液若改为以恒电流进行电解氧化，能否根据在反应时所消耗的电荷量来进行测定？为什么？

参考文献

[1] 严辉宇 . 库仑分析 . 北京：新时代出版社，1985.

[2] 张金锐 . 微库仑分析原理及应用 . 北京：石油工业出版社，1984.

[3] Lingane J J. Electroanalytical chemistry. 2nd ed. Wiley－Interscience，1958.

[4] 郑晓明 . 电化学分析技术 . 北京：中国石化出版社 . 2017.

第7章 | 原子发射光谱分析
Atomic Emission Spectrometry, AES

§7-1 光学分析法概要

光学分析是一类重要的仪器分析方法。它是根据物质与电磁辐射相互作用进行分析的,这些作用包括发射、吸收、反射、折射、散射、干涉、衍射等。电磁辐射(电磁波)按波长分为不同区域,表 7-1 按波长大小列出了这些区域及对应的能量范围和涉及原子或分子内部的能级情况。

表 7-1　电磁波谱分区及相关参数

波谱区域	波长范围[*]	光子能量/eV	涉及跃迁能级类型
γ 射线	<0.005 nm	$>2.5\times10^5$	原子核
X 射线	$0.005\sim10$ nm	$2.5\times10^5\sim1.2\times10^2$	原子 K,L 层电子
远紫外	$10\sim200$ nm	$1.2\times10^2\sim6.2$	原子外层电子
近紫外	$200\sim400$ nm	$6.2\sim3.1$	原子外层电子
可见光	$400\sim780$ nm	$3.1\sim1.7$	原子外层电子
近红外	$0.78\sim2.5$ μm	$1.7\sim0.5$	分子中氢原子振动
中红外	$2.5\sim50$ μm	$0.5\sim0.025$	分子中原子振动、分子转动
远红外	$50\sim1\,000$ μm	$2.5\times10^{-2}\sim1.2\times10^{-4}$	分子转动
微波区	$1\sim1\,000$ mm	$1.2\times10^{-4}\sim1.2\times10^{-7}$	分子转动
射频区	$1\sim1\,000$ m	$1.2\times10^{-6}\sim1.2\times10^{-9}$	电子及核自旋

[*] 波长范围的划分并不十分严格,不同文献中会有出入

电磁波不同区域在光学分析中,都有相应分析方法与之对应(见表 1-1),因而光学分析方法种类很多,通常分为两大类,即光谱方法和非光谱方法。

(1) 光谱方法　基于测量辐射的波长及强度。在这类方法中通常需要测定试样的光谱,而这些光谱是由于物质的原子或分子的特定能级跃迁所产生的,因

此根据其特征光谱的波长可进行定性分析。而光谱的强度与物质的含量有关，借此可进行定量分析。

　　光谱方法又可分为分子光谱和原子光谱。分子光谱由分子能级跃迁产生；原子光谱由原子能级跃迁产生。

　　此外，根据辐射能量传递的情况，光谱方法还可分为发射光谱、吸收光谱、荧光光谱、拉曼光谱等。

　　（2）非光谱方法　　这类光学分析法并不涉及光谱的测定，即不涉及物质内部能级的跃迁，此时物质与电磁辐射的相互作用表现为引起电磁辐射在方向上的改变或物理性质的变化，如产生折射、反射、散射、干涉、衍射及偏振等现象，利用这些变化可以进行分析。如比浊法、X 射线衍射等。

§7-2　原子发射光谱分析的基本原理

原子发射光谱分析的发展

　　原子发射光谱分析是根据原子所发射的光谱来测定物质化学组分的。不同物质由不同元素的原子所组成，而原子都包含着一个结构紧密的原子核，核外围绕着不断运动的电子。每个电子处在一定的能级上，具有一定的能量。在正常情况下，原子处于稳定状态，它的能量是最低的，这种状态称为基态。但当受到外界能量，如热能的作用时，原子由于与高速运动的气态粒子和电子相互碰撞而获得了能量，使原子中外层的电子从基态跃迁到更高的能级上，这种状态称为激发态。

　　处于激发态的原子十分不稳定，在极短的时间内（10^{-8} s）跃迁至基态或其他较低能级上。当原子从较高能级跃迁到基态或其他较低能级的过程中，将释放出多余的能量，这种能量可能以一定波长的电磁波的形式辐射出去[①]，其辐射的能量可用下式表示：

$$\Delta E = E_2 - E_1 = h\nu = \frac{hc}{\lambda} \tag{7-1}$$

式中，E_2，E_1 分别为高能级、低能级的能量，通常以电子伏[②]为单位，h 为普朗克常量（$6.625\ 6 \times 10^{-34}$ J·s），ν 及 λ 分别为发射电磁波的频率及波长，c 为光在真空中的速率（2.997×10^{10} cm·s^{-1}）。

---

　　① 还可能发生另外一种情况，即激发态原子与另一粒子发生碰撞的过程中，将能量传递给该粒子而没有电磁波的发射。

　　② 电子伏（eV）为能量的单位。其定义为：一个电子经过电场中具有 1 伏电位差的两点时所获得或放出的能量。1 eV=1.602 189 2×10^{-19} J。

从式(7-1)可见，每一条发射谱线的波长，取决于跃迁前后两个能级差。由于原子的能级很多，被激发后，外层电子可有不同的跃迁，但这些跃迁应遵循一定的规则（即"光谱选律"），因此特定元素的原子可产生一系列不同波长的特征光谱线（或光谱线组），这些谱线按一定的顺序排列，并保持一定的强度比例。原子的各个能级是不连续的（量子化），电子的跃迁也不连续，造成原子光谱是线状光谱。

光谱分析就是从识别这些元素的特征光谱来鉴别元素的存在（定性分析），而这些光谱线的强度又与试样中该元素的含量有关，因此又可利用这些谱线的强度来测定元素的含量（定量分析）。这就是发射光谱分析的基本依据。应注意，一般所称"光谱分析"，就是指发射光谱分析，更确切地讲是"原子发射光谱"。它是根据物质中不同原子的能级跃迁所产生的光谱线来研究物质的化学元素组成。

将原子外层电子从基态跃迁至激发态所需的能量称为激发电位，当外加的能量足够大时，可以使原子中的电子从基态跃迁至无限远处，也即脱离原子核的束缚力成为离子，这种过程称为电离。原子失去一个外层电子成为离子时所需的能量称为一级电离电位。当外加的能量更大时，离子还可进一步电离成二级离子（失去二个外层电子）和三级离子（失去三个外层电子），并具有相应的电离电位。这些离子中的外层电子也能被激发，产生的光谱也属于原子发射光谱。

根据上述原理，原子发射光谱分析过程一般如下进行：使试样在外界能量作用下转变成气态原子，并进一步将气态原子的外层电子激发至高能态，当高能态电子跃迁到较低能级时，释放多余能量而发射出特征谱线，对这些谱线用仪器进行色散分光，按波长顺序记录，得到一定强度分布的谱线，即光谱图，再根据光谱图进行定性鉴定或定量测定。

§7-3 光谱分析仪器

光谱分析的仪器设备主要由光源、分光系统及检测系统组成。

光　　源

作为光谱分析用的光源对试样都具有两个作用，一是把试样中的组分蒸发解离为气态原子，二是使这些气态原子激发，产生特征光谱。因此光源的主要作用是对试样的蒸发和激发提供所需的能量。光谱分析用的光源常常是决定光谱分析灵敏度、准确度的重要因素，研究各种光源一直是原子光谱分析发展的主要内容之一。

由于实际分析的试样繁杂多变，接受光源能量的情况各有不同，例如，试样的状态可能是气体、液体或固体,而固体又可能是块状或粉末;试样基体可能是导体、半导体或是绝缘体;待测元素有的熔点低或是易激发,有的则是高熔点难激发。因此光谱分析用的光源应各有特点,适用于不同分析要求和目的。常用的光源有电弧、电火花、等离子体、激光光源等,其中电弧和电火花历史较久,又称为经典光源,而等离子、激光光源则是目前发展较快受到普遍重视和应用的光源。

1. 电弧和火花光源

电弧又分为直流电弧和交流电弧,火花又称为电火花或火花放电,分为高压火花和低压火花及控制火花等。这些光源都是早期用于原子发射光谱分析的光源,可以定性和定量分析不同试样(主要是固体如金属和合金、矿石、土壤)中的元素。由于分析结果的精密度和准确度及适用范围不如等离子体光源,现在商品化仪器已逐渐被后者取代。

(1)直流电弧 直流电弧发生器的基本电路如图 7-1 所示,利用直流电作为激发能源。常用电压为 150~380 V,电流为 5~30 A。可变电阻(称作镇流电阻)用以稳定和调节电流的大小,电感(有铁心)用来减小电流的波动。G 为放电间隙(分析间隙)。

利用这种光源激发时,分析间隙一般以两个碳电极作为阴阳两极。试样装在阳极(下电极)的凹孔内。由于直流电不能击穿两电极,故应先进行点弧,为此可使分析间隙的两电极接触或用某种导体接触两电极使之通电。这时电极尖端被烧热,点燃电弧,随后使两电极

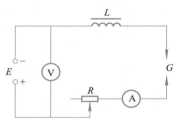

图 7-1 直流电弧发生器
E—直流电源;V—直流电压表;
A—直流安培表;R—镇流电阻;
L—电感;G—分析间隙

相距 4~6 mm,就得到了电弧光源。此时从炽热的阴极尖端射出的热电子流,以很大的速率通过分析间隙奔向阳极,当冲击阳极时,产生高热,使试样物质由电极表面蒸发成蒸气,蒸发的原子与电子碰撞,电离成正离子,并以高速运动冲击阴极。于是电子、原子、离子在分析间隙互相碰撞,发生能量交换,引起试样原子激发,发射出一定波长的光谱线。这种光源的弧焰温度与电极和试样的性质有关,一般可达 4 000~7 000 K,可使 70 种以上的元素激发,所产生的谱线主要是原子谱线。

直流电弧的特点是电极头温度高,背景小,电弧游移不定,因此其适用于的分析任务是定性分析及低含量杂质测定,而不宜于定量分析及低熔点元素的分析。

(2)交流电弧 交流电弧有高压电弧和低压电弧两类。前者工作电压达 2 000~4 000 V,可以利用高电压把弧隙击穿而燃烧,但由于装置复杂,操作

危险,因此实际上很少使用。低压交流电弧工作电压一般为110~220 V,设备简单,操作安全。由于交流电随时间以正弦波形式发生周期变化,因而低压电弧不能像直流电弧那样,依靠两个电极接触来点弧,而必须采用高频引燃装置,使其在每一交流半周时引燃一次,维持电弧不灭。交流电弧发生器的典型电路如图7-2所示。

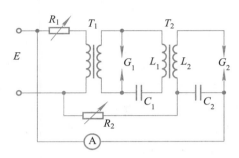

图7-2 低压交流电弧发生器

T_1,T_2—变压器;C_1,C_2—电容;R_1,R_2—可变电阻;
L_1,L_2—电感;G_1—放电盘;G_2—分析间隙;E—电源

电源接通后,普通交流电由变压器 T_1 升到 $2.5 \sim 3$ kV,经 L_1—C_1—G_1 高频振荡电路和变压器 T_2 使交流电频率到达 105 Hz,电压升至 10 kV,通过 C_2—L_2—G_2 高频电压电路使试样分析处间隙 G_2 的空气电离,引燃电弧。同时,低压交流电经 R_2—L_2—G_2 低频低压电弧电路在分析间隙 G_2 产生电弧放电,随分析间隙电流增加,电压出现下降,当电压降至低于维持电弧放电所需数值时,电弧熄灭。但随即第二个交流半周开始,重复上述过程。如此反复使电弧不断点燃。

交流电弧与直流电弧相比,电极头温度稍低,因而蒸发能力较差,测量灵敏度较低,但电弧电流具有脉冲性,电流密度更大,弧焰稳度也较高(4 000~8 000 K),因而激发能力较强,出现的离子线要比直流电弧多;又由于是控制放电装置,电弧较稳定,定量分析精密度较好,曾得到过普遍应用。

电弧光源进行原子光谱分析时由于电弧中心电流密度最大,因此存在中心温度高,周围温度低的情况,这种温度分布容易产生自吸现象(自吸收),即从光源中心轴高温原子辐射出的光,在向四周辐射时,经过一定厚度处于较低温度及低能级状态的同种原子云时,被后者吸收,结果使观测到的谱线中心强度减弱。这种自吸程度与元素含量有关,含量越高,一般原子云密度及厚度越大,自吸也就越强,观察到的谱线强度降低程度越大,最终会造成定量分析线性范围的降低。

（3）高压火花 高压火花发生器的基本电路如图 7-3 所示。电源电压 E 由调节电阻 R 适当降压后，经变压器 B，产生 $10 \sim 25$ kV 的高压，然后通过扼流圈 D 向电容器 C 充电。当电容器 C 上的充电电压达到分析间隙 G 的击穿电压时，就通过电感 L 向分析间隙 G 放电，产生具有振荡特性的火花放电。放电完了以后，又重新充电、放电，反复进行。

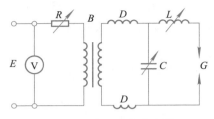

图 7-3 高压火花发生器

这种光源的特点是放电的稳定性好，电弧放电的瞬间温度可高达 10 000 K 以上，适用于定量分析及难激发元素的测定。由于激发能量大，所产生的谱线主要是离子线，又称为火花线。但这种光源每次放电后的间隙时间较长，电极头温度较低，因而试样的蒸发能力较差，较适合于分析低熔点的试样。缺点是，灵敏度较差，背景大，不宜作痕量元素分析。另一方面，由于电火花仅射击在电极的一小点上，若试样不均匀，产生的光谱不能全面代表被分析的试样，故仅适用于金属、合金等组成均匀的试样。此外，由于使用高压电源，操作时应注意安全。

2. 等离子体光源

等离子体作为原子发射光谱分析的光源，始于 20 世纪 60 年代，目前仍然不断发展，广受重视。所谓等离子体是指电离了的但在宏观上呈电中性的物质，对于部分电离的气体，一般指电离度大于 0.1%，总体上呈中性的气体。它由自由电子、离子、中性原子和分子组成。这种等离子体的力学性质（可压缩性，气体分压正比于绝对温度等）与普通气体相同，但由于带电荷粒子的存在，电磁学性质完全不同。

原子发射光谱的等离子光源有多种类型，其中高频电感耦合等离子体（high frequency inductive coupled plasma）简称 ICP，最为常用，是商品化仪器的主要光源。

ICP 光源装置主要有高频发生器和感应线圈、矩管、供气系统、试样引入系统组成。

ICP-AES 装置示意图

高频发生器的作用是通过感应线圈产生高频磁场，提供等离子体能量，感应线圈一般是 $2 \sim 3$ 匝铜管，内通冷却水，见图 7-4。矩管由三层同心石英管构成，工作时都通氩气，其中最外层的氩气又称为冷却气，一般沿切线方向引入并旋转上升，流量为 $10 \sim 16$ L·min^{-1}，它是维持 ICP 的工作气流，同时也起到将等离子体与矩管隔离，防止石英管烧融；中间层通气一般为 1 L·min^{-1}，称为辅助气，辅助等离子的形成，也起到抬高等离子体焰矩，减少试样盐粒或炭粒沉积，保护矩管的作用；内管直径 $1 \sim 2$ mm，通入的气体称为载气，主要是携带试样气溶胶进入等离子体内，试样通常是液体由雾化器形成气溶胶，也可以是气体或固体粉末。

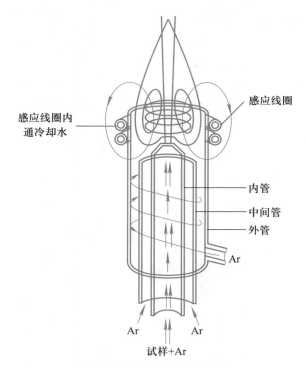

感应线圈内
通冷却水

感应线圈

内管

中间管

外管

Ar

Ar　　　Ar

试样+Ar

图 7-4　ICP 光源炬管结构图

ICP 焰矩形成的过程为,首先开启高频发生器(多用 27.12 MHz),炬管通入氩气,常温下由于气体不导电,没有感应电流,也不会产生等离子体。但在炬管的轴向由于感应线圈中的电磁效应存在高频磁场,用点火装置产生火花,触发少量气体电离,带电荷粒子在高频磁场中快速运动,与周围 Ar 碰撞,后者随即电离,形成"雪崩"式放电,形成等离子体焰矩。此时,电离了的气体在垂直于磁场方向的截面上形成闭合环形路径的涡流,相当于变压器的次级线圈,是由作为初级线圈的感应线圈耦合而成。

ICP 焰矩的外观与火焰类似,但结构和温度分布相差较大,其垂直截面的环状结构形成焰矩的中心通道,它是由于感应电流的趋肤效应[①]和炬管特殊的气流效应共同产生的效果,见图 7-4,该通道具有较低的气压、较低的温度,有利于试样进入焰矩,也有利于试样的蒸发、电离、激发及观测。同时,这种进样方式对等离子体的影响最小,有利于光源的稳定性。

ICP 光源矩
管及点火

---

　　① 趋肤效应是指高频电流密度在导体截面呈不均匀的分布,即电流不是集中在导体内部,而是集中在导体表层的现象。

ICP焰矩的结构又大致分为焰心区、内焰区及尾焰区。各区温度、性能不同,见图7-5。其中,焰心区温度最高达10 000 K,电子密度高,发射很强的连续光谱,光谱分析一般避开这个区域,试样在此被预热、蒸发;内焰区在感应线圈上10~20 mm处,淡蓝色半透明状态,温度6 000~8 000 K,试样在此原子化、激发,发射原子线和离子线,是光谱分析常用的区域,也称测光区;尾焰区位于内焰区上方,无色透明,温度低于6 000 K,仅作为激发电位较低的元素谱线观测区。

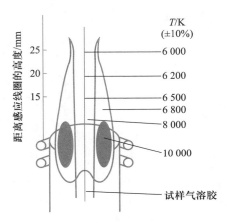

图7-5   ICP光源焰炬结构图

以ICP作为光源的发射光谱分析(ICP-AES)具有以下一些分析特性

(1) ICP光源的温度较其他光源高,试样受热时间长,在测光区平均停留时间约1 ms,比电弧、高压火花(10^{-3}~10^{-2} ms)长,这些都有利于试样中待测元素充分蒸发并激发,而基体干扰大为减小,因此对大多数元素都有很高的分析灵敏度。

(2) ICP中心通道温度较周围低,试样在其中受热不会产生类似电弧光源中心温度高于周围温度的情况,这就避免了自吸现象的产生,从而提高了定量测定的线性范围。

(3) ICP中电子密度高,一般电离干扰较小;电离干扰是指原子失去电子后成为离子,导致原子总数减少,发射光谱强度降低的影响。

(4) 装置中不用电极,没有经典光源的电极污染。

(5) 由于是惰性气体氛围,待测元素的原子化过程受到的化学干扰较小,同时内焰区光谱背景也较经典光源小。

以上这些分析特性,使得ICP-AES具有灵敏度高,检出限低(10^{-9}~10^{-11} g·min^{-1}),精密度好(相对标准偏差一般为0.5%~2%),工作曲线线性范围宽等优点。因此同一份试液可用于从宏量至痕量元素的分析,试样中基体和共存元素的干扰小,甚至可以用一条工作曲线测定不同基体试样中的同一元素,是一个最接近理想的原子发射光谱分析光源。

分 光 系 统

分光系统的作用是将试样经光源蒸发、激发后所辐射的电磁波通过色散系统分解成按波长顺序排列的光谱,由随后的检测系统记录或测量。主要由以下部件组成:① 入射狭缝;② 准直装置,通常是使光束成平行线传播的透镜或反射镜;③ 色散装置,作用是用棱镜或光栅使不同波长的光以不同角度辐射并分开;④ 聚焦透镜或凹面反射镜,作用是使单色光在出口曲面上成像;⑤ 出射狭缝。

根据使用色散元件的不同,光谱仪器常分为棱镜光谱仪和光栅光谱仪两类,其中光栅光谱仪比棱镜光谱仪有更高的分辨率,且色散率基本上与波长无关,已成为目前发展应用的主流。

光栅光谱仪应用衍射光栅作为色散元件,利用光的衍射现象进行分光。它是一块刻划有许多相互平行、等距离刻线(槽)的平面金属片。当复合光照射到光栅上时,光栅的每条刻线都产生衍射作用,由每条刻线所衍射的光又会相互干涉而产生干涉条纹。光栅正是利用不同波长的入射光产生干涉条纹的衍射角不同(长波长的衍射角大,短波长的衍射角小),从而将复合光色散成不同波长的单色光。光栅可以用于由几纳米到几百微米的整个光学谱域,而对于棱镜则很难找到在 120 nm 以下和 60 μm 以上适用的材料,因而光栅是一种非常有用的色散元件。由于光栅刻划技术的不断提高,并应用了复制技术,因而光栅光谱仪及其他应用光栅作色散元件的光学仪器(如紫外-可见分光光度计等)得到愈来愈广泛的应用。

图 7-6 是 WSP-1 型平面光栅光谱仪的光路示意图。试样在光源激发后发射的光,经过三透镜照明系统由狭缝 1 经平面反射镜 2 折向球面反射镜下方的准直镜 3,经 3 反射以平行光束射到光栅 4 上,由光栅分光后的光束,经球面反射镜上方的成像物镜 5,最后按波长排列聚焦于感光板 6 上。旋转光栅转台 8 改变光栅的入射角,便可改变所需的波段范围和光谱级次,7 为二次衍射反射镜,衍射(由光栅 4)到它的表面上的光线被射回到光栅,被光栅再分光一次,然后再到成像物镜 5,最后聚焦成像在一次衍射光谱下面 5 mm 处。这样经过两次衍射的光谱,其色散率和分辨率比一次衍射的大一倍。为了避免一次衍射光谱与二次衍射光谱相互干扰,在暗盒前设有光栏,可将一次衍射光谱挡掉。在不用二次衍射时,可在仪器面板上转动一手轮,使挡板将二次衍射反射镜挡住。

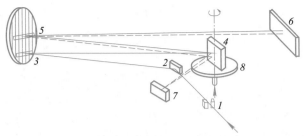

图 7-6　WSP-1 型平面光栅光谱仪光路示意图

1—狭缝；2—平面反射镜；3—准直镜；4—光栅；5—成像物镜；

6—感光板；7—二次衍射反射镜；8—光栅转台

检 测 系 统

感光板检测
原理及方法

　　原子发射光谱仪器的发展根据接收辐射（检测）的方式经历过三个阶段，即看谱法、摄谱法和光电法。图 7-7 是这三种方法的示意图。由图可见，三种方法的基本原理都相同。区别在于看谱法用人眼去接收，因此只限于可见光的观察；摄谱法用感光板感光后，经过处理得到含有光源谱线系列的谱片，再用专门的观察设备，如投影仪、黑度计等检查谱线进行定性或定量分析；而光电法则用光电转化器将光直接转化为电信号得以储存和利用。摄谱法在很长一段时间内是光谱检测的主要方法，但该方法操作和设备较为复杂，耗费时间较长，现代光谱仪器已很少使用，取而代之的是光电法，本书将其作为重点介绍。

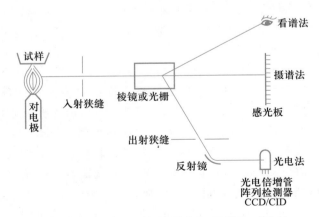

图 7-7　发射光谱分析的看谱法、摄谱法、光电法

　　光电检测器利用光电转化原理检测光强度，理想的检测器应具有高灵敏、高信噪比、响应速度快、检出波长范围广、动态响应范围广等特性。简单的光电转换元件有光电池、真空光电管等，在光谱仪中常用的是光电倍增管和固体检测

器。其工作原理和响应特性分别介绍如下。

1. **光电倍增管(photomultiplier tube,PMT)**

光电倍增管的构造和线路连接示意如图 7-8，外加负高压到阴极 K，经过一系列电阻($R_1\sim R_5$)使电压依次均匀分布在各倍增极上，这样就能发生光电倍增作用。分光后的光照射到 K 上，由光电效应而释放出光电子，K 释放的一次光电子碰撞到第 1 个倍增极上，就可以放出增加了若干倍的二次光电子，二次光电子再碰撞到第 2 个倍增极上，又可以放出比二次光电子增加了若干倍的光电子，如此继续碰撞下去，在最后一个倍增极上放出的光电子可以比最初阴极放出的电子多到 $10^5\sim10^8$ 倍。最后，倍增了的电子射向阳极而形成电流(最大电流可达 10 μA)。光电流通过光电倍增管负载电阻 R 而转换成电压信号送入放大器。

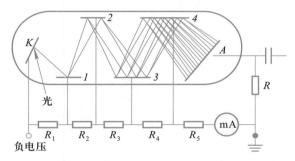

图 7-8   光电倍增管的原理和线路示意图

K—光敏阴极；$1\sim4$—倍增极；A—阳极；$R,R_1\sim R_5$—电阻

光电倍增管不仅有光电转换作用，同时还有电流放大作用，其响应速度快，在紫外和可见区有很高的灵敏度，灵敏度取决于热发射电子产生的暗电流。

2. **固体检测器**

固体检测器有光电二极管阵列(photodiode arrays,PDA)、电荷耦合器件(charge-coupled devices,CCD)和电荷注入器件(charge-injection devices,CID)。后两种器件是将电荷从收集区转移到检测区后完成测定，因此又称为电荷转移器件。

光电二极管阵列是由线阵排列在检测器表面的光敏单元——硅二极管(反向偏置 pn 结)组成，其灵敏度、线性范围和信噪比不如光电倍增管；电荷转移器件的光敏元件通常是二维阵列形式，能同时记录完整的二维光谱图，在全谱直读光谱仪中发挥重要作用。其基本原理是不同波长的光照在检测器表面不同部位上产生光生电荷，测定这些电荷量可采用两种方法，一种是测定电荷从一个电极下移到另一个电极下时产生的电压改变，即电荷注入式；另一种是将电荷转移到敏感放大器中测量，即电荷耦合式。

以电荷耦合检测器为例,光敏元件由多达数百万个像元(像素)组成,每个像元就是一个硅型金属—氧化物—半导体(MOS)电容器(见图 7-9)。其工作原理如下:外加电场作用下,Si—SiO$_2$ 界面上多数载流子(空穴)被排斥到 P 型 Si 衬底,在界面处感生负电荷,中间则形成耗尽层。由于在 SiO$_2$ 界面处贮存了负电荷,使该处的势能较低,从而在半导体表面形成了电子势阱。当光照射到 MOS 电容器时,产生光生电荷(电荷包),随即落入势阱中被贮存。由于相邻 MOS 电容器距离很近,耗尽层区域部分重叠,由此会形成势阱的"耦合"。若相邻的 MOS 电容器上施加不同电压,势阱深浅也不同,电荷就由浅势阱向深势阱转移,利用这种耦合特性,只要在相邻电极间加上适当周期性变化的电压,贮存在势阱中的电荷包就可以从一个电极移至相邻电极,并有序地传至输出端。根据输出电荷可知该像元的受光强度。

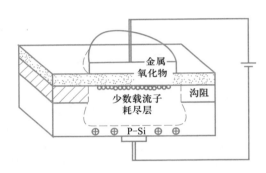

图 7-9 用作电荷包贮存单元的 MOS 电容器示意图

CCD 具有高量子效率、低噪声、暗电流小的特点,适合于微弱光的检测。与 CCD 相比,CID 的优点是信号读出时,储存的电荷信号不被破坏,可以重复读取。表 7-2 是 CCD、CID、PDA、PMT 四种检测器的性能比较,各种检测器在不同光谱仪中都有运用。

表 7-2 光谱仪中常用四种检测器的性能比较

类型	电荷耦合阵列 (CCD)	电荷注入阵列 (CID)	光电二极管阵列 (PDA)	光电倍增管 (PMT)
光谱响应/nm	0.1—1 000	200—1 000	200—1 000	200—650
最高量子效率/%	90	50	73	18
暗电流/$e^- \cdot s^{-1}$	0.001	0.008	624	3
读数噪声/e^-	5	60	1 200	0

光 谱 仪

光谱仪是指用来观察光源光谱的仪器,主要包括分光系统和检测系统。在检测系统采用感光板检测的时代,光谱仪又称为摄谱仪。而现代光谱仪都采用光电系统检测,也称光电直读光谱仪,这类仪器可分为三类,分别是单道扫描式光谱仪、多道直读光谱仪和全谱直读光谱仪。

1. 单道扫描式光谱仪

这类光谱仪只有一个通道,一次只能测定一个波长。一般使用平面光栅,通过光栅的转动,将不同波长的光谱投射到出射狭缝上,由光电倍增管检测该波长谱线的强度,也称顺序扫描式光谱仪;也有仪器是固定光栅,移动狭缝和光电倍增管进行不同波长光谱的扫描测量。由于完成一次扫描需要较长的时间,这类仪器的分析速度受到一定程度的限制。

2. 多道直读光谱仪

多道直读光谱仪见图 7-10。光源发出的光经透射镜聚焦,进入到入射狭缝后再投射到凹面光栅上,光栅将光色散,聚焦在一个弧面上(罗兰圆),在该弧面上安装出射狭缝和光电倍增管,每个出射狭缝与一个光电倍增管构成一个光通道,接受一条特征谱线。仪器最多可安装近 70 个通道,同时测定多个元素的谱线。这类仪器的优点是分析速度快,准确度高,线性范围宽。缺点是由于狭缝固定,波长选择受到限制,不如单道扫描灵活,且仪器价格也较昂贵。

多道火花直读光谱仪

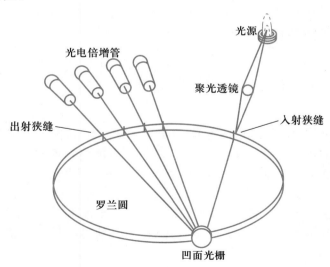

图 7-10 多道直读光谱仪示意图

3. 全谱直读光谱仪

图 7–11 为这类仪器示意图。仪器使用中阶梯光栅[①]与棱镜形成交叉色散,获得高分辨色散后,再用具有空间分辨能力的 CCD 检测器检测。该仪器采用两套成像光学系统,一套检测紫外区,另一套检测可见光,从而可同时获得所有元素 165～800 nm 范围的谱线进行分析测试,因此称为全谱直读。

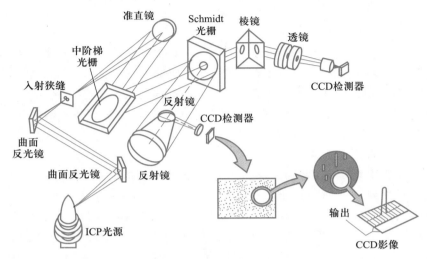

图 7–11　全谱直读光谱仪示意图

全谱直读光谱仪不仅克服了单道扫描式慢和多道直读式可检测波长少的缺点,兼有多元素同时测定和任意选择分析谱线的优点,而且仪器无活动的光学器件,具有更好的波长稳定性。

§7–4　光谱定性分析

由于各种元素原子结构的不同,在光源的激发作用下,可以产生按一定波长次序排列的谱线组——特征谱线,其波长是由每种元素的原子性质所决定的。通过查找有无特征谱线的出现来确定该元素是否存在,称为 光谱定性分析。

有些元素的光谱比较简单,如氢等。但有些元素的原子结构比较复杂,所发射出的谱线数量很多,有的竟达数千条。铁、钴、镍、钨、钼、钒、钛、铀、铬、

----

①　所谓中阶梯光栅是具有大闪耀角宽平刻槽的平面光栅,可以使用很高级次的光谱,因而得到大色散率、高分辨和高集光效果,它同棱镜组合可得到两个垂直方向上的二维光谱图。

铪、铌、钽、钍及稀土元素等都属于多谱线的元素。当然,在确认一种元素存在时,并不要求检测到这种元素的每条谱线,实际上一般只要检测到该元素的少数几条灵敏线或"最后线",就可确定该元素存在。

所谓灵敏线是指元素谱线中,强度较大的谱线,通常也是容易激发或激发电位较低的谱线。而最后线是指元素谱线随其含量下降,其中强度较低的谱线逐渐消失,当下降到某一低含量时,只剩下一条谱线,这条谱线就成为"最后线"。例如,质量分数为 10% 的 Cd 溶液的光谱中,可以出现 14 条 Cd 谱线。当 Cd 的质量分数为 0.1% 时,出现 10 条。在质量分数为 0.01% 时出现 7 条,而质量分数为 0.001% 时仅出现一条光谱线(226.5 nm),因此这条谱线是 Cd 的最后线。

各元素灵敏线的波长,可由光谱波长表[①]中查到。在波长表中常用 Ⅰ 表示原子线(如 Li Ⅰ 670.785 nm,即表示该线是锂的原子谱线),用 Ⅱ,Ⅲ,Ⅳ 分别表示为一级、二级及三级离子谱线。

由激发态直接跃迁至基态时所辐射的谱线称为共振线。由较低能级的第一激发态直接跃迁至基态时所辐射的谱线称为第一共振线,一般也是元素的最灵敏线。

元素的最后线一般是该元素的最灵敏线,但在高含量时,由于谱线的自吸效应,强度降低,自吸的程度与谱线的固有强度成正比,即谱线越强,自吸越严重,强度降低越明显。此时,最后线就可能不再是最灵敏线。自吸效应在谱线中心最强,严重时,谱线中央凹陷甚至消失,形成双线形状,见图 7-12,这时的谱线又称为自蚀线。

实际定性分析时,判断元素存在与否,需选定谱线,这些谱线称为分析线。分析线如果只选一条灵敏线或最后线并不能保证该元素的存在,它有可能是干扰线,一般需 2 条以上。分析线有时也选特征谱线组,它通常是一些元素的多重谱线,虽然不一定是最后线,但特征性强且容易识别。例如,镁的最后线是一条 285.213 nm 谱线,而最易辨认的却是在 277.6~278.2 间的五重线,可作为分析线。此外,应注意的是灵敏线并非固定不变,它和采用的光源和仪器型号、测定条件也有关系。例如,在分析 Mn 时,若用电弧光源,由于原子线较强,可采用原子线 Mn Ⅰ 403.0 nm,403.1 nm,403.3 nm 为主要分析

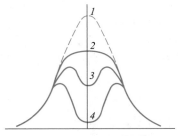

图 7-12 有自吸谱线轮廓

1—无自吸;2—有自吸;

3—自蚀;4—严重自蚀

---

① 冶金工业部科技情报产品标准研究所.光谱线波长表.北京:中国工业出版社,1971.

线;用电火花光源时,则应采用离子线 Mn Ⅱ 257.6 nm,259.5 nm,260.5 nm 等作为分析线。

光谱定性分析中要确定某一元素的存在,必须在该试样的光谱中辨认出其分析线。应正确理解的是,在某试样的光谱中没有某种元素的谱线,并不表示在此试样中该元素绝对不存在,而仅仅表示该元素的含量低于检测方法的灵敏度。例如,在以直流电弧为光源时,Al 元素检出限为 $10^{-4}\% \sim 10^{-3}\%$,而 Cs 为 $10^{-6}\% \sim 10^{-5}\%$,试样中若元素含量低于检出限,则无法检测到相应元素分析线。光谱分析的灵敏度除了取决于元素的性质(是否易于激发,电离电位的大小等)外,还与所用的光源、光谱方法及其他实验条件等有关。

大多数采用光电法记录光谱的原子光谱仪器都配有专门的工作站帮助定性分析方法的建立,操作者主要任务是根据实际分析任务和上述定性分析原理选择分析线及合适的仪器工作条件。若使用传统摄谱法记录光谱的定性分析方法时,常采用下述两种方法,因其对于光电法定性分析也有一定借鉴作用,在此做一简要介绍。

(1)标准试样光谱比较法 将试样与已知的欲鉴定元素的化合物相同的条件下并列摄谱,然后将所得光谱图进行比较,确定某些元素是否存在。例如,欲检查某 TiO_2 试样中是否含有 Pb,只需将 TiO_2 试样和已知含铅的 TiO_2 标准试样并列摄谱于同一感光板上,比较并检查试样光谱中是否有铅的谱线存在,便可确定试样中是否含有铅。这种方法很简便,但只适用于试样中指定组分的定性鉴定。

摄谱法定性
分析

(2)铁光谱比较法 该方法适用于对复杂组分进行光谱定性全分析。实验时将试样和纯铁并列摄谱。由于铁的光谱谱线较多,在常用的铁光谱 $210.0 \sim 660.0$ nm 波长范围内,大约有 4 600 条谱线,其中每条谱线的波长,都已作了精确的测量,记录在谱线表中。所以可以用铁的光谱线作为波长的标尺。一般就将各个元素的分析线按波长位置标插在铁光谱图的相应位置上,预先制备一套与所用摄谱仪具有相同色散率的"元素标准光谱图"。图 7-13 为波长 $301.0 \sim 312.0$ nm 的元素标准光谱图。在进行定性分析时,只要在映谱仪上观察所得谱片,使元素标准光谱图上的铁光谱谱线与谱片上摄取的铁谱线相重合,如果试样中未知元素的谱线与标准光谱图中已标明的某元素谱线出现的位置相重合,则该元素就有存在的可能。通常可在光谱图中选择 $2 \sim 3$ 条欲测元素的灵敏线或特征线组进行比较,就可判断此未知试样中存在的元素。

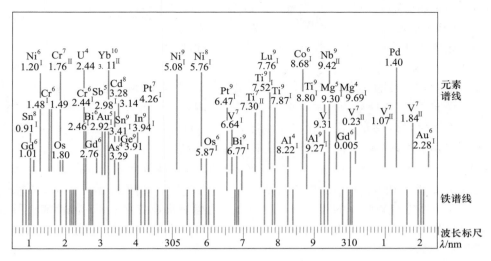

图 7-13 元素标准光谱图

§7-5 光谱定量分析

光谱定量分析是根据被测试样光谱中欲测元素的谱线强度来确定元素浓度的。元素的谱线强度 I 与该元素在试样中浓度 c 的关系，可用下述经验式表示：

$$I = ac^b \tag{7-2}$$

式(7-2)称为赛伯-罗马金(Schiebe-Lomakin)公式，是光谱定量分析依据的基本公式。式中 a 及 b 是常数，a 与试样的蒸发、激发过程及试样的组成等有关；b 称为自吸系数，与谱线的自吸收有关，其数值 $\leqslant 1$，当 $b=1$ 时，没有自吸收，此时定量关系式可简单表达为：

$$I = ac \tag{7-3}$$

对式(7-2)取对数得

$$\lg I = b\lg c + \lg a \tag{7-4}$$

式(7-4)亦为光谱定量分析的基本关系式。此式表明，以 $\lg I$ 对 $\lg c$ 作图，所得曲线在一定浓度范围内为一直线，如图 7-14 所示。

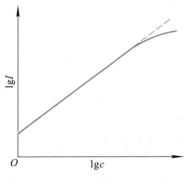

图 7-14 光谱定量分析的工作曲线

图中曲线的斜率为 b，在纵轴上的截距为 $\lg a$。由图可见，当试样浓度较高时，由于 b 不是常数($b<1$)，所以工作曲线发生弯曲。

光谱定量方法有三种，分别是内标法、标准曲线法和标准加入法。

1. 内标法

由于 a 随被测元素含量和实验条件(蒸发、激发条件，取样量，试样组成等)的改变而变化，这种变化很难完全避免，因此要根据谱线强度的绝对值来进行定量分析往往误差较大。所以在实际光谱分析中，常采用测量谱线相对值的内标法来消除工作条件变化对结果的影响。内标法的做法如下。

在被测元素的谱线中选一条线作为分析线，再从基体元素或定量加入的其他元素的谱线中选一条谱线作为内标线(亦称比较线)，这两条谱线组成分析线对。分析线对绝对强度的比值为相对强度。内标法就是借测量相对强度来进行定量分析的。这样可以使谱线强度由于光源波动等引起的变化得到补偿。其原理为：

设欲测元素含量为 c_1，对应的分析线强度为 I_1，根据式(7−2)可得

$$I_1 = a_1 c_1^{b_1} \tag{7−5}$$

同样，对内标线则有

$$I_2 = a_2 c_2^{b_2} \tag{7−6}$$

c_2、b_2 可以视为常数，因为若是基体元素，其含量一般较高，可以看作稳定不变，若是定量加入的元素，则每次都加入相同量。而 a_1 和 a_2 在相同实验条件下变化影响相同，其比值也可视为常数，因此，由式(7−5)及式(7−6)可得

$$R = \frac{I_1}{I_2} = \frac{a_1}{a_2 c_2^{b_2}} c_1^{b_1} \tag{7−7}$$

式中，R 为谱线的相对强度。令 $a_1/a_2 c_2^{b_2} = A$，并改写 c_1 为 c 后取对数：

$$\lg R = \lg \frac{I_1}{I_2} = b_1 \lg c + \lg A \tag{7−8}$$

式(7−8)为内标法的基本公式。以 $\lg R$ 对 $\lg c$ 所做的曲线即为相应的工作曲线，其形状与图 7−14 相同。因此只要测出谱线的相对强度 R，便可从相应的工作曲线上求得试样中欲测元素的含量。由于分析线对是在一次实验中完成，实验条件稍有改变，两谱线所受影响相同，相对强度保持不变，所以可得较准确的结果。应该注意的是，应用内标法时，对内标元素和分析线对的选择是很重要的，选择时主要应考虑以下几点。

(1) 原来试样内应不含或仅含有极少量所加内标元素。若试样主要成分的含量较恒定，可选用基体元素作为内标元素。例如，钢铁分析时，要测定其中的

杂质元素时,铁含量不变,可选为内标元素。而矿石分析时,基体复杂多变,一般以定量加入的某种元素为内标元素。

(2)因为元素发射的谱线强度与该元素的激发电位有关,因此要选择激发电位相同或接近的分析线对。若选用离子线组成分析线对,则不仅要求分析线及内标线的激发电位相近,还要求电离电位也相近。这样当激发条件改变时,线对的相对强度仍然不变,或者说两条线的绝对强度随激发条件的改变作匀称变化。这二条分析线因此又称为匀称线对。

(3)两条谱线的波长应尽可能接近,从而保证分光和检测系统条件变化产生的影响一致。

(4)所选线对的强度不应相差过大。因为待测元素一般是杂质,含量很小,若内标元素是试样中的基体元素,应选择此基体元素光谱线中的一条弱线;若外加少量其他元素作内标,则应选用一条较强的线。

(5)所选用的谱线应不受其他元素谱线的干扰,也应不是自吸收严重的谱线。

(6)内标元素与分析元素的挥发率应相近,沸点、化学活性及相对原子质量都应尽量接近。

内标法可在很大程度上消除了光源不稳定等因素对定量分析产生的误差,通常在经典光源光谱定量分析中使用,而 ICP 光源稳定性较好,一般可以不用内标法,并且由于这种光源吸效应较小,常直接用光谱强度与浓度成正比的式(7-3),此时可采用标准曲线法或标准加入法。但有时试液黏度等差异引起试样导入不稳定时,也可采用内标法增加测量准确性。ICP 光电直读光谱仪的工作站上都带有内标通道,可以完成相应测量。

2. 标准曲线法

标准曲线法是最常用的一种定量分析方法,该方法首先配制含有待测元素标准溶液系列三个以上(介质及酸应与试样溶液一致),在选定的分析条件下,测定分析线强度,以浓度为横坐标,强度为纵坐标,绘制标准工作曲线(标准曲线),浓度范围较大时,用双对数坐标代替。在同样分析条件下,测量试样溶液分析线强度,从标准曲线上查得相应浓度并进行换算。该方法较内标法简便,适用于大量相同基体试样的快速分析。

3. 标准加入法

为避免标样与试样组成不一致产生的基体干扰,特别是在含量较低时,可采用标准加入法。步骤为取若干份同体积的待测试样溶液(至少4份),分别置于相同体积的不同容量瓶中,除第一份外,依次精确加入不同量的待测元素标准溶液,稀释后配制成系列待测液。同样条件下,测得分析线强度,并绘制强度对加入待测元素量的工作曲线,工作曲线延长线交与横坐标后,该横坐标的绝对值即

摄谱法定量
分析

待测试液中待测元素的量,再经换算即可完成测试。

§7-6　光谱半定量分析

当分析准确度要求不高,但要求简便快速时,宜用半定量方法。这类分析任务通常只需给出含量在哪一数量级。例如,矿石品位的估计,钢材、合金的分类,为化学分析提供试样元素范围的大致含量。另外,在进行光谱定性分析时,除需给出试样中存在哪些元素外,还需要指出大致含量(即何者是主要成分,何者量多,何者是少量、微量、痕量成分)。

半定量方法在以光电检测的光谱仪中,一般类似定性分析,检测到指定元素后其大致含量也就由相应数据库得到。而以摄谱法检测的半定量方法中,这里介绍两种,都是在摄谱后,只需目测谱片上的谱线,就可以快速简便地解决问题。

1. 谱线呈现法

当分析元素含量降低时,元素谱线逐渐减少,因此可借谱线的多少和强弱进行半定量分析。例如对于铅元素:

$w_{Pb}/\%$	谱线 λ/nm
0.001	283.3069 清晰可见,261.4178 和 280.200 很弱
0.003	283.3069,261.4178 增强,280.200 清晰
0.01	上述谱线增强,另增 266.317 和 287.332,但不太明显
0.1	上述谱线增强,没有出现新谱线
1.0	以上谱线增强,241.095,244.383 和 244.62 出现,241.17 模糊可见
3	上述谱线增强,出现 322.05,233.242 模糊可见
10	上述谱线增强,242.664,239.960 模糊可见
30	上述谱线增强,311.890 和浅灰色背景中 269.750 出现

2. 谱线强度比较法

将被测元素配制成质量分数分别为 1%,0.1%,0.01% 和 0.001% 四个标准(也可用其他系列标准)。将配好的标准和试样同时摄谱,并控制相同的摄谱条件。在摄得的谱线上查出试样中被测元素的灵敏线,根据被测元素灵敏线的黑度和标准试样中该谱线的黑度,用目视进行比较。例如,分析黄铜中的铅,找出试样中 Pb 的灵敏线 283.3 nm 和标准系列中的 Pb 283.3 nm 的黑度进行比较,如果试样中 Pb 的这条谱线与含 Pb0.01% 标准试样的黑度相似,则此试样中 Pb 的质量分数即为 0.01%。

§7-7　原子发射光谱分析的特点和应用

如前所述,原子发射光谱可用来进行定性分析和定量分析。在合适的实验条件下,利用元素的特征谱线可以确定哪种元素的存在,所以光谱定性分析是很可靠的方法,既灵敏快速,又简便。周期表上约 70 多种元素,可以用光谱方法较容易地鉴定。

光谱定量分析的一个优点是,在很多情况下,分析前不必把待分析的元素从基体元素中分离出来。其次是,一次分析可以在一个试样中同时测得多种元素的含量。另外,作分析时所消耗试样量可以很少,并具有很高的分析灵敏度。光谱定量分析可测的质量分数范围为 0.000 1% 到百分之几十,但在质量分数超过10% 时,应用传统的摄谱方法要使分析结果具有足够准确度较为困难,所以光谱分析适宜于作低含量及痕量元素的分析。

光谱分析法不能用以分析有机化合物及大部分非金属元素。在进行摄谱法定量分析时,对标准试样、感光板、显影条件等都有严格的要求,否则会影响分析的准确度,特别是对标准试样的要求很高,分析时要配一套标准试样,因此摄谱法光谱定量分析不宜用来分析个别试样,而适用于大量的试样分析。

光谱分析在地质、冶金及机械等部门得到广泛应用。例如,地质普查、找矿时,常用光谱半定量或定量分析方法,通过大量试样的分析,提供可靠资料;对于冶金工厂,光谱分析不仅可作成品分析,还可作控制冶炼过程的炉前快速分析,即当金属还处在熔炼时,根据分析结果来纠正钢液的成分。

从光谱分析时发展历史上看,以交流电弧光源或电火花光源和摄谱法进行定量分析,存在许多不甚理想之处,因此一旦原子吸收光谱法(将在第八章讨论)出现并趋于成熟,许多定量测定工作就被原子吸收法所代替。但是 20 世纪 80年代迅速发展起来的等离子体发射光谱,特别是直读式仪器的发展,由于具有许多突出的优点,又使原子发射光谱分析进入一个崭新的时期,并成为无机化合物有力的分析手段。

思考题与习题

1. 光谱仪由哪几个部分组成?各组成部分的主要作用是什么?

2. 原子发射光谱的光源有哪些?其中 ICP 光源为何具有灵敏度高、线性范围广的特点?

3. 何谓元素的共振线、灵敏线、最后线、分析线?它们之间有何联系?

4. 何谓自吸收?它对光谱分析有什么影响?

参考答案

5. 多道直读光谱仪与全谱直读光谱仪有何不同?

6. 原子发射光谱定性及定量分析的基本原理是什么?

7. 原子发射光谱定量分析常用的方法有哪几种? 简述其中内标法的原理。

8. 原子发射光谱定量分析采用内标法时,内标元素和分析线对应具备哪些条件? 为什么?

9. 什么是光谱半定量分析?

10. 用 ICP—AES 测量某水样中 Ca 和 Mg 元素含量,先配制含 1% HNO_3 的混合标准溶液三个,再吸取待测试样 5.00mL,用 1% HNO_3 稀释至 50 毫升,在选定分析线下测得光谱线强度如下:

试样名	空白溶液 (1% HNO_3)	混合标准溶液 1 (Ca:0.100 μg/mL Mg:0.100 μg/mL)	混合标准溶液 2 (Ca:1.00 μg/mL Mg:1.00 μg/mL)	混合标准溶液 3 (Ca:10.0 μg/mL Mg:10.0 μg/mL)	待测试样
Ca 396.8 nm	15.5	131.2	716.3	6 850	5 204
Mg 285.2 nm	1.1	10.8	89.2	768.6	62.3

根据以上数据,用标准曲线法计算未知水样中两个待测元素的含量,结果以 μg/mL 表示。

11. 用内标法测定试液中镁的含量。用蒸馏水溶解 $MgCl_2$ 以配制标准镁溶液系列。在每一标准溶液和待测溶液中均含有 25.0 ng·mL^{-1} 的钼。钼溶液用溶解钼酸铵而得。测定时吸取 50 μL 的溶液于铜电极上,溶液蒸发至干后摄谱,测量 279.8 nm 处的镁谱线强度和 281.6 nm 处的钼谱线强度,得下列数据。试据此确定试液中镁的质量浓度。

ρ(Mg) (ng·mL^{-1})	相对强度		ρ(Mg) (ng·mL^{-1})	相对强度	
	279.8 nm	281.6 nm		279.8 nm	281.6 nm
1.05	0.67	1.8	1 050	115	1.7
10.5	3.4	1.6	10 500	739	1.9
105.0	18	1.5	分析试样	2.5	1.8

参 考 文 献

[1] 发射光谱分析编写组.发射光谱分析.北京:冶金工业出版社,1979.

[2] 马成龙,等.近代原子光谱分析.沈阳:辽宁大学出版社,1989.

［3］苏克曼,张济新.仪器分析实验.2 版.北京:高等教育出版社,2005.

［4］特哈斯 C,默赫麦 J M.电感耦合等离子体光谱分析.万家亮,唐咏秋,译.北京:科学出版社,1989.

［5］万家亮.现代光谱分析手册.武汉:华中师范大学出版社,1987.

［6］吴性良,朱万森,马林.分析化学原理.北京:化学工业出版社,2004.

［7］孙汉文.原子光谱分析.北京:高等教育出版社,2002.

［8］邓勃,李玉珍,刘明钟.实用原子光谱分析.北京:化学工业出版社,2013.

第8章 | 原子吸收光谱分析
Atomic Absorption Spectrometry, AAS

§8-1 原子吸收光谱分析概述

原子吸收光谱分析的产生和发展

原子吸收光谱分析又称原子吸收分光光度分析。早在19世纪初,人们就开始对原子吸收光谱——太阳连续光谱中的暗线进行了观察和研究。但是,原子吸收光谱法作为一种分析方法是从1955年才开始的。这一年,澳大利亚物理学家瓦尔西(Walsh A)发表了著名论文"原子吸收光谱在化学分析中的应用"[1],奠定了原子吸收光谱分析法的理论基础。从时间上看,原子吸收光谱在分析化学上的应用,比原子发射光谱法晚了约80年,但由于原子吸收光谱法所具有的一些优点,使它一出现即引起重视,并在20世纪60年代得到发展,其发展和普及速度之快,是其他仪器方法所不能相比的。

原子吸收光谱分析是基于物质所产生的原子蒸气对特定谱线(通常是待测元素的特征谱线)的吸收作用来进行定量分析的一种方法。

如图8-1所示,如果要测定试液中镁离子的含量,先将试液喷射成雾状进入燃烧火焰中,含镁盐的雾滴在火焰温度下,挥发并解离成镁原子蒸气。再用镁空心阴极灯作光源,它辐射出具有波长为285.2 nm的镁特征谱线的光,当其通过一定厚度的镁原子蒸气时,部分光被蒸气中基态镁原子吸收而减弱。通过单色器和检测器测得镁特征谱线光被减弱的程度,即可求得试样中镁的含量。由此可见,原子吸收光谱分析利用的是原子吸收现象,而原子发射光谱分析则基于原子的发射现象。它们是互相联系的两种相反的过程。这就表现在所使用的仪器和测定方法上有相似之处,亦有不同之点。另一方面,由于原子的吸收线比发

---

① Walsh A. Spectrochim. Acta, 1955, 7:108.

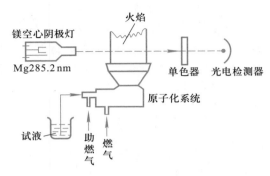

图 8-1 原子吸收分析示意图

射线数目少得多,谱线重叠的概率就小得多。而在发射光谱分析中,试样中共存元素的辐射线若不能与待测元素的辐射线(分析线)分离,显然将引起表观强度的变化而发生干扰。但对于原子吸收法,即使邻近谱线分离不完全,由于空心阴极灯一般并不发射那些辐射线,因此其他辐射线干扰较小,所以原子吸收法的选择性高,干扰较少。在原子吸收法的实验条件下,原子蒸气中基态原子比激发态原子数多得多(见§8-2),测定的是大部分原子,这就使原子吸收法往往具有较高的灵敏度。又由于激发态原子数的温度系数显著大于基态原子,所以原子吸收法预期比发射法具有更佳的信噪比。可见,原子吸收光谱法是特效性、准确度和灵敏度都很好的一种定量分析方法。

§8-2 原子吸收光谱分析基本原理

共振线与吸收线

如前所述,原子在两个能态之间的跃迁伴随着能量的发射和吸收。原子可具有多种能级状态,当原子受外界能量激发时,最外层电子可能跃迁到不同能级,因此可能有不同的激发态。电子从基态跃迁到能量最低的激发态(称为第一激发态)时要吸收一定频率的光,它再跃迁回基态时,则发射出同样频率的光(谱线),这种谱线称为共振发射线(简称共振线)。使电子从基态跃迁至第一激发态所产生的吸收谱线称为共振吸收线(也简称为共振线)[①]。

各种元素的原子结构和外层电子排布不同,不同元素的原子从基态激发至

---

① 共振吸收线这一名词有时是在更加广泛的含义下使用的,即凡是由基态引起的跃迁吸收线,不管它跃迁的能级位置如何,都称为共振吸收线。

第一激发态(或由第一激发态跃迁返回基态)时,吸收(或发射)的能量不同,因而各种元素的共振线不同而各有其特征性,所以这种共振线是元素的特征谱线。这种从基态到第一激发态间的直接跃迁又最易发生,因此对大多数元素来说,共振线是元素的灵敏线。原子吸收分析就是利用处于基态的待测原子蒸气吸收从光源辐射的共振线来进行分析的。

谱线轮廓与谱线变宽

  原子吸收现象早在 19 世纪初已被发现,但成功地应用于分析化学是从 1955 年才开始的,主要原因是由于极窄的吸收线所致(约 10^{-3} nm)。如图 8-2 或图 8-3 所示,原子吸收线并不是一条单色的几何线(几何线无宽度)。

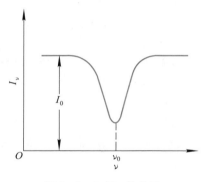

图 8-2 I_ν 与 ν 的关系

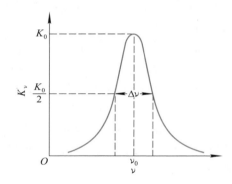

图 8-3 吸收线轮廓与半宽度

  若将不同频率的光(强度为 $I_{0,\nu}$)通过原子蒸气(图 8-4),有一部分光将被吸收,其透过光的强度(即被原子吸收后共振线 $I_{0,\nu}$ 的强度)与原子蒸气的宽度(即火焰的宽度)有关,若原子蒸气中原子密度一定,则透过光(或吸收光)的强度与原子蒸气宽度呈正比,称为朗伯(Lambert)定律,即

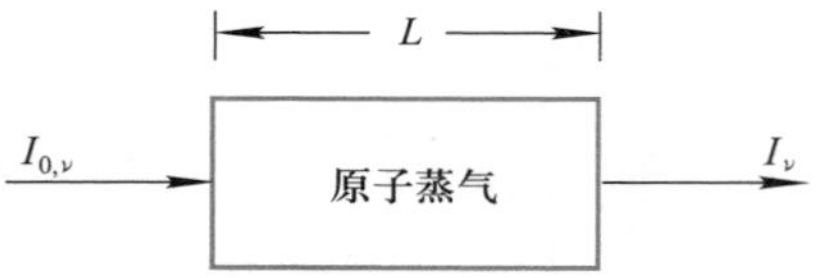

图 8-4 原子吸收示意图

$$I_\nu = I_{0,\nu} e^{-K_\nu L} \tag{8-1}$$

式中,I_ν 为透过光的强度,L 为原子蒸气的宽度,K_ν 则为原子蒸气对频率为 ν 的光的吸收系数。

  吸收系数 K_ν,将随着光源的辐射频率而改变,这是由于物质的原子对光的吸收具有选择性,对不同频率的光,原子对光的吸收也不同,故透过光的强度 I_ν 随着光的频率而有所变化,其变化规律如图 8-2 所示。由图可见,在频率 ν_0 处透过的光最少,亦即吸收最大。我们把这种情况称为原子蒸气在特征频率 ν_0 处有吸收线。由此可见,原子群从基态跃迁至激发态所吸收的谱线(吸收线)并不是绝对单色的几何线,而是具有一定的宽度,通常称之为谱线轮廓(line profile)。若将吸收系数 K_ν 随频率 ν 变化的关系作图(图 8-3),则吸收线轮廓的意义就更清楚。此时可用吸收线的半宽度来表征吸收线的轮廓。由图(8-3)可见,在频率 ν_0 处,吸收系数有一极大值(K_0),距 ν_0 远处 K_ν 值为零。吸收线中心频率 ν_0 的两侧具有一定的宽度。通常以吸收系数等于极大值的一半($K_0/2$)处吸收线轮廓上两点间的距离(即两点间的频率差)来表征吸收线的宽度,称为吸收线的半宽度(half-width),以 $\Delta\nu$ 表示,其数量级为 $10^{-3}\sim10^{-2}$ nm。同样,发射线也具有谱线宽度,不过其半宽度要狭得多($5\times10^{-4}\sim2\times10^{-3}$ nm)。

由上述可见,表征吸收线轮廓特征的值是中心频率 ν_0 和半宽度 $\Delta\nu$,前者由原子的能级分布特征决定,后者除谱线本身具有的自然宽度外,还受多种因素的影响。下面简要讨论几种较重要的变宽效应。

1. 自然宽度(natural width)$\Delta\nu_N$

在无外界影响下,谱线仍有一定宽度,这种宽度称为自然宽度,以 $\Delta\nu_N$ 表示。它与原子发生能级间跃迁时激发态原子的短暂寿命有关。不同谱线有不同的自然宽度。在多数情况下,$\Delta\nu_N$ 约相当于 10^{-5} nm 数量级。

2. 多普勒变宽(Doppler broadening)$\Delta\nu_D$

自然宽度的
推导

这是由于原子在空间做无规则热运动所导致的,故又称为热变宽。根据物理学原理,从一个运动着的原子发出的光,如果运动方向离开观测者,则在观测者看来,其频率比静止原子所发光的频率低;反之,如原子向着观测者运动,则其频率比静止原子发出光的频率高,这就是多普勒效应。原子吸收分析中,气体中的原子是处于无规则热运动中,在沿观测者(仪器的检测器)的观测方向上就具有不同的运动速度分量,这种运动着的发光粒子的多普勒效应,使观测者接受到频率稍有不同的光,于是谱线发生变宽。频率分布和气体中原子热运动的速率分布(麦克斯韦-玻耳兹曼分布)相同,具有近似的高斯曲线分布,因此,谱线的多普勒变宽 $\Delta\nu_D$ 可由下式决定:

$$\Delta\nu_D = \frac{2\nu_0}{c}\sqrt{\frac{2\ln2RT}{M}} = 7.162\times10^{-7}\nu_0\sqrt{\frac{T}{M}} \tag{8-2}$$

式中,R 为摩尔气体常数,c 为光速,M 为吸光质点的相对原子质量,T 为热力学温度(K),ν_0 为谱线中心频率。

因此,多普勒变宽与元素的相对原子质量、温度和谱线的频率有关。由于 $\Delta\nu_D$ 与 $T^{1/2}$ 成正比,所以在一定温度范围内,温度稍有变化,对谱线的宽度影响并不很大。但从式中可见,待测元素的相对原子质量 M 越小,温度越高,则 $\Delta\nu_D$ 越大(表 8-1)。

表 8-1 多普勒变宽和劳伦兹变宽(10⁻⁴ nm)

元素	相对原子质量	波长/nm	$T = 2\,000\ \text{K}$		$T = 2\,500\ \text{K}$		$T = 3\,000\ \text{K}$	
			$\Delta\nu_D$	$\Delta\nu_L$	$\Delta\nu_D$	$\Delta\nu_L$	$\Delta\nu_D$	$\Delta\nu_L$
Na	22.99	589.00	39	32	44	29	48	27
Ba	137.24	553.56	15	32	17	28	18	26
Sr	87.62	460.73	16	26	17	23	19	21
V	50.94	437.92	20	—	22	—	24	—
Ca	40.08	422.67	21	15	24	13	26	12
Fe	55.85	371.99	16	13	18	11	19	10
Co	58.93	352.69	13	16	15	14	16	13
Ag	107.87	338.29	9	15	11	13	13	12
		328.07	10	15	11	14	16	13
Cu	63.54	324.76	13	9	14	8	16	7
Mg	24.31	285.21	18	—	21	—	23	—
Pb	207.19	283.31	6.3		7		8	
Au	196.97	267.59	6.1		7		7.5	
Zn	65.37	213.86	8.5		9.5		10	

3. 压力变宽(pressure broadening)

这是由于吸光原子与四周原子或分子相互碰撞而引起的能级微小变化,使发射或吸收光量子频率改变而导致的谱线变宽。根据与之碰撞的粒子不同,压力变宽又可分为两类。

(1) 因和其他粒子(如待测元素的原子与火焰气体粒子)碰撞而产生的变宽——劳伦兹变宽(Lorentz broadening),以 $\Delta\nu_L$ 表示。

(2) 因和同种原子碰撞而产生的变宽——共振变宽或赫鲁兹马克变宽(Holtsmark broadening)。

共振变宽只有在被测元素浓度较高时才有影响。在通常的条件下,压力变宽起重要作用的主要是劳伦兹变宽,亦即欲测元素的原子与不同原子间的碰撞引起的变宽作用,它引致谱线轮廓的变宽、漂移和不对称。

谱线的劳伦兹变宽可由下式决定。

$$\Delta\nu_L = 2N_A\sigma^2 p \sqrt{\frac{2}{\pi RT}\left(\frac{1}{A}+\frac{1}{M}\right)} \qquad (8-3)$$

式中,N_A 为阿伏加德罗常数(6.022×10^{23}),σ^2 为碰撞的有效截面,p 为外界气体压强,A 和 M 分别为外界气体的相对分子质量或相对原子质量和待测元素相对原子质量。

除了上述讨论的因素外,影响谱线变宽的还有其他一些因素,例如,场致变宽(强电场和磁场引致变宽)、自吸效应等。但在通常的原子吸收分析的实验条件下,吸收线的轮廓主要受多普勒变宽和劳伦兹变宽的影响。在 $2\,000\sim3\,000$ K 的温度范围内 $\Delta\nu_D$ 和 $\Delta\nu_L$ 具有相同的数量级($10^{-3}\sim10^{-2}$ nm,见表 8-1)。当采用火焰原子化装置时,$\Delta\nu_L$ 是主要的。但由于 $\Delta\nu_L$ 与蒸气中其他原子或分子的浓度(压强)有关[见式(8-3)],当共存原子浓度很低时,特别在采用无火焰原子化装置时,$\Delta\nu_D$ 将占主要地位。但是不论是哪一种因素,谱线的变宽都将导致原子吸收分析灵敏度的下降(原因见以后的讨论)。

积分吸收和峰值吸收

图 8-1 示意了原子吸收分析的基本方法,但是对于原子吸收线,若以通常在分光光度分析(分子吸收光谱分析)中所使用的连续光源(氘灯或钨丝灯)来进行吸收测量将产生困难,图 8-5 表明了这一关系。图中(a)为连续光源经单色器及狭缝后分离所得入射光的谱带,对于常用的原子吸收分光光度计,当将狭缝调至最小时(0.1 mm),其通带宽度或光谱通带约为 0.2 nm(参见§8-3 光学系统)。图中(b)为原子的吸收线,其半宽度约为 10^{-3} nm。可见若以具有宽通带的光源来对窄的吸收线进行测量时,由待测原子吸收线引起的吸收值,仅相当于总入射光强度的 $0.5\%\left(\dfrac{0.001}{0.2}\times100\%=0.5\%\right)$,亦即吸收前后在通带宽度范围内,原子吸收只占其中很少部分,使测定灵敏度极差。

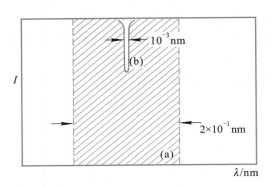

图 8-5 连续光源(a)与原子吸收线(b)的通带宽度示意

在原子吸收分析中常将原子蒸气所吸收的全部能量称为积分吸收(integrated absorption),即图 8-3 中吸收线下面所包括的整个面积。根据经典色散理论,积分吸收 $\int_{-\infty}^{+\infty} K_\nu \, \mathrm{d}\nu$ 可由下式得出。

$$\int_{-\infty}^{+\infty} K_\nu \mathrm{d}\nu = \frac{\pi e^2}{mc} N_0 f \tag{8-4}$$

式中，e 为电子电荷，m 为电子质量，c 为光速，N_0 为单位体积原子蒸气中吸收辐射的基态原子数，亦即基态原子密度，f 为振子强度，代表每个原子中能够吸收或发射特定频率光的平均电子数，在一定条件下对一定元素，f 可视为一定值。

这一公式表明，积分吸收与单位体积原子蒸气中吸收辐射的原子数呈简单线性关系。这种关系与频率无关，亦与用以产生吸收线轮廓的物理方法和条件无关。此关系式是原子吸收分析方法的一个重要理论基础。若能测得积分吸收值，即可计算出待测元素的原子密度，而使原子吸收法成为一种绝对测量方法（不需与标准比较）。但是由于原子吸收线的半宽度很小，要测量这样一条半宽度很小的吸收线的积分吸收值，就需要有分辨率高达五十万的单色器[①]，这在目前的技术情况下还难以做到。

以上讨论了以常规分光光度方法进行原子吸收测量所产生困难及其原因。此困难直至 1955 年才为瓦尔西（Walsh A）提出的采用锐线光源测量谱线峰值吸收（peak absorption）的办法来加以解决。所谓锐线光源（narrow–line source）就是能发射出谱线半宽度很窄的发射线的光源。

使用锐线光源进行吸收测量时，其情况如图 8–6 所示。现根据光源发射线半宽度 $\Delta\nu_e$ 小于吸收线半宽度 $\Delta\nu_a$ 的条件，考察测量原子吸收与原子蒸气中原子密度之间的关系。在此吸光度为

$$A = \lg \frac{I_0}{I}$$

式中，I_0 和 I 分别表示在 $\Delta\nu_e$ 频率范围内入射光和透射光的强度。它们分别为

$$I_0 = \int_0^{\Delta\nu_e} I_{0,\nu} \mathrm{d}\nu \tag{8-5}$$

$$I = \int_0^{\Delta\nu_e} I_\nu \mathrm{d}\nu \tag{8-6}$$

将式（8–1）代入式（8–6）得

$$I = \int_0^{\Delta\nu_e} I_{0,\nu} \mathrm{e}^{-k_\nu L} \mathrm{d}\nu \tag{8-7}$$

于是

---

① 若需要分辨半宽度为 10^{-3} nm，波长为 500 nm 的谱线，单色器的分辨率可估算如下：

$$R = \frac{\lambda}{\Delta\lambda} = \frac{500}{10^{-3}} = 500\,000$$

$$A = \lg \frac{\int_0^{\Delta\nu e} I_{0,\nu}\, \mathrm{d}\nu}{\int_0^{\Delta\nu e} I_{0,\nu}\, \mathrm{e}^{-k_\nu L}\, \mathrm{d}\nu} \qquad (8-8)$$

当 $\Delta\nu_e \leqslant \Delta\nu_a$，即满足瓦尔西方法的测量条件时，在积分界限内可以认为 K_ν 为常数，并可合理地使之等于峰值吸收系数 K_0，则指数项可提出积分号之外，得

$$A = \lg \frac{1}{\mathrm{e}^{-K_0 L}} = \lg \mathrm{e}^{K_0 L} = 0.434\ 3 K_0 L \qquad (8-9)$$

K_0 值与谱线的宽度有关，在通常原子吸收分析的条件下，若吸收线轮廓单纯取决于多普勒变宽，则

$$K_0 = \frac{2\sqrt{\pi \ln 2}}{\Delta\nu_D} \cdot \frac{e^2}{mc} N_0 f \qquad (8-10)$$

将 K_0 值代入式(8-9)：

$$A = 0.434\ 3 \times \frac{2\sqrt{\pi \ln 2}}{\Delta\nu_D} \cdot \frac{e^2}{mc} N_0 f L \qquad (8-11)$$

或

$$A = k N_0 L \qquad (8-12)$$

式(8-12)表明，当使用很窄的锐线光源做原子吸收测量时，测得的吸光度与原子蒸气中待测元素的基态原子数呈线性关系。

由图 8-6 可见，为了实现峰值吸收的测量，除了要求光源发射线的半宽度应小于吸收线半宽度外，还必须使通过原子蒸气的发射线中心频率恰好与吸收线的中心频率 ν_0 相重合，这就是为什么在测定时需要使用一个与待测元素同种元素制成的锐线光源的原因（如在图8-1所示的测定镁时，需要使用镁空心阴极灯作光源）。

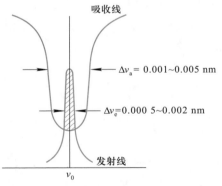

图 8-6   峰值吸收测量示意图
（阴影部分表示被吸收的发射线）

基态原子数与原子吸收定量基础

前节讨论了测量原子吸收的实际方法。现在剩下的问题是原子蒸气中基态原子与待测元素原子总数之间有什么关系？

一般广泛应用的火焰原子化方法，常用的温度低于 3 000 K，此时大多数

化合物解离成原子状态,其中可能有部分原子被激发。即在火焰中既有基态原子,也有部分激发态原子。在一定温度下两种状态的原子数有一定比值,若温度变化,这个比值也随之改变。其关系可用玻耳兹曼(Boltzmann)方程表示:

$$\frac{N_j}{N_0} = \frac{P_j}{P_0} e^{-\frac{E_j - E_0}{kT}} \qquad (8-13)$$

式中,N_j 和 N_0 分别为单位体积内激发态和基态的原子数,P_j 和 P_0 分别为激发态和基态能级的统计权重,它表示能级的简并度,即相同能级的数目,k 为玻耳兹曼常数,T 为热力学温度。

对共振线来说,电子是从基态($E_0 = 0$)跃迁到第一激发态,因此可得

$$\frac{N_j}{N_0} = \frac{P_j}{P_0} e^{-E_j/kT} = \frac{P_j}{P_0} e^{-h\nu/kT} \qquad (8-14)$$

原子光谱中,对一定波长的谱线,P_j/P_0 和 E_j(激发能)都是已知值,因此只要火焰温度 T 确定,就可求得 N_j/N_0 值。表 8-2 列出了几种元素共振线的 N_j/N_0 计算值。

从式(8-14)及表 8-2 都可看出,温度越高,N_j/N_0 值越大。在同一温度,电子跃迁的能级 E_j 越小,共振线的频率越低,N_j/N_0 值也越大。常用的火焰温度一般低于 3 000 K,大多数的共振线波长都小于 600 nm,因此对大多数元素来说,N_j/N_0 值都很小(<1%),即火焰中的激发态原子数远小于基态原子数,也就是说火焰中基态原子数占绝对多数,因此可用基态原子数 N_0 代表吸收辐射的原子总数。

表 8-2   几种元素共振线的 N_j/N_0 值

共振线波长	$\dfrac{P_j}{P_0}$	激发能	N_j/N_0			
nm		eV	2 000 K	2 500 K	3 000 K	4 000 K
Cs 852.11	2	1.455	4.31×10^{-4}	2.33×10^{-3}	7.19×10^{-3}	2.98×10^{-2}
K 766.49	2	1.617	1.68×10^{-4}	1.10×10^{-3}	3.84×10^{-3}	—
Na 589.0	2	2.104	0.99×10^{-5}	1.14×10^{-4}	5.83×10^{-4}	4.44×10^{-3}
Ba 553.56	3	2.239	6.83×10^{-6}	3.19×10^{-5}	5.19×10^{-4}	
Ca 422.67	3	2.932	1.22×10^{-7}	3.67×10^{-6}	3.55×10^{-5}	6.03×10^{-4}
Fe 371.99	—	3.332	2.29×10^{-9}	1.04×10^{-7}	1.31×10^{-6}	
Ag 328.07	2	3.778	6.03×10^{-10}	4.84×10^{-8}	8.99×10^{-7}	
Cu 324.75	2	3.817	4.82×10^{-10}	4.04×10^{-8}	6.65×10^{-7}	
Mg 285.21	3	4.346	3.35×10^{-11}	5.20×10^{-9}	1.50×10^{-7}	
Zn 213.86	3	5.795	7.45×10^{-15}	6.22×10^{-12}	5.50×10^{-10}	1.48×10^{-7}

实际分析要求测定的是试样中待测元素的浓度,而此浓度在一定原子化条件下与待测元素吸收辐射的原子总数成正比。因此在火焰宽度 L 不变的情况下,式(8-12)可表示为

$$A = k'c \tag{8-15}$$

式中,c 为待测元素的浓度,k' 在一定实验条件是一个常数。此式称为比尔定律(Beer law),它指出在一定实验条件下,吸光度与浓度成正比的关系。所以通过测定吸光度就可以求出待测元素的含量。这就是原子吸收分光光度分析的定量基础。

§8-3　原子吸收分光光度计

原子吸收分光光度计有单光束型和双光束型两类。单光束型原子吸收分光光度计的构造如图 8-7 所示。由图可见,如果将原子化器看作是分光光度计中的比色皿,则其仪器的构造与一般的分光光度计是类似的,不同之处主要有如下几点。

(1) 由于前面所述的理由,应用锐线光源作原子吸收的光源。

(2) 应避免来自火焰的辐射直接照射在光电检测器上,否则将影响检测器的正常响应或使准确度降低。因而分光系统都安排在火焰及检测器之间。

(3) 为了区分光源(经原子吸收减弱后的光源辐射)和火焰的辐射(发射背景),原子吸收仪器采用光源调制方式进行工作。

一种调制办法是使用机械斩光器对光源进行调制,此时在光源的后面加一个由同步电动机带动的扇形板作机械斩光器。当斩光器(chopper)以一定速率旋转时,光源的光以一定频率间断地通过火焰,因而在检测系统中将得到的是一个交流信号;而火焰发射则可看作是直流信号,再在检测系统中采用交流放大器就很容易将它们区分。

原子吸收分光光度计图片

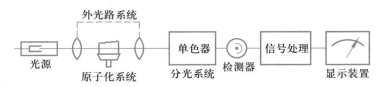

图 8-7　原子吸收分光光度计基本结构示意图

另一种调制办法是光源的电源调制,即空心阴极灯采用短脉冲供电,此时光源发射出调制为 400 Hz 或 500 Hz 的特征光线。电源调制除了比机械调制能更

好地消除发射背景的影响外,还能提高共振线发射光强度及稳定性,降低噪声,并延长灯的使用寿命。因而近代仪器多使用这种调制办法。

单光束型仪器结构比较简单,共振线在外光路损失少,因而应用广泛。但会受光源强度变化的影响而导致基线漂移(零漂)。虽然对光源进行适当的预热可以降低零漂,但更好的办法是采用双光束型仪器。

双光束型原子吸收分光光度计的光学系统示意图如图 8-8 所示。光源辐射被旋转斩光器分为两束光,试样光束通过火焰,参比光束不通过火焰,然后用半透半反射镜将试样光束及参比光束交替通过单色器而投射至检测系统。在检测系统中将所得脉冲信号分离为参比信号 I_r 及试样信号 I_s,并得到此两信号的强度比 I_r/I_s。故光源的任何漂移都可由参比光束的作用而得到补偿。

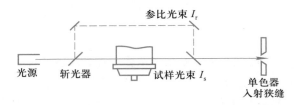

图 8-8 双光束型原子吸收分光光度计的光学系统示意图

无论哪种类型,原子吸收分光光度计一般由光源、原子化系统、光学系统及检测系统四个主要部分组成,现分别讨论如下。

光　源

光源的作用是辐射待测元素的特征光谱(实际辐射的是共振线和其他非吸收谱线),以供测量之用。如前所述,为了测出待测元素的峰值吸收,必须使用锐线光源。为了获得较高的灵敏度和准确度,使用的光源应满足下述要求。

(1) 能辐射锐线,即发射线的半宽度比吸收线的半宽度窄得多,否则测出的不是峰值吸收。

(2) 能辐射待测元素的共振线,并且具有足够的强度,以保证有足够的信噪比。

(3) 辐射的光强度必须稳定且背景小。

蒸气放电灯、无极放电灯和空心阴极灯都能符合上述要求。这里着重介绍应用最广泛的空心阴极灯(hollow cathode lamp)。

普通空心阴极灯是一种气体放电管,它包括一个阳极(钨棒)和一个空心圆筒形阴极(用发射所需谱线的金属或合金,或铜、铁、镍等金属制成阴极衬套,再衬入或熔入所需金属)。两电极密封于充有低压惰性气体的带有石英窗(或玻璃窗)的玻璃壳中。其结构如图 8-9 所示。

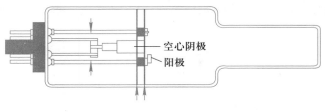

图 8-9 空心阴极灯

当正、负电极间施加适当电压(通常是 300~500 V)时,便开始辉光放电,这时电子将从空心阴极内壁射向阳极,在电子通路上与惰性气体原子碰撞而使之电离,带正电荷的惰性气体离子在电场作用下,向阴极内壁猛烈轰击,使阴极表面的金属原子溅射出来。溅射出来的金属原子再与电子、惰性气体原子及离子发生碰撞而被激发,于是阴极内的辉光中便出现了阴极物质和内充惰性气体的光谱。

空心阴极灯发射的光谱,主要是阴极元素的光谱(也含有内充气体及阴极中杂质的光谱),因此用不同的待测元素作阴极材料,可制成各相应待测元素的空心阴极灯。若阴极物质只含一种元素,可制成单元素灯;若阴极物质含多种元素,则可制成多元素灯。为了避免发生光谱干扰,在制灯时,必须用纯度较高的阴极材料和选择适当的内充气体(亦称载气,常用高纯惰性气体氖或氩),以使阴极元素的共振线附近没有内充气体或杂质元素的强谱线。

空心阴极灯的光强度与灯的工作电流有关。增大灯的工作电流,可以增加发射强度。但工作电流过大,会导致一些不良现象,如使阴极溅射增强,产生密度较大的电子云,谱线变宽,甚至产生自吸;过大的灯电流还会导致阴极温度过高,造成阴极物质熔化,使放电异常,光强度不稳定并减小灯寿命。但如果工作电流过低,又会使光强度减弱,导致稳定性、信噪比下降。因此使用空心阴极灯时必须选择适当的灯电流。空心阴极灯在使用前应经过一段预热时间,使灯的发射强度达到稳定,预热时间的长短视灯的类型和元素的不同而不同,一般在5~20 min 范围内。

原子化系统

原子化系统的作用是将试样中的待测元素转变成原子蒸气。使试样原子化的方法有火焰原子化法(flame atomization)和无火焰原子化法(flameless atomization)两种。前者具有简单、快速、精度高等优点,使用最广泛;后者具有较高的原子化效率、高灵敏度和低检出限的特点,因而也有所应用。

1. 火焰原子化装置

火焰原子化装置包括雾化器(nebulizer)、雾化室和燃烧器三个部分。原子化过程为:试液经雾化器雾化,经雾化室去除较大的雾滴后,留下细小而均匀的雾滴进入燃烧器的火焰中,在火焰的温度作用下,经过一系列复杂变化形成基态原子。

(1)雾化器 雾化器的作用是将试液雾化,其性能对测定精密度和化学干扰等产生显著影响。因此要求喷雾稳定,雾滴小而均匀,雾化效率高。目前普遍采用的是气动同轴型雾化器,雾化效率可达 10% 以上。图 8-10 为一种雾化器的示意图。根据伯努利原理,在毛细管外壁与喷嘴口构成的环形间隙中,由于高压助燃气(空气、氧、氧化亚氮等)以

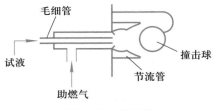

图 8-10 雾化器

高速通过,造成负压区,将试液沿毛细管吸入,并在高速气流中分散成溶胶(即雾滴)。为了减小雾滴的粒度,在雾化器前几毫米处放置一撞击球,喷出的雾滴经节流管碰在撞击球上,进一步分散成细雾。

形成雾滴的速率,除取决于溶液的物理性质(表面张力及黏度等)外,还取决于助燃气的压力,气体导管和毛细管孔径的相对大小和位置(雾化器结构)。增加助燃气流速,可使雾滴变小。气压增加过大,虽然可提高单位时间试样溶液的用量,但雾化效率反而可能降低。故应根据仪器条件和试样溶液的具体情况来确定助燃气条件。

(2)雾化室 图 8-11 为火焰原子化装置的示意图,试液雾化后进入预混合室(也叫雾化室),与燃气(如乙炔、丙烷、氢等)在室内充分混合,其中较大的雾滴凝结在壁上,经预混合室下方废液管排出,而细的雾滴则进入火焰中。对预混合室的要求是能使雾滴与燃气充分混合,"记忆"效应(前测组分对后测组分测定的影响)小,噪声低和废液排出快。

(3)燃烧器 燃烧器一般是单缝型喷灯。这种喷灯灯头金属边缘宽,散热较快,不需要水冷。为了适应不同组成的火焰,一般仪器配有两种以上不同规格的单缝式喷灯,一种是缝长 10～11 cm,缝宽 0.5～0.6 mm,适用于空气-乙炔火焰;另一种是缝长 5 cm,缝宽 0.46 mm,适用于氧化亚氮-乙炔火焰。也有三缝型喷灯和孔型喷灯适用于一些特别场合。

(4)火焰 原子吸收光谱分析测定的是基态原子,而火焰原子化法是使试液变成原子蒸气的一种理想方法。化合物在火焰温度的作用下经历蒸发、干燥、熔化、解离、激发和化合等复杂过程。在此过程中,除产生大量游离的基态原子外,还会产生少量激发态原子、离子和分子等不吸收辐射的粒子,这些粒子都应设法尽量避免。

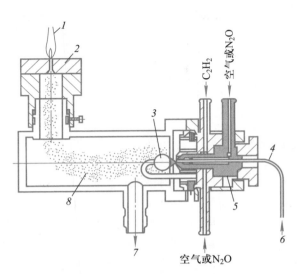

火焰原子吸收仪器的使用

图 8-11　火焰原子化装置
1—火焰；2—喷灯头；3—撞击球；4—毛细管；5—雾化器；
6—试液；7—废液；8—预混合室（雾化室）

原子吸收所使用的火焰，只要温度能使待测元素解离成游离基态原子就可以了。超过一定温度，解离度增大，激发态原子增加，基态原子减少，这对原子吸收反而不利。因此在确保待测元素充分解离为基态原子的前提下，低温火焰比高温火焰具有较高的灵敏度。但对某些元素来说，若温度过低，则盐类不能解离，使灵敏度降低，并且还会发生分子吸收，干扰可能会增大。一般易挥发或电离能较低的元素（如 Pb，Cd，Zn，Sn，碱金属及碱土金属等），应使用低温且燃烧速率较慢的火焰，与氧易生成耐高温氧化物而难解离的元素（如 Al，V，Mo，Ti 及 W 等），应使用高温火焰。表 8-3 列出了几种常用火焰的温度及燃烧速率。

表 8-3　火焰的温度及燃烧速率

燃烧气体	助燃气体	最高温度/℃	燃烧速率/(cm·s^{-1})
煤气	空气	1 840	55
丙烷	空气	1 925	82
氢	空气	2 050	320
乙炔	空气	2 300	160
氢	氧	2 700	900

续表

燃烧气体	助燃气体	最高温度/℃	燃烧速率/(cm·s⁻¹)
乙炔	50％氧+50％氢	2 815	640
乙炔	氧	3 060	1 130
氰	氧	4 640	140
乙炔	氧化亚氮	2 955	180
乙炔	氧化氮	3 095	90

火焰温度表示火焰蒸发和分解不同化合物的能力。由表 8-3 可见,火焰温度主要取决于燃料气体和助燃气体的种类,还与燃料气与助燃气的流量有关。当火焰的燃气与助燃气的比例与它们之间化学反应计算量相近时称为中性火焰。助燃气量大于化学计算量时,形成的火焰称为贫燃性火焰(氧化性火焰)。若燃气量大于化学计算量,则形成的火焰称为富燃性火焰(还原性火焰)。一般富燃性火焰比贫燃性火焰温度低,但由于燃烧不完全,形成强还原性气氛,有利于易形成难解离氧化物元素的测定。燃烧速率指火焰的传播速率,它影响火焰的安全性和稳定性。要使火焰稳定,可燃混合气体供气速率应大于燃烧速率,但供气速率过大,会使火焰不稳定,甚至吹灭火焰,过小则会引起回火。火焰的组成影响测定的灵敏度、稳定性和干扰等,因此对不同的元素应选择不同的火焰。常用的火焰有空气-乙炔、氧化亚氮-乙炔、空气-氢气等。应用最多的二种火焰简要介绍如下。

① 空气-乙炔火焰 这是用途最广的一种火焰。最高温度约 2 300 ℃,能用于测定 35 种元素,但测定易形成难解离氧化物的元素(如 Al,Ta,Ti,Zr 等)时灵敏度很低,不宜使用。这种火焰在短波长范围内对紫外光吸收较强,易使信噪比变坏,因此应根据不同的分析对象,选择不同燃助比及不同特性的火焰。

贫燃性空气-乙炔火焰,其燃助比(燃料和助燃气体的流量比)小于 1∶6,火焰燃烧高度较低,由于燃烧充分,温度较高,但火焰范围小,这种火焰能产生原子吸收的区域很窄,还原性差,仅适用于不易氧化的元素如 Ag,Cu,Ni,Co,Pd 等的测定。

富燃性空气-乙炔火焰,其燃助比大于 1∶3,火焰燃烧高度较高,温度较贫燃性火焰低,噪声较大,但由于燃烧不完全,火焰呈强还原性气氛,这是由于火焰中含大量 CN,CH 和 C,产生下述反应而有利于金属氧化物 MO 的解离。

$$MO+C \longrightarrow M+CO$$
$$MO+CN \longrightarrow M+N+CO$$
$$MO+CH \longrightarrow M+C+OH$$

空气-乙炔火焰的贫燃焰、化学计量焰及富燃焰因此适用于测定较易形成难熔氧化物的元素,如 Mo,Cr,稀土金属等。

日常分析工作中,较多采用化学计量的空气-乙炔火焰(中性火焰),其燃助比为 1:4。这种火焰稳定,温度较高,背景低,噪声小,适用于测定多种元素。

② 氧化亚氮-乙炔火焰 氧化亚氮-乙炔火焰的燃烧反应为

$$5N_2O \longrightarrow 5N_2 + \frac{5}{2}O_2$$

$$C_2H_2 + \frac{5}{2}O_2 \longrightarrow 2CO_2 + H_2O$$

燃烧过程中,氧化亚氮分解出氧和氮,并释放出大量热,乙炔则借助其中的氧燃烧,故火焰温度高(3 000 ℃左右)。火焰中除含 C,CO,OH 等半分解产物外,还有 CN 及 NH 等成分,因而具有强还原性气氛,使许多解离能较高的难解离元素氧化物原子化(如 Al,B,Be,Ti,V,W,Ta,Zr 等)。这些金属氧化物 MO 在火焰的还原区中进行下列反应:

$$MO + NH \longrightarrow M + N + OH$$

$$MO + CN \longrightarrow M + N + CO$$

产生的基态原子又被周围的 CN 和 NH 气氛保护,故原子化效率较高。由于火焰温度高,可消除在空气-乙炔火焰或其他火焰中可能存在的某些化学干扰。对于氧化亚氮-乙炔火焰的使用,火焰条件的调节,如燃气与助燃气的比例、燃烧器的高度等,远比用普通的空气-乙炔火焰严格,甚至稍为偏离最佳条件,也会使灵敏度明显降低。另外,氧化亚氮-乙炔火焰容易发生爆炸,因此在操作中应严格遵守操作规程。

2. 无火焰原子化装置

前述应用火焰进行原子化的方法,由于重现性好,易于操作,已成为原子吸收分析的标准方法。但它的主要缺点是仅有约 10% 的试液被原子化,而大部分试液由废液管排出。因此原子化效率较低,成为提高灵敏度的主要障碍。无火焰原子化装置没有雾化过程,提高了原子化效率,灵敏度增加 10~200 倍,因而也有较多的应用。

无火焰原子化装置有多种,如电热石墨炉、石墨棒、钽舟、镍杯、高频感应加热炉、空心阴极溅射、等离子喷焰、激光等。下面对电热石墨炉原子化器(atomization in graphite furnace)作一简要介绍。

如图 8-12 所示,这种原子化器将一个石墨管固定在两个电极之间,管的两端开口,安装时使其长轴与原子吸收分析光束的通路重合。石墨管的中心有一进样口,试样(通常是液体)由此注入。为了防止试样及石墨管氧化,需要在不断通入惰性气体(氮或氩)的情况下,用大电流(300 A)通过石墨管。此时石墨管

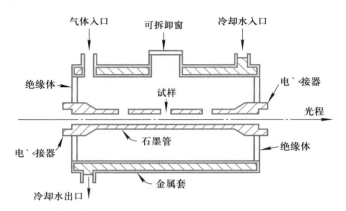

图 8-12 电热石墨炉原子化器

被加热至高温(3 000 ℃)而使试样原子化。测定时分干燥、灰化、原子化、净化四步程序升温(图 8-13,图中净化过程未表示)。干燥的目的是在低温(通常为105 ℃)下蒸发去除试样的溶剂,以免溶剂存在导致灰化和原子化过程飞溅;灰化的作用是在较高温度(350~1 200 ℃)下去除有机化合物或低沸点无机化合物,以减少基体组分对待测元素的干扰;原子化温度随被测元素而异(2 400~3 000 ℃);净化的作用是去除残余物,消除由此产生的记忆效应。将温度升至高于原子化温度100~200℃,石墨管原子化器的升温程序由微机控制自动进行。图 8-13 所示升温方式为阶梯式。若改用斜坡式升温能使试样更有效地灰化,减少背景干扰,还能以逐渐升温来控制化学反应速率,对测定某些元素更为有利。

电热石墨炉原子化方法的最大优点是注入的试样几乎没有雾化损失。特别对于易形成耐熔氧化物的元素,由于没有大量氧存在,并由石墨提供了大量碳,所以能够得到较好的原子化效率。当试样含量很低,或只能提供很少量的试样时,使用这种原子化法更合适。它也存在缺点:首先,共存化合物的干扰要比火焰法大,当共存分子产生的背景吸收(见§8-5)较大时,需要调节灰化的温度及时间,使背景分子吸收不与原子吸收重叠(见图 8-13),并使用背景校正方法来校正(见§8-5);其次,由于取样量很少(液体试样为 5~100 μL,固体试样20~40 μg),进样量及注入管内位置的变动都会引起吸收信号变化,因

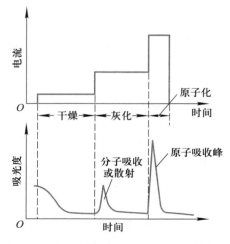

图 8-13 电热石墨炉原子化器的程序升温过程示意

而重现性要比火焰法差。若采用自动进样装置,可减免手工操作过程中取样体积和注入位置的误差,提高精度。该装置已有商品供应。表8-4对无火焰法和火焰法进行了一些比较。

表 8-4 火焰原子化法和无火焰原子化法的比较

	火焰原子化法	无火焰原子化法(电热、石墨炉)
原子化原理	火焰热	电热
最高温度	2 955 ℃(对乙炔-氧化亚氮火焰)	约 3 000 ℃(石墨管的温度,管内气体温度要低些)
原子化效率	低	高
试样体积	约 1 mL	5~100 μL
信号形状	平顶形	峰形
灵敏度	低	高
检出限	对 Cd 0.5 ng·g⁻¹ 对 Al 20 ng·g⁻¹	对 Cd 0.002 ng·g⁻¹ 对 Al 0.1 ng·g⁻¹
最佳条件下的重现性	相对标准偏差 0.5%~1.0%	相对标准偏差 1.5%~5%
基体效应	小	大

3. 低温原子化法(化学原子化)

对于砷、硒、汞及其他一些特殊元素,可以利用某些化学反应来使它们原子化。此时,原子化温度相对较低,故又称低温原子化或化学原子化。具体又可分为以下二类:

(1) 氢化物原子化(hydride atomization)装置 氢化物原子化法是低温原子化法的一种。主要用来测定 As,Sb,Bi,Sn,Ge,Se,Pb 和 Te 等元素。这些元素在酸性介质中与强还原剂硼氢化钠(或钾)反应生成气态氢化物。如对于砷,其反应为

$$AsCl_3+4NaBH_4+HCl+8H_2O \Longrightarrow AsH_3\uparrow+4NaCl+4HBO_2+13H_2\uparrow$$

将此氢化物送入原子化系统进行测定。因此,其装置分为氢化物发生器和原子化装置两部分。

氢化物原子化法由于还原转化为氢化物的效率高,生成的氢化物可在较低的温度(一般为 700~900 ℃)原子化,且氢化物生成的过程本身是个分离过程,因而此法具有高灵敏度(分析砷、硒时灵敏度可达 10^{-9} g),较少的基体干扰和化

学干扰等优点。

（2）冷原子化（cold-vapour atomization）装置　室温时将试液中汞离子用 $SnCl_2$ 或盐酸羟胺还原为金属汞，然后用空气流将汞蒸气带入具有石英窗的气体吸收管中进行原子吸收测量。本法的灵敏度和准确度都较高（可检出 0.01 μg 的汞），是测定痕量汞的好方法。

光 学 系 统

光学系统可分为两部分，外光路系统（或称照明系统）和分光系统（单色器）。

外光路系统使光源发出的共振线能正确地通过被测试样的原子蒸气，并投射到单色器的狭缝上。图 8-14 是应用于单光束仪器的外光路系统的一种类型（双透镜系统）。光源发出的射线成像在原子蒸气的中间，再由第二透镜将光线聚焦在单色器的入射狭缝上。

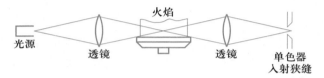

图 8-14　单光束外光路系统

分光系统主要由色散元件（光栅或棱镜）、反射镜、狭缝等组成。图 8-15 是一种单光束型分光系统的示意图。

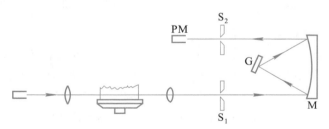

图 8-15　单光束型分光系统示意图

G—光栅；M—反射镜；S_1—入射狭缝；S_2—出射狭缝；PM—检测器

原子吸收分光光度计中分光系统主要的作用是将待测元素的共振线与邻近谱线分开。原子吸收所用的吸收线是锐线光源发出的共振线，它的谱线比较简单，因此对仪器并不要求很高的色散能力，同时为了便于测定，又要有一定的出射光强度，因此若光源强度一定，就需要选用适当的光栅色散率与狭缝宽度配合，构成适于测定的通带（或带宽）来满足上述要求。通带是由色散元件的色散率与入射狭缝宽度决定的，其表示式如下：

$$W = D \cdot S \qquad (8-16)$$

式中,W 为单色器的通带宽度(nm),D 为光栅线色散率的倒数(nm·mm^{-1}),S 为狭缝宽度(mm)。

由式(8-16)可见,若一定的单色器采用了一定色散率的光栅,则单色器的分辨率和集光本领取决于狭缝宽度。因此使用单色器就应根据要求的出射光强度和单色器的分辨率来调节适宜的狭缝宽度,以构成适于测定的通带。一般讲,调宽狭缝,出射光强度增加,但同时出射光包含的波长范围也相应加宽,使单色器的分辨率降低,这样,未被分开的靠近共振线的其他非吸收谱线,或在火焰中不被吸收的光源发射背景辐射亦经出射狭缝而被检测器接收,从而导致测得的吸收值偏低,使工作曲线弯曲,产生误差。反之,调窄狭缝,可以改善实际分辨率,但出射光强度降低,相应地要求提高光源的工作电流(增强光源强度),或增加检测器增益,这样,又伴随着谱线变宽和噪声增加。因此,应根据测定的需要调节合适的狭缝宽度。例如,如果待测元素的共振线没有邻近线的干扰(如碱金属、碱土金属)及连续背景很小,那么狭缝宽度宜较大,这样能使集光本领增强,有效地提高信噪比,并可降低待测元素的检出限。相反,若待测元素具有复杂光谱(如过渡元素、稀土元素等)或有连续背景,那么狭缝宽度宜小,这样可减少非吸收谱线的干扰,得到线性更好的工作曲线。

检 测 系 统

检测系统主要由检测器、放大器、对数变换器、显示装置组成。

原子吸收分光光度计的检测器一般是光电倍增管,其工作原理是利用光电效应将光信号转化为电信号(见§7-3);光电倍增管适用的波长范围取决于涂敷阴极的光敏材料。为了使光电倍增管输出信号具有高度的稳定性,必须使用稳压电源供电,一般要求电压能达到 0.01%~0.05% 的稳定度,在使用上,应注意光电倍增管的疲劳现象。刚开始时,灵敏度逐渐稳定,长时间使用则下降,而且疲劳程度随辐照光强和外加电压而加大。因此,要设法遮挡非信号光,并尽可能不要使用过高的增益,以保持光电倍增管的良好工作特性。

放大器的作用是将光电倍增管输出的信号进一步放大,一般采用同步检波放大器,可以起到改善信噪比的效果;由原子吸收的定量公式可知,吸光度 A 与待测元素浓度成正比,而 $A = \lg(I_0/I)$,即吸光度为入射光强度比出射光强度后的对数,对数变换器完成对数转换功能。现原子吸收分光光度计中多设有自动调零、自动校准、积分读数、曲线校正等功能,并可完成绘制标准曲线,数据处理和操作控制及管理等。

§8-4 定量分析方法

原子吸收定量分析方法主要有标准曲线法和标准加入法两种。

1. 标准曲线法

配制一组合适的标准溶液,由低浓度到高浓度,依次喷入火焰,分别测定其吸光度 A。以测得的吸光度为纵坐标,待测元素的含量或浓度 c 为横坐标,绘置 $A-c$ 标准曲线。在相同的实验条件下,吸入待测试样溶液,根据测得的吸光度,由标准曲线求出试样中待测元素的含量。

在实际分析中,有时出现标准曲线弯曲的现象,即在待测元素浓度较高时向浓度轴弯曲。这是因为当待测元素的含量较高时,吸收线的变宽除考虑热变宽外,还要考虑压力变宽,这种变宽还会使吸收线轮廓不对称,导致光源辐射共振线的中心波长与共振吸收线的中心波长错位,因而吸收相应地减少,结果标准曲线向浓度轴弯曲。实验证明,当 $\Delta\lambda_e/\Delta\lambda_a < 1/5$ 时($\Delta\lambda_e$ 为发射线半宽度,$\Delta\lambda_a$ 为吸收线半宽度),吸光度和浓度呈线性关系;当 $1/5 < \Delta\lambda_e/\Delta\lambda_a < 1$ 时,标准曲线在高浓度区向浓度坐标稍微弯曲;若 $\Delta\lambda_e/\Delta\lambda_a > 1$ 时,吸光度和浓度间就不呈线性关系了。另外,火焰中各种干扰效应,如光谱干扰、化学干扰、物理干扰(见 §8-5)等也可能导致曲线弯曲。

考虑到上述因素,在使用本法时要注意以下几点。

(1) 所配制标准溶液的浓度,应在吸光度与浓度呈线性关系的范围内。

(2) 标准溶液与试样溶液都应用相同的试剂处理。

(3) 扣除空白值。

(4) 在整个分析过程中操作条件应保持不变。

(5) 由于喷雾效率和火焰状态经常变动,标准曲线的斜率也随之变动,因此,每次测定前用标准溶液对吸光度进行检查和校正。

标准曲线法简便、快速,但仅适用于基体组成简单的试样。

2. 标准加入法

一般说来,待测试样的确切组成是不完全知道的,这就为配制与待测试样组成相似的标准溶液带来困难,在这种情况,与其他仪器分析方法(如电位测定法等)一样,可用标准加入法克服这一困难。这种方法的操作方法如下。

取相同体积的试样溶液两份,分别移入容量瓶 A 及 B 中,另取一定量的标准溶液加入 B 中,然后将两份溶液稀释至刻度,测出 A 及 B 两溶液的吸光度。设试样中待测元素(容量瓶 A 中)的浓度为 c_x,加入标准溶液(容量瓶 B 中)的浓度为 c_0,A 溶液的吸光度为 A_x,B 溶液的吸光度为 A_0,则可得

$$A_x = kc_x$$
$$A_0 = k(c_0 + c_x)$$

由上两式得

$$c_x = \frac{A_x}{A_0 - A_x} c_0 \qquad (8-17)$$

实际测定中,可采用下述作图法。取若干份(如四份)体积相同的试样溶液,从第二份开始分别按比例加入不同量的待测元素的标准溶液,然后用溶剂稀释至一定体积(设待测元素的浓度为 c_x,加入标准溶液后浓度分别为 $c_x + c_0, c_x + 2c_0, c_x + 4c_0$),分别测得其吸光度($A_x, A_1, A_2$ 及 A_3),以 A 对加入量作图,得图 8−16 所示的直线。这时曲线并不通过原点。截距所反映的吸收值正是试样中待测元素所引起的效应。如果外延此曲线使与横坐标相交,相应于原点与交点的距离,即为所求的待测元素的浓度 c_x。

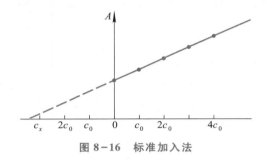

图 8−16　标准加入法

使用标准加入法时应注意以下几点。

(1) 待测元素的浓度与其对应的吸光度应呈线性关系。

(2) 为了得到较为精确的外推结果,最少应采用 4 个点(包括试样溶液本身)来做外推曲线,并且第一份加入的标准溶液与试样溶液的浓度之比应恰当,这可通过试喷试样溶液和标准溶液,比较两者的吸光度来判断。增量值的大小可这样选择,使第一个加入量产生的吸收值约为试样原吸收值的一半。

(3) 本法能消除基体效应(见 §8−5)带来的影响,但不能消除背景吸收的影响,这是因为相同的信号,既加到试样测定值上,也加到增量后的试样测定值上,因此只有扣除了背景之后,才能得到待测元素的真实含量,否则将得到偏高结果。

(4) 对于斜率太小的曲线(灵敏度差),容易引进较大的误差。

§8-5　干扰及其抑制

在原子吸收分光光度法中,由于方法本身的特点,总的说来干扰是较小的(见§8.1)。但是在实际工作中仍不可忽视干扰问题,在某些情况下,干扰甚至还是很严重的,因此应当了解可能产生干扰的原因及其抑制方法。

原子吸收分析中的干扰主要有光谱干扰、物理干扰和化学干扰三种类型。现分别讨论如下。

光谱干扰 (spectral interference)

光谱干扰主要来自光源和原子化器。

1. 与光源有关的光谱干扰

光源在单色器的光谱通带内存在与分析线相邻的其他谱线,可能有下述两种情况。

(1) 与分析线相邻的是待测元素的谱线　这种情况常见于多谱线元素(如Ni,Co,Fe)。例如,图 8-17 是镍空心阴极灯的发射光谱。可见在镍的分析线(232.0 nm)附近还有多条镍的发射线,干扰分析线测量,导致测定灵敏度下降,工作曲线弯曲。减小狭缝宽度可改善或消除这种影响(图8-18)。

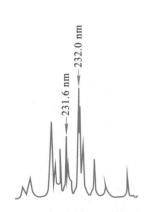

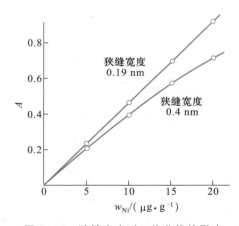

图 8-17　镍空心阴极灯的发射光谱　　图 8-18　狭缝宽度对工作曲线的影响

(2) 与分析线相邻的是非待测元素的谱线　这种干扰主要是由于空心阴极灯的阴极材料不纯,常见于多元素灯。若选用合适惰性气体,纯度较高的单元素灯,即可避免干扰。

另外一种与光源有关的光谱干扰原因是空心阴极灯中有连续背景发射。连续背景的发射,不仅使灵敏度降低,工作曲线弯曲,而且当试样中共存元素的吸收线处于连续背景的发射区时,有可能产生假吸收。因此不能使用有严重连续背景发射的灯。灯的连续背景发射是由于灯的制作不良,或长期不用而引起的。碰到这种情况,可将灯反接,并采用大电流,以纯化灯内气体,经过这样处理后,情况可能改善。

2. 光谱线重叠干扰

在原子吸收分析中谱线重叠的概率是较小的。但个别仍有可能产生谱线重叠而引致干扰。表 8-5 列举了由于共振线重叠而引起干扰的一些例子。由于大部分元素都具有好几条分析线,因此大都可选用其他谱线而避免干扰,或用分离干扰元素的方法来解决。

表 8-5 由共存元素的共振线重叠而引起干扰的例子

被测元素共振线 nm		干扰元素共振线 nm		信号相等时干扰元素浓度 与被测元素浓度之比	火焰
Cu	324.754	Eu	324.753	500 : 1	乙炔－氧化亚氮
Fe	271.903	Pt	271.904	500 : 1	乙炔－氧化亚氮
Si	250.689	V	250.690	8 : 1	乙炔－氧化亚氮
Al	308.215	V	308.211	200 : 1	乙炔－氧化亚氮
Hg	253.652	Co	253.649	8 : 1	乙炔－空气
Mn	403.307	Ca	403.298	20 : 1	乙炔－氧化亚氮
Ga	403.298	Mn	403.307	3 : 1	乙炔－空气

3. 与原子化器有关的干扰

这类干扰主要来自原子化器的发射和背景吸收。

(1) 原子化器的发射　来自火焰本身或原子蒸气中待测元素的发射。如前所述(§8-3),当仪器采用光源调制方式进行工作时,这一影响可得到减免。但有时会增加信号的噪声,此时可适当增加灯电流,提高光源发射强度来改善信噪比。

(2) 背景吸收(分子吸收)　背景吸收(background absorption)是来自原子化器(火焰或无火焰)的一种光谱干扰。它是由气态分子等对光的吸收,或是由高浓度盐的固体微粒对光的散射所引起的。它是一种宽频带吸收。

① 火焰成分对光的吸收　波长愈短,火焰成分的吸收愈严重(图 8-19)。

这是由于火焰中 OH,CH,CO 等分子或基团吸收光源辐射的结果。这种干扰对分析结果影响不大,一般可通过零点的调节来消除,但影响信号的稳定性。在测定 As(193.7 nm),Se(196.0 nm),Fe(248.3 nm),Zn(213.8 nm),Cd(228.8 nm)等远紫外区的元素时,火焰吸收对测量的影响较严重,这时可改用空气－H_2 或 Ar-H_2 焰(图 8-19)。

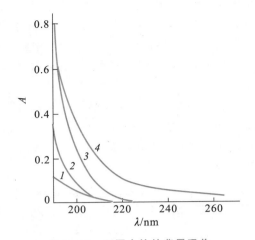

图 8-19 不同火焰的背景吸收

1—N_2O-C_2H_2 焰(N_2O 7 L·min^{-1},C_2H_2 6L·min^{-1});2—Ar-H_2 焰
(Ar8.6 L·min^{-1},H_2 20 L·min^{-1});3—空气-H_2 焰(空气 10 L·min^{-1},
H_2 28 L·min^{-1});4—空气-C_2H_2 焰(空气 10 L·min^{-1},C_2H_2 2.3 L·min^{-1})

② 金属的卤化物、氧化物、氢氧化物及部分硫酸盐和磷酸盐分子对光的吸收 在低温火焰中,它们的影响较明显,如碱金属卤化物在紫外区的大部分波段均有吸收(图 8-20)。但在高温火焰中,由于分子分解而变得不明显。

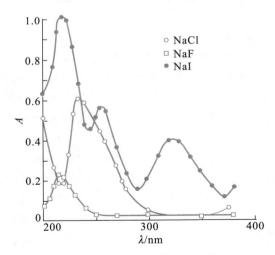

图 8-20 钠化合物的分子吸收

③ 固体微粒对光的散射 当进行低含量或痕量分析时,大量基体成分进入原子化器,这些基体成分在原子化过程中形成烟雾或固体微粒在光路中阻挡光

束而发生散射现象,此时将产生假吸收。

（3）背景校正　综上可见,背景吸收是指测定时除了待测元素吸收之外,原子化器中其他成分的吸收或散射,引起发射线损失而带来的测量误差。背景吸收与原子化条件有关,也与基体成分有关,严重时需采用专门方法扣除这部分信号,即进行背景校正。这种情况在无火焰原子吸收中更容易出现。校正背景吸收,可采用以下几种方法。

① 氘灯背景校正　仪器配有氘灯背景校正装置,其校正原理基于这样一个基本假定:在使用连续光源时（氘灯就是这样一种连续光源,其发射曲线如图 8-21 所示）,如图 8-5 在讨论积分吸收和峰值吸收时所述,采用连续光源（氘灯）测量时,待测元素的共振线吸收相对于总入射光强度来说是可以忽略不计的。因此,可以认为用氘灯作光源,测得的吸收值是背景吸收值,而不必考虑共振线吸收的影响。

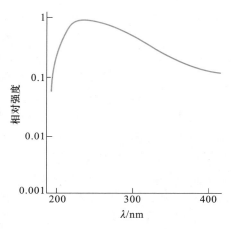

图 8-21　氘灯的发射曲线

图 8-22 表示应用氘灯背景校正器于单光束型原子吸收分光光度计的背景自动校正工作原理。使空心阴极灯及氘灯所发射的光束位于同一光轴而通过原子蒸气的相同部位。由于空心阴极灯及氘灯分别以 500 Hz 及 1 000 Hz 脉冲电源供电,因此检测器的输出是两种不同频率信号的和。此输出信号的两种成分经前置放大器放大后,用两个同步检波器进行分离。其中一个仅对 500 Hz 信号成分（由空心阴极灯提供的欲测元素共振线吸收及背景吸收的和）有响应,另一个则对 1 000 Hz 信号成分（由氘灯测得的背景吸收）有响应。最后经对数变换器进行对数变换,由减法器得到此两信号的差。

采用氘灯校正背景,由于使用两种性质不同的光源,它们的光斑几何形状有异,试样光束与参比光束的光轴较难一致,可应用的波长范围较狭,一般为 190～360 nm,不能用于可见光,其优点是装置简单,操作方便,应用较广。

② 塞曼效应背景校正　塞曼效应(Zeeman effect)背景校正是另一种有效的背景校正方法,它具有较强的校正能力（可校正吸光度高达 1.5～2.0 的背景）,且校正背景的波长范围宽(190～900 nm)。所谓塞曼效应是指在磁场作用下简并的谱线发生分裂的现象。塞曼效应背景校正是磁场将吸收线分裂为具有不同偏振方向的成分,利用这些分裂的偏振成分来区别被测元素和背景的吸收。

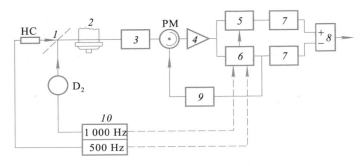

图 8-22　背景自动校正工作原理

HC—空心阴极灯；D₂—氘灯；PM—检测器；1—栅形镜；2—燃烧器；3—单色器；
4—前置放大器；5—500 Hz 同步检波器；6—1 000 Hz 同步检波器；
7—对数变换器；8—减法器；9—负高压电源；10—灯电源

　　如图 8-23 所示,在原子化器(光焰或石墨炉)上施加一恒定磁场(恒磁场调制方式),磁场垂直于光束方向。在磁场作用下,对于 M 原子(具有单重态结构)由于塞曼效应,原子吸收线分裂为 π 和 $\sigma^{\pm}$ 成分,π 成分的偏振方向与磁场平行,波长不变;$\sigma^{\pm}$ 成分的偏振方向与磁场垂直,波长分别向长波与短波方向移动。由空心阴极灯发出的发射线经旋转式偏振器分解为 $P_{\parallel}$ 和 $P_{\perp}$ 两条传播方向一致、波长一样但偏振光 $P_{\parallel}$ 的偏振方向与磁场方向平行,$P_{\perp}$ 则与磁场垂直。当 $P_{\parallel}$ 和 $P_{\perp}$ 随偏振器的旋转交替通过原子蒸气时,在某一时刻通过原子化器的 $P_{\parallel}$ 被 π 吸收线及背景吸收,测得原子吸收和背景吸收的总吸光度;另一时刻 $P_{\perp}$ 通过原子化器时。$\sigma^{\pm}$ 偏振方向虽一致,但波长不同,此时只测得背景吸收,因此用 $P_{\parallel}$ 作试样光束,$P_{\perp}$ 作参比光束即可进行背景校正。

　　塞曼效应背景校正还可用交变磁场调制方式进行。它与上述恒磁场调制方式的主要区别有两点。一是给原子化器上加一电磁铁以施加交变磁场;二是不需要用旋转式偏振器,而只让与磁场方向垂直的偏振光通过原子化器。电磁铁是产生频率为 10 Hz 的交变正弦磁场,在磁场为零时,原子吸收线不发生塞曼分裂,与普通原子吸收法一样测得的是被测元素的原子吸收与背景吸收的总吸光度值,磁感应强度为最大时,原子吸收线产生塞曼分裂,当光源辐射的 $P_{\perp}$ 通过原子蒸气时,因为偏振方向与吸收线的 π 成分成正交,由于偏振方向不同,因而没有原子吸收产生,而背景吸收对偏振方向没有选择性,此时测得的是背景吸收值,两次测定吸光度之差就是校正了背景吸收后被测元素的净吸光值(参见图 8-24)。交流调制的特点是在零磁场测定时与普通原子吸收方法一样,对多数元素的灵敏度无影响,而在磁感应强度最大时测量背景吸收灵敏度的下降取

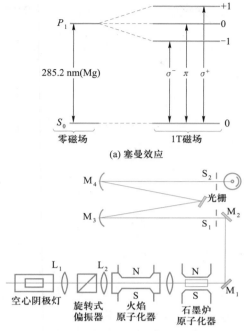

(a) 塞曼效应

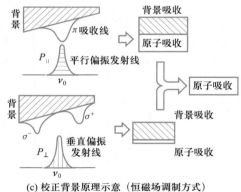

(b) 塞曼效应原子吸收分光光度计光路

(c) 校正背景原理示意（恒磁场调制方式）

图 8-23 塞曼效应

决于吸收线的塞曼分裂特性[①]，由于磁感应强度在 0～1 T 连续可调，所以可使测量时选择最佳磁感应强度以得到更满意的结果。

---

① 除具有单重态结构的元素（Mg,Cd,Zn 等）外，对于多重态（Al,In,Fe,Mo 等）元素在磁场作用下将裂分成三条以上成分，每一成分（π,σ）都由两条以上谱线组成。

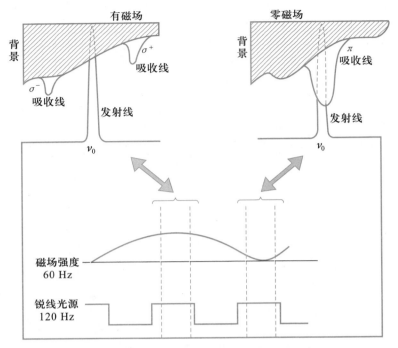

图 8-24　交变磁场调制方式塞曼效应背景扣除原理

③ 邻近线校正　由于背景吸收是宽频带吸收,因此在吸收共振线附近测量非吸收线的信号可以近似看作是相同的背景吸收信号,再从分析线总吸收中扣除这部分吸收即可实现校正。非吸收线可以是待测元素的空心阴极等发出的,也可以来自另一元素的空心阴极灯。

除此之外还可以采用与试样溶液相似组成的标准溶液来校正因基体产生的背景,或是分离基体的方法来消除其影响。

物理干扰（基体效应）(physical interference)

物理干扰是指试样在转移、蒸发过程中任何物理因素变化而引起的干扰效应。对于火焰原子化法而言,它主要影响试样喷入火焰的速率、雾化效率、雾滴大小及其分布、溶剂与固体微粒的蒸发等。这类干扰是非选择性的,亦即对试样中各元素的影响基本上相同的。

属于这类干扰的因素有:试液的黏度,它影响试样喷入火焰的速率;表面张力,它影响雾滴的大小及分布;溶剂的蒸气压,它影响蒸发速率和凝聚损失;雾化气体的压力,它影响喷入量的多少,等等。上述这些因素,最终都影响进入火焰中待测元素的原子数量,因而影响吸光度的测定。此外,大量基体元素的存在,总含盐量的增加,在火焰中蒸发和解离时要消耗大量的热量,因而也可能影响原子化效率。

　　配制与待测试样具有相似组成的标准溶液,是消除基体干扰的常用而有效的方法。若待测元素含量不太低,用简单的稀释试液的方法亦可减少甚至消除干扰。也可以使用标准加入法来消除这种干扰。

　　另一方面,这种物理干扰或称为基体效应的影响也可用来提高测定的灵敏度。例如,在测定铜时,有机溶剂可以提高测定灵敏度,见表8-6。一般认为这是由于有机试剂能提高溶液喷雾速率和雾化率,加速溶剂蒸发,从而提高原子化效率。

表8-6　有机溶剂对铜原子吸收的增强

溶剂	相对灵敏度
0.1 mol·L^{-1} HCl 溶液	1.0
甲醇,40%	1.7
乙醇,40%	1.7
丙酮,40%	2.0
丙酮,80%	3.5
20%丙酮+20%异丁酮	2.35
正戊酮	2.8
甲基异丁基酮	3.9
乙酸乙酯	5.1

化学干扰 (chemical interference)

　　化学干扰是指待测元素与其他组分之间的化学作用所引起的干扰效应,它主要影响待测元素的原子化效率。这类干扰具有选择性,它对试样中各种元素的影响是各不相同的,并随火焰温度、火焰状态和部位、其他组分的存在、雾滴的大小等条件而变化。化学干扰是原子吸收分光光度法中的主要干扰来源。

　　典型的化学干扰是待测元素与共存物质作用生成难挥发的化合物,致使参与吸收的基态原子数减少。在火焰中容易生成难挥发氧化物的元素有铝、硅、硼、钛、铍等。例如,硫酸盐、磷酸盐、氧化铝对钙的干扰,是由于它们与钙可形成难挥发化合物所致。应该指出,这种形成稳定化合物而引起干扰的大小,在很大程度上取决于火焰温度和火焰气体组成。使用高温火焰可降低这种干扰。

　　电离是化学干扰的又一重要形式。原子失去一个或几个电子后形成离子,不产生吸收能力,所以部分基态原子的电离,会使吸收强度减弱。这种干扰是某些电离能较小的元素所特有的。例如,对于电离能≤6 eV的元素,在火焰中容易电离(表8-7),火焰温度越高,干扰越严重。这种现象在碱金属和碱土金属中特别显著。

表8-7   某些元素的电离度(乙炔-氧化亚氮火焰)

元素	电离能/eV	电离度/%
Be	9.3	0
Mg	7.6	6
Ca	6.1	43
Sr	5.7	84
Ba	5.2	88
Al	6.0	10
Yb	6.2	20

由于化学干扰是一个复杂过程,因此,消除干扰应根据具体情况不同而采取相应的措施。抑制干扰是消除干扰的理想方法。在标准溶液和试样溶液中均加入某些试剂,常可控制化学干扰,这类试剂有如下几种。

(1) 消电离剂   为了克服电离干扰,一方面可适当降低火焰温度,另一方面可加入较大量的易电离元素,如钠、钾、铷、铯等。这些易电离元素称为消电离剂,在火焰中强烈电离而产生大量电子,这就抑制、减少了待测元素基态原子的电离,使测定结果得到改善。

(2) 释放剂   加入一种过量的金属元素,与干扰元素形成更稳定或更难挥发的化合物,从而使待测元素释放出来。例如,磷酸盐干扰钙的测定,当加入La或Sr之后,Sr与磷酸根离子结合而将Ca释放出来,从而消除了磷酸盐对钙的干扰。

(3) 保护剂   这些试剂的加入,能使待测元素不与干扰元素生成难挥发化合物,例如,为了消除磷酸盐对钙的干扰,也可以加入EDTA配合剂,此时Ca转化为EDTA-Ca配合物,后者在火焰中易于原子化,这样也可消除磷酸盐的干扰。同样,在铅盐溶液中加入EDTA,可以消除磷酸盐、碳酸盐、硫酸盐、氟离子、碘离子对测定铅的干扰。加入8-羟基喹啉,可消除铝对镁、铁的干扰。加入氟化物,使Ti,Zr,Hf,Ta转变为含氧氟化合物,它能比氧化物更有效地原子化,从而提高了这些元素的测定灵敏度。这里使用有机配合剂较无机配合剂更好,因为有机化合物在火焰中易于破坏,使与其结合的金属元素能有效地原子化。

(4) 缓冲剂   即于试样与标准溶液中均加入超过缓冲量(即干扰不再变化的最低限量)的干扰元素。如在用乙炔-氧化亚氮火焰测钛时,可在试样和标准溶液中均加入质量分数为 2×10^{-4} 以上的铝,使铝对钛的干扰趋于稳定。

　　除加入上述试剂以控制化学干扰外,还可用标准加入法来控制,这是一种简便而有效的方法。如果用这些方法都不能控制化学干扰,可考虑采用沉淀法、离子交换、溶剂萃取等分离方法,将干扰组分与待测元素分离。

　　需要特别指出的是,若用有机溶剂进行萃取分离等试样前处理时,应考虑有机溶剂本身对原子吸收信号的影响,这种影响可分为两个方面。一是对试样雾化过程的影响,这在物理干扰一节中已经讨论;二是对火焰燃烧过程的影响,表现在有机试剂会改变火焰温度和组成,影响原子化效率,或是试剂产物会引起发射和吸收,包括不完全燃烧产生的微粒碳引起的散射等,这些既是化学干扰也是背景吸收干扰,因而选择有机试剂时一定要综合考虑各个影响因素。例如,含氯有机溶剂(如氯仿、四氯化碳等),苯,环己烷,正庚烷,石油醚,异丙醚等,燃烧不完全时生成的微粒碳引起散射,而且这些溶剂本身也呈现强吸收,故不宜采用。酯类、酮类燃烧完全,火焰稳定,在通常采用的波长区,溶剂本身也不呈现强吸收,因此是最合适的溶剂。在萃取分离金属有机配合剂时,应用最广的是甲基异丁基酮。

§8-6　原子吸收光谱分析法的评价 指标及测定条件的选择

灵敏度、特征浓度及检出限

　　在原子吸收光谱分析中,灵敏度 S 和检出限 D 是评价分析方法与分析仪器的两个重要指标。其中,灵敏度 S 的定义为校正曲线的斜率,公式表达为

$$S = \frac{\mathrm{d}A}{\mathrm{d}c} \tag{8-18}$$

或

$$S = \frac{\mathrm{d}A}{\mathrm{d}m} \tag{8-19}$$

即当待测元素的浓度或质量 m 改变一个单位时,吸光度 A 的变化量。在火焰原子化法中常用特征浓度(characteristic concentration)来表征灵敏度,所谓特征浓度是指能产生 1% 吸收或 0.004 4 吸光度值时溶液中待测元素的质量浓度($\mu g \cdot mL^{-1}/1\%$)或质量分数($\mu g \cdot g^{-1}/1\%$)。如 1 $\mu g \cdot g^{-1}$ 镁溶液,测得其吸光度为 0.55,则镁的特征浓度为

$$\frac{1\ \mu g \cdot g^{-1}}{0.55} \times 0.004\ 4 = 8\ ng \cdot g^{-1}/1\%$$

对于石墨炉原子化法,由于测定的灵敏度取决于加到原子化器中试样的质量,此时采用特征质量(以 g/1% 表示)更为适宜。显然,特征浓度或特征质量愈小,测定的灵敏度愈高。

检出限是指产生一个能够确证在试样中存在某元素的分析信号所需要的该元素的最小含量。亦即待测元素所产生的信号强度等于其噪声强度标准偏差三倍时(3σ,99.7% 置信度)所相应的质量浓度或质量分数,用 $\mu g \cdot mL$ 或 $\mu g \cdot g^{-1}$ 表示。绝对检出限则用 D_m 表示

$$D_c = \frac{\rho}{A} \cdot 3\sigma \tag{8-20}$$

或

$$D_m = \frac{m}{A} \cdot 3\sigma \tag{8-21}$$

式中,ρ 和 m 分别为待测液的质量浓度和质量,A 为多次待测试液吸光度的平均值,σ 为噪声的标准偏差,是对空白溶液或接近空白的标准溶液进行至少十次连续测定,由所得的吸光度值求算其标准偏差而得。

检出限比灵敏度具有更明确的意义,它考虑到了噪声的影响,并明确地指出了测定的可靠程度。由此可见,降低噪声,提高测定精密度是改善检出限的有效途径。

灵敏度或特征浓度与一系列因素有关,首先取决于待测元素本身的性质,如难熔元素的灵敏度比普通元素的灵敏度要低得多。其次,还和测定仪器的性能如单色器的分辨率、光源的特性、检测器的灵敏度等有关。此外,还受到实验测试条件的影响。

测试条件的选择

原子吸收分光光度分析中,测定条件的选择,对测定的灵敏度、准确度和干扰情况等有很大的影响,必须予以重现。现择其要点讨论如下。

1. 分析线的选择

通常选择元素的共振线作分析线,因为这样可使测定具有较高的灵敏度。但并不是任何情况下都是如此,例如,As,Se,Hg 等的共振线处于远紫外区,此时火焰的吸收很强烈(参见 §8-5),因而不宜选择这些元素的共振线作分析线。即使共振线不受干扰,在实际工作中,也未必都要选用共振线,例如,在分析较高浓度的试样时,吸光度过大,测量误差大,且线性范围降低,此时宁愿选取灵敏度

较低的谱线,以便得到适度的吸收值,较宽的标准曲线的线性范围,还避免了稀释引起的误差。

图8-26列出了常用的各元素的分析线。最适宜的分析线,应视具体情况通过实验确定。

2. 空心阴极灯电流

空心阴极灯的发射特性取决于工作电流,一般商品空心阴极灯均标有允许使用的最大工作电流值与可使用的电流范围。但仍需要通过实验,即通过测定吸收值随灯电流的变化而选定最适宜的工作电流(参见§8-3)。选用时应在保证光强输出稳定和合适的情况下,尽量选用最低的工作电流。

3. 狭缝宽度

在原子吸收分光光度法中,谱线重叠的概率较小,因此在测定时使用较宽的狭缝,可以增加光强,从而用较小的增益以降低检测器的噪声,提高信噪比,改善检出限。

狭缝宽度的选择与一系列因素有关,首先与单色器的分辨能力有关。当单色器的分辨能力大时,可以使用较宽的狭缝。在光源辐射较弱或共振线吸收较弱时,必须使用较宽的狭缝。但当火焰的背景发射很强,在吸收线附近有干扰谱线时,就应使用较窄的狭缝。合适的狭缝宽度同样应通过实验确定。

4. 火焰原子化条件

首先是火焰的选择和调节,它是保证高原子化效率的关键因素。选择什么样的火焰,取决于具体元素。不同火焰对波长辐射的透射性能是不同的。乙炔火焰在220 nm以下的短波区有明显的吸收,因此对于分析线处于这一波段区的元素,应考虑在该区域透明度较高的氢气火焰。另外,不同火焰所能产生的最高温度是有很大差别的。显然,对于易生成难解离化合物的元素,应选择温度高的乙炔-空气,甚至乙炔-氧化亚氮火焰;反之,对于易电离元素,高温火焰常引起严重的电离干扰,不宜选用。选定火焰类型后,应通过实验进一步确定燃气与助燃气流量的合适比例。

其次是燃烧器高度。对于不同元素,自由原子浓度随火焰高度的分布是不同的。由图8-25可见,对氧化物稳定性高的Cr,随火焰高度增加,即火焰氧化特性增强,形成氧化物的趋势增大,因此吸收值相应地随之下降。反之,对于氧化物不稳定的Ag,其原子浓度主要由银化合物的解离速率所决定,故Ag的吸收值随火焰高度增加而增大。而对于氧化物稳定性中等的Mg,吸收值开始随火焰的高度的增加而增大,达到

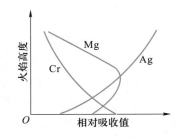

图8-25　自由原子在火焰中的分布

极大值后又随火焰高度的增加而降低。这是由于在前一种情况,吸收信号由自由 Mg 原子产生的速率所决定,后一情况,随火焰氧化特性的增强,自由 Mg 原子又因生成氧化镁而损失。由上例可见,由于元素自由原子浓度在火焰中随火焰高度不同而各不相同,在测定时必须仔细调节燃烧器的高度,使测量光束从自由原子浓度最大的火焰区通过,以期得到最佳的灵敏度。

　　5. 石墨炉原子化条件

　　在石墨炉原子化方法中,选择升温程序,包括干燥、灰化、原子化和净化的温度、升温速度和维持时间十分重要。干燥一般在稍低于溶剂沸点下进行,一般 30 s 左右,视试样体积大小而定;灰化应在保证被测元素没有损失的前提下尽可能使用较高的温度,从而减小基体干扰;原子化温度则应选择吸收最大时的尽可能低的温度,以便减小高温对石墨炉的损坏。一般最佳升温程序要通过试样的各种因素影响实验得以确定。

　　石墨炉原子吸收时,进样量对于液体一般是 $5 \sim 100 \ \mu L$,试样量过小,吸收信号弱,信噪比低;试样量过大,测定时间长,且增加净化难度。实际工作中,可根据试样吸光度的大小和基体的复杂程度加以调整。

　　需要注意的是,在确定原子吸收测定方法的工作条件时,由于各个条件之间存在交互影响,并且需要综合考虑测定的干扰情况、回收率、测定的准确度和精密度等,往往需要通过进一步的实验才能最终进行确定和评价。

§8-7　原子吸收光谱分析法的特点及其应用

原子吸收光谱仪进展

　　原子吸收分析的主要特点是测定灵敏度高,特效性好,抗干扰能力强,稳定性好,适用范围广。加上仪器较简单,操作方便,因而原子吸收分析法的应用范围日益广泛。在测定矿物、金属及其合金、玻璃、陶瓷、水泥、化工产品、土壤、食品、血液、生物试样、环境污染物等试样中的金属元素含量时,原子吸收法往往是一种主要的定量方法。

　　在具体应用上,原子吸收光谱分析法可直接测定约 70 种元素(如图 8-26),主要是金属元素,这是因为很多非金属元素的共振线位于远紫外区,如:氟、氯、溴、碘、硫等,这时可利用间接方法完成测量。例如,利用氯化物与一定量的硝酸银反应生成氯化银沉淀,然后测定溶液中剩余银的原子吸收信号,从而间接得到氯离子含量;又如,在测定氟元素时,可以利用测定镁原子吸收时,氟离子会抑制其信号强度,抑制程度与氟离子浓度之间呈线性关系,因此通过测定镁的原子吸收信号变化就可以间接得到氟离子含量。间接方法扩展了原子吸收分析方法的应用范围,甚至可以测量葡萄糖、维生素 B_{12} 这类有机化合物。

图 8-26 周期表中能用原子吸收光谱法分析的元素①

Li 670.8 1,2	Be 234.9 1+,3											B 249.7 3					
Na 589.0 589.6 1,V	Mg 285.2 1+											Al 309.3 1+,3	Si 251.6 1+,3				
K 766.5 1+,2	Ca 422.7 1,2	Sc 391.2 3	Ti 364.3 3	V 318.4 3	Cr 357.9 1+	Mn 279.5 1,2	Fe 248.3 1,2	Co 240.7 1	Ni 232.0 1,2	Cu 324.8 1,2	Zn 213.9 2	Ga 287.4 1	Ge 265.2 3	As 193.7 1	Se 196.0 1		
Rb 780.0 1,2	Sr 460.7 1+	Y 407.7 3	Zr 360.1 3	Nb 405.9 3	Mo 313.3 1+		Ru 349.9 1+	Rh 343.5 1,2	Pd 244.8 247.6 1,2	Ag 328.1 2	Cd 228.8 2	In 303.9 1,2	Sn 286.3 1	Sb 217.6 1,2	Te 214.3 1		
Cs 852.1 1	Ba 553.6 1+,3	La 392.8 3	Hf 307.2 3	Ta 271.5 3	W 400.8 3	Re 316.0 3		Ir 264.0 1	Pt 265.9 1,2	Au 242.8 1+,2	Hg 185.0 253.7 0,1,2	Tl 377.6 276.8 1,2	Pb 217.0 283.3 1,2	Bi 223.1 1,2			

Pr 495.1 3	Nd 463.4 3		Sm 429.7 3	Eu 459.4 3	Gd 368.4 3	Tb 432.0 3	Dy 421.2 3	Ho 410.3 3	Er 400.8 3	Tm 410.6 3	Yb 398.8 3	Lu 331.2 3
	U 351.4 3											

元素符号下面的数字为分析线的波长(nm),最低一排数字表示火焰的类别:0—冷原子化法;1—空气-乙炔火焰;1+—富燃空气-乙炔火焰;2—空气-丙烷或空气-天然气;3—氧化亚氮-乙炔火焰大部分元素均可用石墨炉原子化法进行分析

① 罗伯特·布朗. 最新仪器分析技术全书. 北京大学化学系等译. 北京:化学工业出版社. 1990:135.

§8-8 原子荧光光谱法

　　原子荧光光谱分析（atomic fluorescence spectrometry, AFS）是 20 世纪 60 年代中后期发展的仪器分析方法，是原子光谱分析方法的另一个分支，在仪器上与原子吸收光谱仪相近，因此归在本章最后部分简单介绍。

原子荧光的产生和类型

　　荧光是一种光致发光现象（参见§12-1）。而原子荧光的产生一般是由试样溶液在原子化器中形成原子蒸气（基态原子），当光源发出的强射线照在这些蒸气上时，原子外层电子吸收其中特征波长光的能量后从基态跃迁到高能激发态，随后再从激发态降落至基态或低能级时发射出的光，当激发光源停止照射后，荧光随即停止。由此可见这个过程与原子吸收有很大相似。

　　根据产生机理，原子荧光分为共振荧光、非共振荧光和敏化荧光三种类型。

　　（1）共振荧光　基态原子吸收共振线被激发后，再发射与原波长相同的辐射称为共振荧光，这种荧光的特点是激发线与荧光谱线能量相同，产生过程如图 8-27（a）A 所示。

　　若原子受热激发后处于亚稳态，再吸收辐射后进一步激发，然后发射相同波长的共振荧光，这种光称为热助共振荧光，见图 8-27（a）B。

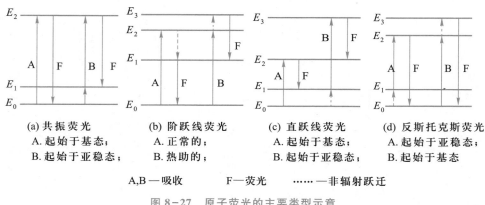

(a) 共振荧光　　　　(b) 阶跃线荧光　　　(c) 直跃线荧光　　(d) 反斯托克斯荧光
A. 起始于基态；　　A. 正常的；　　　A. 起始于基态；　　A. 起始于亚稳态；
B. 起始于亚稳态；　B. 热助的；　　　B. 起始于亚稳态；　B. 起始于基态

A, B —吸收　　　　F—荧光　　　……—非辐射跃迁

图 8-27　原子荧光的主要类型示意

　　（2）非共振荧光　当荧光与激发光波长不同时，称为非共振荧光。它包括阶跃线荧光、直跃线荧光与反斯托克斯荧光。

　　① 阶跃线荧光（stepwise fluorescence）　原子被激发至较高的激发态，随

后由于碰撞以非辐射形式去活化(deactivation)作用回到较低的激发态,进而在返回基态的过程中发射出波长比激发线波长长的荧光,如图 8-27(b)中 A 所示,如钠原子吸收 330.30 nm 光,发射出 588.99 nm 的荧光。被辐照激发的原子可在原子化器中进一步热激发到较高能级,然后返回至低能级发射出低于激发线波长的荧光,称为热助阶跃线荧光,如图 8-27(b)中 B 所示,如铬原子被 359.35 nm 光激发后,会产生很强的 387.87 nm 荧光。

② 直跃线荧光(direct-line fluorescence)　当原子由基态被辐照激发到较高激发态后,经历辐射跃迁下降到高于基态的另一激发态,此时发射出的波长比所吸收的辐射长的荧光,称为直跃线荧光,如铊原子吸收 337.6 nm 光后,除发射 337.6 nm 的共振荧光线,还发射 535.0 nm 的直跃线荧光[图 8-27(c)]。

③ 反斯托克斯荧光(anti-Stokes fluorescence)　当原子被辐射激发到某一激发态,并在此基础上在原子化器中进一步热激发到更高能级时,发射的荧光波长比激发辐射的波长短[图 8-27(d)],如 In 410.18 nm。

(3) 敏化荧光　受光激发的原子与另一种原子碰撞时,把激发能传递给另一个原子使其激发,后者再以辐射形式去活化而产生的荧光称为敏化荧光。

就大多数元素而言,共振荧光是最强荧光,是原子荧光分析中最常用的一种荧光。但非共振荧光因其远离激发波长,可消除激发光对检测器的干扰,因而非共振荧光的研究亦受到重视及应用。

原子荧光光谱分析的原理和仪器

原子荧光光谱分析特别适合于低含量元素的测定,这是由于在荧光分析时,待测物浓度在低浓度时与荧光强度成正比,见式 12-4,这也是原子荧光光谱定量分析的依据,公式表达为

$$I = Kc \qquad (8-22)$$

其中,I 为待测元素发射的荧光强度,c 为元素浓度,K 是在一定激发光强及固定原子化条件下的常数,K 与激发光强度成正比。公式在形式上与原子吸收光谱定量公式相同,但荧光强度可以通过提高激发光源强度来增加,即采用高强度光源提高测定灵敏度,这是原子荧光与原子吸收分析方法的不同之处。

原子荧光光度计与原子吸收光谱分析仪器在组件上也有很大相似之处,包括激发光源、原子化器、光学系统和检测器。但为了避免激发光源发射的辐射对原子荧光检测信号的影响,原子荧光光度计的光源、原子化器和分光系统不是排在一条线上,而是排成一定的角度,如直角形,如图 8-28 所示。

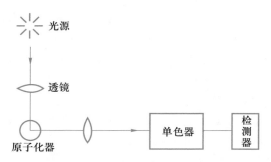

图 8-28 原子荧光分光光度计光路示意图

（1）激发光源 光源要求强度大、稳定、噪声小、寿命长、操作简便等，可用连续光源或锐线光源。连续光源如氙灯，能用于多元素同时测定，但检出限较差；锐线光源强度高，灵敏度也较高，如高强度空心阴极灯、无极放电灯、激光等。

（2）原子化器 原子化器的要求在原子荧光分析与原子吸收光谱分析中相同，可采用火焰或非火焰（如石墨炉）原子化器。不同的是原子荧光分析时，应考虑火焰成分对荧光猝灭作用（quenching effect）的影响。所谓荧光猝灭是指在原子荧光发射过程中，受激原子和其他粒子碰撞，将部分能量变成热运动或其他形式的能量而损失。荧光猝灭会使荧光的量子效率降低，从而降低测定灵敏度。例如，火焰原子吸收中常用的空气-乙炔火焰，在原子荧光分析时会产生较强的猝灭作用，因此较少采用，常用的是氢或 $Ar-H_2$ 火焰。究其原因，前者含有的 N_2、CO、CO_2 等具有较大的猝灭截面，后者要小得多。

目前商品仪器应用较多的是氢化物原子化器，主要优点是该方法使分析元素与可能引起干扰的试样基体分离，消除了大部分干扰，且装置宜于实现自动化。

（3）光学系统 原子荧光光度计根据单色器的不同，分为色散型及非色散型两类，色散型采用光栅减少和除去杂散光。非色散型采用滤光器分离分析线和邻近谱线，降低背景，其特点是仪器结构简单，操作方便，且集光能力强，信号强度大，但散射光影响较大。

（4）检测器 常用的是光电倍增管或日盲光电倍增管，在位置上与激发光束一般成直角。

原子发射、
原子吸收及
原子荧光光
谱分析比较

原子荧光分析的特点和应用

原子荧光分析是原子吸收光谱分析和原子发射光谱分析的有效补充，其特点是谱线相对简单，仪器也较简单，可以做成中小型化甚至微型化；对于约 20 种元素有更高的测定灵敏度，主要是吸收线小于 300 nm 的元素，如 Zn、Cd 等。由于原子荧光是向空间各个方向发射的,因此便于制造多道仪器从而进行多元素同时测定;但由于荧光猝灭效应的影响,在复杂基体试样测量时干扰较大。此外,分析时一般采用的高强度激发光源也会引起较大的散射光干扰。

原子荧光分析定量方法常采用标准工作曲线或标准加入法,在低浓度范围内,线性范围通常为3~5个数量级,优于原子吸收光谱分析法。因此原子荧光分析特别适合需要极高灵敏度检测的场合,例如,超纯物质、环境污染物、生物活性材料中痕量及超痕量元素的分析测试等。再如,激光诱导原子荧光光谱法(laser induced atomic fluorescence spectrometry),由于采用高强度激光作光源(如气体激光器),结合微弱信号探测技术(如 CCD),具有极高的分析灵敏度和选择性,是目前少数可能测定单个原子的方法之一。

思考题与习题

参考答案

1. 简述原子吸收分光光度分析的基本原理,并从原理上比较原子发射光谱法和原子吸收分光光度法的异同点及优缺点。

2. 何谓锐线光源? 在原子吸收分光光度分析中为什么要用锐线光源?

3. 在原子吸收分光光度计中为什么不采用连续光源(如钨丝灯或氘灯),而在分光光度计中则需要采用连续光源?

4. 原子吸收分析中,若产生下述情况而引致误差,应采取什么措施来减免之。

(1) 光源强度变化引起基线漂移。

(2) 火焰发射的辐射进入检测器(发射背景)。

(3) 待测元素吸收线和试样中共存元素的吸收线重叠。

5. 原子吸收分析中,若采用火焰原子化方法,是否火焰温度愈高,测定灵敏度就愈高? 为什么?

6. 石墨炉原子化法的工作原理是什么? 与火焰原子化法相比较,有什么优缺点? 为什么?

7. 说明在原子吸收分析中产生背景吸收的原因及影响,如何减免这一类影响?

8. 背景吸收和基体效应都与试样的基体有关,试比较它们的不同。

9. 应用原子吸收分光光度法进行定量分析的依据是什么? 定量分析有哪些方法? 试比较它们的优缺点。

10. 要保证或提高原子吸收分析的灵敏度和准确度,应注意哪些问题? 怎样选择原子吸收分光光度分析的最佳条件?

11. 从工作原理、仪器设备上对原子吸收法及原子荧光法作比较。

12. 在波长为 213.8 nm,用质量浓度为 $0.010\ \mu g \cdot mL^{-1}$ 的 Zn 标准溶液和

空白溶液连续测定 10 次,用记录仪记录的格数如下。计算该原子吸收分光光度计测定 Zn 元素的检出限。

测定序号	1	2	3	4	5
记录仪格数	13.5	13.0	14.8	14.8	14.5
测定序号	6	7	8	9	10
记录仪格数	14.0	14.0	14.8	14.0	14.2

13. 测定血浆试样中锂的含量,将三份 0.500 mL 血浆样分别加至 5.00 mL 水中,然后在这三份溶液中加入(1) 0 μL;(2) 10.0 μL;(3) 20.0 μL 0.0500 mol·L^{-1} LiCl 标准溶液,在原子吸收分光光度计上测得读数(任意单位)依次为(1) 23.0;(2) 45.3;(3) 68.0;计算此血浆中锂的质量浓度。

14. 以原子吸收光谱法分析尿试样中铜的含量,分析线 324.8 nm。测得数据如下表所示,计算试样中铜的质量浓度(μg·mL^{-1})。

加入 Cu 的质量浓度 μg·mL^{-1}	吸光度	加入 Cu 的质量浓度 μg·mL^{-1}	吸光度
0(试样)	0.28	6.0	0.757
2.0	0.44	8.0	0.912
4.0	0.60		

参考文献

[1] 武内次夫,铃木正已.原子吸收分光光度分析,附原子荧光分光光度分析.王玉珊,等译.北京:科学出版社,1975.

[2] 马成龙,王忠厚,刘国范,等.近代原子光谱分析.沈阳:辽宁大学出版社,1989.

[3] 马怡载,何华焜,杨啸涛.石墨炉原子吸收分光光度法.北京:原子能出版社,1989.

[4] 李果,吴联源,杨忠涛.原子荧光光谱分析.北京:地质出版社,1983.

[5] 施荫玉,冯亚非.仪器分析解题指南与习题.北京:高等教育出版社,1998.

[6] 高鸿.分析化学前沿.第六章激光分析的现状和发展趋势.北京:科学出版社,1991.

[7] 胡继明,陈观铨,曾云鹗.激光诱导荧光光谱分析进展.分析化学,1992,20(3):356-362.

[8] 杨丙成,关亚风,谭峰.超痕量分析中的激光诱导荧光检测.化学进展,2004,
　　　16(6):871-878.

[9] L'vov B V. Atomic absorption spectrochemical analysis. New York:
　　　American Elsevier,1970.

[10] Price W J.Spectrochemical analysis by atomic absorption.Heyden&Son,1979.

[11] Skoog D A.Holler F J.Nieman T A.Principles of Instrumental Analysis.
　　　5th ed.Philadephia:Sounders College Pub.Harcount Brace College Pub,
　　　1998.

第9章 紫外吸收光谱分析
Ultraviolet Spectrophotometry, UV

§9-1 分子吸收光谱

前述原子发射光谱、原子吸收光谱及原子荧光光谱是由于原子发射或吸收电磁辐射时，使原子核外电子能级产生跃迁所引起的，这些都属于原子光谱的范畴，本章及第 10、11、12 章将讨论分子光谱。

分子和原子一样，也有它的特征分子能级。分子内部的运动可分为价电子运动，分子内原子在平衡位置附近的振动和分子绕其重心的转动。因此分子具有电子（价电子）能级、振动能级和转动能级。对于双原子分子的电子、振动、转动能级如图 9-1 所示。图中 S_0 和 S_1 是电子能级，在同一电子能级 S_0，分子的能量还因振动能量的不同而分为若干"支级"，称为振动能级，图中 $v'=0,1,2,\cdots$ 即为电子能级 S_0 的各振动能级，而 $v''=0,1,2,\cdots$ 为电子能级 S_1 的各振动能级。分子在同一电子能级和同一振动能级时，它的能量还因转动能量的不同而分为若干"分级"，称为转动能级，图中 $J'=0,1,2,\cdots$ 即为 S_0 电子能级和 $v'=0$ 振动能级的各转动能级。所以分子的能量 E 等于下列三项之和：

$$E=E_e+E_v+E_r \tag{9-1}$$

式中，E_e，E_v，E_r 分别代表电子能、振动能和转动能。

分子从外界吸收能量后，就能引起分子能级的跃迁，即从基态能级跃迁到激发态能级。分子吸收能量具有量子化的特征，即分子只能吸收等于两个能级之差的能量：

$$\Delta E=E_2-E_1=h\nu=\frac{hc}{\lambda} \tag{9-2}$$

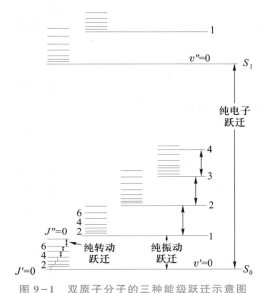

图 9-1 双原子分子的三种能级跃迁示意图

(实际上电子能级间隔要比图示大得多,而转动能级间隔要比图示小得多。)

式中,各项参数的物理含义与式(7-1)相同。

由于三种能级跃迁所需能量不同,所以需要不同波长的电磁辐射使它们跃迁,即在不同的光学区出现吸收谱带。

电子能级跃迁所需的能量较大,其能量一般在 1～20 eV。如果是 5 eV,则由式(9-2)可计算相应的波长:

已知
$$h = 6.626 \times 10^{-34} \text{ J·s} = 4.136 \times 10^{-15} \text{ eV·s}$$
$$c(\text{光速}) = 2.998 \times 10^{10} \text{ cm·s}^{-1}$$

故
$$\lambda = \frac{hc}{\Delta E} = \frac{4.136 \times 10^{-15} \text{ eV·s} \times 2.998 \times 10^{10} \text{ cm·s}^{-1}}{5 \text{ eV}}$$
$$= 2.48 \times 10^{-5} \text{ cm} = 248 \text{ nm}$$

可见,由于电子能级跃迁而产生的吸收光谱主要处于紫外及可见光区(200～780 nm)。这种分子光谱称为电子光谱或紫外及可见光谱。

在电子能级跃迁时不可避免地要产生振动能级的跃迁。振动能级的能量差一般在 0.025～1eV。如果能量差是 0.1 eV,则它为 5 eV 的电子能级间隔的 2%,所以电子跃迁并不是产生一条波长为 248 nm 的线,而是产生一系列的线,其波长间隔约为 248 nm×2%≈5 nm。

实际上观察到的光谱要复杂得多。这是因为还伴随着转动能级跃迁的缘故。转动能级的间隔一般小于 0.025 eV。如果间隔是 0.005 eV,则它为 5 eV

的 0.1%,相当的波长间隔是 248 nm×0.1%＝0.25 nm。可见,分子光谱远较原子光谱复杂。紫外吸收光谱及可见吸收光谱,一般包含有若干谱带系,不同谱带系相当于不同的电子能级跃迁,一个谱带系(即同一电子能级跃迁,如由能级 S_0 跃迁到能级 S_1)含有若干谱带,不同谱带相当于不同的振动能级跃迁。同一谱带内又包含有若干光谱线,每一条线相当于转动能级的跃迁,它们的间隔如上所述约为 0.25 nm。一般分光光度计的分辨率不能分辨如此小间隔的谱线,故观察到的为合并成的较宽的带,所以分子光谱呈现为一种带状光谱(如图 9-3 所示)。

如果用红外线($\lambda＝0.78\sim50~\mu m$,相当的能量为 $1\sim0.025$ eV)照射分子,则此电磁辐射的能量不足以引起电子能级的跃迁,只能引起振动能级和转动能级的跃迁,这样得到的吸收光谱为振动转动光谱或称为红外吸收光谱。若用能量更低的远红外线($50\sim300~\mu m$,相当的能量为 $0.025\sim0.003$ eV)照射分子,则只能引起转动能级的跃迁。这样得到的光谱称为转动光谱或称远红外光谱。

不同波长范围的电磁波所能激发的分子和原子的运动情况如表 7-1 所示。

§9-2 有机化合物的紫外吸收光谱

紫外吸收光谱是由于分子中价电子的跃迁而产生的。因此,这种吸收光谱取决于分子中价电子的分布和结合情况,同分子内部的结构有密切的关系。按分子轨道理论,在有机化合物分子中有几种不同性质的价电子:形成单键的电子称为 σ 键电子;形成双键的电子称为 π 键电子;氧、氮、硫、卤素等含有未成键的孤对电子,称为 n 电子(或称 p 电子)。当它们吸收一定能量 ΔE 后,这些价电子将跃迁到较高的能级(激发态),此时电子所占的轨道称为反键轨道,反键轨道具有较高能量,如图 9-2 所示。图中 σ^* 表示 σ 键电子的反键轨道,π^* 表示 π 键电子的反键轨道。一般而言,未成键孤对电子较易激发,成键电子中 π 电子较相应的 σ 电子具有较高的能级,而反键电子却相反。

由图 9-2 可见,有机化合物价电子可能由低能级轨道跃迁至相应的高能级轨道,产生的跃迁主要为 $\sigma\rightarrow\sigma^*$,$n\rightarrow\sigma^*$,$n\rightarrow\pi^*$ 及 $\pi\rightarrow\pi^*$。各种跃迁所需能量大小为

$$E(\sigma\rightarrow\sigma^*)>E(n\rightarrow\sigma^*)\geqslant$$
$$E(\pi\rightarrow\pi^*)>E(n\rightarrow\pi^*)$$

因此,简单分子中 $n\rightarrow\pi^*$ 跃迁、配位

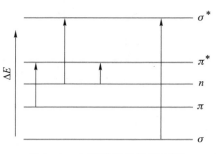

图 9-2 电子跃迁能级示意图

场跃迁(见§9-3)需最小的能量,吸收带出现在长波段方向,$n \rightarrow \sigma^*$,$\pi \rightarrow \pi^*$ 的吸收带出现在较短波段,而 $\sigma \rightarrow \sigma^*$ 跃迁则出现在远紫外区。

现根据电子跃迁讨论有机化合物中较为重要的一些紫外吸收光谱,由此可以看到紫外吸收光谱与分子结构的关系。

1. 饱和烃

饱和单键碳氢化合物只有 σ 键电子,σ 键电子最不易激发,只有吸收很大的能量后,才能产生 $\sigma \rightarrow \sigma^*$ 跃迁,因而一般在远紫外区($10 \sim 200$ nm)才有吸收带。远紫外区又称为真空紫外区,这是由于小于 160 nm 的紫外光要被空气中的氧所吸收,因此需要在无氧或真空中进行测定,目前应用还不多。由于这类化合物在 $200 \sim 1\,000$ nm(一般紫外及可见区分光光度计的测定范围)内无吸收带,在紫外吸收光谱分析中常用作溶剂(如己烷、庚烷、环己烷等)。

当饱和单键碳氢化合物中的氢被氧、氮、卤素、硫等杂原子取代时,由于这类原子中有 n 电子,n 电子较 σ 键电子易于激发,使电子跃迁所需能量减低,吸收峰向长波长方向移动,这种现象称为深色移动或称红移(bathochromic shift)[1],此时产生 $n \rightarrow \sigma^*$ 跃迁。如甲烷 $\sigma \rightarrow \sigma^*$ 跃迁的范围在 $125 \sim 135$ nm(远紫外区),碘甲烷(CH_3I)的吸收峰则处在 $150 \sim 210$ nm($\sigma \rightarrow \sigma^*$ 跃迁,σ 和 σ^* 能级亦因 I 取代而发生改变)及 259 nm($n \rightarrow \sigma^*$)。

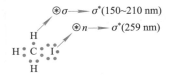

上式中 ⊛ 表示激发态电子。而 CH_2I_2 及 CHI_3 的吸收峰则分别为 292 nm 及 349 nm。这种能使吸收峰波长向长波长方向移动的杂原子基团称为助色团(auxochrome),如 $-NH_2$,$-NR_2$,$-OH$,$-OR$,$-SR$,$-Cl$,$-Br$,$-I$ 等(见表 9-1)。

表 9-1 助色团在饱和化合物中的吸收峰

助色团	化合物	溶剂	吸收峰波长 λ_{max}/nm	摩尔吸收系数 κ_{max}^*/(L·mol^{-1}·cm^{-1})
—	CH_4,C_2H_6	气态	<150	—
$-OH$	CH_3OH	正己烷	177	200
$-OH$	C_2H_5OH	正己烷	186	—
$-OR$	$C_2H_5OC_2H_5$	气态	190	1 000

---

① 当有机化合物的结构发生变化时,吸收峰也有向短波长方向移动,此时称为浅色移动或蓝移(hypsochromic shift),如烷基取代可使醛、酮的 $n \rightarrow \pi^*$ 跃迁吸收峰蓝移至较短波长。

续表

助色团	化合物	溶剂	吸收峰波长 λ_{max}/nm	摩尔吸收系数 $\kappa_{max}^{*}/(L \cdot mol^{-1} \cdot cm^{-1})$
$-NH_2$	CH_3NH_2	—	173	213
$-NHR$	$C_2H_5NHC_2H_5$	正己烷	195	2 800
$-SH$	CH_3SH	乙醇	195	1 400
$-SR$	CH_3SCH_3	乙醇	210	1 020
$-Cl$	CH_3Cl	正己烷	229 173	140 200
$-Br$	$CH_3CH_2CH_2Br$	正己烷	208	300
$-I$	CH_3I	正己烷	259	400

* κ_{max} 表示吸收峰波长处的摩尔吸收系数,对于相对分子质量不清楚的化合物,可以 $A_{1\,cm}^{1\%}$ 来表示,即吸收池厚度为 1cm,试样浓度为 1% 时的吸光度(吸收峰波长之处)。

2. 不饱和脂肪烃

这类化合物有孤立双键的烯烃(如乙烯)和共轭双键的烯烃(如丁二烯),它们含有 π 键电子,吸收能量后产生 π→π* 跃迁。若在饱和碳氢化合物中,引入含有 π 键的不饱和基团,将使这一化合物的最大吸收峰波长移至紫外及可见区范围内,这种基团称为生色团(chromophore)。常见的生色团见表 9-2。由表可见,生色团是含有 π→π* 或 n→π* 跃迁的基团。

表 9-2 常见生色团的吸收峰

生色团	化合物	溶剂	λ_{max}/nm	$\kappa_{max}/(L \cdot mol^{-1} \cdot cm^{-1})$
$>C=C<$	$H_2C=CH_2$	气态	171	15 530
$-C\equiv C-$	$HC\equiv CH$	气态	173	6 000
$>C=N-$	$(CH_3)_2C=NOH$	气态	190 300	5 000 —
$>C=O$	CH_3COCH_3	正己烷	166 276	15
$-COOH$	CH_3COOH	水	204	40
$>C=S$	CH_3CSCH_3	水	400	—
$-N=N-$	$CH_3N=NCH_3$	乙醇	338	4
$-N=O$	$CH_3(CH_2)_3-NO$	乙醚	300 665	100 20
$-N\diagup_O^O$	CH_3NO_2	水	270	14

续表

生色团	化合物	溶剂	λ_{max}/nm	$\kappa_{max}/(L\cdot mol^{-1}\cdot cm^{-1})$
$-O-N\overset{O}{\underset{O}{\diagup}}$	$C_2H_5ONO_2$	二氧六环	270	12
$-O-N=O$	$CH_3(CH_2)_7ON=O$	正己烷	$\{^{230}_{370}$	$\{^{2\,200}_{55}$
$\rangle C=C-C=C\langle$	$H_2C=CH-CH=CH_2$	正己烷	217	21 000

具有共轭双键的化合物,相间的 π 键与 π 键相互作用($\pi-\pi$ 共轭效应),生成大 π 键。由于大 π 键各能级间的距离较近(键的平均化),电子容易激发,所以吸收峰的波长就增加,生色作用大为加强。例如,乙烯(孤立双键)的 λ_{max} 为 171 nm($\kappa=15\,530$ $L\cdot mol^{-1}\cdot cm^{-1}$),而丁二烯($CH_2=CH-CH=CH_2$)由于两个双键共轭,吸收峰发生红移($\kappa_{max}=217$ nm),吸收强度也显著增加($\kappa=21\,000$ $L\cdot mol^{-1}\cdot cm^{-1}$)。这种由于共轭双键中 $\pi\rightarrow\pi^*$ 跃迁所产生的吸收带称为 K 吸收带[从德文 Konjugation(共轭作用)得名]。其特点是强度大,摩尔吸收系数 κ_{max} 通常在 $10\,000\sim200\,000$ $L\cdot mol^{-1}\cdot cm^{-1}$($>10^4$ $L\cdot mol^{-1}\cdot cm^{-1}$),吸收峰位置($\lambda_{max}$)一般处在 $217\sim280$ nm。K 吸收带的波长及强度与共轭体系的数目、位置、取代基的种类等有关。如共轭双键愈多,红移愈显著,甚至产生颜色(见表 9-3)。据此可以判断共轭体系的存在情况,这是紫外吸收光谱的重要作用。

所谓共轭分子有共轭二烯(环状二烯,链状二烯)、α,β 不饱和酮

($\underset{\beta}{\overset{\beta}{\diagdown}}C=\overset{\alpha}{\underset{|}{C}}-\overset{|}{C}=O$)、醛、酸、多烯、芳香核与双键或羰基的共轭等。

图 9-3 是乙酰苯的紫外吸收光谱(正庚烷溶剂)。由于乙酰苯中的羰基与苯环的双键共轭,因此可以看到很强的 K 吸收带($\lg\kappa>4$)。另外,还出现一所谓的 R 吸收带[从德文 Radikal(基团)得名],是相当于生色团及助色团(此处是 $-C=O$)中 $n\rightarrow\pi^*$ 跃迁所引起的:

$$\pi\rightarrow\pi^*,\text{K 吸收带}$$
$$n\rightarrow\pi^*,\text{R 吸收带}$$

R 吸收带的强度较弱($\kappa_{max}<100$ $L\cdot mol^{-1}\cdot cm^{-1}$),波长较长。图中 B 是苯环的 B 吸收带(见下述)。

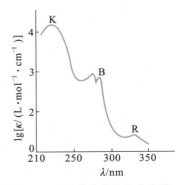

图 9-3　乙酰苯的紫外吸收光谱

表 9-3 共轭分子的吸收峰

生色团	化合物	π→π*		n→π*	
		λ_{max}/nm	κ_{max}/(L·mol⁻¹·cm⁻¹)	λ_{max}/nm	κ_{max}/(L·mol⁻¹·cm⁻¹)
C=C-C=C	H₂C=CH—CH=CH₂	217	21 000	—	—
C=C-C=O	CH₃—CH=CH—CHO	218	18 000	320	30
C≡C-C=O	C₃H₇—C—C≡CH （O）	214	4 500	308	20
C=C-C=C-C=C	CH₂=CH—CH=CH—CH=CH₂	258	35 000	—	—
C=C-C=C-C=C	H₂C=CH—C≡C—CH=CH—CH—CH₃ （OH）	257	17 000	—	—
(C=C—C)₂	二甲基辛四烯	296（浓黄）	52 000	—	—
(C=C—C)₃	二甲基十六碳六烯	360（黄色）	70 000	—	—
(C=C—C)₄	α-羟基-β-胡萝卜素	415（橙色）	210 000	—	—

3. 芳香烃

芳香族化合物为环状共轭体系。图9-4为苯的紫外光谱(乙醇为溶剂)。由图可见,苯在185 nm($\kappa=47\,000$ L·mol^{-1}·cm^{-1})和204 nm($\kappa=7\,900$ L·mol^{-1}·cm^{-1})处有两个强吸收带,分别称为 E$_1$ 和 E$_2$ 吸收带,是由苯环结构中三个乙烯的环状共轭系统的跃迁所产生的,是芳香族化合物的特征吸收。若苯环上有助色团如—OH,—Cl 等取代,由于 $n-\pi$ 共轭,使 E$_2$ 吸收带向长波长方向移动,但一般在 210 nm 左右,且可能出现 R 吸收带。若有生色团取代而且与苯环共轭($\pi-\pi$共轭),则 E$_2$ 吸收带与 K 吸收带合并且发生红移。除此以外,在230~270 nm 处(256 nm处$\kappa=200$ L·mol^{-1}·cm^{-1})

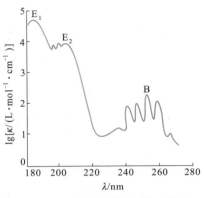

图9-4 苯的紫外吸收光谱(乙醇中)

还有较弱的一系列吸收带,称为精细结构吸收带,亦称为 B 吸收带[从德文 Benzenoid(苯的)得名],这是由于 $\pi\rightarrow\pi^{*}$ 跃迁和苯环的振动的重叠引起的。B 吸收带的精细结构常用来辨认芳香族化合物,但在苯环上有取代基时,复杂的 B 吸收带却简单化,但吸收强度增加,同时发生红移。

芳香烃取代基的取代位对紫外吸收光谱亦有影响。二取代苯的两个取代基在对位时,κ_{max}和波长都较大,而间位和邻位取代时,κ_{max}和波长都较小。例如,

HO—⟨苯环⟩—NO$_2$ $\lambda_{max}=317.5$ nm

HO—⟨苯环⟩—NO$_2$ $\lambda_{max}=273.5$ nm

HO—⟨苯环⟩ O$_2$N $\lambda_{max}=278.5$ nm

如果对位二取代苯的一个取代基是给电子基团,而另一个是吸电子基团,红移就非常大。例如,

⟨苯环⟩—NO$_2$ $\lambda_{max}=269$ nm

⟨苯环⟩—NH$_2$ $\lambda_{max}=230$ nm

H$_2$N—⟨苯环⟩—NO$_2$ $\lambda_{max}=381$ nm

§9-3 无机化合物的紫外及可见光吸收光谱

无机化合物的电子跃迁形式有电荷迁移跃迁和配位场跃迁。

1. 电荷迁移跃迁

许多无机配合物(如 $FeSCN^{2+}$)的电荷迁移跃迁可表示为

$$M^{n+}-L^{b-} \xrightarrow{h\nu} M^{(n-1)+}-L^{(b-1)-}$$

$$[Fe^{3+}-SCN^-]^{2+} \xrightarrow{h\nu} [Fe^{2+}-SCN]^{2+}$$

此处,M 为中心离子(例中为 Fe^{3+}),是电子接受体;L 是配体(例中为 SCN^-),为电子给予体。受辐射能激发后,使一个电子从给予体外层轨道向接受体跃迁而产生电荷迁移吸收光谱。许多水合离子、不少过渡金属离子与含生色团的试剂作用时,如 Fe^{2+} 和 Cu^+ 与 1,10-邻二氮菲的配合物,可产生电荷迁移吸收光谱。

2. 配位场跃迁

配位场跃迁有 d-d 和 f-f 两种跃迁。元素周期表中第四、五周期的过渡金属元素分别具有 3d 和 4d 轨道,镧系和锕系分别具有 4f 和 5f 轨道,在配体存在下,配位体场致使过渡元素 5 个能量相等的 d 轨道及镧系和锕系元素 7 个能量相等的 f 轨道分别裂分成几组能量不等的 d 轨道及 f 轨道,当它们的离子吸收光能后,低能态的 d 电子或 f 电子可分别跃迁至高能态的 d 或 f 轨道上,这两类跃迁分别称为 d-d 跃迁和 f-f 跃迁。由于这两类跃迁须在配体的配位场作用下才有可能产生,因此称之为配位场跃迁。

图 9-5 为 $[Co(NH_3)_5X]^{n+}$ 的吸收光谱,可见,电荷迁移吸收光谱通常位于紫外区,摩尔吸收系数较大($\kappa = 10^3 \sim 10^4$ L·mol^{-1}·cm^{-1});而配位场跃迁(d-d 跃迁)则通常处于可见光区,κ 值较小($\kappa < 10^2$ L·mol^{-1}·cm^{-1}),因此较少应用于定量分析中,但可用于研究无机配位物的结构及键合理论等。

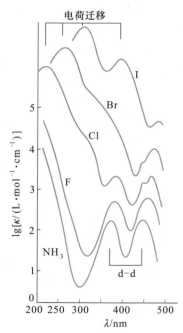

图 9-5 $[Co(NH_3)_5X]^{n+}$ 的吸收光谱
(X=NH_3 时,$n=3$;
X=F,Cl,Br,I 时,$n=2$)

§9-4　溶剂对紫外吸收光谱的影响（溶剂效应）

紫外吸收光谱中常用溶剂有己烷、庚烷、环己烷、二氧六环、水、乙醇等。应该注意,有些溶剂,特别是极性溶剂,对溶质吸收峰的波长、强度及形状可能产生影响。这是因为溶剂和溶质间常形成氢键,或溶剂的偶极使溶质的极性增强,引起 $n \rightarrow \pi^*$ 及 $\pi \rightarrow \pi^*$ 吸收带的迁移。例如,亚异丙基丙酮 $CH_3 - \underset{O}{C} - CH = C \overset{CH_3}{\underset{CH_3}{}}$ 的溶剂效应如表9-4所示。

表9-4　亚异丙基丙酮的溶剂效应

吸收带	λ_{max}（正己烷）/nm	λ_{max}（氯仿）/nm	λ_{max}（甲醇）/nm	λ_{max}（水）/nm	迁移
$\pi \rightarrow \pi^*$	230	238	237	243	向长波移动
$n \rightarrow \pi^*$	329	315	309	305	向短波移动

溶剂除了对吸收波长有影响外,还影响吸收强度和精细结构。例如,苯酚的B吸收带的精细结构在非极性溶剂庚烷中较清楚(图9-6),但在极性溶剂乙醇中则完全消失而出现一个宽峰。因此,在溶解度允许范围内,应选择极性较小的溶剂。另外,溶剂本身有一定的吸收带,如果和溶质的吸收带有重叠,将妨碍溶质吸收带的观察。表9-5是紫外吸收光谱分析中常用溶剂的最低波长极限,低于此波长时,溶剂的吸收不可忽略,这也是高效液相色谱法中选择流动相及检测波长时需要考虑的因素(参见本书第3章)。

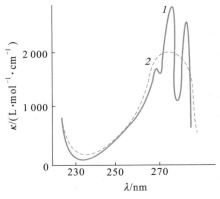

图9-6　苯酚的B吸收带

1—庚烷溶液；2—乙醇溶液

表9-5　溶剂的使用最低波长极限

溶剂	波长极限/nm
水	190
乙腈	190

续表

溶剂	波长极限/nm
正己烷	200
异辛烷	200
环己烷	205
乙醇	205
甲醇	205
乙醚	215
1,4-二氧六环	215
氯仿	245

§9-5　紫外及可见光分光光度计

光源

比色皿

　　紫外及可见光分光光度计的可测波长范围为 200～1 000 nm,也有波长范围为 200～400 nm 的紫外分光光度计,但前者较为普遍。紫外及可见光分光光度计的构造原理与可见光分光光度计[①]相似。但为适应紫外光的性质,它与后者有不同之处。

　　(1) 光源有钨丝灯及氖灯两种。可见光区(360～1 000 nm)使用钨丝灯;紫外光区则用氖灯(参见图 9-7)。

　　(2) 由于玻璃会吸收紫外线,因此盛溶液的吸收池(比色皿)用石英制成。

　　(3) 检测器常使用光电倍增管、光电二极管(阵列),高端仪器上也开始应用 CCD 或 CID 等阵列型检测器(参见本教材第 7 章)。这些检测器可快速获得全波长段的光谱图,为化学反应的追踪提供了便利。

　　图 9-7 是一种双光束、自动记录式紫外及可见光分光光度计的光程原理图。这类仪器可以自动描绘出待测物质的紫外及可见光波长范围内的吸收光谱,因而可以迅速地得到待测物质的定性数据。另一方面,它能够消除、补偿由于光源、电子测量系统不稳定等所引致的误差,所以其测量的精确度就提高了。由光源(钨丝灯或氖灯,根据波长而变换使用)发出的光经入口狭缝及反射镜反射至光栅,色散后经过出口狭缝而得到所需波长的单色光束。然后由反射镜反射至半透半反射镜上,使光束分成两束并分别投射到参比溶液(空白溶液)及试

---

　　① 可见光分光光度计及吸光光度法原理习惯上归在化学分析类教材中介绍,本书不再论述,需要者可参看相关书籍,例如,武汉大学编《分析化学》第 6 版上册。

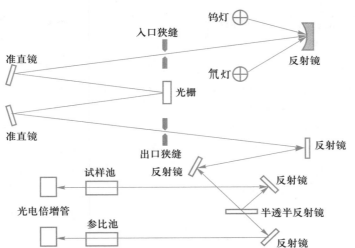

钨灯

入口狭缝

准直镜

氘灯

反射镜

光栅

准直镜

出口狭缝

反射镜

试样池

反射镜

光电倍增管

半透半反射镜

参比池

反射镜

图 9-7　一种双光束、自动记录式紫外及可见光分光光度计光程原理图

紫外-可见
分光光度计

固体的紫外
吸收的测定

样溶液上,后面的光电倍增管接受通过参比溶液及试样溶液光通量。现代仪器在主机中装有微处理机或外接微型电子计算机,控制仪器操作和处理测量数据,组装有屏幕显示、打印机等。

§9-6　紫外吸收光谱的应用

目前,吸光光度分析在物质的定量测定方面已得到普遍应用。而紫外吸收光谱分析与在可见光区进行吸光光度分析比较,具有一些突出的特点。它可用来进行在紫外区范围有吸收峰的物质的检定及结构分析,其中主要是有机化合物的分析和检定,同分异构体的鉴别,物质结构的推断,等等。但是,有机化合物在紫外区中有些没有吸收谱带,有的仅有较简单而宽阔的吸收光谱。另一方面,如果物质组成的变化不影响生色团及助色团,就不会显著地影响其吸收光谱,如甲苯和乙苯的紫外吸收光谱实际上是相同的。因此物质的紫外吸收光谱基本上是其分子中生色团及助色团的特性,而不是它的整个分子的特性。所以,单根据紫外光谱不能完全决定物质的分子结构,还必须与红外吸收光谱、核磁共振波谱、质谱及其他化学的和物理化学的方法共同配合起来,才能得出可靠的结论。当然,紫外光谱也有其特有的优点,例如,具有 π 键电子及共轭双键的化合物,在紫外区有强烈的 K 吸收带、其摩尔吸收系数 κ 可达 $10^4 \sim 10^5$ L·mol^{-1}·cm^{-1},检测灵敏度很高(红外吸收光谱的 κ 很少超过 10^3 L·mol^{-1}·cm^{-1}),因而紫外吸收光谱的 λ_{max} 和 κ_{max}(或 $A_{1cm}^{1\%}$)还是能像其他物理常数,如熔点、旋光度等一样提供一些有价值的定性数据的。其次,紫外吸收光谱分析所用的仪器比较简单而普遍,操作方便,准确度也较高,因此它的应用是很广泛的。

1. 定性分析

以紫外吸收光谱鉴定有机化合物时,通常是在相同的测定条件下,比较待测试样与已知标准物的紫外光谱图,若两者的谱图相同,则可认为待测试样与已知化合物具有相同的生色团。

但应注意,紫外吸收光谱常只有 2～3 个较宽的吸收峰,这常常会导致不同分子结构产生相同的紫外吸收光谱,但它们的吸收系数却是有差别的,所以在比较 λ_{max} 的同时,还要比较它们的 κ_{max} 或 $A_{1\,cm}^{1\%}$。如果待测物和标准物的吸收波长相同、吸收系数也相同,则可进一步认为两者是同一物质。

常用的标准图谱及紫外吸收数据可参阅章末所列参考文献[8]～[10]。

已如前述,物质的紫外吸收光谱基本上是其分子中生色团及助色团的特性,而吸收峰的波长是和存在于分子中基团的种类及其在分子中的位置、共轭情况等有关。Fieser,Woodward,Kunhn 和 Scott 在理论分析和大量实验数据的基础上,对共轭分子的波长提出了一些经验规律,据此可对一些共轭分子的吸收峰位置进行预测和计算。这对未知试样分子结构的推断是有参考价值的。较为详细的讨论可参阅章末所列参考文献[1]～[4],在这里仅就推断思路作简单说明。

根据化合物的紫外及可见区吸收光谱可以推测化合物所含的官能团。例如,一化合物在 220～800 nm 范围内无吸收峰,它可能是脂肪族碳氢化合物、胺、腈、醇、羧酸、氯代烃和氟代烃,不含双键或环状共轭体系,没有醛、酮或溴、碘等基团;如果在 210～250 nm 有强吸收带,可能含有两个双键的共轭单位;在 260～350 nm 有强吸收带,表示有 3～5 个共轭单位。

如化合物在 270～350 nm 范围内出现的吸收峰很弱($\kappa = 10\sim100$ L·mol^{-1}·cm^{-1})而无其他强吸收峰,则说明只含非共轭的,具有 n 电子的生色团。例如,

化合物	λ_{max}/nm	κ_{max}	跃迁形式
$\begin{matrix} CH_3 \\ \quad\;\; C{=}O \\ CH_3 \end{matrix}$	279	16	$n \to \pi^*$
CH_3NO_2	278	20	$n \to \pi^*$
CH_3I	259	382	$n \to \sigma^*$
$CH_3{-}N{=}N{-}CH_3$	345	5	$n \to \pi^*$
$\begin{matrix} CH_3 \\ \quad\;\; CH{-}N{=}O \\ CH_3 \end{matrix}$	300	100	$n \to \pi^*$

$$\underset{CH_3}{\overset{CH_3}{\diagdown}}C=S \qquad\qquad 400 \qquad\qquad 20 \qquad\qquad n \rightarrow \pi^*$$

如在 $250 \sim 300$ nm 有中等强度吸收带且有一定的精细结构,则表示有苯环的特征吸收。

紫外吸收光谱除可用于推测所含官能团外,还可用来对某些同分异构体进行判别。如乙酰乙酸乙酯存在下述酮−烯醇互变异构体:

$$CH_3 - \underset{\underset{O}{\|}}{C} - CH_2 - \underset{\underset{O}{\|}}{C} - OC_2H_5 \rightleftharpoons CH_3 - \underset{\underset{OH}{|}}{C} = CH - \underset{\underset{O}{\|}}{C} - OC_2H_5$$

酮式   烯醇式

酮式没有共轭双键,它在 204 nm 处仅有弱吸收,而烯醇式由于有共轭双键,因此在 245 nm 处有强的 K 吸收带($\kappa = 18\,000$ L·mol^{-1}·cm^{-1})。故根据它们的紫外吸收光谱可判断其存在与否。

又如 1,2−二苯乙烯具有顺式和反式两种异构体,即

反式
$\lambda_{max}=295$ nm
$\kappa_{max}=27\,000$ L·mol^{-1}·cm^{-1}

顺式
$\lambda_{max}=280$ nm
$\kappa_{max}=10\,500$ L·mol^{-1}·cm^{-1}

已知生色团或助色团必须处在同一平面上才能产生最大的共轭效应。由上列二苯乙烯的结构式可见,顺式异构体由于产生位阻效应而影响平面性,使共轭的程度降低,因而发生蓝移,并使 κ 值降低。由此可判断其顺反式的存在。

由上述一些例子可见,紫外吸收光谱可以为我们提供识别未知物分子中可能具有的生色团、助色团和估计共轭程度的信息,这对有机化合物结构的推断和鉴别往往是很有用的,这也就是紫外吸收光谱的重要应用。

2. 纯度检查与反应过程跟踪

如果一化合物在紫外区没有吸收峰,而其中的杂质有较强吸收,就可方便地检出该化合物中的痕量杂质。例如,要检定甲醇中的杂质苯,可利用苯在 256 nm 处的 B 吸收带,而甲醇在此波长处几乎没有吸收(图 9−8)。又如,四氯化碳中有无二硫化碳杂质,只要观察在 318 nm 处有无二硫化碳的吸收峰即可。

　　如果一化合物,在可见区或紫外区有较强的吸收带,有时可用摩尔吸收系数来检查其纯度。例如,菲的氯仿溶液在 296 nm 处有强吸收($\lg \kappa = 4.10$ L·mol^{-1}·cm^{-1})。用某法精制的菲,熔点 100 ℃,沸点 340 ℃,似乎已很纯,但用紫外吸收光谱检查,测得的 $\lg \kappa$ 值比标准菲低 10%,实际含量只有 90%,其余很可能是蒽等杂质。

　　紫光吸收光谱在反应过程跟踪和反应动力学研究中亦有应用。例如,干性油含有共轭双键,而不干性油是饱和脂肪酸酯或虽不是饱和体,但其双键不相共轭。不相共轭的双键具有典型的烯键紫外吸收带,其所在波长较短;共轭双键谱带所在波长较长,且共轭双键越多,吸收

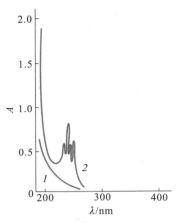

图 9-8　甲醇中杂质苯的检定
1—纯甲醇;2—被苯污染的甲醇

谱带波长越长。因此饱和脂肪酸酯及不相共轭双键的吸收光谱一般在 210 nm 以下。含有两个共轭双键的约在 220 nm 处,三个共轭双键的在 270 nm 附近,四个共轭双键的则在 310 nm 左右,所以干性油的吸收谱带一般都在较长的波长处。工业上往往要设法使不相共轭的双键转变为共轭,以便将不干性油变为干性油。紫外吸收光谱的观察是判断双键是否移动的简便方法。

3. 定量测定

　　紫外吸光光度法的定量测定原理及步骤与可见光吸光光度法相同,都是基于朗伯 - 比尔定律进行定量分析,其表达形式如下:

$$A = \kappa bc \tag{9-3}$$

式中,A 是某一波长下物质对光的吸收程度,即吸光度。κ 是吸收系数,当试样浓度 c 以 mol·L^{-1} 为单位时,κ 即为摩尔吸收系数;当 c 以 g·L^{-1} 为单位时,κ 为质量吸收系数,简称为吸收系数。b 为比色皿厚度,单位为 cm。

　　由式(9-3)可以看出,当测量波长固定,吸光系数为常数,比色皿厚度不变时,吸光度 A 与待测组分浓度 c 成正比,以此可作为定量测定的依据。上述正比关系,必须在入射光为单色光,且溶液为稀溶液时方成立,在定量分析时应予以重视。

　　紫外吸光光度法在定量分析中应用广泛,仅以药物分析来说,利用紫外吸收光谱进行定量分析的例子很多。例如,一些国家已将数百种药物的紫外吸收光谱的最大吸收波长和吸收系数载入药典。紫外吸光光度法可方便地用来直接测定混合物中某些组分的含量,如环己烷中的苯,鱼肝油中的维生素 A 等。对于

多组分混合物含量的测定,如果混合物中各种组分的吸收相互重叠,则往往仍需预先进行分离。例如,染料中间体 α-蒽醌磺酸在 253 nm 处有吸收峰,可用它来进行定量测定,但通常该试样中含有杂质(一般是 β-蒽醌磺酸,2,6-或 2,7-蒽醌双磺酸等),此时可采用薄层层析法预先分离后测定之。如果各组分的吸收峰重叠不严重,也可不经分离而同时测定它们的含量。例如,测定混合物中磺胺噻唑(ST)及氨苯磺胺(SN)的含量时,先做出 ST 及 SN 两个纯物质的吸收光谱(图 9-9)。选定两个合适的波长 λ_1 及 λ_2,使在 λ_1 时 κ_{ST}(ST 的摩尔吸收系数)和 κ_{SN} 都很大,而在 λ_2 时则使 κ_{ST} 和 κ_{SN} 的差值很大(即重叠不严重),在此例中

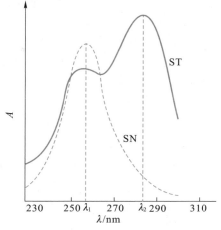

图 9-9　ST 及 SN 在乙醇中的
紫外吸收光谱

可选 $\lambda_1 = 260$ nm,$\lambda_2 = 287.5$ nm。然后分别在 λ_1 及 λ_2 处测定混合物的吸光度 A,根据吸收值的加和性原则有

$$A^{\lambda 1} = c_{ST}\kappa_{ST}^{\lambda 1} + c_{SN}\kappa_{SN}^{\lambda 1}$$

$$A^{\lambda 2} = c_{ST}\kappa_{ST}^{\lambda 2} + c_{SN}\kappa_{SN}^{\lambda 2}$$

式中,c_{ST},c_{SN} 分别为 ST,SN 的浓度,$\kappa_{ST}^{\lambda 1}$ 为在 λ_1 处 ST 的摩尔吸收系数($\kappa_{SN}^{\lambda 1}$ 等的意义与此相同),解上述联立式,即可计算 ST 和 SN 的浓度。

　　上述用解联立方程式的办法原则上也能用于测定多于两个组分的混合物。但随着组分的增加,方法将愈趋复杂。为了解决多组分分析问题,20 世纪 50 年代开始,提出并发展了许多新的吸光光度法,如双波长吸光光度法、导数吸光光度法、三波长法等。另一类方法是通过对测定数据进行数学处理后,同时得出所有共存组分各自的含量,如多波长线性回归法、最小二乘法、线性规划法、卡尔曼滤波法和因子分析法等[①]。这些近代定量分析方法的特点是不经化学或物理分离,就能解决一些复杂混合物中各组分的含量测定。

思考题与习题

　　1. 试简述产生吸收光谱的原因。

　　2. 有机化合物的电子跃迁有哪几种类型? 这些类型的跃迁各处于什么波

---

① 　罗国安,邱家学,王义明.可见紫外定量分析及微机应用.上海:上海科学技术文献出版社,1988.

长范围？

3. 何谓助色团及生色团？试举例说明。

4. 有机化合物的紫外吸收光谱中有哪几种类型的吸收带？它们产生的原因是什么？有什么特点？

5. 在有机化合物的鉴定及结构推测上，紫外吸收光谱所提供的信息具有什么特点？

6. 举例说明紫外吸收光谱在分析上有哪些应用。

7. 亚异丙基丙酮有两种异构体：$CH_3-C(CH_3)=CH-CO-CH_3$ 及 $CH_2=C(CH_3)-CH_2-CO-CH_3$ 它们的紫外吸收光谱为：(a)最大吸收波长在 235 nm 处，$\kappa_{max}=12\ 000\ L\cdot mol^{-1}\cdot cm^{-1}$；(b)220 nm 以后没有强吸收。如何根据这两个光谱来判别上述异构体？试说明理由。

8. 下列两对异构体，能否用紫外光谱加以区别？

9. 试估计下列化合物中，哪一种化合物的 λ_{max} 最大，哪一种化合物的 λ_{max} 最小？为什么？

10. 紫外及可见光分光光度计与可见光分光光度计比较，有什么不同之处？为什么？

参 考 文 献

[1] 洪山海.光谱解析法在有机化学中的应用.北京:科学出版社,1981.

[2] 周名成,俞汝勤.紫外与可见分光光度分析法.北京:化学工业出版社,1986.

[3] 陈耀祖.有机分析.北京:高等教育出版社,1981.

[4] 潘铁英,张玉兰,苏克曼.波谱解析法.2 版.上海:华东理工大学出版社,2009.

[5] 黄量,于德泉.紫外光谱在有机化学中的应用.上册.北京:科学出版社,1988.

[6] 徐光宪.物质结构.下册.北京:人民教育出版社,1978.

［7］陈国珍,等.紫外－可见光分光光度法.北京:原子能出版社,1983.

［8］萨特勒标准图谱(紫外)［Sadtler Standard Spectra(Ultraviolet),London: Heyden,1978］.(共收集有 46 000 种化合物的紫外光谱)

［9］Fridel R A, Orchin M. Ultraviolet spectra of aromatic compounds. New York:Wiley,1951.(本书收集了 579 种芳香化合物的紫外光谱)

［10］Kenzo Hiroyama. Handbook of ultraviolet and visible absorption spectra of organic compounds.New York:Plenum,1967.

［11］Gillam A E,Sterm E S.An introduction to electronic absorption spectroscopy in organic chemistry.2nd ed.Edward Arnold,1957.

［12］Olsen E D.Modern optical methods of analysis.McGraw-Hill,1975.

第10章 | 红外吸收光谱分析
Infrared Absorption Spectroscopy, IR

§10-1 红外吸收光谱分析概述

红外吸收光谱分析的发展史

  红外吸收光谱又称为分子振动转动光谱。红外光谱在化学领域中的应用，大体上可分为两个方面：用于分子结构的基础研究和用于化学组成的分析。前者，应用红外光谱可以测定分子的键长、键角，以此推断出分子的立体构型；根据所得的力常数可以知道化学键的强弱；由简振频率来计算热力学函数，等等。但是，红外光谱最广泛的应用还在于对物质的化学组成进行分析。用红外光谱法可以根据光谱中吸收峰的位置和形状来推断未知物结构，依照特征吸收峰的强度来测定混合物中各组分的含量，加上此法具有快速、高灵敏度，检测试样用量少，能分析各种状态的试样等特点，因此，它已成为现代结构化学、分析化学最常用和不可缺少的工具之一。

  习惯上按红外线波长，将红外光谱分成三个区域。之所以这样分类，是由于在测定这些区域的光谱时，所用的仪器不同，以及各个区域所得到的信息各不相同的缘故。这三个区域所包含的波长（波数）范围及能级跃迁类型如表 10-1 所示。其中中红外区是研究、应用得最多的区域，本章将主要讨论中红外吸收光谱。值得注意的是近红外光谱的应用。近红外光谱由于吸收峰的特征性差，且灵敏度低，使其在分析上的应用受到了限制。但 20 世纪 80 年代以来，由于计算机技术和化学计量学的应用，近红外光谱分析已得到迅速发展[1]。因此，本章还将简要介绍近红外光谱方法的原理与应用。

---

  ① 汪尔康. 21 世纪的分析化学. 第 9 章现代近红外光谱分析. 北京:科学出版社,1999.

表 10-1 红外光谱区分类

名称	$\lambda/\mu m$	σ/cm^{-1}	能级跃迁类型
近红外（泛频区）	0.75~2.5	13 300~4 000	O—H,N—H,S—H 及 C—H 键的倍频合频吸收
中红外（基本振动区）	2.5~25	4 000~400	分子中基团振动,分子转动
远红外（转动区）	25~830	400~12	分子转动,晶格振动

红外区的光谱除用波长 λ 表征外,更常用波数（wave number）σ 表征。波数是波长的倒数,表示每厘米长光波中波的数目。若波长以 μm 为单位,波数的单位为 cm^{-1},则波数与波长的关系是

$$\sigma/cm^{-1} = \frac{1}{\lambda/cm} = \frac{10^4}{\lambda/\mu m} \tag{10-1}$$

例如,$\lambda = 5~\mu m$ 的红外线,它的波数为

$$\sigma = \frac{10^4}{5} cm^{-1} = 2~000~cm^{-1}$$

所有的标准红外光谱图中都标有波数和波长两种刻度。

§ 10-2　红外吸收光谱的产生条件

如 § 9-1 所述,红外光谱是由于分子振动能级的跃迁（同时伴随转动能级跃迁）而产生的。

物质吸收电磁辐射应满足两个条件,即辐射应具有刚好能满足物质跃迁时所需的能量;辐射与物质之间有偶合（coupling）作用（相互作用）。

红外辐射具有适合的能量,能导致振动跃迁的产生。当一定频率（一定能量）的红外光照射分子时,如果分子中某个基团的振动频率和外界红外辐射的频率一致,就满足了第一个条件。为满足第二个条件,分子必须有偶极矩的改变。已知任何分子就其整个分子而言,是呈电中性的,但由于构成分子的各原子因价电子得失的难易,而表现出不同的电负性,分子也因此而显示不同的极性。通常可用分子的偶极矩（dipole moment）μ 来描述分子极性的大小。设正、负电中心的电荷分别为 $+q$ 和 $-q$,正、负电荷中心距离为 d（图 10-1）,则

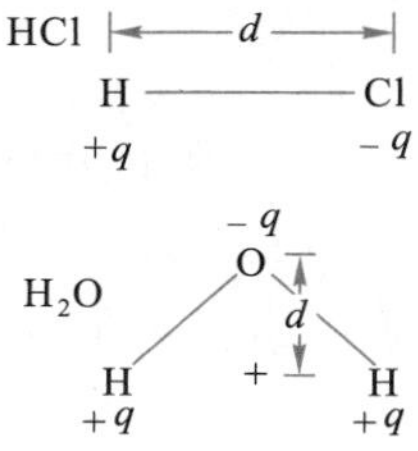

图 10-1　HCl, H_2O 的偶极矩

$$\mu = q \cdot d \tag{10-2}$$

由于分子内原子处于在其平衡位置不断地振动的状态,在振动过程中 d 的瞬时值亦不断地发生变化,因此分子的 μ 也发生相应的改变,分子亦具有确定的偶极矩变化频率;对称分子由于其正、负电荷中心重叠,如 Cl_2,N_2,O_2 等,$d=0$,故分子中原子的振动并不引起 μ 的变化。上述物质吸收辐射的第二个条件,实质上是外界辐射迁移它的能量到分子中去。而这种能量的转移是通过偶极矩的变化来实现的。这可用图 10-2 的示意简图来说明。当偶极子(距离相近,符号相反的一对电荷)处在电磁辐射的电场中时,此电场做周期性反转,偶极子将经受交替的作用力而使偶极矩增加和减小。由于偶极子具有一定的原有振动频率,显然,只有当辐射频率与偶极子频率相匹配时,分子才与辐射发生相互作用(振动偶合)而增加它的振动能,使振动加剧(振幅加大),即分子由原来的基态振动跃迁到较高的振动能级。可见,并非所有的振动都会产生红外吸收,只有发生偶极矩变化的振动才能引起可观测的红外吸收谱带,我们称这种振动为红外活性的(infrared active),反之则称为非红外活性的(infrared inactive)。

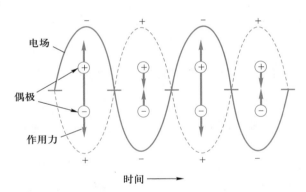

图 10-2　偶极子在交变电场中的作用示意图

由上述可见,当一定频率的红外光照射分子时,如果分子中某个基团的振动频率和它一样,二者就会产生共振,此时光的能量通过分子偶极矩的变化而传递给分子,这个基团就吸收一定频率的红外光,产生振动跃迁;如果红外光的振动频率和分子中各基团的振动频率不符合,该部分的红外光就不会被吸收。因此若用连续改变频率的红外光照射某试样,由于该试样对不同频率的红外光的吸收与否,使通过试样后的红外光在一些波长范围内变弱(被吸收),在另一些范围内则较强(不吸收)。将分子吸收红外光的情况用仪器记录,就得到该试样的红外吸收光谱图,如图 10-3 所示。图中各个吸收峰出现原因见 §10-6。

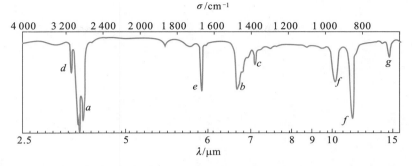

图 10-3 烯烃[1-辛烯,$CH_3—(CH_2)_5—CH\!=\!\!CH_2$]的红外光谱图

§10-3 分子振动方程

分子中的原子以平衡点为中心,以非常小的振幅(与原子核之间的距离相比)做周期性的振动,即所谓简谐振动。这种分子振动的模型,用经典的方法可以看作是两端连接着的刚性小球的体系。最简单的例子是双原子分子(谐振子),可用一个弹簧两端连着两个刚性小球来模拟,如图 10-4 所示。m_1,m_2 分别代表两个小球的质量(原子质量),弹簧的长度 r 就是分子化学键的长度。这个体系的振动频率 σ(以波数表示),用经典力学(虎克定律)可导出如下公式:

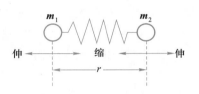

图 10-4 谐振子振动示意图

$$\sigma = \frac{1}{2\pi c}\sqrt{\frac{k}{\mu}} \tag{10-3}$$

式中,c 为光速(2.998×10^{10} cm·s^{-1}),k 是弹簧的力常数(force constant),也即连接原子的化学键的力常数(单位为 N·cm^{-1}),μ 是两个小球(即两个原子)的折合质量(reduced mass)(单位为 g)。

$$\mu = \frac{m_1 \cdot m_2}{m_1 + m_2} \tag{10-4}$$

式(10-3)即所谓分子振动方程。由此可见,影响基本振动频率的直接因素是相对原子质量和化学键的力常数。

(1)对于具有相同或相似质量的原子基团来说,振动频率与力常数 $\sqrt{k}$ 成正比,已测得

$$单键:k=4\sim 6 \text{ N}\cdot\text{cm}^{-1}$$
$$双键:k=8\sim 12 \text{ N}\cdot\text{cm}^{-1}$$
$$叁键:k=12\sim 18 \text{ N}\cdot\text{cm}^{-1}$$

因此可举例比较如下:

$$对于 C\equiv C, \mu = \frac{\dfrac{12}{N_A}\times\dfrac{12}{N_A}}{\dfrac{12}{N_A}+\dfrac{12}{N_A}} = 0.996\times 10^{-23} \text{ g}$$

式中, N_A 为阿伏加德罗常数(6.022×10^{23}), μ 即为 $C\equiv C$ 中两原子的折合质量。$C\equiv C$ 的力常数 k 为 $15 \text{ N}\cdot\text{cm}^{-1}$,已知,$1 \text{ N}=10^5 \text{ dyn}=10^5 \text{ g}\cdot\text{cm}\cdot\text{S}^{-2}$。

将以上数据带入式$(10-3)$,得

$$\sigma = \frac{1}{2\pi c}\sqrt{\frac{15\times 10^5}{0.996\times 10^{-23}}}$$
$$= 2\,061 \text{ cm}^{-1}$$

同理,

对于 $C=C, k=10 \text{ N}\cdot\text{cm}^{-1}, \sigma=1\,683 \text{ cm}^{-1}$;

对于 $C—C, k=5 \text{ N}\cdot\text{cm}^{-1}, \sigma=1\,190 \text{ cm}^{-1}$。

上述计算值与实验值是很接近的。由计算可说明,同类原子组成的化学键(折合相对原子质量相同),力常数大的,基本振动频率就大。

(2) 对于相同或相似化学键的基团,σ 与组成的原子质量的平方根成反比。

如键$C—H, k=5 \text{ N}\cdot\text{cm}^{-1}, \mu = \dfrac{\dfrac{12}{N_A}\times\dfrac{1}{N_A}}{\dfrac{12}{N_A}+\dfrac{1}{N_A}} \approx 1.53\times 10^{-22}\text{g}$,则 $\sigma=2\,920 \text{ cm}^{-1}$。

由于氢的相对原子质量最小,故含氢原子单键的基本振动频率都出现在中红外的高频区。

由于各个有机化合物的结构不同,它们的相对原子质量和化学键的力常数各不相同,就会出现不同的吸收频率,因此各有其特征的红外吸收光谱。

应该注意的是,上述用经典力学的方法来处理分子的振动是为了得到宏观的图像,便于理解并有一定性的概念。但是,一个真实的微观粒子——分子的运动需要用量子理论方法加以处理。例如,上述弹簧和小球的体系中,其能量的变化是连续的,而真实分子的振动能量的变化是量子化的。

另一方面,虽然根据式$(10-3)$可以计算其基频峰的位置,而且某些计算与实测值很接近,如甲烷的 $C—H$ 基频计算值为 $2\,920 \text{ cm}^{-1}$,而实测值为 $2\,915 \text{ cm}^{-1}$,但这种计算只适用于双原子分子或多原子分子中影响因素小的谐振子。实际上,在一个分子中,基团与基团间,基团中的化学键之间都相互有影响,因此基本振动频率除决定于化学键两端的原子质量、化学键的力常数外,还与内部因素(结构因素)及外部因素(化学环境)有关。

§10-4 分子振动的形式

上述双原子分子的振动是最简单的,它的振动只能发生在连接两个原子的直线方向上,并且只有一种振动形式,即两原子的相对伸缩振动。在多原子分子中情况就变得复杂了,但可以把它的振动分解为许多简单的基本振动。

设分子由 n 个原子组成,每个原子在空间都有三个自由度,原子在空间的位置可以用三维坐标系中的三个坐标 x,y,z 表示,因此 n 个原子组成的分子总共应有 $3n$ 个自由度,亦即 $3n$ 种运动状态。但在这 $3n$ 种运动状态中,对于非线形分子包括三种整个分子的质心沿 x,y,z 方向的平移运动和三种整个分子绕 x,y,z 轴的转动运动。这六种运动都不是分子的振动,故振动形式应有 $(3n-6)$ 种。但对于直线形分子,若贯穿所有原子的轴是在 x 方向,则整个分子只能绕 y,z 转动,因此直线形分子的振动形式为 $(3n-5)$ 种(图 $10-5$)。下面举例说明之。

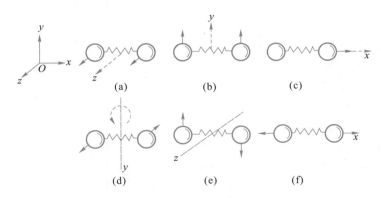

图 10-5 直线形分子的运动状态

(a),(b),(c)—平移运动;(d),(e)—转动运动;

(f)—在 x 轴上反方向运动,使分子变形,产生振动运动

非线形分子,如水分子的基本振动数为 $3\times3-6=3$,故水分子有三种振动形式(图 $10-6$)。O—H 键长度改变的振动称为伸缩振动。伸缩振动可分为两种,对称伸缩振动(用符号 σ_s 表示)及反对称伸缩振动(用 σ_{as} 表示)。键角∠HOH 改变的振动称为弯曲振动或变形振动(用 δ 表示)。一般来说,键长的

改变比键角的改变需要更大的能量,因此伸缩振动出现在高频区,而弯曲(变形)振动则出现在低频区。

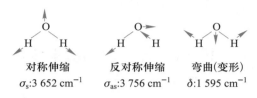

$$\begin{array}{ccc} \text{对称伸缩} & \text{反对称伸缩} & \text{弯曲(变形)} \\ \sigma_s : 3\,652\ \text{cm}^{-1} & \sigma_{as} : 3\,756\ \text{cm}^{-1} & \delta : 1\,595\ \text{cm}^{-1} \end{array}$$

图 10-6 水分子的振动及红外吸收

二氧化碳分子的振动,可作为直线形分子振动的一个例子。其基本振动数为 $3 \times 3 - 5 = 4$,故有四种基本振动形式。

(1)对称伸缩振动 $\overset{\leftarrow}{O}=C=\vec{O}$

在 CO_2 分子中,C 原子为正、负电荷的中心,$d = 0,\mu = 0$。

在这种振动形式中两个氧原子同时移向或离开碳原子,并不发生分子偶极矩的变化,因此是非红外活性的。

(2)反对称伸缩振动 $\vec{O}=\overset{\leftarrow}{C}=\vec{O}$ $\sigma_{as} = 2\,349\ \text{cm}^{-1}$

(3)面内弯曲振动 $\overset{\uparrow}{O}=C=\overset{\uparrow}{O}$ $\delta : 667\ \text{cm}^{-1}$

(4)面外弯曲振动 $\overset{\oplus}{O}=\overset{\ominus}{C}=\overset{\oplus}{O}$ $\gamma : 667\ \text{cm}^{-1}$

上式中 $\oplus$ 表示垂直于纸面向上运动,$\ominus$ 表示垂直于纸面向下运动。(3)和(4)两种振动的能量都是一样的,故吸收都出现在 $667\ \text{cm}^{-1}$ 处而产生简并,此时只观察到一个吸收峰。

亚甲基($-CH_2-$)的几种基本振动形式及红外吸收如图 10-7 所示。

因此,分子的振动形式可分成两类。

(1)伸缩振动(stretching vibration)

① 对称伸缩振动(symmetrical stretching vibration,σ_s)。

② 反对称伸缩振动(asymmetrical stretching vibration,σ_{as})。

(2)变形或弯曲振动(bending vibration)

① 面内弯曲振动(in-plane bending vibration,δ)。

剪式振动(scissoring vibration,δ)。

面内摇摆振动(rocking vibration,ρ)。

② 面外弯曲振动(out-of-plane bending vibration,γ)。

面外摇摆振动(wagging vibration,ω)。

扭曲振动(twisting vibration,τ)。

分子的振动
形式

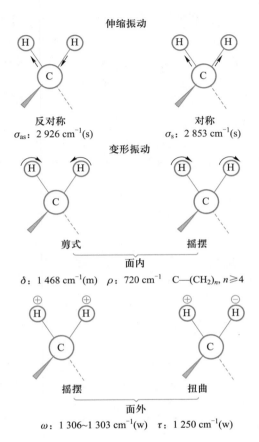

伸缩振动

反对称
σ_{as}: 2 926 cm^{-1}(s)

对称
σ_{s}: 2 853 cm^{-1}(s)

变形振动

剪式

摇摆

面内
δ: 1 468 cm^{-1}(m)　ρ: 720 cm^{-1}　C—(CH$_2$)$_n$, $n \geqslant 4$

摇摆

扭曲

面外
ω: 1 306~1 303 cm^{-1}(w)　τ: 1 250 cm^{-1}(w)

图 10-7　亚甲基的基本振动形式及红外吸收

s—强吸收；m—中等强度吸收；w—弱吸收

　　上述每种振动形式都具有其特定的振动频率，也即有相应的红外吸收峰。有机化合物一般由多原子组成，因此红外吸收光谱的谱峰一般较多。实际上，反映在红外光谱中的吸收峰有时会增多或减少，增减的原因如下。

　　(1) 在中红外吸收光谱上除基频谱带(fundamental frequecy band)，即基团由基态向第一振动能级跃迁所吸收的红外光的频率外，还有由基态跃迁至第二激发态、第三激发态等所产生的吸收谱带，这些谱带称为倍频谱带(overtone band)。倍频谱带因跃迁概率很小，一般都很弱。由于振动能级间隔不是等距离的，所以倍频不是基频的整数倍。除倍频谱带外，尚有合频谱带 $\nu_1 + \nu_2$，$2\nu_1 + \nu_2$，…，差频谱带 $\nu_1 - \nu_2$，$2\nu_1 - \nu_2$，…，等等。倍频谱带，合频谱带及差频谱带统称为泛频谱带。它的存在，使光谱变得复杂，增加了光谱对分子结构特征性的表征。

（2）由于振动偶合及费米共振，使相应吸收峰裂分为两个峰（参见§10-7）。

（3）已如前述，并不是所有的分子振动形式都能在红外区中观察到。分子的振动能否在红外光谱中出现及其强度与偶极矩的变化有关。通常对称性强的分子不出现红外光谱，对称性愈差，谱带的强度愈大。

（4）有的振动形式虽不同，但它们的振动频率相等，因而产生简并（如前述 CO_2 的面内及面外弯曲振动）。

（5）仪器分辨率不高，对一些频率很接近的吸收峰分不开。一些较弱的峰，可能由于仪器灵敏度不够而检测不出等。

§10-5 红外光谱的吸收强度

分子振动时偶极矩的变化不仅决定该分子能否吸收红外光，而且还关系到吸收峰的强度。根据量子理论，红外光谱的强度与分子振动时偶极矩变化的平方成正比。最典型的例子是 C ═ O 基和 C ═ C 基。C ═ O 基的吸收是非常强的，常常是红外谱图中最强的吸收带，而 C ═ C 基的吸收则有时出现，有时不出现，即使出现，相对地说强度也很弱。它们都是不饱和键，但吸收强度的差别却如此之大，就是因为 C ═ O 基在伸缩振动时偶极矩变化很大，因而 C ═ O 基的跃迁概率大，而 C ═ C 双键则在伸缩振动时偶极矩变化很小。

对于同一类型的化学键，偶极矩的变化与结构的对称性有关。如 C ═ C 双键在下述三种结构中，吸收强度的差别就非常明显。

（1）R—CH ═ CH$_2$ $\kappa = 40 \ L \cdot mol^{-1} \cdot cm^{-1}$

（2）R—CH ═ CH—R$'$顺式 $\kappa = 10 \ L \cdot mol^{-1} \cdot cm^{-1}$

（3）R—CH ═ CH—R$'$反式 $\kappa = 2 \ L \cdot mol^{-1} \cdot cm^{-1}$

这是由于对于 C ═ C 来说，结构（1）的对称性最差，因此吸收较强，而结构（3）的对称性相对来说最高，故吸收最弱。

谱带的强度还与振动形式有关。振动形式不同，分子的电荷分布不同，偶极矩的变化也就不同。通常，反对称伸缩振动的吸收强度大于对称伸缩振动；伸缩振动的吸收强度比变形振动大。

红外光谱的吸收强度常定性地用极强峰（vs，$\varepsilon > 100 \ L \cdot mol^{-1} \cdot cm^{-1}$），强峰（s，$20 < \varepsilon < 100 \ L \cdot mol^{-1} \cdot cm^{-1}$），中强峰（m，$10 < \varepsilon < 20 \ L \cdot mol^{-1} \cdot cm^{-1}$），弱峰（w，$\varepsilon < 10 \ L \cdot mol^{-1} \cdot cm^{-1}$）等来表示。

§10-6　红外光谱的特征性,基团频率

红外光谱的最大特点是具有特征性。复杂分子中存在许多原子基团,各个原子基团(化学键)在分子被激发后,都会产生特征的振动。分子的振动,实质上可归结为化学键的振动。因此红外光谱的特征性与化学键振动的特征性是分不开的。有机化合物的种类很多(约 2 000 种),但大多数都由 C,H,O,N,S 和卤素等元素构成,而其中大部分又是仅由 C,H,O,N 四种元素组成。所以说大部分有机物质的红外光谱都是由这四种元素所形成的化学键的振动贡献的。研究大量化合物的红外光谱后发现,同一类型的化学键的振动频率是非常相近的,总是出现在某一范围内。例如,CH_3CH_2Cl 中的 CH_3 基团具有一定的吸收谱带,而很多具有 CH_3 基团的化合物在这个频率附近($2\,800 \sim 3\,000$ cm^{-1})亦出现吸收峰,因此可以认为这就是 CH_3 基团的特征频率。这个与一定的结构单元相关的振动频率称为基团频率(group frequency)。但是它们又有差别,因为同一类型的基团在不同的物质中所处的环境各不相同,这种差别常常能反映出结构上的特点。例如,C=O 基伸缩振动的频率范围在 $1\,850 \sim 1\,660$ cm^{-1},当与此基团相连接的原子是 C,O,N 时,C=O 谱带分别出现在 $1\,715$ cm^{-1},$1\,735$ cm^{-1},$1\,680$ cm^{-1} 处,根据这一差别可区分酮、酯和酰胺。因此,吸收峰的位置和强度取决于分子中各基团(化学键)的振动形式和所处的化学环境。只要掌握了各种基团的振动频率(基团频率)及其位移规律,就可应用红外光谱来检定化合物中存在的基团及其在分子中的相对位置。

常见的化学基团在 $4\,000 \sim 670$ cm^{-1}($2.5 \sim 15$ μm)范围内有特征基团频率。在实际应用时,为便于对光谱进行解析,常将这个波数范围分为四个基团频率区。每个区域对应一类或几类基团的振动频率。

(1) X—H 伸缩振动区,$4\,000 \sim 2\,500$ cm^{-1},X 可以是 O,N,C 和 S 原子。在这个区域内主要包括 O—H,N—H,C—H 和 S—H 键含氢基团等的伸缩振动。

(2) 叁键和累积双键区,$2\,500 \sim 2\,000$ cm^{-1}。主要包括炔键—C≡C—、腈键—C≡N、丙二烯基—C=C=C—、烯酮基—C=C=O、异氰酸酯基—N=C=O 等的反对称伸缩振动。

(3) 双键伸缩振动区,$2\,000 \sim 1\,500$ cm^{-1}。主要包括 C=C,C=O,C=N,—NO$_2$ 等的伸缩振动和芳环的骨架振动(skeletal vibration)等。

(4) X—Y 伸缩振动及 X—H 变形振动区(单键区),$1\,500 \sim 400$ cm^{-1}。这个区域的光谱比较复杂,主要包括 C—H,N—H 的变形振动,C—O,C—X(卤素)等伸缩振动,以及 C—C 单键骨架振动等。

现按上述方法划分的区域对主要的吸收带进行讨论如下。

(1) X—H 伸缩振动区(4 000～2 500 cm^{-1}) O—H 基的伸缩振动出现在 3 650～3 200 cm^{-1} 的范围内,它可以作为判断有无醇类、酚类和有机酸类的重要依据。

当醇、酚和羧酸溶于非极性溶剂(如 CCl$_4$),浓度在 0.01 mol·L^{-1} 以下时,可以看到游离 OH 基的伸缩振动吸收,其吸收峰出现在 3 650～3 580 cm^{-1},峰形尖锐,且没有其他峰干扰,因此很容易识别。由于羟基化合物的缔合现象非常显著,当试样溶液浓度增加时或无溶剂时,OH 基伸缩振动吸收峰向低波数方向位移,在 3 400～3 200 cm^{-1} 出现一个宽而强的吸收峰。

应该注意,在对 OH 伸缩振动区进行解释时,要注意到 NH 基的干扰,因胺和酰胺的 NH 伸缩振动也出现在 3 500～3 100 cm^{-1}。

C—H 键的伸缩振动可分为饱和的和不饱和的。饱和碳原子上的 C—H 键的吸收频率(波数)在 3 000 cm^{-1} 以下。—CH$_3$ 的伸缩吸收出现在～2 960 cm^{-1} (反对称伸缩)和～2 870 cm^{-1}(对称伸缩)附近。$\diagdown$CH$_2$ 的吸收则在 2 930 cm^{-1} (反对称伸缩)和 2 850 cm^{-1}(对称伸缩)附近。—CH 的吸收出现在 2 890 cm^{-1} 附近,但强度很弱,甚至观察不到。例外的是三元环中的 $\diagdown$CH$_2$ 的反对称伸缩振动出现在 3 050 cm^{-1}。一般有机化合物中所含 C—H 键是很多的,无论是气态、液态或固态,都出现在这个范围之内,且取代基对它们的影响也很小。

不饱和 C—H 键,主要有苯环上的 C—H 键,双键和叁键上的 C—H 键。苯环的 C—H 伸缩振动出现在 3 030 cm^{-1} 附近,它的特征是强度比饱和的 C—H 键稍弱,但谱带比较尖锐。不饱和的双键═CH—的吸收出现在 3 040～3 010 cm^{-1} 范围,末端═CH$_2$ 的吸收出现在 3 085 cm^{-1} 附近,而叁键≡CH 上的 C—H伸缩振动出现在更高的区域(3 300 cm^{-1} 附近)。因此不饱和的 C—H 伸缩振动出现在 3 000 cm^{-1} 以上。这对于检定化合物中是否含有饱和的和不饱和的 C—H 键是很有用的。

(2) 叁键和累积双键区(2 500～2 000 cm^{-1}) 这个区域的谱带用得较少,因为含叁键和累积双键的化合物不多。对于炔类化合物,可以分成 R—C≡CH 和 R—C≡C—R′ 两种类型,前者的 C≡C 吸收出现在 2 140～2 100 cm^{-1} 附近,后者出现在 2 260～2 190 cm^{-1} 附近。如果 R′═R,因为分子是对称的,故对红外无活性。

—C≡N 基的伸缩振动在非共轭的情况下出现在 2 260～2 240 cm^{-1} 附近。当与不饱和键或芳核共轭时,该峰位移到 2 230～2 220 cm^{-1} 附近。如果分子中仅含有 C，H，N 原子，—C≡N 基吸收比较强而尖锐。如果分子中含有氧原子，且氧原子离—C≡N 基越近，—C≡N 基的吸收越弱，甚至观察不到。由于只有少数的基团在此处有吸收，因而此谱带在检定分析中，仍然是很有用的。但应注意，2 350 cm^{-1} 左右可能出现空气中 CO_2 的吸收峰，应注意甄别。

（3）双键伸缩振动区（2 000～1 500 cm^{-1}） C═C 键（链烯）的伸缩振动出现在 1 680～1 620 cm^{-1} 区，它的强度一般来讲都比较弱，甚至观察不到，对于下述含有 C═C 的分子：

$$
\begin{array}{cc}
R_1 & R_3 \\
\diagdown \quad \diagup \\
C = C \\
\diagup \quad \diagdown \\
R_2 & R_4
\end{array}
$$

显然 C═C 键的吸收强度与分子中四个基团 R_1，R_2，R_3 及 R_4 的差异大小及分子对称性有关。如果此四个基团相似或相同，则 C═C 的吸收很弱，甚至是非红外活性的。因此不可仅根据此波长范围内有无吸收来判断有无双键存在。

单核芳烃的 C═C 伸缩振动吸收主要有四个，出现在 1 620～1 450 cm^{-1} 范围内。这是芳环的骨架振动，其中最低波数 1 450 cm^{-1} 的吸收带常常观察不到。其余三个吸收带分别出现在 1 620～1 590 cm^{-1}，1 580 cm^{-1} 和 1 520～1 480 cm^{-1}。其中 1 500 cm^{-1} 附近（1 520～1 480 cm^{-1}）的吸收带最强，1 600 cm^{-1} 附近（1 620～1 590 cm^{-1}）吸收带居中，1 580 cm^{-1} 的吸收带最弱，常常被 1 600 cm^{-1} 附近的吸收带所掩盖或变成它的一个肩峰。1 600 cm^{-1} 和 1 500 cm^{-1} 附近的这两个吸收带对于确定芳核结构很有价值。

苯衍生物在 2 000～1 650 cm^{-1} 范围出现 C—H 面外和 C═C 面内变形振动的泛频吸收，强度很弱，且受该区域其他峰的干扰，因此不能用于检定目的。但它们的吸收面貌在表征芳核取代类型上很有用。

苯衍生物的
泛频吸收

C═O 基的伸缩振动出现在 1 850～1 660 cm^{-1}。C═O 基的吸收是很特征的，一般吸收都很强烈，常成为红外谱图中最强的吸收。且在 1 850～1 660 cm^{-1} 其他吸收带干扰的可能性较小，因此对 C═O 基是否存在的判断是比较容易的。含 C═O 基的化合物有酮类、醛类、酸类、酯类以及酸酐等。

酸酐的 C═O 基的吸收有两个峰，出现在较高波数处（1 820 cm^{-1} 及 1 750 cm^{-1}）。两个吸收峰的出现是由于两个羰基振动的偶合所致（见 §10−7）。可以根据这两个峰的相对强度来判别酸酐是环状的还是线形的。线形酸酐的两峰强度接近相等，高波数峰仅较低波数峰稍强。但环状酸酐的低波数峰却较高波数峰强。

　　酯类中的 C=O 基的吸收出现在 1 750～1 725 cm^{-1}，且吸收很强。当羰基和不饱和键共轭时吸收向低波数移动，而吸收强度几乎不受影响。

　　醛类的羰基如果是饱和的，吸收出现在 1 740～1 720 cm^{-1}。如果是不饱和醛，则羰基吸收向低波数移动。醛和酮的 C=O 伸缩振动吸收位置是差不多的，虽然醛的羰基吸收位置要较相应的酮高 10～15 cm^{-1}，但不易根据这一差异来区分这两类化合物。然而用 C—H 伸缩振动吸收区，却很易区别它们。在 C—H 伸缩振动的低频侧，醛有两个中等强度的特征吸收峰，分别位于 2 820 cm^{-1} 和 2 720 cm^{-1} 附近，后者较尖锐，和其他 C—H 伸缩振动吸收不相混淆，极易识别。因此根据 C=O 伸缩振动吸收以及 2 720 cm^{-1} 峰就可判断有无醛基存在。

　　羧酸由于氢键作用，通常都以二分子缔合体的形式存在，其吸收峰出现在 1 725～1 700 cm^{-1} 附近。羧酸在四氯化碳稀溶液中，单体和二缔合体同时存在，单体的吸收峰通常出现在 1 760 cm^{-1} 附近。

　　(4) X—Y 伸缩振动及 X—H 变形振动区(1 500～400 cm^{-1})　这个区域的光谱比较复杂。已如前述，这个区域主要包括 C—H，N—H 变形振动；C—O，C—X(卤素)等伸缩振动及 C—C 单键骨架振动等。由于有机化合物的骨架基本上都是由 C—C 单键构成，在这个区域中从 1 300～650 cm^{-1} 的区域又称指纹区(fingerprint region)。对应的，4 000～1 300 cm^{-1} 的区域被称为官能团区(functional group region)，基团的特征吸收大多集中在这一区域。在指纹区由于各种单键的伸缩振动之间及和 C—H 变形振动之间互相发生偶合的结果，使这个区域里的吸收带变得非常复杂，并且对结构上的微小变化非常敏感，因此只要在化学结构上存在细小的差异(如同系物、同分异构体和空间构象等)，在指纹区中就有明显的显现，就如人的指纹一样因人而异。由于图谱复杂，有些谱峰无法确定是否为基团频率，但其主要价值在于表示整个分子的特征。因此指纹区对检定化合物是很有用的。

　　900～650 cm^{-1} 区域的某些吸收峰可用来确定化合物的顺反构型或苯环的取代类型。如烯烃的=CH 面外变形振动出现的位置，很大程度上取决于双键取代情况。在如下式的反式构型(a)中，出现在 990～970 cm^{-1}，而在顺式构型(b)中则出现在 690 cm^{-1} 附近。

(a)　　　　　(b)

　　苯环上 H 原子面外变形的吸收峰位置，取决于环上的取代形式，即与苯环上相邻的 H 原子数有关，而与取代基的性质无关(表 10-2)。这个谱带的位置，连同它在 2 000～1 650 cm^{-1}范围出现的泛频吸收,为确定取代类型提供了很好的依据。

表 10-2　苯环取代类型在 900～650 cm^{-1}的面外变形振动 σ_{C-H}

取代类型	相邻氢数	σ_{C-H}/cm^{-1}
单取代	5H	770～730,710～690
邻位取代	4H	770～735
间位取代	3H	810～750,725～680
对位取代	2H	860～800

甲基的对称变形振动出现在 1 380～1 370 cm^{-1},这个吸收带的位置很少受取代基的影响,且干扰也较少,因此甲基的对称变形振动是一个很特征的吸收带,可作为判断有无甲基存在的依据。当一个碳原子上存在两个甲基时,

如(c)、(d)结构,由于两个甲基的对称变形振动互相偶合而使 1 370 cm^{-1}附近的吸收带发生分裂,从而出现两个峰(参见§10-7)。

C—O 的伸缩振动引起很强的红外吸收,它能与其他的振动产生强烈的偶合,因此 C—O 伸缩振动的吸收位置变动很大(1 300～1 000 cm^{-1})。但由于它的强度很大,常成为谱图中最强的吸收,因而易于判断 C—O 键的存在。

以上按区域讨论了一些基团的红外吸收谱带,表 10-3 进行了简要的总结。有关基团的更为详细的红外光谱性质可参看有关书籍(如章末所列举的文献)。

基团频率区可用于鉴定官能团,一个官能团有好几种振动形式与吸收峰。例如,CH$_3$—(CH$_2$)$_5$—CH=CH$_2$ 的红外光谱(图 10-3)中,由于有—CH=CH$_2$ 基的存在,可观察到 3 040 cm^{-1}附近的不饱和=C—H 伸缩振动(图中 d),1 680～1 620 cm^{-1}处的 C=C 伸缩振动(图中 e)和 990 cm^{-1}及 910 cm^{-1}处的=C—H 及=CH$_2$ 面外摇摆振动(图中 f)四个特征峰。这一组特征峰是因—CH=CH$_2$基存在而存在的相关峰。可见,用一组相关峰可更确定地鉴别官能团,这是应用红外光谱进行定性鉴定的一个重要原则。图 10-3 的另外一些吸收峰分别为:a 是饱和 C—H 伸缩振动(2 960～2 853 cm^{-1}),b 是 CH$_3$ 基反对称变形振动(1 460 cm^{-1})和 CH$_2$ 基剪式变形振动(1 468 cm^{-1})的重叠,c 是 CH$_3$ 基对称变形振动(1 380 cm^{-1}),g 是+CH$_2$+$_n$,当 $n>4$ 时的面内摇摆振动(720 cm^{-1})。

表 10-3 红外光谱中一些基团的吸收区域

区域	基团	吸收频率 cm⁻¹	振动形式	吸收强度	说明
第一区域	—OH（游离）	3 650～3 580	伸缩	m, sh	判断有无醇类、酚类和有机酸的重要依据
	—OH（缔合）	3 400～3 200	伸缩	s, b	判断有无醇类、酚类和有机酸的重要依据
	—NH₂，—NH（游离）	3 500～3 300	伸缩	m	
	—NH₂，—NH（缔合）	3 400～3 100	伸缩	s, b	
	—SH	2 600～2 500	伸缩		
	C—H 伸缩振动 不饱和 C—H				不饱和 C—H 伸缩振动出现在 3 000 cm⁻¹ 以上
	≡C—H（叁键）	3 300 附近	伸缩	s	
	=C—H（双键）	3 010～3 040	伸缩	s	末端=C—H₂ 出现在 3 085 cm⁻¹ 附近
	苯环中 C—H	3 030 附近	伸缩	s	强度上比饱和 C—H 稍弱，但谱带较尖锐
	饱和 C—H				饱和 C—H 伸缩振动出现在 3 000 cm⁻¹ 以下（3 000～2 800 cm⁻¹）取代基影响小
	—CH₃	2 960±5	反对称伸缩	s	
	—CH₃	2 870±10	反对称伸缩	s	三元环中的 $\diagup$CH₂ 出现在 3 050 cm⁻¹
	—CH₂	2 930±5	反对称伸缩	s	—C—H 出现在
	—CH₂	2 850±10	对称伸缩	s	2 890 cm⁻¹，很弱
第二区域	—C≡N	2 260～2 220	伸缩	s 针状	干扰少
	—N≡N	2 310～2 135	伸缩	m	
	—C≡C—	2 260～2 100	伸缩	v	R—C≡C—H，2140～2 100 cm⁻¹；R′—C≡C—R，2 260～2 190 cm⁻¹；若 R′=R，对称分子，无红外谱带
	—C=C=C—	1 950 附近	伸缩	v	

续表

区域	基团	吸收频率 $\dfrac{}{\text{cm}^{-1}}$	振动形式	吸收强度	说明
第三区域	C=C	1 680~1 620	伸缩	m,w	
	芳环中 C=C	1 600,1 580 1 500,1 450	伸缩	v	苯环的骨架振动
	—C=O	1 850~1 660	伸缩	s	其他吸收带干扰少,是判断羰基(酮类,酸类,酯类,酸酐等)的特征频率,位置变动大
	—NO$_2$	1 600~1 500	反对称伸缩	s	
	—NO$_2$	1 300~1 250	对称伸缩	s	
	S=O	1 220~1 040	伸缩	s	
第四区域	C—O	1 300~1 000	伸缩	s	C—O 键(酯、醚、醇类)的极性很强,常成为谱图中最强的吸收
	C—O—C	900~1 150	伸缩	s	醚类中 C—O—C 的 $\sigma_{as} = (1\,100\pm50)$ cm^{-1} 是最强的吸收。C—O—C 对称伸缩在 1 000~900 cm^{-1},较弱
	—CH$_3$,—CH$_2$	1 460±10	CH$_3$ 反对称变形 CH$_2$ 变形	m	大部分有机化合物都含 CH$_3$,CH$_2$ 基,因此此峰经常出现
	—CH$_3$	1 380~1 370	对称变形	s	很少受取代基的影响,且干扰少,是 CH$_3$ 基的特征吸收
	—NH$_2$	1 650~1 560	变形	m~s	
	C—F	1 400~1 000	伸缩	s	
	C—Cl	800~600	伸缩	s	
	C—Br	600~500	伸缩	s	
	C—I	500~200	伸缩	s	
	=CH$_2$	910~890	面外摇摆	s	
	$\left(\text{CH}_2\right)_n$,$n>4$	720	面内摇摆	v	

说明:s—强吸收;b—宽吸收带;m—中等强度吸收;w—弱吸收;sh—尖锐吸收峰;v—吸收强度可变

下面再举几个简单分子的红外光谱来说明这一关系。

图 10-8 是羧酸的典型光谱图。图中 k 的吸收带非常宽(3 400~2 500 cm^{-1}),这是形成氢键而缔合的—OH 伸缩振动,形成一系列多重叠峰,并

与 C—H 伸缩振动(3 000～2 800 cm⁻¹)重叠。l 是 C═O 基伸缩振动,在红外光谱中它最易辨认(1 700 cm⁻¹附近),m 为羧基中 C—O 伸缩振动(1 300～1 200 cm⁻¹)。n 为羧基上的—OH 面外变形振动(950～900 cm⁻¹)。

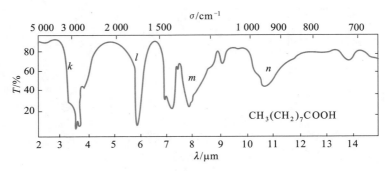

图 10-8　羧酸的红外光谱图

图 10-9 是邻、间及对位二甲苯的红外光谱。从这些图中可以看到,对于芳香族化合物,首先可以根据在 3 030 cm⁻¹附近出现苯环的 C—H 伸缩振动 σ_{C-H}(不饱和)及 1 600～1 500 cm⁻¹的 C═C 伸缩振动 $\sigma_{C═C}$ 来检查苯环是否存在,

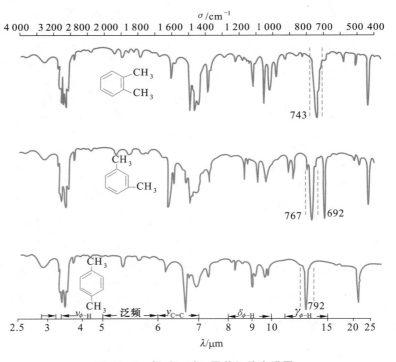

图 10-9　邻、间、对二甲苯红外光谱图

然后根据 900～650 cm^{-1} 区域中芳环上 C—H 的面外变形振动($\sigma_{\Phi-H}$)[①]的位置，鉴别芳基上的取代类型（对于二甲苯，邻位 $\sigma_{\Phi-H}=743$ cm^{-1}；间位 $\sigma_{\Phi-H}=767$，692 cm^{-1}；对位 $\sigma_{\Phi-H}=792$ cm^{-1}），最后可在 2 000～1 650 cm^{-1} 区域中，按其泛频吸收的形状来验证取代情况。

应该指出，并不是所有谱带都能与化学结构联系起来的，特别是"指纹区"。但如前所述，指纹区的主要价值在于表示整个分子的特征，因而宜于用来与标准谱图（或已知物谱图）进行比较，以得出未知物与已知物结构是否相同的确切结论。红外光谱的解释在许多情况下往往需从经验出发，这是因为化学键的振动频率与周围的化学环境，有相当敏感的依赖关系，即使像羰基这样强而有特征的振动，其吸收峰位置变化范围还是相当宽的。

§10-7 影响基团频率位移的因素

分子中化学键的振动并不是孤立的，而要受分子中其他部分，特别是相邻基团的影响，有时还会受到溶剂、测定条件等外部因素的影响。因此在分析中不仅要知道红外特征谱带出现的频率和强度，而且还应了解影响它们的因素，只有这样才能正确地进行分析。特别对于结构的测定，往往可以根据基团频率的位移和强度的改变，推断产生这种影响的结构因素。

引起基团频率位移的因素大致可分成两类，即外部因素和内部因素。现以研究较为成熟的羰基的伸缩振动为例作简要介绍。

1. 外部因素

试样状态、测定条件的不同及溶剂极性的影响等外部因素都会引起频率位移。一般气态时 C=O 伸缩振动频率最高，非极性溶剂的稀溶液次之，而液态或固态的振动频率最低。

同一化合物的气态和液态光谱或液态和固态光谱有较大的差异，因此在查阅标准图谱时，要注意试样状态及制样方法等。

2. 内部因素

（1）电效应（electrical effects） 包括诱导效应、共轭效应和偶极场效应，它们都是由于化学键的电子分布不均匀而引起的。

① 诱导效应（inductive effect） 由于取代基具有不同的电负性，通过静电诱导作用，引起分子中电子分布的变化，从而引起键力常数的变化，改变了基团的特征频率，这种效应通常称为诱导效应（I 效应）。

---

① Φ表示苯环，$\sigma_{\Phi-H}$表示苯环上 C—H 面外变形振动频率。

现从以下几个化合物来看诱导效应(直箭头表示)引起 C═O 频率升高的原因。

$$
\begin{array}{cccc}
\overset{\displaystyle \overset{\delta^-}{O}}{R-\underset{\delta^+}{C}-R'} & \overset{\displaystyle O}{R-C\rightarrow Cl} & \overset{\displaystyle O}{Cl\leftarrow C\rightarrow Cl} & \overset{\displaystyle O}{F\leftarrow C\rightarrow F}
\end{array}
$$

$\sigma_{C=O}/cm^{-1}$ 1 715   1 800   1 828   1 928

一般电负性大的基团(或原子)吸电子能力强。在烷基酮的 C═O 上,由于 O 的电负性(3.5)比 C(2.5)大,因此电子云密度是不对称的,O 附近大些(用 δ^- 表示),C 附近小些(用 δ^+ 表示),其伸缩振动频率在 1 715 cm^{-1} 左右,以此作为基准。

当 C═O 上的烷基被卤素取代时形成酰卤,由于 Cl 的吸电子作用(Cl 的电负性等于 3.0),使电子云由氧原子转向双键的中间,增加了 C═O 键中间的电子云密度,因而增加了此键的力常数。根据分子振动方程式,k 升高,振动频率也升高,所以 C═O 的振动频率升高(1 800 cm^{-1})。

随着卤素原子取代数目的增加或卤素原子电负性的增大(如 F 的电负性等于 4.0),这种静电的诱导效应也增大,使 C═O 的振动频率向更高频移动。

② 共轭效应(conjugative effect) 形成多重键的 π 电子在一定程度上可以移动,例如,1,3-丁二烯的四个碳原子都在一个平面上,共用全部 π 电子,结果中间的单键具有一定的双键性质,而两个双键的性质有所削弱,这就是通常所指的共轭效应(M 效应)。共轭效应使共轭体系中的电子云密度平均化,结果使原来的双键伸长(即电子云密度降低),力常数减小,所以振动频率降低。例如,酮的 C═O,因与苯环共轭而使 C═O 的力常数减小,频率降低。

$$
\begin{array}{ll}
R-\underset{O}{\overset{}{C}}-R & \sigma:1\ 725\sim1\ 710\ cm^{-1}
\end{array}
$$

$\sigma:1\ 695\sim1\ 680\ cm^{-1}$

$\sigma:1\ 667\sim1\ 661\ cm^{-1}$

此外,当含有孤对电子的原子接在具有多重键的原子上时,也可起类似的共轭作用,即 p—π 共轭。最典型的例子是酰胺的羰基吸收均不超过 1 690 cm^{-1}。

这是因为存在以下中介效应,$R-\overset{O}{\overset{\|}{C}}-NH_2 \leftrightarrow R-\overset{O^-}{\overset{\|}{C}}-\overset{+}{N}H_2$,降低了羰基的双键性,使上述伯酰胺的羰基频率移至 1 650 cm^{-1}。

③ 偶极场效应(dipolar field effect) 其实质是一种空间效应。I 效应和 M 效应都通过化学键起作用,但偶极场效应(F 效应)要经过分子内的空间才能起作用,因此相互靠近的官能团之间,才能产生 F 效应。如 1,3-二氯代丙酮有三种旋转方式:

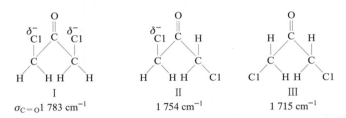

$\sigma_{C=O}$ 1 783 cm⁻¹   1 754 cm⁻¹   1 715 cm⁻¹

卤素和氧都是键偶极的负极,在 Ⅰ,Ⅱ 中发生负负相斥作用,使 C=O 上的电子云移向双键的中间,增加了双键的电子云密度,力常数增加,因此频率升高。而 Ⅲ 接近正常频率。故该化合物 C=O 伸缩振动出现三个不同频率的信号。

(2) 氢键(hydrogen bonding) 羰基和羟基之间容易形成氢键,使羰基的频率降低。最明显的是羧酸的情况。游离羧酸的 C=O 频率出现在 1 760 cm⁻¹ 左右,而在液态或固态时,C=O 频率都在 1 700 cm⁻¹ 左右,因为此时羧酸形成二聚体形式。

RCOOH(游离)

$\sigma_{C=O}$ 1 766 cm⁻¹   1 700 cm⁻¹ (二聚体)

氢键使电子云密度平均化,C=O 的双键性减小,因此 C=O 的频率下降。

(3) 振动的偶合(vibrational coupling) 适当结合的两个振动基团,若原来的振动频率很相近,它们之间可能会产生相互作用而使谱峰裂分成两个,一个高于正常频率,一个低于正常频率。这种两个振动基团之间的相互作用,称为振动的偶合。

例如,酸酐的两个羰基,振动偶合而裂分成两个谱峰。

反对称偶合振动   对称偶合振动
~1 820 cm⁻¹   ~1 760 cm⁻¹

此外,二元酸的两个羧基之间只有 1~2 个碳原子时,会出现两个 C ═O 吸收峰,这也是由偶合产生的。

(4) 费米共振(Fermi resonance) 当一振动的倍频与另一振动的基频接近时,由于发生相互作用而产生很强的吸收峰或发生裂分,这个现象叫作费米共振。例如,苯甲醛的 C—H 伸缩振动(2 800 cm^{-1})和 C—H 面内弯曲振动(1 400 cm^{-1})的第一倍频,发生费米共振而产生 2 780 cm^{-1} 和 2 700 cm^{-1} 两个吸收峰。

(5) 立体障碍(steric inhibition) 由于立体障碍,羰基与双键之间的共轭受到限制时,$\sigma_{C═O}$ 较高,例如,

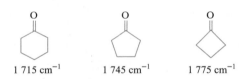

(Ⅰ) 1 680 cm^{-1} (Ⅱ) 1 700 cm^{-1}

在(Ⅱ)中由于接在 C ═O 上的 CH$_3$ 的立体障碍,C ═O 与苯环的双键不能处在同一平面,结果共轭受到限制,因此 $\sigma_{C═O}$ 比(Ⅰ)稍高。

(6) 环的张力(ring strain) 环的张力越大,$\sigma_{C═O}$ 就越高。在下面几个酮中,4 元环的张力最大,因此它的 $\sigma_{C═O}$ 就最高。

1 715 cm^{-1} 1 745 cm^{-1} 1 775 cm^{-1}

§10-8　红外光谱定性分析

像发射光谱应用于无机元素的定性分析一样,红外光谱对有机化合物的定性分析具有鲜明的特征性。因为每一化合物都具有特异的红外吸收光谱,其谱带的数目、位置、形状和强度均随化合物及其聚集态的不同而不同,因此根据化合物的光谱,就可以像辨别人的指纹一样,确定该化合物或其官能团是否存在。红外光谱定性分析,大致可分为官能团定性和结构分析两个方面。官能团定性是根据化合物的红外光谱的特征基团频率来检定物质含有哪些基团,从而确定有关化合物的类别。结构分析或称结构剖析,则需要由化合物的红外光谱并结合其他实验资料(如相对分子质量、物理常数、紫外光谱、核磁共振波谱、质谱等)来推断有关化合物的化学结构。

现简要叙述应用红外光谱进行定性分析的过程。

1. 试样的分离和精制

用各种分离手段(如分馏、萃取、重结晶、色谱等)提纯试样,以得到单一的纯物质。否则,试样不纯不仅会给光谱的解析带来困难,还可能引起"误诊"。

2. 了解与试样性质有关的其他方面的资料

例如,了解试样来源、元素分析值、相对分子质量、熔点、沸点、溶解度、有关的化学性质,以及紫外光谱、核磁共振谱、质谱等,这对图谱的解析有很大的帮助。

根据试样的元素分析值及相对分子质量得出的分子式,可以计算不饱和度(unsaturation number),从而可估计分子结构式中是否有双键、叁键及芳香环,并可验证光谱解析结果的合理性,这对光谱解析是很有利的。

计算不饱和度 U 的经验式为

$$U = 1 + n_4 + \frac{1}{2}(n_3 - n_1) \qquad (10-5)$$

式中,n_1,n_3 和 n_4 分别为分子式中一价、三价和四价原子的数目。通常规定双键(C═C,C═O 等)和饱和环状结构的不饱和度为1,叁键(C≡C,C≡N 等)的不饱和度为2,苯环的不饱和度为4(可理解为一个环加三个双键)。链状饱和烃的不饱和度则为零。

例如,$CH_3—(CH_2)_7—COOH$(图 10-8)的不饱和度可计算如下:

$$U = 1 + 9 + \frac{1}{2}(0 - 18) = 1$$

说明分子式中存在双键,这与图 10-8 出现的 C═O 伸缩振动是相符的。

3. 谱图的解析

解析谱图时可先从各个区域的特征频率入手,发现某基团后,再根据指纹区进一步核证该基团及其与其他基团的结合方式。例如,若在试样光谱的 1 740 cm^{-1} 处出现强吸收,则表示有酯羰基存在,接着从指纹区的 1 300~1 000 cm^{-1} 处发现有酯的 C—O 伸缩振动强吸收,从而进一步得到肯定。如果试样为液态,在 720 cm^{-1} 附近又找到了由长链亚甲基而引起的中等强度吸收峰,则该未知物大致是个长链饱和酯的概念就可形成(当然,脂肪链的存在也可从~3 000 cm^{-1}、1 460 cm^{-1} 和~1 375 cm^{-1} 等处的相关峰得到证明)。由此再根据元素分析数据等就可定出它的结构,最后用标准谱图进一步验证之。

现再举一例来说明如何根据前述概念鉴定未知物的结构。假设某未知物分子式为 C_8H_8O,测得其红外光谱如图 10-10,试推测其结构式。

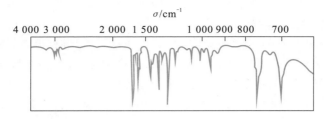

σ/cm^{-1}

4 000 3 000　　2 000 1 500　　1 000 900 800　　700

图 10-10　未知物的红外光谱图

由图可见,于 3 000 cm^{-1}附近有 4 个弱吸收峰,这是苯环及 CH$_3$ 的 C—H 伸缩振动;1 600～1 500 cm^{-1}处有 2～3 个峰,是苯环的骨架振动;指纹区 760 cm^{-1},692 cm^{-1}处有 2 个峰,说明为单取代苯环。

1 681 cm^{-1}处强吸收峰为 C═O 的伸缩振动,因分子式中只含一个氧原子,不可能是酸或酯,而且从图上看有苯环,很可能是芳香酮。1 363 cm^{-1} 及 1 430 cm^{-1}处的吸收峰则分别为 CH$_3$ 的 C—H 对称及反对称变形振动。

根据上述解析,未知物的结构式可能是

O
‖
〈苯环〉—C—CH$_3$

由分子式计算其不饱和度 U 为

$$U = 1 + 8 + \frac{1}{2}(0 - 8) = 5$$

该化合物含苯环及双键,故上述推测是合理的。进一步查标准光谱核对,也完全一致。因此所推测的结构式是正确的。

4. 和标准谱图进行对照

由上述讨论可见,在红外光谱定性分析中,无论是已知物的验证,还是未知物的检定,常需利用纯物质的谱图来做校验。这些标准谱图,除可用纯物质在相同的制样方法和实验条件下自己测得外,最方便还是查阅标准谱图集。在查对时要注意:

(1) 被测物和标准谱图上的聚集态、制样方法应一致。

(2) 对指纹区的谱带要仔细对照,因为指纹区的谱带对结构上的细微变化很敏感,结构上的微细变化都能导致指纹区谱带的不同。

最常用的标准谱图集(库)是萨特勒(Sadtler)红外谱图集。它是由萨特勒实验室自 1947 年开始出版的,是目前收集图谱最多的谱库。另外,它有各种索引,使用甚为方便。有关红外标准谱图及其检索的较为详细的介绍可参阅章末所列参考文献[5]第三章的 3.7.3 节。

5. 计算机红外光谱谱库及其检索系统

为了由红外光谱图迅速鉴定未知物,一些仪器配备有谱库及其检索系统。如 Sadtler 有固定专业内容的软件包形式的红外谱库达 46 种以上,还有各类有机化合物的凝聚相和气相光谱库类、实用商品谱库类等。检索方式有谱峰检索、全谱检索、给出主要基团,检索出的光谱并附有相似度值等,然而这些谱库价格相当昂贵。若按自己的工作范围,累积并建立小型的谱库则较为容易,使用也方便。

§10-9　红外光谱定量分析

和其他吸收光谱分析一样,红外光谱定量分析是根据物质组分的吸收峰强度来进行的。它的依据亦是朗伯-比尔定律。各种气体、液体和固态物质,均可用红外光谱法进行定量分析。

用红外光谱做定量分析,其优点是有较多特征峰可供选择。与紫外吸收光谱相比,红外光谱灵敏度较低,测量误差较大,加上紫外吸收光谱的仪器比较简单、普遍,因此只要可能,采用紫外吸收光谱法进行定量分析更为方便。

对于液体或固体试样,测定时由于所用试样池的光程很短,很难做成两个厚度一致的试样池及参比池,而且在实验过程中,试样池窗片易于受大气和溶剂中夹杂的水分侵蚀,使其透明特性发生变化,所以在测定中需采用与紫外吸光光度法有所不同的实验技术。由于试样的透光率与试样的处理方法有关,因此必须在严格相同的条件下测定。

随着计算机的应用及光谱仪器的进展,红外光谱定量分析亦得到发展。特别是多组分试样的定量分析,已有许多商品化的红外光谱定量分析软件包,如最小二乘法、修正矩阵法、因子(主因子)分析法、卡尔曼滤波法、神经网络法等,可同 PC 机兼容及与相关的各类红外光谱仪连接。

§10-10　红外光谱仪

红外光谱仪有色散型红外光谱仪和傅里叶变换红外光谱仪两种类型。其中色散型红外光谱仪与紫外-可见分光光度计类似(参见§9-5),也是由光源、单色器、吸收池、检测器和记录系统等部分所组成。只是由于两者工作的波段范围不同,因此,光源、透光材料及检测器等有所差异。色散型红外光谱仪扫描时间慢,且灵敏度、分辨率和准确度都较低。随着计算方法和计算技术的发展,20 世纪 70 年代出现新一代的红外光谱测量技术及仪器——傅里叶变换红外光谱仪 (Fourier transform infrared spectrometer,简称 FTIR)。它没有色散元件,主要由光源、干涉仪、检测器和计算机等组成(图 10−11)。这种技术具有分辨率高、波数精度高、扫描速度极快、光谱范围宽、灵敏度高等优点,特别适用于弱红外光谱测定、红外光谱的快速测定及与色谱联用等,因而得到迅速发展及应用,并已基本取代色散型红外光谱仪。本节仅介绍傅里叶变换红外光谱仪的结构及工作原理。

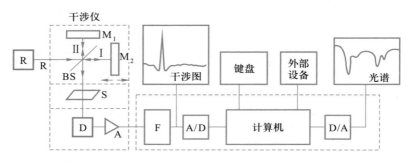

图 10−11 FTIR 工作原理

R—红外光源;M_1—定镜;M_2—动镜;BS—光束分裂器;S—试样;D—检测器;A—放大器;
F—滤光器;A/D—模数转换器;D/A—数模转换器

1. 光源

红外光谱仪
的常用光源

红外光谱仪中所用的光源通常是一种惰性固体,用电加热使之发射高强度连续红外辐射。常用的是硅碳棒(globar)。硅碳棒一般为两端粗中间细的实心棒,中间为发光部分,其直径约 5 mm,长约 50 mm。硅碳棒在室温下是导体,并有正的电阻温度系数,工作温度 1 300℃,不需预热。它的优点是坚固,红外辐射强,发光面积大;缺点是工作时电极接触部分需要冷却。EVER−GLO 光源是一种改进型的碳化硅光源,红外辐射强,热辐射很弱,不需要冷却,寿命可长达 10 年。近年来还出现的一种新型陶瓷光源,在傅里叶变换红外光谱仪中的应用也日益增多。

2. 检测器

紫外−可见分光光度计中所用的光电管或光电倍增管不适用于红外区,这是因为红外光谱区的光子能量较弱,不足以引发光电子发射。FTIR 中常用的检测器有热释电检测器(pyroelectric cell)和汞镉碲检测器。

热释电检测器也称为热电型检测器,最初用硫酸三苷肽(TGS)的单晶薄片作为检测元件。TGS 的极化效应与温度有关,温度升高,极化强度降低。将 TGS 薄片(10 μm 厚)正面真空镀 Ni−Cr(半透明),背面镀 Cr−Au 形成两电极。当红外光照射时引起温度升高使其极化度改变,表面电荷减少,相当于因热而释放了部分电荷(热释电),经放大转变成电压或电流的方式进行测量。热释电晶片封于真空中以提高灵敏度。此检测器具有结构简单、性能稳定、响应速度快等特点,能实现高速扫描。目前使用最广的热释电检测器晶体材料是氘化硫酸三苷肽(DTGS)及部分甘氨酸被 L-丙氨酸取代的氘代硫酸三甘氨酸酯(DLATGS)。

汞镉碲检测器(MCT 检测器)的检测元件由半导体碲化镉和碲化汞混合制成,又称光电导检测器。吸收红外辐射后,其非导电性的价电子跃迁至高能量的导电带,从而降低了半导体的电阻,产生电信号。MCT 检测器的灵敏度高于 TGS,响应速度快,但需要在液氮温度下工作以降低噪声。

迈克尔逊干涉仪

3. 干涉仪及傅里叶变换原理

FTIR 的核心部分是干涉仪,干涉仪种类繁多,现以迈克尔逊干涉仪(Michelson interferometer)为例说明其结构和测定原理。图 10-11 的干涉仪中,M_1 和 M_2 为两块平面镜,它们相互垂直放置,M_1 固定不动,M_2 则可沿图示方向做微小的移动,称为动镜。在 M_1 和 M_2 之间放置一呈 45°角的半透膜分束器 BS(beam-splitters),它一般由溴化钾晶体表面镀金属膜制得,可使 50% 的入射光透过,其余部分被反射。

傅里叶变换的基本原理

当光源发出的入射光(复合光)进入干涉仪后,被光束分裂器分成两束光——透射光 I 和反射光 II。其中透射光 I 穿过 BS 被动镜 M_2 反射,沿原路回到 BS 并被反射到达检测器 D;反射光 II 则由固定镜 M_1 沿原路反射回来通过 BS 到达 D。这样,在检测器 D 上所得到的透射光和反射光是相干光。假设进入干涉仪的是波长为 λ_1 的单色光,开始时,因 M_1 和 M_2 离 BS 距离相等(此时称 M_2 处于零位),两束光到达检测器时相位相同,发生相长干涉,亮度最大。当动镜 M_2 移动入射光的 $1/4\lambda$ 距离时,透射光 I 的光程变化为 $1/2\lambda$,在检测器上两束光相位相差为 180°,则发生相消干涉,亮度最小。当动镜 M_2 移动 $1/4\lambda$ 的奇数倍,则两束光程的差为 $\pm 1/2\lambda$,$\pm 3/2\lambda$,$\pm 5/2\lambda$…时(正、负号表示动镜零位向两边的位移),都会发生这种相消干涉。同样,M_2 位移 $1/4\lambda$ 的偶数倍时,即两束光的光程差为 λ 的整数倍时,则都将发生相长干涉。而部分相消干涉则发生在上述两种位移之间。因此,当 M_2 以匀速向 BS 移动时,亦即连续改变两束光的光程差时,就会得到如图 10-12(a)所示的干涉图。图 10-12(b)为另一入射光波长为 λ_2 的单色光所得干涉图。如果两种波长的光一起进入干涉仪,则将得到两种单色光干涉图的加和图[图 10-12(c)]。同样,当入射光为连续波长的多色光时,得到的则是具有中心极大并向两边迅速衰减的对称干涉图(图 10-13),这种多色光的干涉图等于所有各单色光干涉图的加和。

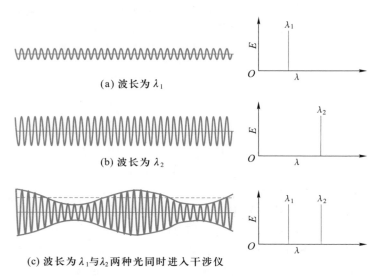

(a) 波长为 λ_1

(b) 波长为 λ_2

(c) 波长为 λ_1 与 λ_2 两种光同时进入干涉仪

图 10-12 用干涉仪获得的单色光的干涉图

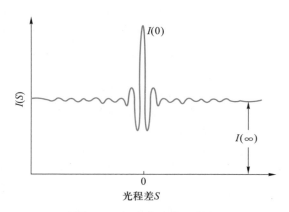

图 10-13 多色光的干涉图

傅里叶变换
红外光谱仪

　　若在此干涉光束中放置能吸收红外光的试样 S(图 10-11),由于试样吸收了某些频率的能量,结果所得到干涉图强度曲线函数就发生变化,但由此技术所获得的干涉图难以被解释[图 10-14(a)],需要借助计算机进行处理。傅里叶原理表明:任何连续测量的时序或信号,都可以表示为不同频率的正弦波信号的无限叠加。因此,从数学观点讲,上述干涉图是不同波长信号的傅里叶变换的结果。计算机的任务是进行傅里叶逆变换,以得到我们所熟悉的透光率随波数变化的红外光谱图。图 10-14 为同一有机化合物的干涉图及光谱图。可见,实际上干涉仪并没有把光按频率分开,而只是将各种频率的光信号经干涉作用调制为干涉图函数(时域谱),再由计算机通过傅里叶逆变换计算出原来的光谱(频域谱),这就是 FTIR 最基本的原理。

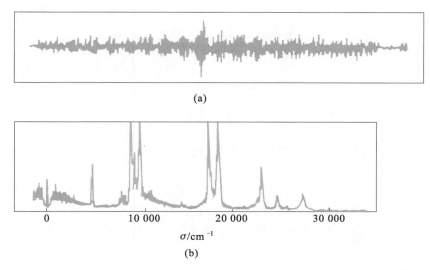

(a)

σ/cm^{-1}

(b)

图 10−14 同一有机化合物的干涉图(a)和红外光谱图(b)

由此可见,FTIR 的工作原理是:光源发出的红外辐射,经干涉仪转变成干涉图,通过试样后得到包含试样吸收信息的干涉图,由计算机采集,并经过快速傅里叶逆变换,得到吸收强度或透光度随频率或波数变化的红外光谱图。

与色散型红外光谱仪相比,FTIR 仪器由于没有狭缝的限制,光通量只与干涉仪平面镜大小有关,因此在同样分辨率下,光通量要大得多,从而使检测器接受到的信号和信噪比增大,因此有很高的灵敏度;扫描速度极快,能在很短时间内(<1 s)获得全频域光谱响应;由于采用激光干涉条纹准确测定光程差,使FTIR 测定的波数更为准确。

§10−11 试样的制备与测定技术

在红外光谱法中,试样的制备及处理占有重要的地位。如果试样处理不当,那么即使仪器的性能很好,也不能得到满意的红外光谱图。一般说来,在制备试样时应注意下述各点。

(1)试样的浓度和测试厚度应选择适当,以使光谱图中大多数吸收峰的透射率处于 15%~70%。浓度太小,厚度太薄,会使一些弱的吸收峰和光谱的细微部分不能显示出来;过大、过厚,又会使强的吸收峰超越标尺刻度而无法确定它的真实位置。有时为了得到完整的光谱图,需要用几种不同浓度或厚度的试样进行测绘。

(2) 试样中不应含有游离水。水的存在不仅会侵蚀吸收池的盐窗,而且水分本身在红外区有吸收,将使测得的光谱图变形。

(3) 试样应该是单一组分的纯物质。多组分试样在测定前应尽量预先进行组分分离(如采用色谱法、精密蒸馏、重结晶、区域熔融法等),否则各组分光谱相互重叠,以致对谱图无法进行正确的解释。

试样的制备,根据其聚集状态可进行如下。

1. 气态试样

使用气体吸收池,先将吸收池内空气抽去,然后吸入被测试样。

2. 液体和溶液试样

(1) 沸点较高的试样,直接滴在两块抛光的盐片之间,形成液膜(液膜法)。

(2) 沸点较低,挥发性较大的试样,可注入封闭液体池中,液层厚度一般为 $0.01 \sim 1$ mm。用液体池检测试样,比较容易控制试样的厚度,在红外光谱定量分析中经常使用。

对于一些吸收很强的液体,当用调整厚度的方法仍然得不到满意的谱图时,往往可配制成溶液以降低浓度来测绘光谱;量少的液体试样,为了能灌满液槽,亦需要补充加入溶剂;一些固体或气体以溶液的形式来进行测定,也是比较方便的。所以溶液试样在红外光谱分析中是经常遇到的。但是红外光谱法中对所使用的溶剂必须仔细选择,一般说来,除了对试样应有足够的溶解度外,还应在所测光谱区域内溶剂本身没有强烈吸收,不侵蚀盐窗,对试样没有强烈的溶剂化效应等。原则上,在红外光谱法中,分子简单,极性小的物质可用作试样的溶剂。例如,CS_2 是 $1\,350 \sim 600$ cm^{-1} 区域常用的溶剂,CCl_4 用于 $4\,000 \sim 1\,350$ cm^{-1} 区(在 $1\,580$ cm^{-1} 附近稍有干扰)。

3. 固体试样

(1) 压片法　取试样 $0.5 \sim 2$ mg,在玛瑙研钵中研细,再加入 $100 \sim 200$ mg磨细干燥的 KBr 粉末,混合均匀后,加入压模内,在压力机中加压,制成一定直径及厚度的透明片。然后将此薄片放入仪器光束中进行测定。

(2) 石蜡糊法　试样(细粉状)与石蜡油混合成糊状,夹在两盐片之间进行测谱,这样测得的谱图包含有石蜡油(一种精制过的长链烷烃,不含芳烃、烯烃和其他杂质)的吸收峰(图 10-15)。当测定厚度不大时,只在四个光谱区出现较强的吸收,即 $3\,000 \sim 2\,850$ cm^{-1} 区的饱和 C—H 伸缩振动吸收,$1\,468$ cm^{-1} 和 $1\,379$ cm^{-1} 的 C—H 变形振动吸收,以及在 720 cm^{-1} 处的 C—H 面内摇摆振动引起的宽而弱的吸收。可见,当使用石蜡油作糊剂时,不能用来研究饱和 C—H键的吸收情况。此时可用六氯丁二烯来代替石蜡油。

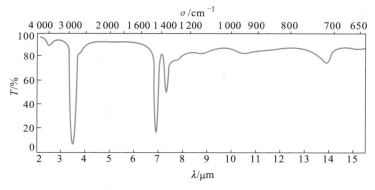

图 10-15　液体石蜡油的红外光谱（吸收池厚 0.03 mm）

　　(3) 薄膜法　对于那些熔点低,在熔融时又不分解、升华或发生其他化学反应的物质,可将它们直接加热熔融后涂制或压制成膜。但对于大多数聚合物,可先将试样制成溶液,然后蒸干溶剂以形成薄膜。

　　4. 全反射附件

　　衰减全反射光谱(attenuated total reflection spectra,ATR)又称为内反射光谱,它是基于光的全反射现象建立起立的一种特殊的红外光谱检测技术。根据物理学原理可知,当光束从一种光学介质 1 进入到另一种光学介质 2 时,光束在两种介质的界面将发生反射和折射现象。根据反射原理,反射角与入射角相等。而根据折射定律,

全反射附件

$$n_1 \sin \theta = n_2 \sin \varphi \qquad (10-6)$$

n_1、n_2 分别代表介质 1、2 的折射率,θ 和 φ 分别为入射角和折射角。当 $n_1 > n_2$ 时,由式(10-6)可知,$\theta < \varphi$。

　　入射角不仅影响反射光和折射光的方向,而且影响它们的强度。当 $n_1 > n_2$,且入射角较大时,随着 θ 的进一步增大,反射光的强度迅速增大,折射光的强度迅速减小,直至为零,此时入射光 I_0 全部被反射。此现象称为全反射,发生全反射的入射角称为临界角(critical angle)。

　　由此可见,发生全反射必须具备两个条件。一是介质 1 的折射率要大于介质 2 的折射率,即光必须从光密介质进入光疏介质。二是入射角要大于临界角。实际上,全反射不完全在两种介质的界面上进行,部分光可能进入介质 2 内部一段距离后才能反射回来,因此光强度随光的透入深度呈指数衰减。如果以试样作为介质 2,测得的全反射衰减信号中就包含了因试样在红外光频率内的选择性吸收而导致的强度减弱部分。这就是衰减全反射光谱的测定原理。

　　图 10-16 为 ATR 附件的全反射示意图。这一附件主要是由一个折射率很高的晶体材料,如 ZnSe 或 Ge 等制成的全反射棱镜构成。测定时,使试样紧贴

于晶体表面。当光源发出的红外光入射角大于临界角时,入射光透过被测试样(折射率小于晶体材料)一定深度后,被全反射并回到棱镜中,如此反复多次,可以提高吸收谱带强度。

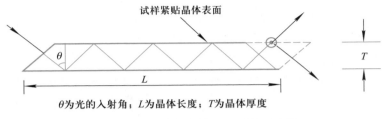

θ为光的入射角;L为晶体长度;T为晶体厚度

图 10-16 多次内反射 ATR 附件示意图

由于 ATR 附件是一种非破坏性的测量方法,试样无需前处理,即可直接测定,还可以提供界面微米量级或更薄层膜的光谱信息,因此广泛应用于材料和界面研究领域,如织物、涂料、橡胶、纸质等。值得一提的是,由于不同波数区域间 ATR 技术灵敏度不同,因此 ATR 图谱吸收峰的相对强度与常规的透射图谱并不完全一致,解谱时应引起注意。

§10-12 近红外光谱分析简介
(Near Infrared Spectrum Instrument, NIRS)

近红外光谱
分析发展历
程

如前所述,近红外光是介于可见光和中红外之间的电磁辐射波,波长范围一般定义为 780~2 526 nm,是人们在吸收光谱中发现的第一个非可见光区。在这个区域中出现的主要是有机分子中含氢基团(如 O—H、N—H、C—H 等)振动的合频和各级倍频的吸收,故也称为泛频区,表 10-4 中列出了一些含氢基团的伸缩、弯曲振动的基本频率(基频)、倍频及合频的波长约值。

表 10-4 主要含氢基团的合频和倍频吸收带的波长约值 λ/nm

振动类型	C—H	N—H	O—H	H_2O	谱区
伸缩基频	3 300	3 000	2 700		中红外
弯曲基频	6 700	6 452	6 250		中红外
合频	2 350	2 150	2 000	1 940	长波近红外
二倍频	1 720	1 500	1 450	1 440	中波近红外
三倍频	1 180	1 050	950	960	中波近红外
四倍频	900	800	740	750	短波近红外
五倍频	750				短波近红外

由于基频、倍频和合频的相互偶合,多原子分子在整个近红外区有很多个吸收带,每个近红外谱带又可能是若干个不同基频的倍频和合频的组合,因此,待测试样的近红外光谱图峰形宽且弱。例如,图 10-17(a)是光程为 100 mm 时正十二烷的短波段近红外光谱,该波段中出现了 C—H 的二倍频和三倍频的合频,以及四倍频和五倍频的谱带,这些倍频信号宽且不规则。如果是含有多种含氢基团的实际试样,则谱图更为复杂,例如,苹果去皮前后的近红外光谱图[图 10-17(b)]只出现大量重叠宽峰和肩峰的谱带,欲如同中红外光谱那样精确地解析这些近红外谱带的归属是很困难的。然而,这些谱带中包含了丰富的结构和组成信息,若能将它们有效提取出来将十分有用。

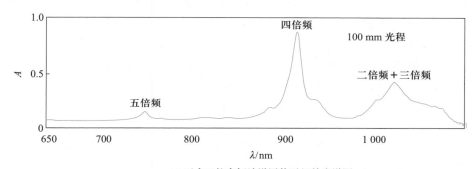

(a) 正十二烷在短波谱区的近红外光谱图

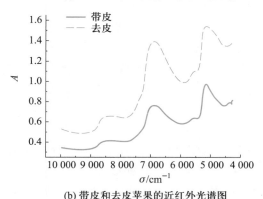

(b) 带皮和去皮苹果的近红外光谱图

图 10-17 典型的近红外光谱图

要获得如图 10-17 的近红外光谱图,就需要专用的近红外光谱仪。近红外光谱仪与前述的中红外光谱仪有相似之处,但由于测量的波长范围的差异,其仪器和测量技术又有不同。近红外光谱仪近年来发展迅速,类型多样,根据分光系统和测量原理的不同,近红外光谱仪同样可以分为滤光片型、分光型和傅里叶变换型;或者根据测量光的类型分为漫反射型、透射测量型等。图 10-18 是一种分光型漫反射近红外光谱测量仪器的光路图。近红外光谱仪一般由以下几个部分构成。

1. 光源

近红外光谱仪中常用的光源有溴钨灯、发光二极管(light emitting diode, LED)、激光发射二极管等。溴钨灯强度高,性能稳定,寿命长,光谱覆盖整个近红外区,较为常用。LED 能耗低,性能稳定,价格低廉,易于调控,在便携式光谱仪中应用最多。激光发射二极管主要应用于一些专用仪器上。

2. 分光系统

近红外光谱的分光系统可分为滤光片型、光栅型、干涉型和声光可调滤光型四种。滤光片型多运用于便携、现场用仪器;干涉型分光系统与傅里叶变换红外光谱仪中的相同,具有信噪比高、扫描速度快、分辨率好等优点;光栅型仪器价格便宜,若和多通道检测器(如二极管阵列、CCD 等)配合使用,扫描速度也可大幅提高;声光可调滤光型分光系统是利用声光互作用设计的一类分光系统,它消除了仪器内部的移动部件,稳定性更好,在近红外光谱仪上的运用日益增多。

3. 测样器件

(1) 吸收池 近红外仪器中液体试样使用与紫外-可见吸收中类似的玻璃或石英吸收池,但由于近红外吸收强度很弱,因此吸收池的光程更长。一般采用透射测量方式获得试样光谱。

(2) 积分球 近红外的漫反射测量应用更加广泛,该方法主要应用于固体、半固体或粉末试样。当光照射到试样表面时,一部分光严格按照一定的方向从固体表面反射,这种镜面反射不能提供试样的相关信息。而另有一部分光在试样内部经反复的反射、折射、吸收、衍射等过程,重新从试样表面逸出,形成漫反射。漫反射光包含了与试样物质结构、形态等相关的试样吸收光谱信息。

近红外光谱仪

积分球是进行近红外漫反射测量的有效器件,其结构如图 10-18 所示。它是一个内涂白色硫酸钡的球体,内表面对光的反射率大于 96%。当激发光束照射到试样上,被试样漫反射的光经过球体内部的多次反射,绝大部分都进入检测器被接收。若略微改变激发光角度,使光束照射在球体内表面的空白部分,测得的即为背景信号。因此,只要交替地切换入射光的角度,就可以方便地测量试样和背景,实现类似双光束仪器的功能。

积分球对漫反射光的收集效率高,且消除了光反射、散射等杂散信号的干扰,因此测量的信噪高。另外,它减小了由于入射光的形状和入射角度所带来的信号变化,以及试样空间分布的不均匀所导致的信号差异,因此检测的重现性也较好。

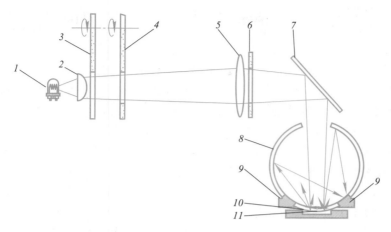

图 10–18   近红外光谱漫反射测量的光学原理示意图

1—光源；2—透镜；3—切光器；4—滤光片(滤去杂散光)；5—透镜；6—光栅；

7—分光镜；8—积分球；9—检测器；10—试样窗；11—试样

（3）光纤探头   近红外光谱分析法的另一个突出的优点是可以使用光纤技术加以传导至任意所需的位置进行测量。利用光纤装置可以对试样进行原位、在线分析，也可对远距离试样进行实时测量，这对于毒害、易爆等危险环境中的试样测定具有特别意义。近红外光谱仪的光纤探头也有透射和漫反射式两类，短波近红外区一般用石英光纤，长波近红外区一般用氟化锆光纤。

4. 检测器

近红外光波长介于可见光与中红外光之间，因此其检测器既可使用红外光谱仪中常用的热电型检测器如 DTGS 及光电导型检测器 MCT 等，也可以采用紫外可见光谱仪中常用的二极管阵列或 CCD 等阵列型检测器。近红外光谱仪中常用的另一类检测器是锑化铟(InSb)检测器，在液氮冷却条件下，该检测器噪声小且灵敏度高。除此之外，PbSe 检测器也常用于近红外检测。

如前所述，用近红外光谱仪测得的试样的近红外光谱图中包含了试样组成与结构等丰富信息，然而这些信息通常无法像其他方法一样直接被识别。因此，将近红外光谱数据中所包含的信息挖掘出来就成为分析过程的重要步骤。这一过程是利用化学计量学(数学、统计学、计算机科学与化学结合而形成的化学分支学科)的方法将试样的近红外光谱与其性质关联起来，从而间接地对试样进行定量分析或定性判别分析。

近红外光谱化学计量学处理通常包括光谱数据的预处理、校正模型的建立、未知试样的预测等步骤。光谱数据预处理的主要目的是去除与待测试样性质无关的因素(如颗粒分布及大小不均匀)引起的散射杂散光及仪器噪声对光谱的影响,光谱数据的预处理方法较多,比较常见的有平滑处理、导数算法、多元散射校正、小波变换、傅里叶变换等。校正模型的建立是近红外光谱分析的关键步骤,选取有代表性的试样,通过其他方法获得这些代表性试样的某一性质(如某组分含量)的化学值,然后将这些化学值与试样近红外光谱的吸光度(预处理后的光谱数据)进行回归分析,获得数学校正模型。回归分析的方法有多元线性回归、主成分回归、偏最小二乘回归、人工神经网络等。校正模型建好后,就可以利用已知或未知试样的近红外光谱对其进行校验或预测。近红外光谱的定性分析则常利用模式识别的方法处理光谱数据,如聚类分析、判别分析、人工神经网络等,对已知试样进行分类,进而判别未知试样的类型。以上涉及的化学计量学方法大多都有商品软件可供使用,也有不少专用近红外光谱仪附带了已经建好的校正模型,使用起来十分方便。近红外光谱分析过程涉及的复杂数学原理,本书便不再赘述,有兴趣者可参考本章末列出的相关参考文献。

近红外光谱分析法具有测量速度快(<1 min),可以对试样的多种成分进行同时分析,无损检测,制样简单,不需要化学试剂等优点,在生产过程监控、远程分析(光纤传导)、活体分析等方面有着特殊的意义。近红外光谱分析的主要缺点是灵敏度不高,一般要求含量待测组分大于 0.1% 才可以使用;另外,分析结果的准确性取决于所建立的模型的合理性,且建模过程比较费时、烦琐。尽管如此,作为一种高效,绿色,可实现便携、远程和在线测量的仪器分析方法,近红外光谱分析近年来发展仍相当迅速,在农产品品质分析、医药医学、石油工业、化工、军工等领域有着良好的应用前景。

思考题与习题

参考答案

1. 产生红外吸收的条件是什么? 是否所有的分子振动都会产生红外吸收光谱? 为什么?

2. 以亚甲基为例说明分子的基本振动形式。

3. 何谓基团频率? 它有什么重要性及用途?

4. 红外光谱定性分析的基本依据是什么? 简要叙述红外定性分析的过程。

5. 影响基团频率的因素有哪些?

6. 何谓"指纹区"? 它有什么特点和用途?

7. 近红外光谱区域出现的吸收是由哪些基团提供的? 为什么它又被称为泛频区? 这一区域的吸收有何特点?

8. 近红外光谱的仪器与中红外光谱仪相比有何异同点?

9. 将 800 nm 换算为(1) 波数,(2) 以 μm 为单位。

10. 根据下述力常数 k 数据,计算各化学键的振动频率(波数)。

(1) 乙烷的 C—H 键,$k=5.1$ N·cm^{-1};

(2) 乙炔的 C—H 键,$k=5.9$ N·cm^{-1};

(3) 乙烷的 C—C 键,$k=4.5$ N·cm^{-1};

(4) 苯的 C—C 键,$k=7.6$ N·cm^{-1};

(5) CH_3CN 的 C≡N 键,$k=17.5$ N·cm^{-1};

(6) 甲醛的 C=O 键,$k=12.3$ N·cm^{-1}

由所得计算值,你认为可以说明一些什么问题?

11. 氯仿($CHCl_3$)的红外光谱表明其 C—H 伸缩振动频率为 3 100 cm^{-1},对于氘代氯仿(C^2HCl_3),其 C—^{2}H 伸缩振动频率是否会改变? 如果变动的话,是向高波数还是向低波数方向位移? 为什么?

12. 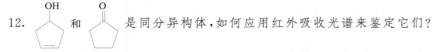 是同分异构体,如何应用红外吸收光谱来鉴定它们?

13. 某化合物在 3 640~1 740 cm^{-1} 区间的红外光谱如图 10-19 所示。

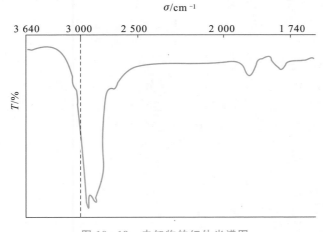

图 10-19 未知物的红外光谱图

该化合物应是六氯苯(Ⅰ)、苯(Ⅱ)或 4-叔丁基甲苯(Ⅲ)中的哪一个? 说明理由。

I

II

III

参 考 文 献

[1] 董庆年.红外光谱法.北京:石油化学工业出版社,1977.

[2] 王宗明,等.实用红外光谱学.2 版.北京:石油化学工业出版社,1990.

[3] 黄鸣龙.红外光谱与有机化合物分子结构的关系.北京:科学出版社,1958.

[4] 洪山海.光谱解析法在有机化学中的应用.北京:科学出版社,1981.

[5] 苏克曼,潘铁英,张玉兰.波谱解析法.2 版.上海:华东理工大学出版社.2009.

[6] 贝拉米 L J.复杂分子的红外光谱.黄维垣,聂崇实,译.北京:科学出版社,1975.

[7] 李长治.分子光谱新技术.北京:科学出版社,1986.

[8] Olsen E D.Modern optical methods of analysis.McGraw—Hill,1975.

[9] 刘建学.实用近红外光谱分析技术.北京:科学出版社,2008.

[10] 严衍禄,陈斌,朱大洲.近红外光谱分析的原理、技术与应用.北京:中国轻工出版社,2013.

第 *11* 章

激光拉曼光谱分析
Laser Raman Spectroscopy

§ 11-1 拉曼光谱原理

拉曼光谱分析的发展史

当一束单色光(如激光)照射透明的试样(气体、液体或固体)时会产生很多过程,如吸收、折射、衍射、反射及散射等。与拉曼光谱有关是被试样分子散射的情况。散射过程有两种,一种散射过程是弹性的。当具有能量 $h\nu_0$ 的入射光子与处于振动基态($\upsilon=0$)或处于振动第一激发态($\upsilon=1$)的分子相碰撞时,分子吸收能量被激发到能量较高的虚态(vitual state),分子在虚态是很不稳定的,将很快返回 $\upsilon=0$ 和 $\upsilon=1$ 状态并将吸收的能量以光的形式释放出来,光子的能量未发生改变,散射光的频率与入射光相同,这种散射现象称为瑞利散射(Rayleigh scattering),其强度是入射光的 10^{-3}。

如果分子与光子间发生非弹性碰撞,则出现两种情况:一种是处在振动基态的分子,被入射光激发到虚态,然后回到振动激发态,产生能量为 $h(\nu_0-\nu_1)$ 的拉曼散射(Raman scattering),这种散射光的能量比入射光的能量低,此过程称为斯托克斯(Stokes)散射。另一种是处在振动激发态的分子,被入射光激发到虚态后跃迁回振动基态,产生能量为 $h(\nu_0+\nu_1)$ 的拉曼散射,称为反斯托克斯(Anti-Stokes)散射。这种散射光的能量比入射光的能量高,光子从分子得到部分能量。由于常温下处于基态的分子比处于激发态的分子数多(玻耳兹曼分布),因此斯托克斯线比反斯托克斯线强得多。在拉曼光谱分析中多采用斯托克斯线。拉曼散射的强度是入射光的 $10^{-6}\sim10^{-8}$。图 11-1 是上述产生瑞利散射和拉曼散射的示意图。图 11-2 是四氯化碳的激光拉曼光谱。实验时采用氦氖激光激发,此入射光为波长 632.8 nm(波数 σ 为 15 803 cm^{-1})的可见光。四氯化碳所产生的拉曼散射光也是可见光。中间($\nu_0=15$ 803 cm^{-1})是很强的瑞利散射光,其左

拉曼散射和瑞利散射

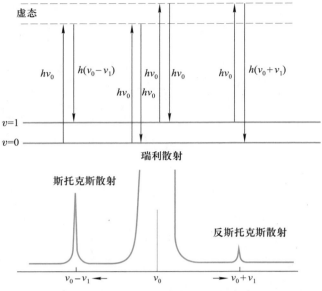

图 11-1 瑞利散射、斯托克斯和反斯托克斯散射示意图

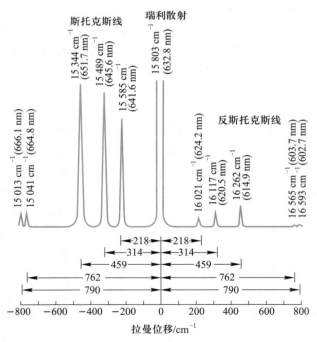

图 11-2 CCl₄ 的激光拉曼光谱图

侧是斯托克斯线,右侧是反斯托克斯线,反斯托克斯线比斯托克斯线弱得多,而所有相对于 ν_0 的左右位移 218 cm^{-1},314 cm^{-1},459 cm^{-1},762 cm^{-1},790 cm^{-1} 等都与分子的振动能级有关。可见拉曼光谱观测的是相对于入射光频率的位移。因而所用激发光的波长不同,所测得的拉曼位移是不变的,只是强度不同而已。拉曼光谱图是以拉曼位移为横坐标,谱带强度为纵坐标作图得到。由于拉曼位移是以激发光波数作为零并处于图的最右边且略去反斯托克斯线的谱带,因此可得到便于与红外吸收光谱相比较的拉曼光谱图。

拉曼光谱除了能提供频率的位移、强度参数外,还能测得一个特殊的参数——去偏振度。测定拉曼光谱时,将激光束射入试样池,一般在与激光束成 90°角处观测散射光。若在试样池和单色器狭缝之间放置一起偏振器,由于激光是偏振光,根据起偏振器的安放方向与激光束的偏振方向平行或垂直,则记录的拉曼谱带强度将有差别。当起偏振器垂直于入射光方向时测得散射光强度 $I_\perp$ 与起偏振器平行于入射光方向时测得散射光强度 $I_\parallel$ 的比值定义为 去偏振度(depolarization ratio)ρ:

$$\rho = I_\perp / I_\parallel$$

在入射光为偏振光的情况下,一般分子拉曼光谱的去偏振度介于 0 与 3/4 之间。分子的对称性越高,其去偏振度越趋近于 0,当测得 $\rho \to 3/4$,则为不对称结构。这对于各振动形式的谱带归属、重叠谱带的分离和晶体结构的研究是很有用的。如图 11-3 是 CCl$_4$ 的拉曼偏振光谱图,处于 218 cm^{-1} 及 314 cm^{-1} 的拉曼谱带,测得 ρ 值约为 0.75,属不对称振动,是非极化的(depolarised);459 cm^{-1} 处的 $\rho \approx 0.007$ 则为对称振动,是极化的(polarised)。

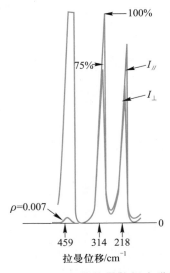

图 11-3 CCl$_4$ 的拉曼偏振光谱图

§11-2 拉曼光谱与红外光谱的关系

拉曼光谱和红外光谱同源于分子振动光谱,但两者却有很大的区别,前者是散射光谱,后者是吸收光谱。而且,同一分子的两种光谱往往不相同。这与分子的对称性密切相关,并受分子振动的选律严格限制。前已提及,只有产生偶极矩变化的振动才是红外活性的(§10-2)。拉曼活性则取决于振动中极化率

(polarizability)是否变化。所谓极化率是指分子在电场(光波的电磁场)的作用下分子中电子云变形的难易程度。拉曼强度与平衡前后电子云形状的变化大小有关。对于简单分子,可从它们的振动模式的分析中得到其光谱选律。以线性三原子分子二硫化碳为例,它有 $3n-5=4$ 个振动形式(§10-4):$\sigma_s,\sigma_{as},\delta,\gamma$,其中 δ 和 γ 是两重简并的。如图 11-4 所示,在对称伸缩振动 σ_s 时,由于正、负电荷中心没有改变,偶极矩没有变化,因此是红外非活性的,但由于分子的伸长或缩短,平衡状态前后的电子云形状是不同的,也即极化率发生变化,是拉曼活性的。在反对称伸缩振动 σ_{as} 和变形振动 δ(和 γ)时,由于正、负电荷中心发生变化而引起偶极矩的变化,因此是红外活性的。但在振动通过它们的平衡状态前后的电子云形状时是相同的,即极化率没有发生变化,故是拉曼非活性的。

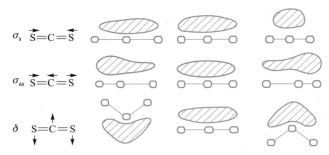

图 11-4　CS$_2$ 的振动和所引起的极化率的变化示意图
(其中弯曲振动 δ,γ 是简并的,γ 垂直于纸面。)

对于没有对称中心的分子,如 SO_2,SO_2 为非线性分子,有 $3n-6=3$ 个振动形式,这三个振动形式都会引起分子极化率和偶极矩的变化,因此这三种振动形式同时是拉曼活性和红外活性的。

以上举例示意产生拉曼光谱及红外光谱的起因及差别。对任何分子通常可用下列规则来判别其拉曼或红外是否具有活性。

(1)互斥规则　凡具有对称中心的分子,若其分子振动是拉曼活性的,则其红外吸收是非活性的。反之,若为红外活性的,则其拉曼为非活性的。

互斥规则对于鉴定基团是很有用的,例如,烯烃的 C═C 伸缩振动,在红外光谱中通常不存在或是很弱的,但其拉曼线则是很强的。由图 11-5 可见 2-戊烯的 C═C 伸缩振动在 1 675 cm^{-1} 是很强的拉曼谱带,而在红外光谱中则不呈现它的吸收峰。

(2)互允规则　没有对称中心的分子(如前述 SO_2),其拉曼和红外光谱都是活性的(除极少数例外)。又如图 11-5 中的 2-戊烯的 C—H 伸缩振动和弯曲振动,分别在 3 000 cm^{-1} 附近和～1 460 cm^{-1} 处,拉曼和红外光谱都有峰出现。由于许多分子(基团)没有对称中心,因而所观测到的拉曼位移和红外吸收峰的频率是相同的,只是对应峰的相对强度不同而已。

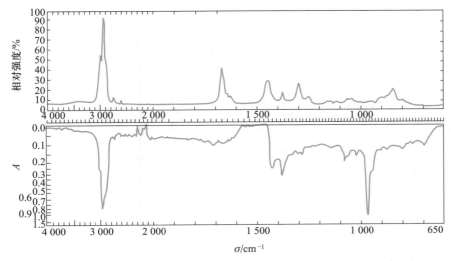

图 11-5　2-戊烯的拉曼光谱图(上图)和红外光谱图(下图)

(3)互禁规则　对于少数分子的振动,其拉曼和红外光谱都是非活性的。如乙烯分子的扭曲振动,不发生极化率和偶极矩的改变,因而在拉曼和红外都是非活性的。

有机化合物中一些经常出现的化学键基团的拉曼光谱和红外光谱的特征振动频率和强度的定性比较,如表 11-1 所示。从中可见这两种光谱的关系。和红外光谱一样,所给出的特征基团频率是个范围值,对一定的基团来说,其拉曼频率的变化反映了与基团相连的分子其余部分和结构,同样还应考虑影响它们的因素,特别对于结构的测定,往往可根据基团频率、强度和形状的变化,推断产生这些影响的结构因素。

表 11-1　一些有机化合物中基团的拉曼光谱和红外光谱的特征频率和强度

振动*	σ/cm^{-1}	拉曼强度**	红外强度**
$\sigma(\text{O—H})$	3 650～3 000	w	s
$\sigma(\text{N—H})$	3 500～3 300	m	m
$\sigma(\equiv\text{C—H})$	3 300	w	s
$\sigma(=\text{C—H})$	3 100～3 000	s	m
$\sigma(\text{—C—H})$	3 000～2 800	s	s
$\sigma(\text{—S—H})$	2 600～2 550	s	w

续表

振动*	σ/cm^{-1}	拉曼强度**	红外强度**
$\sigma(\mathrm{C}\equiv\mathrm{N})$	2 255~2 220	m~s	s~o
$\sigma(\mathrm{C}\equiv\mathrm{C})$	2 250~2 100	vs	w~o
$\sigma(\mathrm{C}=\mathrm{O})$	1 820~1 680	s~w	vs
$\sigma(\mathrm{C}=\mathrm{C})$	1 900~1 500	vs~m	o~m
$\sigma(\mathrm{C}=\mathrm{N})$	1 680~1 610	s	m
$\sigma(\mathrm{N}=\mathrm{N})$,脂肪族取代基	1 580~1 550	m	o
$\sigma(\mathrm{N}=\mathrm{N})$,芳香族取代基	1 440~1 410	m	o
$\sigma_{as}[(\mathrm{C}-)\mathrm{NO_2}]$	1 590~1 530	m	s
$\sigma_s[(\mathrm{C}-)\mathrm{NO_2}]$	1 380~1 340	vs	m
$\sigma_{as}[(\mathrm{C}-)\mathrm{SO_2}(-\mathrm{C})]$	1 350~1 310	w~o	s
$\sigma_s[(\mathrm{C}-)\mathrm{SO_2}(-\mathrm{C})]$	1 160~1 120	s	s
$\sigma[(\mathrm{C}-)\mathrm{SO}(-\mathrm{C})]$	1 070~1 020	m	s
$\sigma(\mathrm{C}=\mathrm{S})$	1 250~1 000	s	w
$\delta(\mathrm{CH_2}),\delta_s(\mathrm{CH_3})$	1 470~1 400	m	m
$\delta_s(\mathrm{CH_3})$	1 380	m~w,如在 C=C 上,s	s~m
$\sigma(\mathrm{C}-\mathrm{C})$芳香类	1 600,1 580	s~m	m~s
	1 500,1 450	m~w	m~s
	1 000	s(单取代)	o~w
		m(1,3,5 衍生物时)	
$\sigma(\mathrm{C}-\mathrm{C})$脂肪环,脂肪链	1 300~600	s~m	m~w
$\sigma_{as}(\mathrm{C}-\mathrm{O}-\mathrm{C})$	1 150~1 060	w	s
$\sigma_s(\mathrm{C}-\mathrm{O}-\mathrm{C})$	970~800	s~m	w~o
$\sigma_{as}(\mathrm{Si}-\mathrm{O}-\mathrm{Si})$	1 110~1 000	w~o	vs
$\sigma_s(\mathrm{Si}-\mathrm{O}-\mathrm{Si})$	550~450	vs	o~w
$\sigma(\mathrm{O}-\mathrm{O})$	900~845	s	o~w
$\sigma(\mathrm{S}-\mathrm{S})$	550~430	s	o~w
$\sigma(\mathrm{Se}-\mathrm{Se})$	330~290	s	o~w
$\sigma[\mathrm{C}(芳香族)-\mathrm{S}]$	1 100~1 080	s	s~m

振动[*]	σ/cm^{-1}	拉曼强度[**]	红外强度[**]
σ[C(脂肪族)—S]	$790\sim630$	s	s~m
σ(C—Cl)	$800\sim550$	s	s
σ(C—Br)	$700\sim500$	s	s
σ(C—I)	$660\sim480$	s	s
δ_s(C—C),脂肪链			
$C_n,n=3\sim12$	$400\sim250$	s~m	w~o
$n>12$	$2\,495/n$		
分子晶体中的晶格振动	$200\sim20$	vs~o	s~o

　＊　σ—伸缩振动；δ—弯曲振动；σ_{as}—反对称伸缩振动；σ_s—对称伸缩振动。

　＊＊　vs—很强；s—强；m—中等；w—弱；o—非常弱或看不到信号。

　　拉曼光谱和红外光谱是相互补充的。红外光谱对极性基团的振动和分子的非对称性振动敏感，因此适合于分子端基的测定；拉曼光谱适合于分子骨架测定，如果分子中含有不饱和基团，以及同原子键(S—S,N≡N 等),C—S,C≡S,S—H,C—N,N—H,金属键,脂环键等,用拉曼光谱进行测定比较方便,两者都能提供良好的"指纹"光谱。如果分子的振动形式对于红外和拉曼都是活性的，那么它们的基团频率是等效和通用的。拉曼光谱的各种基团特征频率在一些专著(如章末参考文献[11]～[13])中都已分类列出并出版有标准谱图(如 Sadtler 标准光谱图,1973 出版,以后每年补充),需要时可查阅。然而就已有的参考材料和标准谱图的数量而言,红外光谱明显地占优势,随着拉曼光谱的进展,拉曼光谱数据正在不断累积和扩展中。

　　综上所述,可见拉曼光谱和红外光谱各有所长,相互补充,两者结合可得到分子振动光谱更为完整的数据,从而有利于研究分子振动和结构组成。

§11-3　激光拉曼光谱仪

　　早期的拉曼光谱仪使用汞弧灯作为激发光源,所得拉曼散射光经透镜会聚,单色器分光后,用照相干板感光。由于拉曼信号微弱,要求试样量至少 10 mL,曝光时间可高达数天,少量杂质引起的荧光(参见第 12 章)会淹没非常弱的拉曼谱带。1960 年后,由于激光的出现,为拉曼光谱仪提供了最理想的光源。激光亮度极强,这样强的激光光源可得到较强的拉曼散射线;激光的单色性极好,有利于得到高质量的拉曼光谱图;激光的准直性可使激光束会聚到试样的微小部位(直径小至几微米)以得到该部位的拉曼信息;激光几乎完全是线偏振光(99%以上),这就简化了去偏振度的测量。

激光拉曼光谱仪可分为滤光片型、色散型和傅里叶变换型三类。以下主要介绍色散型和傅里叶变换型。

色散型激光拉曼光谱仪

图 11-6 为一般激光拉曼光谱仪的方框图。

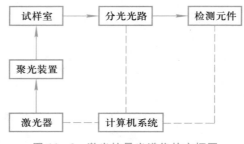

图 11-6　激光拉曼光谱仪的方框图

1. 激光器

激光光源常用连续气体激光器,如主要波长为 514.5 nm 和 488.0 nm 的氩离子(Ar^+)激光器,主要波长为 632.8 nm 的氦-氖(He-Ne)激光器,主要波长为 647.1 nm 和 530.9 nm 的氪离子(Kr^+)激光器。有些化合物最好用红光(Kr^+ 和 He-Ne 激光器),因为短波易产生荧光或分解试样。也可用可调谐激光器,如钕-钇铝石榴石(Nd-YAG)激光器、二极管激光器、染料激光器,将激发线的波长调谐到试样测定所需的波长。应指出的是,虽然所采用的激发线波长各有不同,但所得到激光拉曼光谱图的拉曼位移并不因此而改变,只是拉曼图上的光强不同而已。常用的激光器和激发光波长见表 11-2。

表 11-2　常用激光器及激发光波长

激发光区域	激光波长	激光器类型
紫外	325 nm	He-Cd
可见	488 nm,514 nm	Ar^+(氩离子)
	633 nm	He-Ne
	785 nm	半导体
近红外	1 064 nm	钕-钇铝石榴石

2. 试样室

为了使激光聚焦于试样上以获得最大光强,在光源与试样室之间有光束导向元件、聚焦元件等组成的聚光系统。而在试样室和分光系统之间则放置集光元件,使拉曼光聚焦于单色器的入射狭缝。

一般在与激光成 90°角的方向观测拉曼散射,称 90°照明方式。此外还有 180°照明方式,称背向照明方式,即激发光用透镜聚焦在试样上被试样散射后,在试样室内由中心带小孔的抛物面会聚透镜收集,收集面为整个散射背的 180°(参见图 11-7),以收集尽可能多的拉曼信号。

为适应固体、液体、气体、薄膜等各种形态的试样,试样室安装有三维可调的平台,可更换的各式试样池和试样架。

3. 单色器

从试样室收集的拉曼散射光,通过入射狭缝进入单色器。激光束激发试样产生拉曼散射,同时也产生很强的瑞利散射,对于粉末试样及试样室器壁等还有很强的反射光,这些光都被会聚透镜收集进入单色器而产生很多杂射光,主要分布在瑞利散射线附近,从而严重影响拉曼信息的检测,因此用于拉曼光谱仪的单色器,除要求杂射光尽可能低外,还需有高的分辨率和透射率。现主要采用全息光栅(holographic grating)作为分光元件,单光栅、双光栅和三光栅构成的单色器在拉曼光谱仪中均有使用。

激光器的工作原理

4. 检测器

由于拉曼散射光处于可见光区,因此光电倍增管可作为检测元件。光电倍增管的原理参见§7-7。使用砷化镓(GaAs)作阴极的光电倍增管,光谱响应范围为 300~850 nm。近代的仪器已多采用阵列型多道光电检测器,如电荷耦合阵列检测器(CCD),将它置于拉曼光谱仪的光谱面即可获得整个光谱,且易于与计算机连接。CCD 的原理和特点参见§7-7。

傅里叶变换近红外激光拉曼光谱仪

正如傅里叶变换红外光谱仪和色散型红外光谱仪的比较一样,傅里叶变换型拉曼光谱仪(FT-Raman)具有傅里叶变换光谱技术的优点。傅里叶变换光谱技术和近红外(1.064 μm)激光结合所组成的傅里叶变换近红外激光拉曼光谱仪(NIR-FT-Raman)具有许多优点:荧光背景出现机会少,分辨率高,波数精度和重现性好,一次扫描可完成全波段范围测定,速度快,操作方便,近红外光在光纤维中传递性能好,因而在遥感测量上 NIR-FT-Raman 光谱有良好的应用前景,近红外可穿透生物组织,能直接提取生物组织内分子的有用信息。但因受光学滤光器的限制,在低波数区的测量方面,NIR-FT-Raman 不如色散型拉曼光谱仪,另一方面,由于水对近红外的吸收,影响了 NIR-FT-Raman 测量水溶液的灵敏度,尽管如此,NIR-FT-Raman 光谱仪已应用于拉曼涉及的所有领域,并得到巨大的发展。

傅里叶变换近红外激光拉曼光谱仪的光路结构如图 11-7 所示,它由近红外激光光源、试样室、迈克尔逊干涉仪、滤光片组、检测器组成。检测器信号经放大由计算机收集处理。

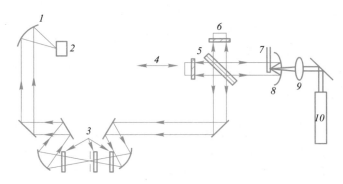

图 11-7 NIR-FT-Raman 光路图
1—聚焦镜;2—检测器;3—滤光片组;4—动镜;5—分束器;
6—定镜;7—试样;8—抛物面会聚镜;
9—透镜;10—Nd-YAG 激光光源

1. 近红外激光光源

采用 Nd-YAG(掺钕钇铝石榴石红宝石)激光器代替可见光激光器,产生波长为 1.064 μm 的近红外激发光,它的能量低于荧光所需阀值,从而避免了大部分荧光对拉曼谱带的影响,不足之处是 1.064 μm 近红外激发光比可见光(如 514.5 nm)波长要长约一倍,受拉曼散射截面随激发线波长呈 $1/\lambda^4$ 规律递减的制约,它的散射截面仅为可见光 514.5 nm 的 1/16,影响了仪器的信噪比,然而这可用傅里叶变换光谱技术的优越性来克服。

2. 迈克尔逊干涉仪

与 FTIR 使用的干涉仪一样,只是为了适合于近红外激光,使用 CaF_2 分束器。整个拉曼光谱范围的散射光经干涉仪得到干涉图,并以计算机进行快速傅里叶变换后,即可得到拉曼散射强度随拉曼位移变化的拉曼光谱图。一般的扫描速率,每秒可得到 20 张谱图,大大加速了分析速度,即使多次累加以改善谱图的信噪比,也比色散型仪器快速得多。

3. 试样室

如图 11-7 所示,为收集尽可能多的拉曼信号,采用背向照明方式(见色散型仪器的试样室)。同时,在使用近红外激光时,仪器的光学反射镜面镀金,以得到较镀铝的反射镜面更高的反射率。

4. 滤光片组

为滤除很强的瑞利散射光,使用一组干涉滤光片组。干涉滤光片根据光学干涉原理制成。它由折射率高低不同的多层材料交替组合而成。

5. 检测器

采用在室温下工作的高灵敏度铟镓砷(InGaAs)检测器或以液氮冷却的锗检测器。

共焦显微拉曼光谱仪

共焦显微拉曼光谱仪是将显微镜同时作为入射光聚光、散射光收集和试样架使用,并使试样处于显微镜的焦平面上,如图 11-8 所示。

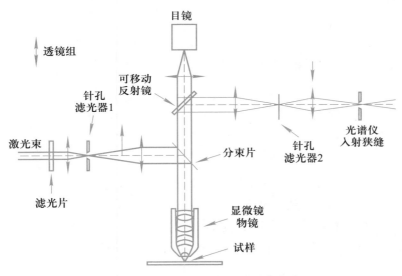

图 11-8　激光共焦显微拉曼光谱仪光路图

显微拉曼成
像光谱仪

　　激光光源发出的激光束通过针孔滤光器 1、分束片,聚焦到试样的某一微小部位,被试样散射后,散射光经反射镜、透镜组聚焦,穿过针孔滤光器 2 到达光谱仪入射狭缝。焦平面之外的散射光则被聚焦在第 2 个针孔之外而不能通过。因此检测器只能检测到焦平面所发出的散射光。采用目镜、监视器等装置直接观察到放大图像,以便把激光点对准不受周围物质干扰情况下的微区,可精确获取所照射部位的拉曼光谱图。如图 11-9 所示,在厚度为 120 μm 的聚合物薄膜中,拉曼显微镜成功测定了它的四个不同组成,对不均匀的试样可给出二维的成分与结构分布的信息。

　　这种共焦显微拉曼光谱仪,排除了非焦点处组分对成像的影响,还能对同一试样微区的不同深度进行检测,从而显示微区的三维结构信息。该仪器使用CCD 阵列检测器,提高了扫描速率及信噪比,是一种极为有用的成像技术。

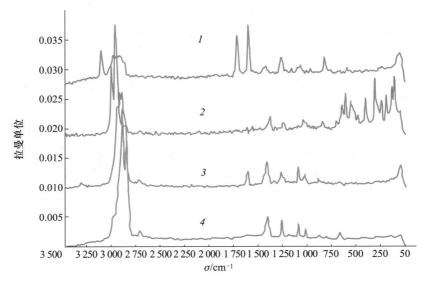

图 11-9 聚合物薄膜的 FT-Raman 光谱

（测量时间 22 min，分辨率 8 cm^{-1}，激光能量 100 mW。）

1—聚对苯二甲酸乙二醇酯；2—聚偏氯乙烯；

3—尼龙 6；4—聚乙烯-聚异丁烯酯

光导纤维传感技术与显微镜偶合所构成的激光拉曼光纤探针，具有光传输效率高，可对远距离，特殊环境（有毒、有放射性污染、高温、低温）中试样的拉曼散射进行原位遥感探测，已有适于不同用途的拉曼光纤探针商品。在环境污染、高温反应、放射化工、工业过程控制、生物组织诊断等领域中的应用越来越广泛。

§11-4 增强拉曼光谱技术

如前所述，拉曼光谱和红外光谱一样同属于分子振动光谱，可以反映分子的结构特征。但拉曼散射光的光强很弱，一般仅约为入射光强的 $10^{-6}-10^{-8}$，因此在设计仪器时，通常采用入射光强度极高的激光作为光源，或阻挡瑞利散射光和其他杂散光进入检测器等，以提高测量的信噪比。但即便如此，对于微量和痕量物质而言，拉曼信号依然很弱，增强拉曼光谱技术可以有效地克服这一缺点，使拉曼光谱强度提高几个数量级，这类增强方法的运用极大地提高了拉曼光谱检测的灵敏度，使其成为极少数能实现单分子检测的技术之一，拓展了拉曼光谱的应用范围。

共振拉曼散射 (Resonance Raman Scattering, RRS)

当激光器的激发线等于或接近于待测分子中生色团的电子吸收(紫外-可见吸收)频率时,入射激光与生色基团的电子偶合而处于共振状态,所产生的共振拉曼效应(resonance Raman effect)可使拉曼散射增强 $10^2 \sim 10^6$ 倍。由于激光场和电子强烈地偶合,以致激光场相当大的能量转移到分子上而被生色基团吸收;非生色基团则不发生共振,所以产生的拉曼散射仍是正常的弱值。因此共振拉曼效应除可使灵敏度得到提高外,还可提高选择性。由于只有那些与生色基团有关的振动模式才具有共振拉曼效应,故采用共振拉曼效应,对具有生色基团的生物大分子化合物的研究有显著的优越性。又由于水的拉曼散射很弱,这就为水体系中存在的生化和无机试样提供了有用的检测手段。例如,酶和蛋白质体系中,在其活性点上都含有生色基团,可利用共振拉曼效应来得到关于这些生色基团的振动光谱信息,而不会受到与蛋白质主链和支链相关的大量振动干扰。由于许多生物分子的电子吸收位于紫外区,使用生物试样的紫外共振拉曼光谱的差异可判别细菌等物种属性和研究体内活细胞的膜组成和物种代谢。又如,利用共振拉曼光谱的某些拉曼谱带的选择增强,可得到分子振动和电子运动相互作用的信息。采用共振拉曼光谱偏振测量技术,可得到有关分子对称的信息。

产生共振拉曼光谱的条件是激发光的频率接近或等于试样电子吸收谱带的频率,因此应使用有多谱线输出的激光器或可调谐激光器以供选择所需频率的入射激光,也可在仪器上配备多个激光器。一般可预测试样的电子吸收光谱,再测其共振拉曼光谱。

共振拉曼光谱技术的困难在于当激光频率与试样吸收谱带频率接近时,试样可能吸收激光能量而产生热分解作用。因此,做共振拉曼光谱时试样浓度要很低,一般在 $10^{-2} \sim 10^{-5}\,\mathrm{mol \cdot L^{-1}}$,以避免产生热分解。由于共振拉曼光谱的强度很大,在低浓度下仍能得到有用的拉曼光谱信息。为防止试样分解,现已采用脉冲激光光源及旋转试样架。为除去荧光干扰,可在脉冲光源的基础上,利用产生共振拉曼散射光和荧光的时间差予以消除。随着激光波长调谐技术、时间分辨技术和仪器的进一步发展,为高荧光、易光解和瞬态物质的拉曼光谱研究提供新的途径并在痕量物质的灵敏度检测和结构表征中受到重视。

表面增强拉曼散射(Surface - enhanced Raman Scattering, SERS)

当一些分子吸附于或靠近某些金属胶粒或粗糙金属表面时,它们的拉曼散射信号与普通拉曼信号相比将增大 $10^4 \sim 10^6$ 倍,这种拉曼信号强度比其体相分子显著增强的现象被称为表面增强拉曼散射效应,简称 SERS,它是一种异常的表面光学现象。银和金对拉曼光谱的增强效应最强,故在 SERS 技术中最为常用,其他被发现有表面增强作用的金属还有铜、锂、钠、钾、铝、汞、铬等,金属氧化物有 TiO$_2$、Ni$_2$O 等,这些具有增强作用的物质在 SERS 中被称为基底。为了得到大的增强,金属表面必须具有合适的粗糙度,即当金属表面具有微观(原子尺度)或亚微观(纳米尺度)的结构时,才有表面增强效应,例如,银基底的表面粗糙度为 100 nm 时,增强效应较大。SERS 效应还与激光光源的频率有关,银基底对大多数激光光源都有较好的 SERS 效应,而金、铜基底在使用蓝光激光光源时,SERS 效应较小,而使用近红光激光光源(1 064 nm)时,却有较好的 SERS 效应。另外,SERS 强度随被吸附分子与金属基底表面距离的增加而迅速下降。

表面增强拉曼散射光谱技术测定灵敏度高,可提供丰富的结构信息,水干扰小,适合研究界面并可用于无损检测,若结合近红外光源的傅里叶变换拉曼光谱仪,近红外激发光可以抑制电子吸收,既阻止了试样的光分解,又抑制了荧光的产生。近年来 SERS 技术发展迅速,在化学、材料、环境、生物及医学检测等领域得到广泛应用,被应用于痕量分析、表面研究、吸附物界面表面状态研究、生物大分子的界面取向及构型、构象研究和结构分析等。无论是低至 ng 级物质的分析,表面或界面吸附,催化过程的研究,单分子层的结构分析,还是蛋白质、核酸或其他生物色素的测定,SERS 都发挥着越来越大的作用。

若将 SERS 与共振拉曼效应 RRS 结合,即当具有共振拉曼效应的分子吸附在粗糙化的活性基底表面时,其拉曼信号的增强将几乎是两种增强效应之和,检测限可低至 $10^{-9} \sim 10^{-12}$ mol·L^{-1},这种效应被称为表面增强共振拉曼散射(Surface Enhanced Resonance Raman Scattering,SERRS)。SERRS 常被用于受荧光干扰的化合物的拉曼检测,当该化合物分子吸附到粗糙化的金属表面时,其荧光会被猝灭,荧光干扰因此得以消除。图 11-10 为高浓度胸腺嘧啶水溶液

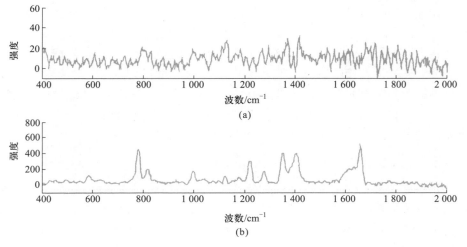

图 11-10　(a) 0.01 mol·L^{-1}胸腺嘧啶水溶液的拉曼光谱图
(b) 5×10^{-4} mol·L^{-1}胸腺嘧啶水溶液的表面增强共振拉曼散射光谱图

的拉曼光谱图及低浓度胸腺嘧啶水溶液的表面增强共振拉曼散射光谱图,由图可见拉曼信号不受水的干扰,且低浓度胸腺嘧啶水溶液的 SERRS 信号远大于高浓度胸腺嘧啶水溶液的拉曼信号,SERRS 的增强效应显著。

§11-5   激光拉曼光谱的应用

前已对拉曼光谱的原理、特点及仪器技术等作了阐述并提及了应用。随着激光技术和光谱处理技术的发展,相继出现了一些新的拉曼技术及其与其他技术的联用,并推出各种类型的商品化仪器,极大地提高了激光拉曼光谱分析的灵敏度和分析速度,使其应用范围得到拓宽。

本节着重讨论拉曼光谱在有机化合物官能团定性及结构分析上的一些应用。

分子式为 C_4H_6 的有机化合物,其拉曼及红外光谱如图 11-11 所示。由图可见在 3 000 cm^{-1} 及 1 400 cm^{-1} 附近两光谱都出现甲基的伸缩及变形振动谱带;值得注意的是在拉曼谱图中 2 236 cm^{-1} 及 2 313 cm^{-1} 处出现两个峰,这是双取代乙炔的拉曼特征谱带。若此取代乙炔是对称分子,正如图 11-11 所示,它的 C≡C 伸缩振动在红外光谱中没有反映。根据分子式计算其不饱和度为 2 (参见 §10-8),应有叁键存在。由上述讨论,可推断该化合物为对称性结构 H_3C—C≡C—CH_3(二甲基乙炔)。

又如,分子式为 $H_4C_4N_4$ 的化合物,分别在 1 621 cm^{-1} 及 1 623 cm^{-1} 有一表征 $\diagdown C=C \diagdown$ 的拉曼及红外峰。根据判断拉曼及红外的互允规则,凡不具有对称中心的分子,其拉曼和红外都是活性的,因而可推断该化合物是顺式结构。

$$H_2N—C—CN$$
$$H_2N—C—CN$$

若是反式结构键 $\diagdown C=C \diagup$ 的伸缩振动,应有拉曼峰出现,而红外则很弱或看不到。所以拉曼光谱与红外光谱配合对鉴别顺反异构体是很有效的。

同碳的环状和直链化合物,如环己烷和己烷,其红外光谱相似,很难判别出环状结构的存在。但环状化合物的对称呼吸振动(环的对称伸缩振动)常常是最强的拉曼谱带,环己烷的拉曼光谱在 800 cm^{-1} 呈现一个很强的谱带,而己烷的拉曼光谱无此谱带,据此可判别环状结构的存在与否。

前已提及拉曼光谱适合于对分子骨架的测定。如不同种类的聚酰胺都具有仲酰胺基团,在红外光谱中产生很特征的酰胺谱带 I(约 1 650 cm^{-1})和酰胺谱

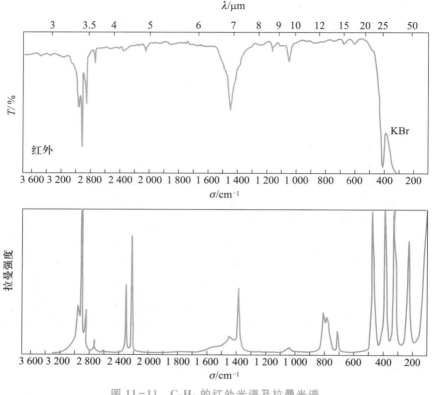

图 11-11 C₄H₆ 的红外光谱及拉曼光谱

带 Ⅱ（约 1 550 cm⁻¹）可与其他种类的高聚物区别。但各种聚酰胺，如尼龙 6、尼龙 8、尼龙 11、尼龙 610 等之间的差别仅在于碳骨架原子数目及其空间排列的不同，它们的红外光谱彼此相似，很难区别。而这些亚甲基骨架在拉曼光谱中的差别大得多，彼此能很好地区分。图 11-12 中，(a) 和 (b) 分别为尼龙 8 和尼龙 11 的拉曼光谱，其"指纹区"的光谱有很大的差别。

利用拉曼光谱的强度与试样分子浓度的正比关系，可以进行定量分析。由于影响拉曼光谱强度的因素较多，如光源的稳定性、试样的自吸收效应等，因此，一般采用内标法定量。内标线可以是在试样中加入的内标物的谱线，也可以利用溶剂的拉曼线作为内标线。和红外光谱相比较，采用拉曼光谱定量的优点主要是能直接测定水溶液中的组分含量，具有较高的准确度。拉曼光谱可对多组分同时进行定量分析，前提是各组分的拉曼谱线互不干扰。例如，用 514 nm 的氩离子激光光源，以四氯化碳或硝酸根作为内标物，可同时测定 $Al(OH)_4^-$，CrO_4^{2-}、NO_3^-、NO_2^-、PO_4^{3-}、SO_4^{2-} 六种阴离子。

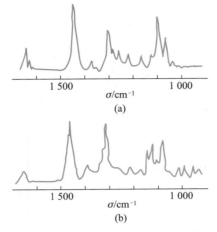

图 11-12   尼龙 8(a)和尼龙 11(b)的拉曼光谱

研究蛋白质结构的主要方法之一是 X 射线衍射法,但必须将蛋白质结晶出来才能用 X 射线来研究,而许多天然存在的蛋白质是水溶液,结晶后有可能不保持其在溶液中的状态。水的拉曼散射极弱,研究水溶液中的生物分子(如氨基酸、蛋白质、核糖核酸、生物膜等)时,溶剂的干扰极小,因此有可能在接近自然状态、活性状态的极稀溶液下测定生物大分子的结构及其变化,如异构化、氢键、互变异构等。

思考题与习题

1. 何谓瑞利散射、拉曼散射、斯托克斯散射、反斯托克斯散射?

2. 何谓拉曼位移,它的物理意义是什么?

3. 何谓共振拉曼效应,它有哪些特点?

4. 根据去偏振度可获得什么信息?

5. 激光为什么是拉曼光谱的理想光源?

6. 从构成激光拉曼光谱仪的主要组成比较色散型和傅里叶变换型仪器的异同点。

7. 为什么提到拉曼光谱时,总要联想到红外光谱?

8. 为什么说拉曼光谱能提供较多的分子结构信息?

9. 增强拉曼光谱强度的技术有哪几种? 它们的简称分别是什么?

10. 用拉曼光谱鉴别下列哪些化合物对比较合适?

(1)环己烷和正己烷。

(2)丁烷、丁烯和丁炔。

(3)顺式丁二烯和反式丁二烯。

参考文献

[1] 朱良漪.分析仪器手册.第六章第六节拉曼光谱仪.北京:化学工业出版社,1997.

[2] 潘家来.激光拉曼光谱在有机化学上的应用.北京:化学工业出版社,1985.

[3] 汪尔康.21 世纪的分析化学.第 8 章激光分析.北京:科学出版社,1999.

[4] Miller,Kauffman.拉曼效应的发现.李雄记,编译.大学化学,1992,7(4):57-59.

[5] 叶勇,胡继明,曾云鹗.表面增强拉曼技术及 FT-拉曼的研究及应用.大学化学,1998,13(1):6-10.

[6] 清华大学分析化学教研室.现代仪器分析.上册.第五章激光拉曼光谱法.北京:清华大学出版社,1983.

[7] 吴性良,朱万森,马林.分析化学原理.第 12 章 12.4.5.北京:化学工业出版社,2004.

[8] Olsen E D.Modern optical methods of analysis.Ine:McGraw-Hill,1975.

[9] Willard H H,Merritt L L Jr,Dean J A,Settle F A Jr.Instrumental methods of analysis.7th ed.Wadsworth Pub,1988.

[10] Dollish F H,Fateley W C,Bentley F F.Characteristic Raman frequencies of organic compounds.NewYork:Wiley-Interscience,1974.

[11] Sterin K E,Aleksanyan V T,Zhizhin G N. Raman spectra of hydrocarbons.Pergamon Press,1980.

[12] Bernhard Schrader.Raman/Infrared atlas of organic compounds.2th ed.Weinheum:VCH-Veri-Ges,1989.

[13] 张树霖.拉曼光谱学与低维纳米半导体.北京:科学出版社,2008.

[14] 杜一平.现代仪器分析方法.上海:华东理工大学出版社.2008.

[15] Ewen Smith,Geoffrey Dent.Modern Raman Spectroscopy - A Practical Approach.John Wiley&Sons,2005.

第 12 章 | 分子发光分析
Molecular Luminescence Analysis

§12-1 分子发光分析概述

分子发光分析法是基于被测物质的基态分子吸收能量被激发到较高电子能态后,在返回基态过程中,以发射辐射的方式释放能量,通过测量辐射光的强度及波长与强度的关系对被测物质进行定量测定或定性分析的一类方法。

基态分子激发至激发态所需的能量可以通过多种方式提供,如光能、化学能、热能、电能等。当分子吸收了光能而被激发到较高能态,返回基态时发射出波长与激发光波长相同或不同的辐射的现象称为光致发光。最常见的两种光致发光现象是荧光和磷光。分子受光能激发后,由第一电子激发单重态跃迁回到基态的任一振动能级时所发出的光辐射,称为分子荧光。激发态分子从第一电子激发三重态跃迁回到基态所发出的光辐射,称为磷光。由测量荧光强度和磷光强度建立起来的分析方法分别称为分子荧光分析(molecular fluorescence analysis)和磷光分析(phosphorescence analysis)。在化学反应过程中,分子吸收反应释放出的化学能而产生激发态物质,当回到基态时发出光辐射,这种分子受化学能激发后产生的发光现象称为化学发光。利用化学发光现象建立的分析方法称为化学发光分析(chemiluminescence analysis)。

本章主要讨论分子荧光分析、磷光分析和化学发光分析这三种分子发光分析法。

荧光分析法的起源

§12-2 荧光和磷光分析基本原理

1. 荧光和磷光的产生

如第 9 章描述,每个分子具有严格分立的能级,称为电子能级,而每个电子能级中又包含一系列的振动能级和转动能级,如图 12-1 所示。图中 S_0 表示分子的基态;S_1,S_2 分别表示第一电子激发单重态和第二电子激发单重态;T_1,T_2 分别表示第一电子激发三重态和第二电子激发三重态,基态和激发态中不同的振动能级则用 $v=0,1,2,3,\ldots$ 表示。

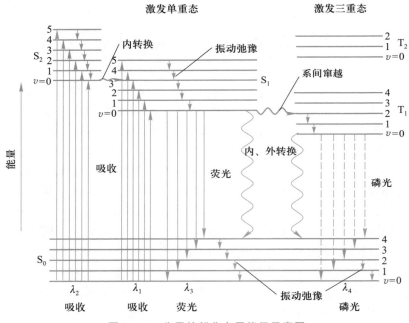

图 12-1　分子的部分电子能级示意图

电子激发态的多重度用 $M=2s+1$ 表示,s 为电子自旋量子数的代数和,其数值为 0 或 1,根据 Pauli 不相容原理,分子中同一轨道所占据的两个电子必须具有相反的自旋方向,即自旋配对。当分子中全部轨道里的电子都是自旋配对的,即 $s=0$,此时,$M=1$,即分子体系处于单重态,用 S 表示。大多数有机化合物分子的基态处于单重态。当分子吸收能量后,如果电子在跃迁过程中并不发生自旋方向的改变,则分子处于激发的单重态,如能级 S_1、S_2 等;如果电子在跃迁过程中还伴随自旋方向的改变,则分子具有两个自旋不配对的电子,即 $s=1$,$M=$

3,此时,分子处于激发的三重态,用 T 表示,如 T_1,T_2 等。根据洪特规则,处于分立轨道上的非成对电子,平行自旋比成对自旋稳定,因此三重态能级总比相对应的单重态能级略低。

在室温下,大多数分子处于基态(S_0)的最低振动能级($\upsilon=0$),且电子自旋配对,即处于单重态。当吸收一定频率的光辐射发生能级跃迁,可跃迁至不同激发态的各振动能级,其中大部分分子上升到第一激发单重态(S_1)。这一过程称为激发。

处于激发态的分子是不稳定的,它可通过辐射跃迁或非辐射跃迁等去活化过程返回基态,其中以速率最快,激发态寿命最短的途径占优势,常见的去活化过程有以下几种。

(1)振动弛豫(vibrational relaxation)　荧光和磷光分析一般在溶液中进行,且溶液的浓度很低。在这种体系中,溶质与溶剂之间碰撞的概率很大,溶质的激发态分子可能将过剩的振动能量以热能方式传递给周围的溶剂分子,而自身从激发态的高振动能级失活,跃迁至同一激发态的最低振动能级,这一过程称为振动弛豫。这一失活过程速率极快,约 $10^{-14} \sim 10^{-12}$ s。

(2)内转换(internal conversion)　内转换是指同一多重态的两个电子能态间的非辐射跃迁过程,即激发态分子将激发能转变为热能下降至低能级的激发态或基态,如 $S_1 \rightarrow S_0$,$T_2 \rightarrow T_1$ 等。内转换过程的速率很大程度上取决于涉及此过程的两个能级之间的能量差,当两电子能级很靠近以至其振动能级有重叠时,内转换就极易发生。如图 12−1 所示,激发态 S_2 的较低振动能级,与激发态 S_1 的较高振动能级重叠,重叠的地方,两激发态的位能接近,因此内转换去活化过程的速率很快,例如,S_2 以上激发单重态之间的内转换的速率常数约为 $10^{11} \sim 10^{13}$ s^{-1}。

(3)系间窜越(intersystem conversion,ISC)　与内转换不同,系间窜越是指不同多重态的两个电子能态之间的非辐射跃迁过程。如前所述,不同多重态之间的跃迁涉及电子自旋状态的改变,如 $S_1 \rightarrow T_1$,这种跃迁是禁阻的。但如果两个电子能态的振动能级之间有比较大的重叠,则可通过自旋−轨道偶合等作用使 S_1 能态转入 T_1 能态。由于系间窜越是禁阻的,因而去活化的速率常数要小得多,约为 $10^2 \sim 10^6$ s^{-1}。

(4)外转换(external conversion)　外转换是溶液中的激发态分子与溶剂分子或其他溶质分子之间相互碰撞而失去能量,并以热能的形式释放。外转换常发生在第一激发单重态或激发三重态的最低振动能级向基态转换的过程中。

(5)荧光发射　假如分子被激发到 S_2 激发单重态的某一振动能级上,处于该激发态的分子很快发生振动弛豫而下降到该单重态的最低振动能级,然后经过内转换及振动弛豫过程,下降至 S_1 激发单重态的最低振动能级。处于该最低振动能级的分子,可以通过几种可能的去活化过程回到基态。① 发射光量子回到基态的各振动能级,这一过程称为荧光发射,荧光的寿命大致为 10^{-8} s;② 以发生外转换的方式由激发态 S_1 下降至基态 S_0;③ 发生激发单重态 S_1 至激发三重态 T_1 的系间窜越。

S_2 以上激发单重态之间的内转换速率很快,绝大多数分子在发生辐射跃迁之前就通过非辐射跃迁下降至激发态 S_1。而 S_0 和 S_1 两能态之间的最低振动能级的能量间隔最大,因此内转换的速率常数相对较小(约为 $10^6 \sim 10^{12}$ s^{-1}),此时荧光现象可能产生,且通常观察到的是自 S_1 态最低振动能级的辐射跃迁。

(6)磷光发射 发生从激发单重态 S_1 至激发三重态 T_1 的系间窜越后,分子通过快速的振动弛豫到达激发三重态的最低振动能级。当没有其他过程与之竞争时(如 T_1 至 S_0 的系间窜越)将返回基态而发射磷光,磷光寿命大致为 10^{-2} s。由此可见,荧光和磷光的根本区别在于荧光是由单重—单重态跃迁产生的,而磷光则由三重—单重态跃迁产生。

2. 激发光谱和发射光谱

如第 9 章所述,分子对光的吸收具有选择性,因此不同波长的入射光就具有不同的激发效率。如果固定荧光的发射波长(即测定波长),不断改变激发光(即入射光)波长,以所测得的该发射波长下的荧光强度对激发光波长作图,即得到荧光(磷光)化合物的激发光谱。如果使激发光的强度和波长固定不变(通常固定在最大激发波长处),测定不同发射波长下的荧光强度,即得到发射光谱,也称为荧(磷)光光谱。图 12-2 为蒽的激发光谱和发射光谱。

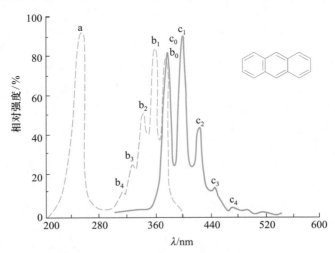

图 12-2 蒽的激发光谱(虚线)和发射光谱(实线)

任何荧光(磷光)物质都具有激发光谱和发射光谱这两种特征光谱,它们可以用于鉴别荧光(磷光)物质,亦可作为进行荧光(磷光)定量分析时选择合适的激发波长和测定波长的依据。

化合物激发光谱的形状理论上应该和其吸收光谱相同,但由于荧光测量仪器的特性如光源的能量分布、单色器透射率及检测器的敏感度等都与波长有关,测得的表观激发光谱大多与吸收光谱的形状有差异,这种差异可以通过校正消除,校正光谱与吸收光谱的形状非常相近。

溶液中化合物的发射光谱通常具有如下特性。

(1) 斯托克斯位移(Stokes 位移)　在溶液的荧光光谱中,荧光波长总是大于激发光的波长,这种波长移动的现象称为斯托克斯位移。产生斯托克斯位移的主要原因是激发分子在发射荧光之前,通过振动弛豫和内转换去活过程损失了部分激发能;其次,辐射跃迁可能使激发分子下降到基态的不同振动能级,然后通过振动弛豫进一步损失能量;此外,溶剂与激发态分子发生碰撞导致能量损失,这些能量损失也将进一步加大斯托克斯位移。

(2) 发射光谱的形状通常与激发波长无关　虽然分子的吸收光谱可能含有几个吸收带,但其发射光谱却通常只含有 1 个发射带。这是因为即使分子被激发到 S_2 激发态以上的振动能级,它们也会通过极其快速的振动弛豫和内转换过程下降到 S_1 激发态最低振动能级,然后发射荧光。因此发射光谱只有一个发射带,其形状只与基态振动能级的分布情况与跃迁回到各振动能级的概率有关,而与激发波长无关。

上述特性也有例外,如有些荧光物质具有两个解离态,每个解离态显示不同的发射光谱等。

(3) 发射光谱与吸收光谱呈镜像关系　吸收光谱是分子由基态激发至第一电子激发态的各振动能级所致,其形状取决于第一电子激发态的各振动能级的分布,而发射光谱是激发态分子由第一电子激发态的最低振动能级回到基态不同振动能级所致,其形状取决于基态各振动能级的分布。而基态和第一激发态的各振动能级分布极为相似;且根据 Frank-Condon 原理,如果吸收光谱中某一振动带的跃迁概率大,则在发射光谱中该振动带的跃迁概率也大;因此吸收光谱与发射光谱通常呈镜像对称,如图 12-2 所示。

3. 荧光效率

分子能发射荧光取决于以下两个条件:一是能吸收激发光,这要求分子具备一定的结构;二是吸收了与其本身特征频率相同的能量后,具有一定的荧光效率。

荧光效率也称为荧光量子产率,它表示物质发射荧光的本领,定义为物质发出荧光量子数和吸收激发光量子数的比值。

$$\text{荧光效率}(\varphi) = \frac{\text{发射荧光的量子数}}{\text{吸收激发光的量子数}}$$

分子的荧光效率往往小于 1,如罗丹明 B 乙醇溶液的 $\varphi = 0.97$,荧光素水溶液的 $\varphi = 0.65$,菲乙醇溶液的 $\varphi = 0.10$ 等,通常 φ 为 $0.1 \sim 1$ 时具有分析应用价值。许多会吸收光的物质并不一定会发出荧光,即分子的荧光效率极低,这是由于激发态分子释放激发能过程中除了荧光发射以外,还存在多种非辐射跃迁与之竞争,而这些非辐射跃迁过程不仅与分子结构有关,还与所处的环境密切相关。下面讨论物质分子结构对荧光强度和荧光光谱位置的影响。

4. 荧光和分子结构的关系

(1) 具有共轭双键体系的分子　能强烈发射荧光的分子几乎都是通过 $\pi^* \to \pi$ 跃迁的去活化过程产生辐射的,因此,共轭双键结构有利于发光。共轭度越大,分子的荧光效率也就越大,且荧光光谱向长波方向移动。例如,苯的 $\varphi = 0.11$,最大荧光发射波长 $\lambda_{em} = 278$ nm,位于紫外区;而蒽的 $\varphi = 0.46$,$\lambda_{em} = 400$ nm,位于蓝光区。绝大多数能发荧光的物质为含芳香环或杂环的化合物。

(2) 具有刚性平面结构的分子　具有刚性平面结构的分子,其荧光量子产率高。例如,酚酞和荧光素的结构十分相近,但荧光素在溶液中具有很强的荧光,而酚酞却没有荧光,这主要是由于荧光素中的氧桥使分子具有刚性平面构型,这种构型可以减少分子振动,也就减少了系间窜越至三重态及碰撞去活的可能性。

多环芳烃的
荧光特性

酚酞　　　　　　　　　　荧光素

(3) 取代基的影响　芳香化合物的芳香环上,不同取代基对该化合物的荧光强度和荧光光谱有很大影响。给电子基团如 —OH,—OR,—NR$_2$,—CN 等常常使荧光增强,这是由于产生的 p–π 共轭作用增强了 π 电子的共轭程度,使最低激发单重态与基态之间的跃迁概率增大。相反,吸电子基团如 —COOH,—C$=$O,—NO$_2$,—SH,—N$=$N— 等会减弱甚至猝灭荧光。如果是卤素原子取代,则原子序数越大,荧光越弱。双取代或多取代的影响较难预测,如果能增加分子的平面性,例如,取代基之间能形成氢键,则荧光增强,反之,则荧光减弱。不同取代基对苯分子荧光强度及波长的影响参见表 12–1。

表 12-1　取代基对苯分子荧光强度及波长的影响

化合物	化学式	荧光波长/nm	荧光相对强度
苯	C_6H_6	270~312	10
甲苯	$C_6H_5CH_3$	270~320	17
丙苯	$C_6H_5C_3H_7$	270~320	17
氟苯	C_6H_5F	270~320	10
氯苯	C_6H_5Cl	275~345	7
溴苯	C_6H_5Br	290~380	5
碘苯	C_6H_5I	—	0
苯酚	C_6H_5OH	285~365	18
苯酚离子	$C_6H_5O^-$	310~400	10
苯甲醚	$C_6H_5OCH_3$	285~345	20
苯胺	$C_6H_5NH_2$	310~405	20
苯胺离子	$C_6H_5NH_3^+$	—	0
苯甲酸	C_6H_5COOH	310~390	3
苄腈	C_6H_5CN	280~360	20
硝基苯	$C_6H_5NO_2$	—	0

5. 环境等因素对荧光光谱和荧光强度的影响

除物质本身结构的影响外,分子的荧光光谱和荧光强度还与其他所处的环境有关,如溶剂的种类、温度、溶液的 pH 等。在荧光分析过程中尚需考虑散射光、激发光、猝灭剂等因素对荧光的影响。

(1) 溶剂的影响　溶剂对物质荧光特性的影响通常较大,同一种荧光物质在不同的溶剂中,其荧光光谱的位置和强度都可能有差异。一般荧光峰的波长随着溶剂极性的增大而向长波方向移动,这可能是由于在极性大的溶剂中,荧光物质与溶剂的静电作用显著,从而稳定了激发态,使荧光波长发生红移。但也有少数例外,如苯胺萘磺酸类化合物,在戊醇、丁醇、丙醇、乙醇和甲醇五种溶剂中,随着醇极性的增大,荧光强度减小,荧光峰蓝移。

当荧光物质与溶剂发生氢键作用或化合作用,或溶剂使荧光物质的解离状态发生改变时,荧光峰的位置和强度也会发生很大改变。

（2）温度的影响　大多数荧光物质随着温度的增高,其荧光效率和荧光强度降低,这是因为在较高温度下,分子的内部能量有发生转化的倾向,且溶质分子与溶剂分子的碰撞频率增大,使发生振动弛豫和外转换的概率增加。

由于荧光物质的荧光强度在低温下较室温显著增大,有利于提高测定的灵敏度,因此近年来,低温荧光分析已发展成为荧光分析中的一个重要分支。

（3）溶液 pH 的影响　当荧光物质为弱酸弱碱时,溶液 pH 的改变将对荧光强度和荧光光谱产生很大影响,这是因为荧光物质的分子和它们的离子在电子构型上有所不同。例如,苯胺在 pH7～12 的溶液中以分子形式存在,会发蓝色荧光,而在 pH＞13 或 pH＜2 时,以离子形式存在,不发荧光。

（4）各种散射光的影响　在荧光分析中可能测得由溶剂产生的散射光,如与激发波长相同的瑞利散射光,也可能是稍长或稍短于激发波长的拉曼散射光（参见§11-1）。当激发光波长与荧光物质的荧光峰波长很靠近时,或拉曼光谱较激发光长些时,瑞利散射光和拉曼散射光有可能与荧光光谱重叠产生较严重的干扰。这一干扰可以通过选择合适的激发波长来消除,其依据是溶剂的瑞利散射光和拉曼散射光随激发光波长的改变发生改变,而荧光波长与激发光波长无关,因此只要改变激发光的波长就可能避免散射光的干扰。

（5）激发光照射的影响　有些荧光物质的稀溶液在激发光的照射下容易发生光分解作用,引起荧光强度的急剧降低。所谓光分解（photolysis）作用,即物质受到光线照射后,所吸收的能量使分子内的一个或几个键发生断裂,使该物质分解。对于容易发生光分解作用的荧光物质溶液的测定,最好采用强度较低的激发光,同时缩短测定时间,减少荧光物质的分解和由此引起的测量误差。

（6）荧光猝灭（quenching）　荧光物质与溶剂分子或其他溶质分子相互作用,引起荧光强度下降或消失的现象称为荧光猝灭。能引起荧光猝灭的物质称为猝灭剂。荧光猝灭的形式有多种,机理也比较复杂,其中最常见的是碰撞猝灭,它是单重激发态的荧光分子与猝灭剂碰撞后,以无辐射跃迁返回基态,引起荧光强度的下降。另外,某些猝灭剂分子与荧光分子发生作用,形成配合物或发生电子转移反应,也会引起荧光猝灭,如甲基蓝溶液被铁离子猝灭就是两者之间的电子转移导致。荧光猝灭是荧光分析中一个非常重要的现象,利用某一物质对荧光物质的荧光猝灭作用可建立该猝灭剂的荧光测定法,也可以利用猝灭效应研究小分子与大分子的相互作用等。关于荧光猝灭的种类与机理可参阅本章末列出的参考文献[4]。

§12-3　荧光和磷光分析仪

利用荧光进行物质定性定量分析的仪器有荧光计和荧光分光光度计,它们均由四个基本部分构成,即激发光源、试样池、用于选择激发波长和荧光波长的单色器或滤光片、检测器。图 12-3 为荧光分光光度计的结构示意图。

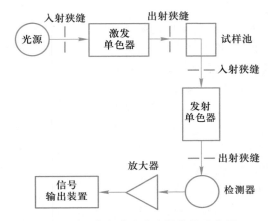

图 12-3　荧光分光光度计结构示意图

(1) 激发光源　可提供紫外-可见光区激发光的光源很多,选择激发光源主要应考虑它的稳定性和强度,光源的稳定性直接影响测定的精密度和重复性,而强度则直接影响测定的灵敏度和检出限。目前大部分荧光分光光度计采用高压氙弧灯作为光源,在滤光片荧光计中则常采用高压汞灯。

(2) 试样池　通常采用低荧光吸收的石英材质制成的方形或长方形池体。

(3) 单色器　荧光分析仪具有两个单色器,荧光计采用滤光片,分光光度计采用光栅。第一个单色器置于光源和试样池之间,用于选择所需的激发波长,使之照射于被测试样上。第二个单色器置于试样池与检测器之间,用于分离出所需检测的荧光发射波长。

(4) 检测器　荧光的强度通常较弱,需要较高灵敏度的检测器,一般采用光电管或光电倍增管,检测位置与激发光成直角。

用于分子荧光分析的仪器也可用于分子磷光的测定。由于磷光的产生是从激发三重态的最低能级跃迁回基态产生的,而激发三重态的寿命长,使发生 $T_1 \rightarrow S_0$ 的系间窜越及激发态分子与周围溶剂分子间发生碰撞的概率增大,这些都将使磷光强度减弱或消失。为了减少这些去活化过程,通常在低温下进行磷

高压氙弧灯

荧光光谱仪

光的测定。为实现磷光试样的低温测定,可将盛试样溶液的石英试样管放置在盛液氮的石英杜瓦瓶内,此时许多溶液介质形成刚性玻璃体,如磷光分析中常用的 EPA 混合溶剂(5:5:2 的二乙醚、异戊烷和乙醇的混合物)。由于低温磷光受低温实验装置和溶剂选择的限制,近年来发展了室温磷光技术,即在室温下以固体基质(如纤维素等)吸附磷光体,增加分子刚性,提高磷光量子效率。亦可用表面活性剂形成的胶束增稳,减小内转换和碰撞等去活化的概率。

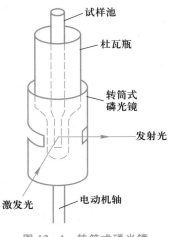

另外,会发磷光的物质常常也会发荧光,为了实现磷光和荧光的同时测定,需要在荧光分光光度计中增加一个机械切光器附件。常用的一种切光器是在杜瓦瓶外面套一个可以转动的圆筒(见图12-4),圆筒上开有一个以上的孔。当圆筒旋转时,来自激发单色器的入射光透过开孔交替照射到试样池上,由试样发出的光也交替到达发射单色器的入口狭缝,但与入射光的相位不同。当圆筒旋转至不遮断激发光的位置时,测得的是磷光和荧光的总强度;当圆筒旋转至遮断激发光的位置时,由于荧光的寿命短,一旦激发光被遮挡,荧光随即消失,而磷光寿命长,能持续一段时间,所以此时测得的仅为磷光信号。通过控制圆筒转速,还可以测量磷光的寿命。

试样池
杜瓦瓶
转筒式磷光镜
发射光
激发光
电动机轴

图 12-4　转筒式磷光镜

§12-4　荧光定量分析和定性分析

荧光定量分析

根据荧光发生的机理可知,溶液的荧光强度 F 和该溶液的吸收光强度 I_a 以及荧光效率 φ 成正比,即

$$F = \varphi \cdot I_a \tag{12-1}$$

根据 Beer 定律,溶液吸收的光量为

$$I_a = I_0 - I_t = I_0(1 - 10^{\varepsilon bc}) \tag{12-2}$$

式中,I_0 是入射光强度,I_t 是透射光强度,ε 是摩尔吸光系数,b 是试样池光程,c 是试样浓度。

将式(12-2)带入式(12-1)中,得

$$F = \varphi \cdot I_0 \cdot (1 - e^{-2.3\varepsilon bc}) \tag{12-3}$$

而式(12-3)中

$$e^{-2.3\varepsilon bc} = 1 - 2.3\varepsilon bc - \frac{(2.3\varepsilon bc)^2}{2!} - \frac{(2.3\varepsilon bc)^3}{3!} - \cdots$$

对于稀溶液,当 εbc 小于 0.02 时,可省略上式第 2 项后的各项,因此,式(12-3)可写作

$$F = 2.3\varphi I_0 \varepsilon bc \tag{12-4}$$

式(12-4)表示了荧光强度和溶液浓度的关系,即为荧光定量关系式。由定量关系式可见,当入射光强度、试样池长度不变时,稀溶液的荧光强度与溶液浓度成正比,因此可对待测溶液的浓度进行测定。

对于较浓溶液,荧光强度和溶液浓度之间的线性关系将发生偏离,甚至出现随着浓度的增大而下降的现象。这可能由以下几种原因造成。① 是内滤效应,当溶液浓度过高时,溶液中的杂质对光的吸收增大,使溶液实际接受的激发光强度下降;且入射光被试样池前部的高浓度荧光物质自身吸收而减弱,池体中、后部的荧光物质受激发程度下降,而这部分荧光恰恰是被检测的对象;② 是自吸收效应,在荧光发射波长与化合物的吸收波长有重叠的情况下,物质发出的荧光有部分被自身吸收而造成偏离,溶液浓度增大时,自吸收现象会加剧;③ 是浓度过高时,单重激发态分子在发射荧光之前与基态荧光物质分子发生碰撞的概率增加,发生无辐射去活而导致荧光强度下降。

对于本身能发荧光的物质,可以采用直接测定法测定该组分在试样中的浓度。在实际操作中,荧光定量分析一般采用标准曲线法。取待测组分的标准物质,配制一系列已知浓度的标准溶液,并测定它们的荧光强度,以荧光强度对标准溶液浓度绘制标准曲线,然后将待测试样溶液的荧光强度带入标准曲线,求出试样中待测组分的浓度。

对于有些物质,它们本身不发荧光,或者荧光量子产率很低,无法进行直接测定,则可以采用间接测定的方法,如荧光衍生法、荧光猝灭法等。荧光衍生法是将待测物质与荧光试剂通过化学反应形成能发荧光的衍生物,通过测定衍生物的荧光强度间接得到被测物的浓度,这些荧光试剂(也称为荧光探针)的使用,大大拓宽了荧光分析法的应用范围。例如,大多数氨基酸都无紫外吸收,因此也就没有荧光,若与荧光试剂丹磺酰氯进行反应,其产物能发射很强的荧光,就可以利用荧光分析法间接测定氨基酸的浓度。

假如待测物质本身虽然不发荧光,但却能使某种有荧光的物质发生荧光猝

灭,且荧光减弱的程度与待测物质(猝灭剂)的浓度之间有着定量关系,则可以通过测量加入待测物质后荧光化合物荧光强度的下降程度,间接地测定该待测物的浓度。例如,阴离子 S^{2-} 在碱性介质中可猝灭乙酸汞-荧光素的荧光,借此可以测定试样中的微量硫化物。

荧光定性分析

任何荧(磷)光都具有两种特征光谱:激发光谱和发射光谱,它们是荧(磷)光定性分析的基础。由于物质分子结构不同,所吸收的紫外光波长和发射波长具有特征性,因此根据荧光物质的激发光谱和发射光谱可鉴别化合物。最常用的荧光定性方法是比较法,即在相同的分析条件下,将待测物的荧光发射光谱与预期化合物的荧光发射光谱比较,如果发射光谱的特征峰波长及形态一致,则认为可能为该物质,这种方法较简便。有的情况下,不同物质的发射光谱相似或重叠,此时,激发光谱可提供另一有用的定性参数,例如,苯并(a)芘和苯并(k)荧蒽都是强荧光物质,它们的荧光发射光谱非常相似,而激发光谱有较大差别(见图 12-5),因此以激发光谱结合发射光谱鉴定可提高定性结果的可信度。

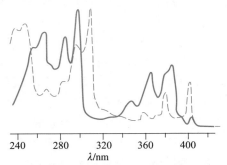

(a) 苯并(a)芘(实线)和苯并(k)荧蒽(虚线)荧光激发光谱

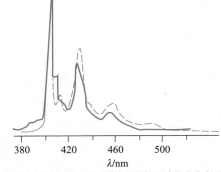

(b) 苯并(a)芘(实线)和苯并(k)荧蒽(虚线)荧光发射光谱

图 12-5　苯并(a)芘和苯并(k)蒽醌荧光激发光谱和发射光谱

§12-5 荧光分析法和磷光分析法的特点与应用

1. 荧光和磷光分析法的特点

荧光和磷光分析法最大的特点是灵敏度高,比紫外-可见分光光度法通常高 2~4 个数量级,这是因为荧光或磷光分析法是在入射光的直角方向测定荧光强度,即在黑背景下进行检测,因此可以通过增加入射光强度 I_0 或增大荧光和磷光信号的放大倍数来提高灵敏度。而紫外-可见分光光度法中测定的参数是吸光度,该值与入射光强度和透射光强度的比值相关,入射光强度增大,透射光强度也随之增大,增大检测器的放大倍数也同时影响入射光和透射光的检测,因而限制了灵敏度的提高。由于荧光和磷光分析法灵敏度高,因此测定用的试样量很少。

荧光分析法的选择性优于紫外-可见分光光度法,可同时用荧光激发光谱和荧光发射光谱定性。另外,荧光分析法提供的信息丰富,如激发光谱、发射光谱、荧光强度、荧光效率、荧光和磷光寿命等,这些参数反映了分子的各种特性。

荧光和磷光分析法测量简单,但本身能发荧光或磷光的物质不多,增强荧光的方法有限,因此作为常规试样的定量分析方法不及紫外-可见分光光度法应用广。

2. 荧光分析法和磷光分析法的应用

(1) 痕量分析 荧光和磷光分析法的灵敏度很高,特别适合于微量及痕量物质的分析。虽然能发荧光或磷光的试样不多,但可以通过一些间接的方法如荧光衍生法、荧光猝灭法等实现无机离子和有机分子的痕量测定。

为了提高测定的灵敏度和选择性,近年来发展了多种荧光分析新技术。如激光诱导荧光光谱分析法,采用单色性好、强度大的激光作为光源,同时采用多通道检测的电荷偶合器件 CCD、单光子二极管或单光子光电倍增管等作为检测器,大大提高了荧光分析法的灵敏度,甚至可以实现单分子检测,使之成为分析超低浓度物质的有效方法。

时间分辨荧光分析法则是根据不同物质的荧光寿命及衰减特性的差异进行选择测定的一种新技术。该方法采用脉冲激光作为光源,通过选择合适的延缓时间,可测定被测组分的荧光而不受其他组分、杂质的荧光及瑞利散射等杂散光的影响,荧光测定的选择性大为提高。

由于荧光探针及荧光分析新技术的使用,目前荧光分析法可用于测定多种无机化合物和有机化合物,在生物分析、医药领域和环境科学等领域应用日益广泛。磷光分析法则主要用于有机化合物如药物、多环芳烃及石油产品的测定。

（2）联用技术的检测器 荧光分析法可与高效液相色谱、毛细管电泳多种分析技术联用，作为这些分离分析方法的检测器。例如，食品中黄曲霉素的测定通常采用高效液相色谱分离，荧光检测器检测。由于荧光分析法，特别是激光诱导荧光分析法灵敏度高，选择性好，因此成为微型化分析方法如基因芯片、微流控芯片的理想检测手段。

（3）分子结构性能测定 荧光激发光谱、发射光谱及荧光强度等荧光参数与分子结构及其所处环境密切相关，因此荧光分析法不仅可以进行定量测定，而且能为分子结构及分子间相互作用的研究提供有用的信息。例如，将蛋白质与一些荧光探针结合生成发荧光的蛋白质衍生物，使蛋白质分子的荧光强度发生改变，激发光谱和发射光谱产生位移，荧光偏振也可能发生变化，根据这些参数的变化，可以推测蛋白质分子物理特性和构象变化等。

共焦荧光显微镜

（4）空间分辨荧光分析 荧光分析技术灵敏度高，选择性好，可提供有关分子结构、环境影响因素等诸多信息，为成分分析提供了有效的手段。随着仪器制造等相关技术的不断发展，具有空间分辨能力的荧光分析技术发展迅速，已成为荧光分析领域的一个重要分支。其中的共焦荧光显微镜与共焦显微拉曼光谱仪类似（§11-3），采用光学系统的共轭焦点技术，使光源被照物点和检测器处于彼此对应的共轭位置，通过两个聚集针孔，将来自试样的各种杂散光阻挡在外面，保证检测信号来自试样某特定位点。这种共焦荧光法有很高的分辨力，能构成三维图像且有成像清晰等特点，结合荧光探针，已广泛应用于生物学（如细胞、组织成像）、半导体器件、材料、超高灵敏分析等领域。

§12-6 化学发光分析

化学发光现象

化学发光分析法是建立在化学发光现象基础上的，近 30 年发展起来的一种新型、高灵敏度的分析方法。化学发光的机理是：当某些物质在进行化学反应时，吸收了反应时产生的化学能，使反应产物分子激发至激发态，再由第一激发态的最低振动能级回到基态的各振动能级时，产生光辐射或将能量转移到另一种分子而发射光子。少数情况下，也可通过系间窜越至激发三重态，再回到基态的各振动能级。因此，化学发光光谱与对应物质的荧光光谱和磷光光谱是十分相似的。

能产生化学发光的反应，必须满足以下两个基本要求：

（1）化学反应必须提供足够的能量，又能被反应产物分子吸收，使之处于激发态。放热反应的反应焓在 $150\sim400\ \mathrm{kJ\cdot mol^{-1}}$，才能在可见光范围内观察到发光现象。许多氧化还原反应所提供的能量与此相当，因此大多数化学发光反应为氧化还原反应。

（2）吸收了化学能而处于激发态的分子，必须能释放出光子或者能够将它的能量转移给另一个分子，使该分子激发并以辐射光子的形式回到基态。

化学发光分析中常见的化学发光反应类型有气相化学发光和液相化学发光。气相化学发光是指化学发光反应在气相中进行，如臭氧与乙烯反应生成激发态的甲醛而发光，反应式如下：

$$CH_2{=}CH_2 + O_3 \longrightarrow [HCHO]^* + HCOOH \longrightarrow HCHO + h\nu + HCOOH$$

此发光反应对 O_3 是特效的，最大发射波长为 435 nm。

液相化学发光研究的较多，其中常见的发光物质有鲁米诺（Lominol，3－氨基苯二甲酰肼），光泽精（N,N－二甲基二吖啶硝酸盐）、洛粉碱（2,4,5－三苯基咪唑）等。其中鲁米诺在催化剂的作用下与过氧化氢的化学发光反应如下：

化学发光分析仪

此反应发射蓝光。

化学发光分析法的测量仪器简单，与荧光光谱仪相比，它不需要光源和单色器，化学发光反应在试样室中进行，反应发出的光直接照射在检测器上。化学发光分析具有选择性好，灵敏度高的特点，特别适合于痕量组分的分析。近年来，化学发光分析法已成为医学、生物学、生物化学中的一个重要研究手段，例如，化学发光免疫分析将化学发光与免疫反应结合，利用发光物质、催化剂或氧化剂三者之一标记抗原或抗体，在免疫反应后，免疫复合物中存在这种标记成分。当加入另两种成分时，立即产生光子被检测。该方法快速、灵敏，又具有免疫反应的高度特异性，因此是一种很有前途的方法。

思考题与习题

1. 试从原理、仪器两方面对分子荧光、磷光和化学发光进行比较。
2. 激发态分子的常见去活化过程有哪几种？

3. 何谓荧光的激发光谱和发射光谱？它们之间有什么关系？

4. 何谓荧光效率？荧光定量分析的基本依据是什么？

5. 下列化合物中哪个荧光效率大，为什么？

6. 影响荧光强度的环境因素有哪些？

7. 为什么荧光分析法比紫外－可见法具有更高的灵敏度和选择性？

参考文献

[1] 刘密新,罗国安,张新荣,等.仪器分析.北京:清华大学出版社,2002.

[2] 北京大学化学系仪器分析教学组.仪器分析教程.北京:北京大学出版社, 1997.

[3] 方禹之.分析科学与分析技术.上海:华东师范大学出版社,2002.

[4] 许金钩,王尊本.荧光分析法.3 版.北京:科学出版社,2006.

[5] Stephen G S.Molecular luminescence spectroscopy.Wiley,1985.

[6] 刘志广.仪器分析学习指导与综合练习.北京:高等教育出版社,2005.

[7] 胡继明,陈观铨,曾云鹗.激光诱导荧光光谱分析进展.分析化学,1992,20 (3):356－362.

[8] 朱若华,晋卫军.室温磷光分析法原理及应用.北京:科学出版社,2006.

第 *13* 章 | 核磁共振波谱分析
Nuclear Magnetic Resonance Spectroscopy, NMR

§13-1 核磁共振原理

在磁场的激励下,一些具有磁性的原子核存在着不同的能级,如果此时外加一个能量,使其恰等于相邻 2 个能级之差,则该核就可能吸收能量(称为共振吸收),从低能态跃迁至高能态,而所吸收能量的数量级相当于射频频率范围的电磁波。因此,所谓核磁共振就是研究磁性原子核对射频能的吸收。

核磁共振波
谱法的起源

1. 原子核的自旋

由于原子核是带电荷的粒子,若有自旋现象,即产生磁矩。物理学的研究证明,各种不同的原子核,自旋的情况不同,原子核自旋的情况可用自旋量子数 I 表征(表 13-1)。

表 13-1　各种原子核的自旋量子数

质　量　数	原　子　序　数	自旋量子数 I	典　型　核
偶数	偶数	0	$^{12}O, ^{16}O, ^{32}S, ^{28}Si$
偶数	奇数	$1,2,3,\cdots$	$^{2}H, ^{14}N$
奇数	奇数或偶数	$\dfrac{1}{2}, \dfrac{3}{2}, \dfrac{5}{2}, \cdots$	$^{13}C, ^{17}O, ^{1}H, ^{19}F, ^{31}P$

自旋量子数等于零的原子核有 $^{16}O, ^{12}C, ^{32}S, ^{28}Si$ 等。实验证明,这些原子核没有自旋现象,因而没有磁矩,不产生共振吸收谱,故不能用核磁共振来研究。

自旋量子数等于 1 或大于 1 的原子核:$I=3/2$ 的有 $^{11}B, ^{35}Cl, ^{79}Br, ^{81}Br$ 等;$I=5/2$ 的有 $^{17}O, ^{127}I$;$I=1$ 的有 $^{2}H, ^{14}N$ 等。这类原子核核电荷分布可看作是一个椭圆体,电荷分布不均匀。它们的共振吸收常会产生复杂情况,目前在核磁共振的研究上应用还很少。

自旋量子数等于 1/2 的原子核有 ^1H, ^{19}F, ^{31}P, ^{13}C 等。这些核可当作一个电荷均匀分布的球体,并像陀螺一样地自旋,故有磁矩形成。这些核特别适用于核磁共振实验。前面三种原子在自然界的丰度接近 100%,核磁共振容易测定。尤其是氢核(质子),不但易于测定,而且它又是组成有机化合物的主要元素之一,因此对于氢核核磁共振谱的测定,在有机分析中十分重要。一般有关核磁共振的书(如章末所列参考文献),主要讨论的是氢核的核磁共振。对于 ^{13}C 的核磁共振的研究也有重大进展,并已成为有机化合物结构分析的重要手段。

2. 核磁共振现象

已如前述,自旋量子数 I 为 1/2 的原子核(如氢核),可当作为电荷均匀分布的球体。当氢核围绕着它的自旋轴转动时就产生磁场。由于氢核带正电荷,转动时产生的磁场方向可由右手螺旋定则确定,如图 13-1(a),图 13-1(b)所示。由此可将旋转的核看作是一个小的磁铁棒[图 13-1(c)]。

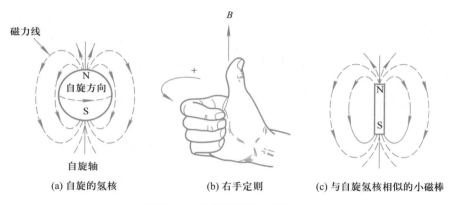

(a) 自旋的氢核　　　　　(b) 右手定则　　　　　(c) 与自旋氢核相似的小磁棒

图 13-1　氢核自旋产生的磁场

如果将氢核置于外加磁场 B_0 中,则它对于外加磁场可以有 $(2I+1)$ 种取向。由于氢核的 $I=\dfrac{1}{2}$,因此它只能有两种取向:一种与外磁场平行,这时能量较低,以磁量子数 $m=+\dfrac{1}{2}$ 表征;一种与外磁场逆平行,这时氢核的能量稍高,以 $m=-\dfrac{1}{2}$ 表征,如图 13-2(a)所示。在低能态(或高能态)的氢核中,如果有些氢核的磁场与外磁场不完全平行,外磁场就要使它取向于外磁场的方向。也就是说,当具有磁矩的核置于外磁场中,它在外磁场的作用下,核自旋产生的磁场与外磁场发生相互作用,因而原子核的运动状态除了自旋外,还要附加一个以外磁场方向为轴线的回旋,它一面自旋,一面围绕着磁场方向发生回旋,这种回旋运动称进动(precession)或拉摩尔进动(Larmor precession)。它类似于陀螺的运动,陀螺旋转时,当陀螺的旋转轴与重力的作用方向有偏差时,就产生摇头运动,这就是进动。进动时有一定的频率,称拉摩尔频率。自旋核的角速率 ω_0,进动频率(拉摩尔频率)ν_0 与外加磁场的磁感应强度 B_0 的关系可用拉摩尔公式表示:

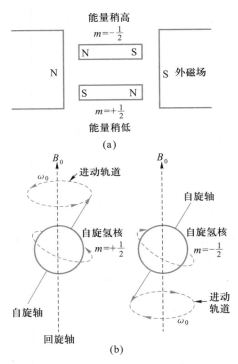

图 13-2 自旋核在外磁场中的两种取向示意

$$\omega_0 = 2\pi\nu_0 = \gamma B_0 \qquad (13-1)$$

式中,γ 是各种核的特征常数,称磁旋比(magnetogyric ratio),有时也称为旋磁比(gyromagnetic ratio),各种核有它的固定值。

图 13-2(b) 表示了自旋核(氢核)在外磁场中的两种取向。图中斜箭头表示氢核自旋轴的取向。在这种情况下,$m=-\dfrac{1}{2}$ 的取向由于与外磁场方向相反,能量较 $m=+\dfrac{1}{2}$ 者为高。显然,在磁场中核倾向于具有 $m=+\dfrac{1}{2}$ 的低能态。两种进动取向不同的氢核,其能量差 ΔE 为

$$\Delta E = \frac{\mu B_0}{I} \qquad (13-2)$$

由于 $I = \frac{1}{2}$，故

$$\Delta E = 2\mu B_0 \qquad (13-3)$$

式中，μ 为自旋核产生的磁矩。在外磁场作用下，自旋核能级的裂分可用图 13-3 示意。由图可见，当磁场不存在时，$I = \frac{1}{2}$ 的原子核对两种可能的磁量子数并不优先选择任何一个，此时具有简并的能级；若置于外加磁场中，则能级发生裂分，其能量差与核磁矩 μ 有关（由核的性质决定），也和外磁场强度有关（式 13-3）。因此在磁场中，一个核要从低能态向高能态跃迁，就必须吸收 $2\mu B_0$ 的能量。换言之，核吸收 $2\mu B_0$ 的能量后，便产生共振，此时核由 $m = +\frac{1}{2}$ 的取向跃迁至 $m = -\frac{1}{2}$ 的取向。所以，与吸收光谱相似，为了产生共振，可以用具有一定能量的电磁波照射核。

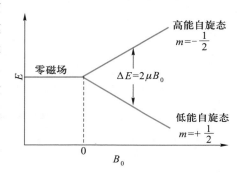

图 13-3　在外磁场作用下，核自旋能级的裂分示意图

当电磁波的能量符合下式时：

$$\Delta E = 2\mu B_0 = h\nu_0 \qquad (13-4)$$

进动核便与辐射光子相互作用（共振），体系吸收能量，核由低能态跃迁至高能态。式（13-4）中 ν_0＝光子频率＝进动频率。在核磁共振中，此频率相当于射频范围。如果与外磁场垂直方向，放置一个射频振荡线圈，产生射电频率的电磁波，使之照射原子核，当磁感应强度为某一数值时，核进动频率与振荡器所产生的旋转磁场频率相等，则原子核与电磁波发生共振，此时将吸收电磁波的能量而使核跃迁到较高能态（$m = -\frac{1}{2}$），如图 13-4 所示。

改写式（13-1）可得

$$\nu_0 = \frac{\gamma B_0}{2\pi} \qquad (13-5)$$

式（13-5）或式（13-1）是发生核磁共振时的条件，即发生共振时射电频率 ν_0 与磁感应强度 B_0 之间的关系。此式还说明下述两点。

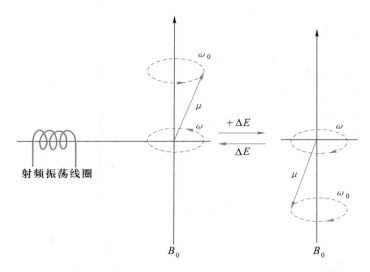

图 13－4 在外加磁场中电磁辐射(射频)与进动核的相互作用

(1) 对于不同的原子核,由于 γ(磁旋比)不同,发生共振的条件不同,即发生共振时 ν_0 和 B_0 的相对值不同。表 13－2 列举了数种磁性核的磁旋比和它们发生共振时 ν_0 和 B_0 的相对值,即在相同的磁场中,不同原子核发生共振时的频率各不相同,根据这一点可以鉴别各种元素及同位素。例如,用核磁共振方法测定重水中 H_2O 的含量,D_2O 和 H_2O 的化学性质十分相似,但两者的核磁共振频率却相差极大。因此核磁共振法是一种十分敏感而准确的方法。

表 13－2 几种磁性核的磁旋比及共振时 ν_0 和 B_0 的相对值

同 位 素	$\dfrac{\gamma(\omega_0/B_0)}{10^8 \text{ rad}\cdot(\text{T}\cdot\text{s})^{-1}}$	ν_0/MHz	
		$B_0 = 1.409 \text{ T}$	$B_0 = 2.350 \text{ T}$
^1H	2.68	60.0	100
^2H	0.411	9.21	15.4
^{13}C	0.675	15.1	25.2
^{19}F	2.52	56.4	94.2
^{31}P	1.086	24.3	40.5
^{203}Tl	1.528	32.2	57.1

(2) 对于同一种核,γ 值一定。当外加磁场一定时,共振频率也一定;当磁感应强度改变时,共振频率也随着改变。例如,氢核在 1.409 T 的磁场中,共振

频率为 60 MHz,而在 2.350 T 时,共振频率为 100 MHz[①]。

3. 弛豫

前已述及,当磁场不存在时,$I = 1/2$ 的原子核对两种可能的磁量子数并不优先选择任何一个。在一大群的这类核中,m 等于 $+1/2$ 及 $-1/2$ 的核的数目完全相等。在磁场中,核则倾向于具有 $m = +1/2$,此种核的进动是在磁场中定向有序排列的(图 13-2),即如指南针在地球磁场内定向排列的情况相似。所以,在有磁场存在下,$m = +1/2$ 比 $m = -1/2$ 的能态更为有利,然而核处于 $m = +1/2$ 的趋向,可被热运动所破坏。根据玻耳兹曼分布定律,以 [1]H 核为例,可以计算,在室温(300 K)及 1.409 T 强度的磁场中,处于低能态的核仅比高能态的核稍多一些,约多 10^{-5}:

$$\frac{N_{(+1/2)}}{N_{(-1/2)}} = e^{\Delta E/(kT)} = e^{\gamma h B_0/(2\pi kT)} = 1.000\,009\,9$$

核磁共振就是由这部分稍微过量的低能态的核吸收射频能量产生共振信号的。对于每一个核来讲,由低能态跃迁到高能态或由高能态到低能态的跃迁概率是相同的,但由于低能态的核数略高,所以仍有净吸收信号。然而在射频电磁波的照射下(尤其在强照射下),这种跃迁继续下去,而高能态的核没有其他途径回到低能态,其结果就使处于低能态氢核的微弱多数趋于消失,能量的净吸收逐渐减少,共振吸收峰渐渐降低,甚至消失,使吸收无法测量,这时发生"饱和"现象。但是,若较高能态的核能够及时回复到较低能态,就可以保持稳定信号。由于核磁共振中氢核发生共振时吸收的能量 ΔE 是很小的,因而跃迁到高能态的氢核不可能通过发射谱线的形式失去能量而返回到低能态(如发射光谱那样),但它们能以另一种方式失去能量,这种由高能态回复到低能态,由不平衡状态恢复到平衡状态而不发射原来所吸收的能量的过程称为弛豫(relaxation)过程。

弛豫过程有两种,即自旋-晶格弛豫和自旋-自旋弛豫。

(1) **自旋-晶格弛豫**(spin-lattic relaxation) 处于高能态的氢核,把能量转移给周围的分子(固体为晶格,液体则为周围的溶剂分子或同类分子)变成热

---

① 根据式(13-4)可得

$$\nu_0 = \frac{2\mu B_0}{h}$$

已知 [1]H 的磁矩 $\mu = 2.793$ 核磁子,1 核磁子单位 $= 5.05 \times 10^{-27}$ J·T^{-1},h(普朗克常数)$= 6.63 \times 10^{-34}$ J·s。因此氢核在 1.409 T 的磁场中,应吸收电磁波的频率可计算如下:

$$\nu_0 = \frac{2 \times 2.793 \times 5.05 \times 10^{-27} \text{ J·T}^{-1} \times 1.409 \text{ T}}{6.63 \times 10^{-34} \text{ J·s}} = 60 \times 10^6 \text{ s}^{-1} = 60 \text{ MHz}$$

运动,氢核就回到低能态。于是对于全体的氢核而言,总的能量是下降了,故又称纵向弛豫(longitudinal relaxation)。

由于原子核外围有电子云包围着,因而氢核能量的转移不可能与分子一样由热运动的碰撞来实现。自旋-晶格弛豫的能量交换可以描述如下:当一群氢核处于外磁场中时,每个氢核不但受到外磁场的作用,也受到其余氢核所产生的局部场的作用。局部场的强度及方向取决于核磁矩、核间距及相对于外磁场的取向。在液体中分子快速运动,各个氢核对外磁场的取向一直在变动,于是就引起局部场的快速波动,即产生波动场。如果某个氢核的进动频率与某个波动场的频率刚好相符,则这个自旋的氢核就会与波动场发生能量弛豫,即高能态的自旋核把能量转移给波动场变成动能,这就是自旋-晶格弛豫。

在一群核的自旋体系中,经过共振吸收能量以后,处于高能态的核增多,不同能态核的相对数目就不符合玻耳兹曼分布定律。通过自旋-晶格弛豫,高能态的自旋核渐渐减少,低能态的渐渐增多,直到符合玻耳兹曼分布定律(平衡态)。

自旋-晶格弛豫过程所经历的时间以 T_1 表示,T_1 愈小,纵向弛豫过程的效率愈高,愈有利于核磁共振信号的测定。气体、液体的 T_1,约为 1 s,固体和高黏度的液体 T_1 较大,有的甚至可达数小时。

(2) 自旋-自旋弛豫(spin-spin relaxation) 两个进动频率相同、进动取向不同的磁性核,即两个能态不同的相同核,在一定距离内时,它们会互相交换能量,改变进动方向,这就是自旋-自旋弛豫。通过自旋-自旋弛豫,磁性核的总能量未变,因而又称横向弛豫(transverse relaxation)。

自旋-自旋弛豫时间以 T_2 表示,一般气体、液体的 T_2 也是 1 s 左右。固体及高黏度试样中由于各个核的相互位置比较固定,有利于相互间能量的转移,故 T_2 极小,约为 $10^{-4} \sim 10^{-5}$ s。弛豫时间决定了核在高能级上的平均寿命,根据海森堡测不准原理,它将影响 NMR 吸收峰(谱线)的宽度,且弛豫时间越短,谱线越宽。由于在固体中 T_2 很小,各个磁性核在单位时间内迅速往返于高能态与低能态之间,其结果是使共振吸收峰的宽度增大,分辨率降低。因此在核磁共振分析中固体试样宜先配成溶液后进行。

§13-2 核磁共振波谱仪

核磁共振仪按其用途可分为波谱仪、成像仪等。在分析化学中,用于检测与记录核磁共振波谱图的仪器称为核磁共振波谱仪,根据射频照射方式及数据采集、处理方式的不同,又可分为连续波核磁共振波谱仪(continuous wave NMR,

CW-NMR)和脉冲傅里叶变换核磁共振波谱仪(Pluse and Fourier transform NMR,PFT-NMR)。

图 13-5 是核磁共振波谱仪的基本结构示意图。它主要由磁体、射频(RF)发射器、射频放大器和接收器、探头等部件组成。

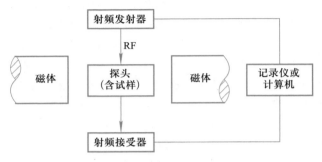

图 13-5　核磁共振波谱仪结构示意图

(1) 磁体　是所有核磁共振波谱仪都必须具备的基本组成部分,用以提供一个强而稳定、均匀的外磁场。可以是永久磁铁、电磁铁或超导磁体。但前两者所能达到的磁感应强度有限,最多只能用于制作 100 MHz 的波谱仪,为了得到更高的分辨率,应使用超导磁体。目前已制成高达 1 000 MHz 的核磁共振仪器。超导磁体是应用铌-钛或铌-锡合金导线绕成空心螺旋管线圈,见图 13-6(a),置于超低温的液氦杜瓦瓶中,安装时用大电流一次性励磁。在接近热力学零度的温度时,螺管线圈内阻几乎为零而成为超导体,消耗的电功也接近零。将线圈闭合(称为升场),超导电流仍保持循环流动,形成永久磁场。为减少液氦损失,须使用双层杜瓦瓶,在外层放置液氮以保持低温,如果按要求补充液氦和液氮,维持其超导状态,磁场将常年保持不变。由于运行时消耗液氦和液氮,日常维持费用较高。

(2) 射频(RF)发射器　用于产生一个与外磁场强度相匹配的射频区电磁波,提供的能量使磁核从低能级跃迁至高能级。由于不同的磁核因旋磁比不同而有不同的共振频率,因此,当用同一台仪器测定不同的核时,就需要有不同频率的射频发射器。射频发射器产生基频,经倍频、调谐及功率放大后,馈入射频发射线圈中。随着数字技术的不断发展,多数核磁共振波谱仪都采用了高度集成的射频脉冲发生器,以实现不同频率的射频场脉冲照射。

(3) 射频(RF)接收器　当射频发射器发生的电磁波的频率 ν_0 和磁感应强度 B_0 达到前述特定的组合时[式(13-5)],放置在磁场和射频线圈中间的试样中的核就要发生共振而吸收能量,这个能量的吸收情况被射频接收线圈所接收并为射频接收器所检出,通过放大后记录下来。所以核磁共振波谱仪测量的是共振吸收。可见,射频接收器相当于共振吸收信号的检测器。

(4)探头 探头中有试样管座、发射线圈、接收线圈、预放大器和变温元件等。发射线圈和接受线圈相互垂直并分别与射频发生器和射频接收器相连。试样管座处于线圈的中心,用于放置试样管。试样管座还连接有压缩空气管,压缩空气驱动试样管快速旋转(20~40 Hz),以消除任何不均匀性。探头的基本结构见图 13-6(b)。

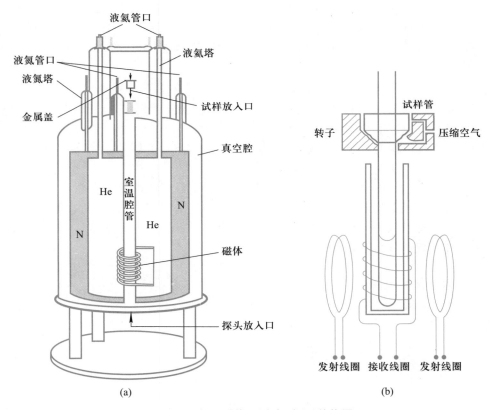

图 13-6 超导磁体(a)和探头(b)结构图

在核磁共振波谱仪中,射频发射器、射频接收器和探头等是仪器的重要组成部分,也称为谱仪。除磁体、谱仪外,核磁共振波谱仪还包括计算控制及数据采集、转换、处理等系统。

核磁共振波谱仪是按照 1H 在不同磁感应强度下的共振频率来划分型号的,如 300 MHz 的仪器,是指磁感应强度为 7.046 T,1H 的共振频率为 300 MHz。

连续波核磁共振波谱仪是采用扫场(固定电磁波频率 ν_0)或扫频(固定磁感应强度 B_0)方式连续扫描,使不同基团的同种原子核(如 1H 核)依次满足核磁共振条件而获得共振信号,这种测量方式耗时长,灵敏度低,已基本被淘汰。

20 世纪 70 年代发展的脉冲傅里叶变换核磁共振仪是在外磁场保持不变条件下,使用一个强而短的射频脉冲照射试样,这个射频脉冲中包括所有不同化学环境的同类磁核(如 ^{1}H)的共振频率,这样在给定的谱宽范围内所有的氢核(不同化学环境)都被激发而跃迁。从低能态跃迁到高能态后弛豫逐步恢复玻耳兹曼平衡。此时在感应线圈中可接收到一个随时间衰减的信号,称为自由感应衰减信号 FID(free induction decay),在 FID 信号中包含了各个激发核的时间域上的波谱信号,经快速傅里叶变换后以得到频域上的谱图,即常见的 NMR 谱,如图 13-7 所示。

由于 PFT-NMR 采用脉冲激发,因而可设计多种脉冲序列以完成多种用 CW-NMR 无法完成的实验。核磁共振二维谱就是重要例子。二维核磁共振谱(two-dimensional NMR spectra,2D-NMR)是 NMR 的一个重要分支,它最重要的用途为鉴定有机化合物结构,使鉴定结构更客观、可靠,增加了解决问题的途径(见 §13-7)。

与 CW-NMR 相比,PFT-NMR 使检测灵敏度大为提高,对氢谱而言,试样可由几十 mg 降低至 1 mg,甚至更低;测量时间大为降低,使试样的累加测量大为有利。这对碳谱(^{13}C)等的测量是十分重要的(见 §13-6),PFT-NMR 已成为当前主要的 NMR 波谱仪器。

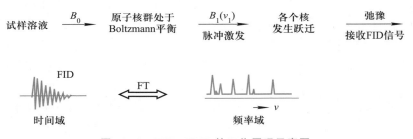

图 13-7 PFT-NMR 的工作原理示意图

§13-3 化学位移和核磁共振图谱

1. 低分辨核磁共振仪

已知共振时的条件是 $\nu_0 = \dfrac{\gamma B_0}{2\pi}$,不同的原子核,$\gamma$ 不同,共振条件不同。如果把 B_0 固定,改变射频频率(扫频),则不同的原子核在不同的频率时发生共振。同样,如果把频率 ν_0 固定,如 5 MHz,改变 B_0(扫场),则不同的原子核将在不同 B_0 时发生共振。图13-8所示是在玻璃试管中放置蒸馏水,插入核磁共振波谱仪的试样插座中,测得水、玻璃和射频线圈铜丝中的各个组分在不同的磁感应强度时发生的共振谱。可见,对于无机化合物的定性鉴定,只需要较低的 B_0 和 ν_0,仪器的分辨率也不需要高。

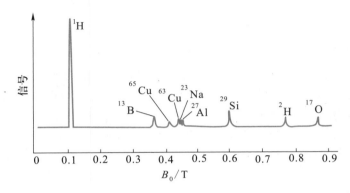

图 13-8　低分辨核磁共振谱

应用上述低分辨核磁共振波谱仪,每种原子核只出现一个共振峰。如果应用高分辨核磁共振波谱仪,可以发现有机化合物中氢核的共振谱线有许多条,而且存在许多精细结构,研究这些谱线及其精细结构,发现它和氢核所处的化学环境密切有关,于是就使核磁共振波谱成为研究有机化合物分子结构的重要手段。以下讨论有机化合物分子中氢核(质子)核磁共振波谱的产生原因。

2. 化学位移的产生

在上面的讨论中是假定所研究的氢核为一裸露的核,当受到外加磁场的作用,且频率 ν_0 和磁感应强度 B_0 符合式(13-5)时,试样中的氢核发生共振,产生一个单一的峰。实际上并不是这样,由于原子核都被不断运动着的电子云所包围,当氢核处于磁场中时,在外加磁场的作用下,电子的运动产生感应磁场,其方向与外加磁场相反,因而外围电子云起到对抗磁场的作用,这种对抗磁场的作用称为屏蔽作用(shielding effect)。由于核外电子云的屏蔽作用,使原子核实际受到的磁场作用减小,为了使氢核发生共振,必须增加外加磁场的磁感应强度以抵消电子云的屏蔽作用。如图13-9中,a 是裸露的核(实际不存在),共振时的磁感应强度为 B_1;b 是屏蔽着的核,共振时的磁感应强度为 B_2,$B_2 > B_1$,核外电子对核的屏蔽作用以屏蔽常数(shielding constant)σ 表示:

$$B = B_0 - B_0\sigma = B_0(1-\sigma) \tag{13-6}$$

式中,B 为核的实受磁感应强度。

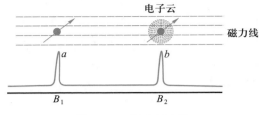

图 13-9   屏蔽示意图

屏蔽作用的大小与核外电子云密切有关,电子云密度愈大,屏蔽作用也愈大,共振时所需的外加磁场的磁感应强度也愈强。而电子云密度又和氢核所处的化学环境有关,与相邻的基团是推电子还是吸电子等因素有关。因此由屏蔽作用所引起的共振时磁感应强度的移动现象称为化学位移(chemical shift)。由于化学位移的大小与氢核所处化学环境密切相关,因此就有可能根据化学位移的大小来推测氢核所处的化学环境,也就是有机化合物的分子结构情况。

3. 化学位移的表示方法

化学位移在扫场时可用磁感应强度的改变来表示。在扫频时也可用频率的改变来表示。由于不可能用一个裸露的氢核作为基准来进行比较,即图 13-9 中 a 的情况根本不存在,在实际应用中是采用一参考物作标准,试样与参考物的共振频率的相对差就定义为该核的化学位移,用 δ 表示。一般用四甲基硅烷[tetramethyl-silane, $Si(CH_3)_4$, TMS]作内标,即在试样中加入少许 TMS,以 TMS 中氢核共振时的磁感应强度作为标准,人为地把它的 δ 定为零。用 TMS 作标准是由于下列几个原因。

(1) TMS 中的 12 个氢核处于完全相同的化学环境中,它们的共振条件完全一样,因此只有一个尖峰。

(2) 它们外围的电子云密度和一般有机化合物相比是最密的,因此这些氢核都最强烈地被屏蔽着,共振时需要的外加磁场强度最强,δ 值最大,不会和其他化合物的峰重叠。

(3) TMS 是化学惰性,不会和试样反应。

(4) 易溶于有机溶剂,且沸点低(27 ℃),因此回收试样较容易。而在较高温度测定时可使用较不易挥发的六甲基二硅醚[HMDS, $(CH_3)_3SiOSi(CH_3)_3$, $\delta=0.055$];水溶液中则可改用 3-三甲基硅丙烷磺酸钠[DSS, $(CH_3)_3Si(CH_2)_3SO_3Na$, $\delta=0.015$]作内标。

因为 TMS 共振时的磁感应强度 B 最高,现把它的化学位移定为零作为标准,因而一般有机化合物中氢核的 δ 都是负值。为了方便起见,负号都不加。凡是 δ

值较大的氢核,就称它处于低场(downfield),位于图谱中的左面,δ 较小的氢核则处于高场(upfield),位于图谱的右面,TMS 峰位于图谱的最右面。

由上述可见,δ 是一个相对值,量纲为一。又因氢核的 δ 值数量级为百万分之几到百万分之十几,因此常在相对值上乘以 10^6,即

$$\delta = \frac{B_{TMS} - B_{试样}}{B_{TMS}} \times 10^6 \approx \frac{\nu_{试样} - \nu_{TMS}}{\nu_{TMS}} \times 10^6 \qquad (13-7)$$

由于现在的核磁仪器主要是 PFT-NMR,谱的横坐标是频率,且式(13-7)右端分子相对分母小几个数量级,ν_{TMS} 也很接近仪器的振荡器频率 ν_0,故式(13-7)可写作:

$$\delta \approx \frac{\nu_{试样} - \nu_{TMS}}{\nu_0} \times 10^6 \qquad (13-8)$$

图 13-10 为 CH_3CH_2I 的核磁共振谱图。最右端 $\delta = 0$ 处为 TMS 中的质子的共振吸收峰;$\delta = 1.6 \sim 2.0$ 处的三重峰为—CH_3 的质子峰,$\delta = 3.0 \sim 3.5$ 处的四重峰为—CH_2I 中的质子峰(为什么是三重峰或四重峰,下面再讨论)。$\delta = 7.2 \sim 7.4$ 处的小峰是溶剂 $CDCl_3$(氘代氯仿)中少许未氘代完全的氯仿的残留的质子峰。在核磁共振分析中,由于不能用含有氢的溶剂(否则产生很大的溶剂的质子信号),只能用 $CDCl_3$,D_2O,CD_3OD 等溶剂。在实际工作中,氘代试剂还起到辅助锁场(使磁场对频率的比值恒定)和匀场(使磁场分布均匀)的作用。

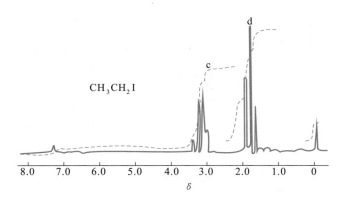

图 13-10 $CDCl_3$ 溶液中 CH_3CH_2I 的核磁共振谱

δ 值是一个相对值,故与所用仪器的磁感应强度无关。常见的各种基团中质子的化学位移范围见表 13-3。

表 13-3　各种不同基团在不同化学环境中质子的化学位移

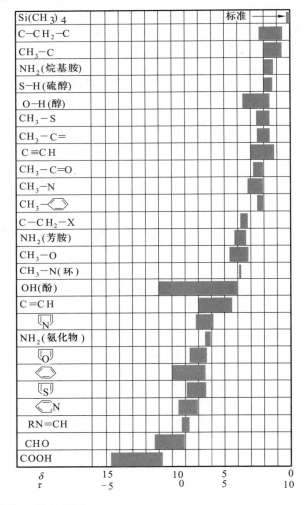

4. 影响化学位移的因素

化学位移是由核外电子云密度决定的,因此影响电子云密度的各种因素都将影响化学位移。其中包括与质子相邻近元素或基团的电负性、各向异性效应、范德华效应及氢键作用等。

(1) 电负性　前已述及,质子由电子云包围,在外部磁场中,核周围的电子在对外部磁场垂直的平面上产生电子的诱导环流,进而产生与外部磁场方向相反的感应磁场(图 13-11)。因此电子的循环(环流)产生屏蔽效应,这个屏蔽效应显然与质子周围的电子云密度有关。影响电子云密度的一个重要因素是与质子连结的原子的电负性。电负性强,质子周围的电子云密度就减弱,结果质子信号就在较低的磁场出现。这可用图 13-10 为例说明。图中—CH_3 的质子，$\delta=1.6\sim2.0$，高场；—CH_2I 的质子，$\delta=3.0\sim3.5$，较低场。这是由于 I(碘)具有一定的电负性，电子向 I 移动，使质子外围的电子云密度减小，电子云的屏蔽效应就比较小，因此 CH_2I 的质子信号出现在较低场。又如，将 O—H 键与 C—H 键相比较，由于氧原子的电负性比碳原子大，O—H 的质子周围电子云密度比 C—H 键上的质子要小，因此 O—H 键上的质子峰在较低场。

（2）磁各向异性效应 在分子中，质子与某一官能团的空间关系，有时会影响质子的化学位移。这种效应称磁各向异性效应（magnetic anisotropy）。磁各向异性效应是通过空间而起作用的，它与通过化学键而起作用的效应（如上述电负性对 C—H 键及 O—H 键的作用）是不一样的。

例如，C=C 或 C=O 双键中的 π 电子云垂直于双键平面，它在外磁场作用下产生环流。由图 13-12 可见，在双键平面上的质子周围，感应磁场的方向与外磁场相同而产生去屏蔽，吸收峰位于低场。然而在双键上下方向则是屏蔽区域，因而处在此区域的质子共振信号将在高场出现。

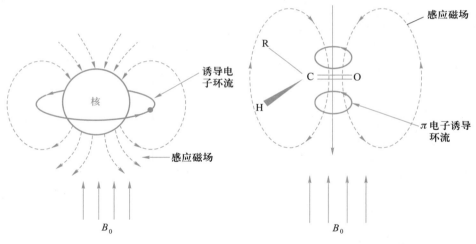

图 13-11　电子对质子的屏蔽作用　　　　图 13-12　双键质子的去屏蔽

乙炔基具有相反的效应。由于碳碳叁键的 π 电子以键轴为中心呈对称分布（圆柱体），在外磁场诱导下形成绕键轴的电子环流。此环流所产生的感应磁场，使处在键轴方向上下的质子受屏蔽，因此吸收峰位于较高场，而在键上方的质子信号则在较低场出现（图 13-13）。芳环有三个共轭双键，它的电子云可看作是上下两个面包圈似的 π 电子环流，环流半径与芳环半径相同，如图 13-14 所示。在芳环中心是屏蔽区，而四周则是去屏蔽区。因此芳环质子共振吸收峰位于显著低场（δ 在 7 左右）。

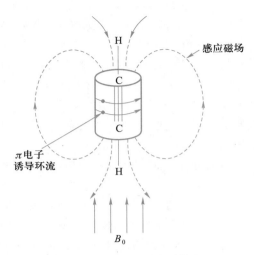

图 13-13 乙炔质子的屏蔽作用

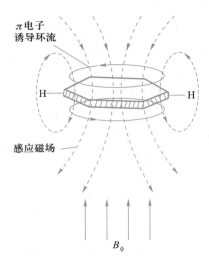

图 13-14 芳环中由 π 电子诱导
环流产生的磁场

由上述可见,磁各向异性效应对化学位移的影响,可以是反磁屏蔽(感应磁场与外磁场反方向),也可能是顺磁屏蔽(去屏蔽)。它们使化学位移变化的方向可用图 13-15 表示。

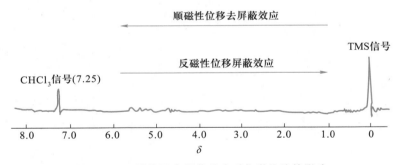

图 13-15 屏蔽及去屏蔽效应对化学位移的影响

(3)范德华效应 当两个原子相互靠近时,由于受范德华力作用,电子云相互排斥,导致原子核周围的电子云密度降低,屏蔽减小,谱线向低场移动,这种效应称为范德华效应。这种效应与相互影响的两个原子之间的距离相关。当两个原子相隔 0.17 nm(即范德华半径之和)时,该作用对化学位移的影响约为 0.5,距离为 0.20 nm 时影响约为 0.2,当原子间距离大于 0.25 nm 时,可不再考虑。

(4)氢键 氢键的形成会降低核外电子云密度,所以形成氢键的质子的共振信号将移向低场,化学位移变大。

除上述因素外,溶剂、温度和 pH 都会影响化学位移。

虽然影响质子化学位移的因素较多,但化学位移和这些因素之间存在着一定的规律性,而且在每一系列给定的条件下,化学位移数值可以重复出现,因此根据化学位移来推测质子的化学环境是很有价值的。现在某些基团或化合物(如亚甲基、烯氢、取代苯、稠环芳烃等)的质子化学位移 δ_H 可用经验式予以估算,这些经验式是根据取代基对化学位移的影响具有加和性的原理由大量实验数据归纳总结而得,具有很好的实用价值。可参阅章末所列参考文献。

5. 积分线

由图 13-10 可以看到由左到右呈阶梯形的曲线(图中以虚线表示),此曲线称为积分线。它是将各组共振峰的面积加以积分而得。积分线的高度代表了积分值的大小,也就是峰面积的大小。由于图谱上共振峰的面积是和质子的数目成正比的,因此只要将峰面积(积分值)加以比较,就能确定各组质子的数目。例如,图 13-10 中 c 组峰积分线高 24 mm,d 组峰积分线高 36 mm,两者比值为 2∶3,故可知 c 组峰为两个质子,是—CH_2I;而 d 组峰为三个质子,是—CH_3。

PFT-NMR 仪器均可直接给出面积积分值,无需手工测量积分线高度。峰面积及积分线高度可作为 NMR 定量分析的依据并已得到应用。

§13-4　自旋偶合及自旋裂分

从 CH_3CH_2I 的核磁共振图谱(图 13-10)中可以看到,$\delta=1.6\sim2.0$ 处的—CH_3 峰是个三重峰,在 $\delta=3.0\sim3.4$ 处的—CH_2 峰是个四重峰,这种峰的裂分是由于—CH_2 和—CH_3 上的质子相互干扰所引起的,这种作用称自旋-自旋偶合(spin-spin coupling),简称自旋偶合。由自旋偶合所引起的谱线增多的现象称自旋-自旋裂分(spin-spin spliting),简称自旋裂分。偶合表示质子间的相互作用,裂分表示谱线增多的现象。谱图中裂分峰的间距称为偶合常数,用 J 表示(单位 Hz)。

为什么会发生这种现象? 以碘乙烷来看:

$$
\begin{array}{c}
H_d\ \ H_c \\
|\ \ \ \ | \\
H_d-C-C-I \\
|\ \ \ \ | \\
H_d\ \ H_c
\end{array}
$$

存在着两组质子,即 H_d(结合在一个碳原子上,组成甲基)和 H_c(组成亚甲基)。在进行核磁共振分析时,在甲基中的 H_d 除了受外界磁场的作用外,还受到相邻碳原子上 H_c 的影响。由于质子是在不断自旋的,自旋的质子产生一个小磁矩,已如前述。对于 H_d 来说,在相邻碳原子上有两个 H_c,也就是在 H_d 的近旁存在着两个小磁铁,通过成键的价电子的传递,就必然要对 H_d 产生影响,使 H_d 受到的磁感应强度发生改变。由于质子的自旋有两种取向,两个 H_c 的自旋就可能有三种不同的组合,即① ;② ;③ 或 。假使①这种情况产生的核磁与外界磁场方向一致,使 H_d 受到的磁场力增强,于是 H_d 的共振信号将出现在比原来稍低的磁场强度处;② 与外磁场方向相反,使 H_d 受到的磁场力降低,于是使 H_d 的共振信号出现在比原来稍高的磁感应强度处;③ 对于 H_d 的共振不产生影响,共振峰仍在原处出现。由于 H_c 的影响,H_d 的共振峰将要一分为三,形成三重峰。又由于③这种组合出现的概率 2 倍于①或②,于是中间的共振峰的强度也将 2 倍于①或②,如图 13-16 所示,其强度比为 1:2:1。

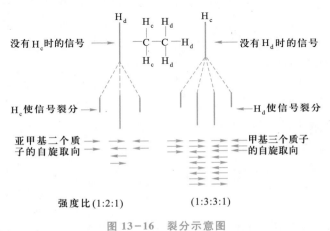

图 13-16　裂分示意图

同样,H_d 也影响 H_c 的共振,三个 H_d 的自旋取向有八种,但这八种只有四个组合是有影响的,故三个 H_d 质子使 H_c 的共振峰裂分为四重峰,各个峰的强度比为 1:3:3:1(图 13-16)。

1. 核的等价性

在讨论偶合作用时要搞清楚核的等价性质。在核磁共振中核的等价性有以下两个层次。

（1）化学等价　又称化学位移等价。若分子中有两个相同的原子(或基团)处于相同的化学环境时,它们是化学等价的,这些核具有相同的化学位移。

（2）磁等价　两个核(或基团)磁等价,应同时满足下述两条件:它们是化学等价的;它们对任意另一核的偶合常数相同。

例如,上述碘乙烷中三个 H_d 是化学等价核,甲基中任一 H_d 与亚甲基中任一 H_c 其偶合常数都相同,所以这两组核是磁等价的。而在二氟乙烯中两个 H 和两个 F 都是化学等价的,但因 H_a 与 F_a 是顺式偶合,H_a 与 F_b 是反式偶合。同理,H_b 与 F_b 是顺式偶合,与 F_a 是反式偶合,即 $J_{H_aF_a} \neq J_{H_bF_a}$,$J_{H_bF_b} \neq J_{H_aF_b}$,所以两个 H($H_a$ 和 H_b)是磁不等价的。在解析谱图时必须搞清核的等价性质。

2. 偶合作用的一般规则

较简单的有机分子在较强外磁场下出现的偶合现象(一级谱图)有以下几个一般规则。

(1)偶合裂分峰数目应用 $n+1$ 规则。一组相同的磁性核所具有裂分峰的数目,是由邻近磁核的数目 n 来决定的,即裂分数目=$2nI+1$,对质子而言,$I=1/2$,故裂分数目等于 $n+1$。即二重峰表示相邻碳原子上有一个质子;三重峰表示有两个质子;四重峰则表示有三个质子等。如果某组核既与 n 个磁等价的核偶合,又与另一组 m 个磁等价的核偶合,则裂分数目为 $(n+1)(m+1)$;若有着相同的偶合常数,这时谱线裂分数目为 $n+m+1$,例如,$CH_3CH_2CH_2I$,由于与之相邻的亚甲基和甲基这两组质子与中间次甲基质子的偶合常数大致相同,所以中间次甲基谱线的数目为 $2+3+1=6$,而不是 12。

(2)因偶合而产生的多重峰相对强度可用二项式 $(a+b)^n$ 展开的系数表示,n 为邻近磁等价核的个数:二重峰 1:1;三重峰 1:2:1;四重峰 1:3:3:1 等。

(3)偶合裂分是质子之间相互作用所引起的,因此 J 值的大小表示了相邻质子间相互作用力的大小,与外部磁场的强度无关,而与相互作用的两核相隔的距离有关,因为这种相互作用的力是通过成键的价电子传递的,当质子间相隔三个键时,这种力比较显著,随着结构的不同,J 值在 $1\sim20$ Hz;如果相隔四个单键或四个以上单键,相互间作用力已很小,J 值减小至 1 Hz 左右或等于零。根据相互偶合的氢核之间相隔键数,可将偶合作用分为:同碳偶合(相隔二个键)、邻碳偶合(相隔三个键)和远程偶合(相隔三个键以上),并用 ^2J,^3J 分别表示同碳和邻碳偶合。此处在 J 的左上角所标是相距的化学键数目。质子间的偶合作用较小,一般不超过 20 Hz。

(4)由于偶合是质子相互之间彼此作用的,因此互相偶合的两组质子,其偶合常数 J 值相等。

(5)磁等价质子之间也有偶合,但不裂分,谱线仍是单一尖峰。

(6)裂分峰组的中心位置是该组磁核的化学位移值,裂分峰之间的裂距反映偶合常数的大小。

符合上述规则的核磁共振谱图称为一级谱图。一般相互偶合的两组核的化学位移差 $\Delta\nu$(以频率 Hz 表示,即 $\Delta\delta \times$ 仪器频率)至少是它们的偶合常数的 6 倍以上,即 $\Delta\nu/J>6$ 时所得到谱图为一级谱图。这是化学位移的差值比偶合常数大得多,各组裂分峰互不干扰,谱图较为简单,易于解释。若 $\Delta\nu/J<6$ 时的谱图

称为高级谱图。高级自旋偶合行为较复杂,磁核间偶合作用不符合上述规则。由于近年来强磁场谱仪(>300 MHz)广泛使用,多数情况下测得的都是一级谱图。这是因为由式(13-5)和式(13-6),可得

$$\nu = \frac{\gamma(1-\sigma)B_0}{2\pi} \qquad (13-9)$$

两种化学不等价核 H_a 及 H_b 的共振频率差 $\Delta\nu$ 为

$$\Delta\nu = \nu_a - \nu_b = \frac{\gamma(\sigma_a - \sigma_b)B_0}{2\pi} \qquad (13-10)$$

因此,增大 B_0,可增大 $\Delta\nu$,而 J 与外加磁场强度无关,因此增大 B_0 可增大 $\Delta\nu/J$,使之满足 $\Delta\nu/J>6$ 的要求,得到较为清晰的一级谱图。

由于偶合裂分现象的存在,使我们可以从核磁共振谱上获得更多的信息,如根据偶合常数及其图像可判断相互偶合的磁性核的数目、种类,以及它们在空间所处的相对位置等。这对有机化合物的结构剖析极为有用。目前已累积大量偶合常数与结构关系的实验数据,并据此得到一些估算偶合常数的经验式。一些质子的自旋-自旋偶合常数见表13-4。更为详细的数据可查阅有关 NMR 及有机结构解析专著,如章末所列参考文献。

表 13-4 一些质子的自旋-自旋偶合常数

结 构 类 型	J/Hz	结 构 类 型	J/Hz
C$\diagdown$H / C$\diagup$H (geminal CH₂)	12~15	间位	2~3
		对位	0~1
C=C 上 H,H (cis/gem)	0~3	C=C—CH, H	4~10
C=C H / H	顺式 6~14 反式 11~18	C=CH—CH=C	10~13
		CH—C≡CH	2~3
CH—CH (自由旋转)	5~8	CH—OH(不交换)	5
		CH—CHO	1~3
环状 H		—CH(CH₃)(CH₃)	5~7
邻位	7~10	—CH₂—CH₃	7

§13-5 一级谱图的解析

由前可知,从一张核磁共振谱图上可以获得三方面的信息,即化学位移、偶合裂分和积分线。下面举例说明如何用这些信息来解析谱图。

例1 已知下述化合物的核磁共振图谱如图 13-17 所示。试指认各个吸收峰。

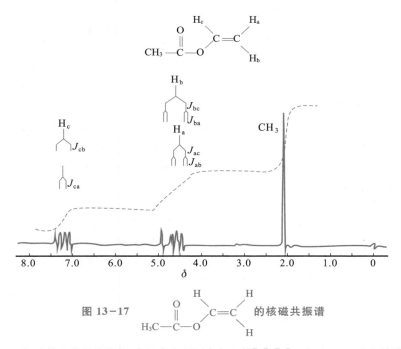

图 13-17 $\begin{matrix} O & H & H \\ \| & & \\ H_3C-C-O & C=C \\ & & H \end{matrix}$ 的核磁共振谱

解:根据计算的化学位移值(参阅章末所列参考文献[3],[4]),在 $\delta=2.1$ 处的单峰应属于 —CH_3 的质子峰;=CH_2 中 H_a 和 H_b 在 $\delta=4\sim5$ 处,其中 H_a 应在 $\delta=4.43$ 处,H_b 应在 $\delta=4.74$ 处;而 H_c 因受吸电子基团—COO 的影响,显著移向低场,其质子峰组在 $\delta=7.0\sim7.4$ 处。

从裂分情况来看:由于 H_a 和 H_b 并不完全化学等性(或磁全同),互相之间稍有一定的裂分作用。

H_a 受 H_c 的偶合作用裂分为二($J_{ac}=6.4$ Hz),又受 H_b 的偶合,裂分为二($J_{ab}=1.4$ Hz),因此 H_a 是两个二重峰。

H_b 受 H_c 的作用裂分为二($J_{bc}=14$ Hz),又受 H_a 的作用裂分为二($J_{ba}=1.4$ Hz),因此 H_b 也是两个二重峰。

H_c 受 H_b 的作用裂分为二($J_{cb}=14$ Hz),又受 H_a 的作用裂分为二($J_{ca}=6.4$ Hz),因此也是两个二重峰。

从积分线高度来看,三组质子数符合 1:2:3。因此谱图解释合理。

例 2　图 13-18 是化合物 C₅H₁₀O₂ 在 CCl₄ 溶液中的核磁共振谱,试根据此图谱鉴定它是什么化合物。

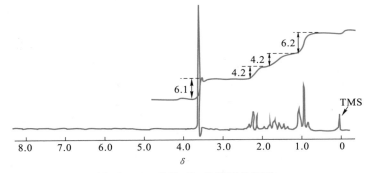

图 13-18　$C_5H_{10}O_2$ 的核磁共振谱

解:从积分线可见,自左到右峰的相对面积为 6.1 : 4.2 : 4.2 : 6.2,这表明 10 个质子的分布为 3,2,2,3。在 $\delta=3.6$ 处的单峰是一个孤立的甲基,查阅化学位移表(可由章末所列参考文献中查找)有可能是 $CH_3O—CO—$ 基团。根据经验式及其余质子的 2 : 2 : 3 的分布情况,表示分子中可能有一个正丙基。由分子式计算出其不饱和度(式 10-8)等于 1,该化合物含一双键,所以结构式可能为 $CH_3O—CO—CH_2CH_2CH_3$(丁酸甲酯)。其余三组峰的位置和分裂情况是完全符合这一设想的:$\delta=0.9$ 处的三重峰是典型的同—CH_2—基相邻的甲基峰,由化学位移数据 $\delta=2.2$ 处的三重峰是同羰基相邻的 CH_2 基的两个质子,另一个 CH_2 基应在 $\delta=1.7$ 处产生 12 个峰,这是由于受两边的 CH_2 及 CH_3 的偶合裂分所致[$(3+1)\times(2+1)=12$],但是在图中只观察到 6 个峰,这是由于仪器分辨率还不够高的缘故。

例 3　图 13-19 是一种无色的,只含碳和氢的化合物的核磁共振谱图,试鉴定此化合物。

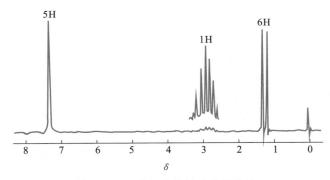

图 13-19　未知物的核磁共振谱图

解:从左至右出现单峰、七重峰和双重峰。$\delta=7.2$ 处的单峰表明有一个苯环结构,这个峰的相对面积相当于 5 个质子。因此可推测此化合物是苯的单取代衍生物。在 $\delta=2.9$ 处出现单一质子的 7 个峰和在 $\delta=1.25$ 处出现 6 个质子的双重峰,只能解释为结构中有异丙基存在。这是由于异丙基的 2 个甲基中的 6 个质子是等效的。而且苯环质子以单峰出现,表明异丙基对苯环的诱导效应很小,不致使苯环质子发生分裂。所以可以初步推断这一化合物为异丙苯。

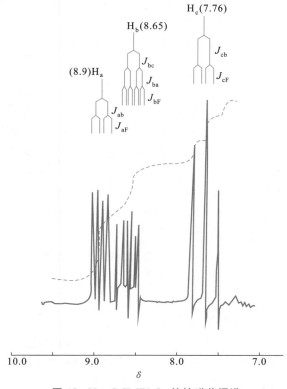

例4 已知 $C_6H_3FN_2O_4$ 的核磁共振谱如图 13-20 所示,试确定其结构式。

图 13-20 $C_6H_3FN_2O_4$ 的核磁共振谱

解:这是个苯环,其上有两个—NO_2,一个 F 和三个质子,通过核磁共振谱确定它们的相对位置。

从 δ 值来看,三个质子都处于低场,故都在苯环上。从 δ 值和积分线看,三个质子中有二个 δ 值在 8.5～9.0,很低场,可能在—NO_2 的邻位,两个之中一个更低场;另一个质子稍高场,可能在间位,因此可能为从谱图上的裂分情况来看：

H_c：$\delta=7.76$，由于 ^{19}F 和 H_b 都位于它的邻位，$^{19}F\left(I=\dfrac{1}{2}\right)$ 也是磁性核，对质子有偶合裂分作用，故 ^{19}F 及 H_b 使 H_c 裂分为两个二重峰，但 J 值较近，中间的峰有些重合，像三重峰。

H_a：$\delta=8.9$，间位的 H_b 和 ^{19}F 使之裂分为两个二重峰。

H_b：$\delta=8.65$，邻位的 H_c 使之裂分为二重峰，间位的 ^{19}F 和 H_a 各使之裂分为二，于是共裂分成四个二重峰。因此从偶合裂分来看，上面的考虑也是合理的。

§13-6 ^{13}C 核磁共振谱

自旋量子数为 1/2 的核，其核磁共振研究、应用得最多的除 ^1H 外，还有 ^{13}C。碳原子构成有机化合物的骨架，而碳谱（$^{13}C-NMR$）提供的是分子骨架最直接的信息，因而对有机化合物结构鉴定具有重要意义，但 ^{12}C 没有 NMR 信号；^{13}C 天然丰度很低，仅为 ^{12}C 的 1.1%，且 ^{13}C 的磁旋比约为 ^1H 的 1/4（表 13-2），因此 $^{13}C-NMR$ 的相对灵敏度仅是氢谱的 1/5 600，所以测定 $^{13}C-NMR$ 是很困难的。直到 20 世纪 70 年代 PFT-NMR 谱仪的出现及发展，^{13}C 核磁共振技术才得到迅速发展，这期间随着计算机的不断发展，核磁共振碳谱的测试技术和方法也在不断改进和增加，已成为可进行常规测试的手段。

与 ^1H-NMR 一样，化学位移、偶合常数、峰面积仍是 $^{13}C-NMR$ 的重要参数。另外，弛豫时间如 T_1 也有广泛应用。

1. 化学位移

^{13}C 的化学位移 δ_C 是碳谱中最重要的信息。δ_C 比 ^1H 的化学位移 δ_H 大得多，出现在较宽范围内，化学位移一般为 0～250，而 δ_H 则很少超过 20（通常在 10 以内）。化学位移变化大，意味着它对核所处的化学环境敏感，结构上的微小变化，可望在碳谱上得到反映。另一方面在谱图中峰的重叠要比氢谱小得多。图 13-21 是甾体胆固醇（$C_{27}H_{46}O$）的 ^1H 谱(a)及 ^{13}C 谱(b)。从图可见 ^1H 谱只能分辨出几种甲基氢、烯氢及活性氢，其他饱和烃的氢重叠在一起，不易分辨。而去偶后的 ^{13}C 谱可得出 26 条谱线，其中有一条谱线比其他谱线高得多，它是由位移很接近的二个碳原子的谱线重叠而形成。几乎每个碳原子都能给出一条谱线[它们的 δ_C 值注在图 13-21(b)中]，因而对判别化合物的结构很有利。原则上，结构不对称的化合物，各个不同环境的碳原子都能得出各自的特征谱线。对于不同构型、构象的分子，δ_C 比 δ_H 更为敏感。和氢谱一样，碳谱的化学位移也是以 TMS 或某种溶剂峰为基准的。图 13-22 图示了 ^{13}C 的化学位移区间。

对比氢谱和碳谱的化学位移，它们有许多相似之处。

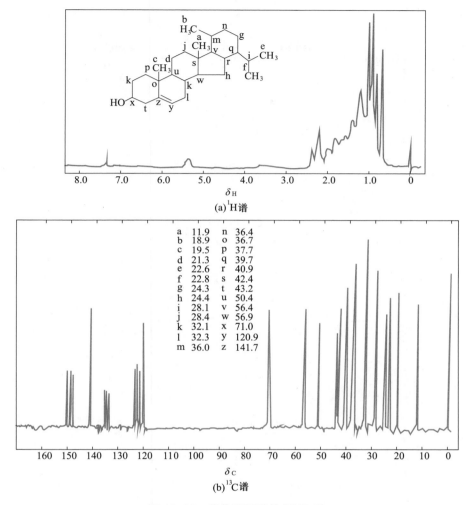

(a) ^{1}H谱

a	11.9	n	36.4
b	18.9	o	36.7
c	19.5	p	37.7
d	21.3	q	39.7
e	22.6	r	40.9
f	22.8	s	42.4
g	24.3	t	43.2
h	24.4	u	50.4
i	28.1	v	56.4
j	28.4	w	56.9
k	32.1	x	71.0
l	32.3	y	120.9
m	36.0	z	141.7

(b) ^{13}C谱

图 13-21   甾体胆固醇的 NMR 谱

（1）从高场到低场，碳谱共振位置的顺序为饱和碳原子、炔碳原子、烯碳原子、羰基碳原子；氢谱为饱和氢、炔氢、烯氢、醛基氢等。

（2）与电负性基团相连，化学位移都移向低场。

这种相似性对解析谱图，对偏共振去偶辐射位置的选取都有参考意义。

烷烃、取代的烷基、环己烷、烯、苯环等的 δ_C 均有经验计算公式及相应的参数，可参考章末所列参考文献[4]，[5]。

2. 偶合常数

^{13}C 的天然丰度很低，两个相邻的碳原子都是 ^{13}C 的概率极小，故 ^{13}C–^{13}C 偶合可忽略。碳原子常与氢原子连接，因此碳谱中最主要的是 ^{1}H–^{13}C 偶合，这种

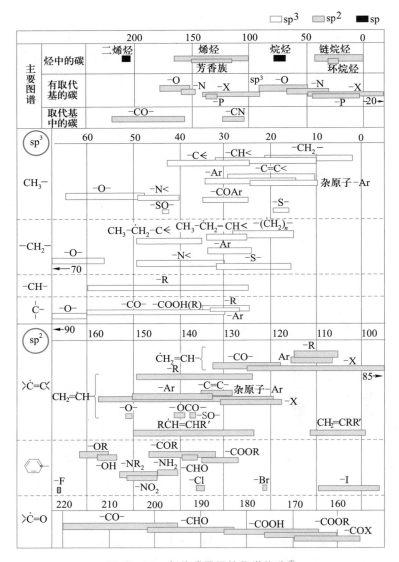

图 13-22　各种碳原子的化学位移[①]

键偶合常数($^1J_{CH}$)一般很大,约为 $100 \sim 250$ Hz。$^1H-^{13}C$ 的偶合作用使^{13}C谱线裂分为多重峰,所以不去偶的$^{13}C-NMR$,由于多重裂分而使谱线相互交叉重叠,妨碍识别,因此需要对谱图进行简化。简化谱图的方法有多种,其中双共振是一种重要的方法,该方法是应用两个电磁波同时照射,使同一体系中两个不同的共

① [日]泉美治,等. 仪器分析导论. 2 版. 第一册. 刘振海等译. 北京:化学工业出版社,2005.73.

双共振去偶

NOE 效应

振核都被激发起来。例如,常规^{13}C谱常采用的 质子噪声去偶(proton noise decoupling)或称宽带去偶(broadband decoupling)即为双共振法。此时使用另一相当宽的频带(它包括试样中所有氢核的共振频率)照射试样,使质子发生共振并饱和,质子在两种自旋状态进动取向之间迅速变化,在^{13}C核处产生的附加局部磁场平均为零,从而消除全部质子与^{13}C的偶合,在谱图上得到各个碳原子的单峰,图 13-23 是去偶(a)及不去偶(b)所得^{13}C谱的一个示例。图 13-21(b)亦为去偶后的^{13}C谱。从这些例中可见去偶技术在碳谱中的重要性及必要性。去偶不仅简化谱图,还由于多重峰合并为单峰而提高了信噪比,对邻近氢核的辐照,与^{1}H偶合的^{13}C核产生 NOE 效应又使信号幅度有不同程度的增强。所谓 NOE 效应,是 Overhauser 效应的简称,即指用射频照射一个磁核使之饱和,而使得另一个与之靠近的磁核的共振谱线强度增强的现象。由于各种碳原子弛豫时间不同,去偶造成的 NOE 增强因子不同,所以常规^{13}C谱(去偶谱)不能直接用作定量分析。

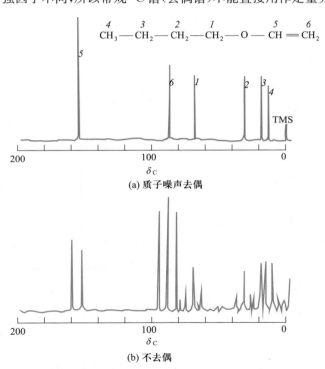

图 13-23   正丁基乙烯醚的^{13}C谱(25.2 MHz)

除上述在常规^{13}C谱中最常用的质子噪声去偶技术外,已发展并完善了多种双共振技术及实验,以获得更多结构信息。如 质子偏共振去偶(proton off resonance decoupling):识别各种碳原子的类型,如 —C— , —CH$_2$,

—CH$_2$—，—CH$_3$；门控去偶（gated decoupling）：测偶合常数；反转门控去偶（inverse gated decoupling）：得到消除 NOE 的去偶谱，峰高与碳成比例，可用于定量分析；选择去偶（selective decoupling）：识别谱线归属；极化转移技术，其中无畸变极化转移增强技术（distortionless enhancement by polarization transfer）——提高 ^{13}C 核的观测灵敏度，确定碳原子的类型等。

与 ^{1}H 谱类似，谱线的裂分数，取决于相邻偶合原子的自旋量子数和原子数目，可用 $n+1$ 规则来计算。谱线之间的裂距则是 ^{13}C 与邻近原子的偶合常数。^{13}C–NMR 中偶合常数的应用虽不如 ^{1}H–NMR，但其 J 值仍有其理论及实用价值，例如，在谱图解析中，利用全偶合谱，根据裂分情况及 J 值可帮助标识谱线，判断结构。如下述两个异构：

I   II

当羰基与烯氢处于反式时（I 式），羰基与烯氢的 $^3J_{CH}$ 较大，约为 12 Hz，可观察到羰基的裂分。而羰基与烯氢处于顺式时（II 式），$^3J_{CH}$ 要小一些，约为 5 Hz，因此可从羰基峰的分裂、裂距（J 值）来鉴定 I 或 II。

3. 弛豫

^{13}C 的自旋–晶格弛豫和自旋–自旋弛豫比 ^{1}H 慢得多，碳核的自旋–晶格弛豫时间 T_1 最长可达数分钟。弛豫时间长，使谱线强度相对较弱，而不同种类的碳原子的弛豫时间相差较大，这就可通过弛豫时间了解更多的结构信息和分子运动情况。如 T_1 可提供：分子大小、形状、碳原子（特别是季碳原子）的指认、分子运动的各向异性、分子内旋转、空间位阻、分子（或离子）的缔合溶剂化等信息。自旋–自旋弛豫时间 T_2 对碳谱的影响不大。

在常规的全去偶碳谱中，一种碳原子只有一条细的谱线，这使弛豫时间 T_1 的测定较简单，且使用 PFT–NMR 波谱仪也便于测定。

4. NMR 谱解析示例

例 5 某化合物分子式为 C$_{11}$H$_{14}$O$_3$，其 ^{1}H–NMR 和 ^{13}C–NMR 谱图分别如图 13–24 及图 13–25 所示。试推断其结构①。

---

① 取自章末所列参考文献[8]，P296～298。

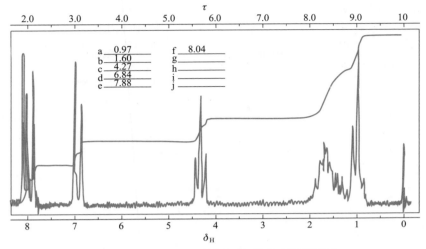

图 13-24 $C_{11}H_{14}O_3$ 的 ^1H-NMR 波谱图(CCl_4)

解:由图 13-24 可见:

(1) 由 δ 值及积分线可见六组峰的 H 核数之比(从高场向低场的顺序)为:3:4:2:2:2:1,因分子中有 14 个 H 核,故上述比例就是这六组峰所对应的 H 原子数目。

(2) 处于 δ=6.84 及 7.88 的两组双重峰是苯环氢核的共振峰。其强度为 2:2,代表 4 个氢核,据此可认为该苯环为对位二取代的,即分子中含 ——〇—— 。

(3) δ=8.04 处的单峰是酚羟基的证据(醇羟基为 1~6,羧羟基为 9~14),故分子中含有 HO—〇— ,但分子中只有 11 个碳原子,因此此处的苯环应为(2)中所提的那个。故可推定分子中含有 HO—〇— 。

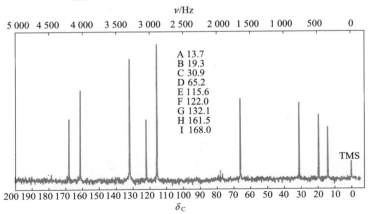

A 13.7
B 19.3
C 30.9
D 65.2
E 115.6
F 122.0
G 132.1
H 161.5
I 168.0

图 13-25 $C_{11}H_{14}O_3$ 的 $^{13}C-NMR$ 波谱图($CDCl_3$)

由图 13-25 可见：

（4）δ_C 为 115.6，122.0，132.1 和 161.5 处的 4 条谱线属于苯环 ^{13}C 的共振峰。6 个碳原子只显示 4 条谱线，说明分子中某几个碳原子处于相同的化学环境，所以该苯环有对称性，这为（2）的推断提供了佐证。

（5）δ_C 为 13.7，19.3，30.9 和 65.2 处的 4 条谱线是饱和碳核的共振峰，表明这 4 个碳原子所处的化学环境互不相同，这部分在结构上不具对称性，而其中一个碳核的 δ_C 较大（65.2），因此该碳核应直接与氧原子相连，据此，这部分可能结构为

$$CH_3CH_2CH_2CH_2O-\qquad\qquad\qquad（Ⅰ）$$

或

$$\underset{\underset{\displaystyle O-}{|}}{CH_3CH_2CHCH_3}\qquad\qquad\qquad（Ⅱ）$$

根据图 13-24，δ 值及积分线在 0.97（峰形畸变，3 个 H）、1.60（复杂多重峰，4 个 H）和 4.27（三重峰，2 个 H）处的共振峰，表明 C_4H_9O 的结构应为Ⅰ。

（6）$\delta_C = 168.0$ 的峰是 C=O 的证据（饱和醛、酮的 δ_C 在 200 以上）。

（7）根据分子式计算，其不饱和度为 5，分子中应有 1 个苯环加 1 个双键。

（8）综上分析，该化合物的分子结构为

$$HO-\!\!\!\bigcirc\!\!\!-\underset{\displaystyle O}{\overset{\displaystyle \|}{C}}\!\!-OCH_2CH_2CH_2CH_3$$

§13-7　二维核磁共振简介

本章前述的氢谱和碳谱都是一维核磁共振谱，它是仅有一个频率变量（化学位移）的信号函数。二维核磁共振谱（简称为 2D-NMR）是由普通一维谱衍生出的新实验方法，在一维核磁共振脉冲的基础上引入了另一个独立的频率变量，使核磁共振谱成为两个独立频率变量的信号函数。图 13-26 是 $CHCl_3$ 的一种 2D-NMR 谱——同核（H 核）化学位移相关谱，它有堆积图和等高线图两种表现形式，其中等高线图最中心的圆圈表示峰的位置，圆圈的数目表示峰的强度，内圈对应的位置信号强度高，外圈则低。等高线图作图快，易于寻找峰的频率，因此运用更广泛。图 13-26 中 ω_1 和 ω_2 维均为氢谱的化学位移。第二维的引入，不仅把谱图扩展到另一个外加的方向上，减少谱线的拥挤和重叠，还能在第二个方向上建立与第一个方向上化学位移的相关联系，获取更多的结构关联信息。自 20 世纪 70 年代 2D-NMR 方法被提出以来，其方法和运用日渐成熟，为解析复杂化学结构提供了强有力的工具，在天然产物、生物大分子等的结构研究中具有非常重要的理论和实用价值。

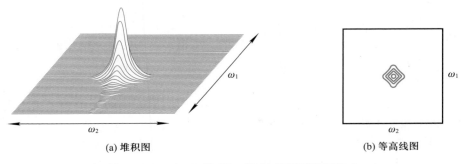

(a) 堆积图   (b) 等高线图

图 13-26 CHCl₃ 的 2D-NMR 的两种表示形式

二维核磁共振技术的出现是基于脉冲傅里叶变换核磁共振仪的发展。在脉冲傅里叶变换核磁共振中,以两个独立的时间变量 t_1, t_2 进行一系列实验,经傅里叶变换得到的两个独立的频率变量图。2D-NMR 的实验原理图见图 13-27,13-27(a) 是用于测定一维核磁共振谱的脉冲序列,13-27(b) 是用于测定二维核磁共振谱的脉冲序列。由图 13-27(b) 可以看出,一个二维核磁共振试验的脉冲序列一般可划分为下列几个区域:预备期—发展期 t_1—混合期—检出期 t_2。13-27(b) 中的时间变量 t_2 表示自由感应衰减信号 FID 的采样时间;发展期的 t_1 是与 t_2 无关的独立变量,是脉冲序列中按某一时间增量(Δt)变化的时间变量,在每个不同 t_1 所对应时间域的 FID 的相位和幅度不同,见图 13-27(c),通过对这些 FID 进行检出(采样时间为 t_2)和傅里叶变换,可获得一系列 ω_2 频率域的频率谱

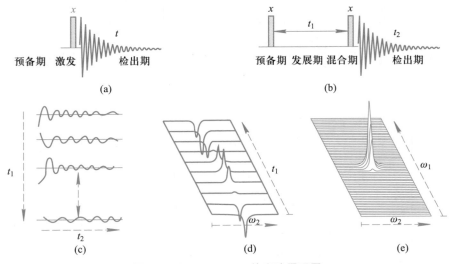

图 13-27 2D-NMR 的实验原理图

(a) 一维实验脉冲示意图;(b)、(c)、(d)、(e) 二维实验脉冲示意图以及实验原理和过程

［图 13-27(d)］。从图 13-27(d)的 t_1 方向看，所得到的一系列频率谱信号幅度也呈正弦曲线变化，再对其进行一次傅里叶变换，便得到图 13-27(e)所示的二维堆积图了。改变脉冲序列，可获得多种方式的二维谱。以下简要介绍几种常用的二维核磁共振谱。

1. J 分解谱

在一维核磁共振谱中，对于一些偶合作用较弱的体系，若 δ 值相差又不大，则谱带会相互重叠，各种核的峰裂分不能清晰地分辨，偶合常数不易获得。二维 J 分解谱（简称 J 谱）可以解决上述问题。二维 J 谱包括同核 J 谱和异核 J 谱，最常见的是同核 J 谱是氢核的分解谱。图 13-28 是丙烯酸丁酯的同核 J 分解谱，ω_2 维反映了氢核的化学位移；ω_1 维反映了峰的裂分情况和 H-H 偶合的 J 值。

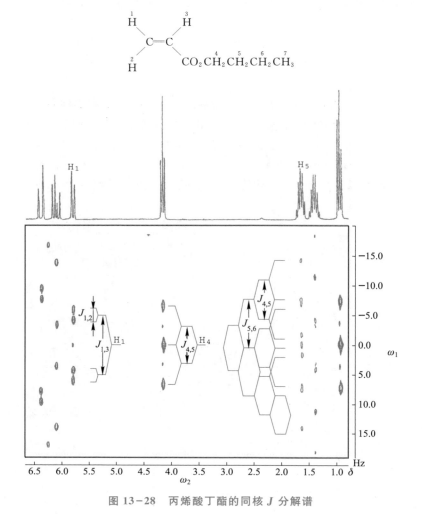

图 13-28　丙烯酸丁酯的同核 J 分解谱

由图 13-28 可以看出,在一维氢谱中完全重叠或部分重叠的谱峰,在同核 J 谱上均可分开,并显示出清晰的信号;又由于 ω_1 维的范围很小,只有 30 Hz,从图上还可以精确地读出 J 值。例如,已知 H_1 的化学位移在 $\delta=5.85$ 处,在一维谱中只能看到 2 重峰并读取 $J_{1,3}$;而在同核 J 分解谱中,该化学位移对应的 ω_1 维上有 4 个点,于是可以根据两两之间的距离直接读出 $J_{1,3}\approx10$ Hz, $J_{1,2}\approx2$ Hz。又如,$\delta=1.7$ 处的 H_5,在 ω_1 维上可以看到 9 个点,其中两个点部分重叠,可读出 $J_{4,5}\approx6.5$ Hz,$J_{5,6}\approx8$ Hz,这在一维谱中是难以测出的。

需注意的是,同核 J 分解谱的上述优点只针对弱偶合体系而言,对于强偶合体系,同核 J 谱的表现形式将比较复杂。

异核 J 谱中常见的是 C 原子和 H 原子之间产生偶合的 J 分解谱,如图 13-29 所示的丙烯酸乙酯异核 J 分解谱,从图中可以清楚地看出,ω_2 方向的投影如同全去偶碳谱,ω_1 方向反映各碳原子被直接连接的氢核作用产生的偶合裂分。CH_3 显示 4 重峰,CH_2 显示三重峰,CH 显示双重峰,而季碳显示单峰。

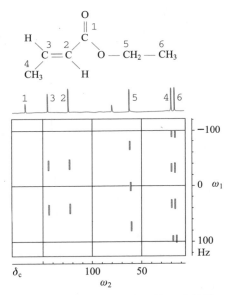

图 13-29　丙烯酸乙酯异核 J 分解谱

2. 化学位移相关谱

化学位移相关谱表明了共振信号的相关性,是二维核磁共振的重要部分。测定化学位移相关谱的方法很多,获得的谱图种类多样,以下简要介绍有机化合物结构分析中常用的几种。

(1)同核位移相关谱　H-H COSY 谱是 ^1H 和 ^1H 之间的位移相关谱,是同核位移相关谱中最常用的一种,简称为 COSY(correlated spectroscopy)。

COSY 谱的 ω_2 和 ω_1 维方向的投影均为氢谱,一般列于上方和右侧(或左侧),COSY 谱呈正方形,正方形中有一条对角线,位于对角线上的峰称为对角峰,对角线外的峰称为交叉峰或相关峰。每个交叉峰反映了两个峰组间的偶合关系(主要是 ^3J 偶合关系)。

图 13-30 是正丙醇的 COSY 谱。它的解谱方法是,取任意交叉峰作为出发点,如图中的(a)点,通过它作垂线,会与上方的某对角峰及氢谱中的峰组 H_1 相交。通过该交叉峰(a)作水平线,与另一对角峰(b)相交;再通过该对角峰(b)作垂线,又会跟氢谱中的另一峰组 H_2 相交,此即构成交叉峰的另一峰组。由此可以确定,峰组 H_1 和峰组 H_2 存在偶合关系。

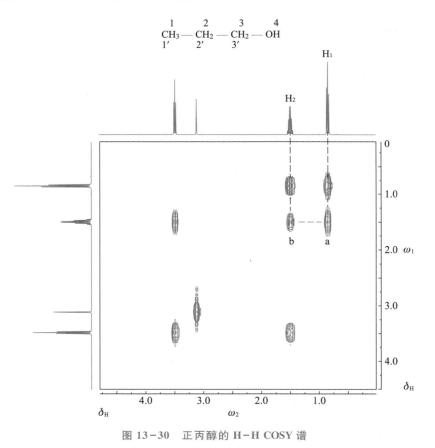

图 13-30 正丙醇的 H-H COSY 谱

(2)异核位移相关谱 C-H COSY 谱是 ^{13}C 和 ^1H 之间的位移相关谱,是异核位移相关谱中最常用的一种。它又分为直接相关谱和远程相关谱。直接相关谱是把直接相连的 ^{13}C 和 ^1H 关联起来,而远程相关谱是将相隔两至三根化学键的 ^{13}C 和 ^1H 关联起来。在异核相关谱测试技术上又分两种,一种是对非 H 核进行采样,由于是对异核如¹³C核采样,这种技术灵敏度低。另一种是对氢核进行采样,是目前常用的方法,所得的谱图有 HMQC(¹H detected heteronuclear multiple quantum coherence)、HSQC(¹H detected heteronuclear single quantum coherence)、HMBC(¹H detected heteronuclear multiple bond coherence)等,其中 HMQC 和 HSQC 属于直接相关谱,而 HMBC 属于远程相关谱。上述谱图的一维是氢谱、另一维是碳谱,解谱的方法也是类同的。

图 13−31 和图 13−32 是正丙醇的 HSQC 和 HMBC 谱,在二维谱的 ω_2 维和 ω_1 维方向的投影分别为该物质的氢谱和碳谱,二维谱坐标所包围区域中的峰称为交叉峰或相关峰,表示所对应的¹³C 和¹H 之间有偶合关系。例如,图 13−31 中的峰 a 表明 $C_{1'}$ 和 H_1 是直接相连的,而图 13−32 中的峰 b 表明 $C_{1'}$ 和 H_2 之间为远程偶合,这对推测和确定化合物的结构十分有用。

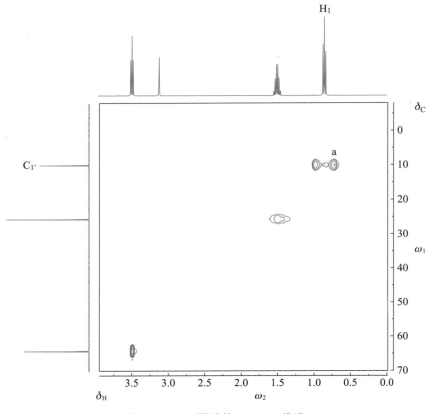

图 13−31 正丙醇的 HSQC 二维谱

(3) 其他化学位移相关谱简介 TOCSY(total correlation spectroscopy)谱又称为总相关谱,与反映³J 偶合关系的 H−H COSY 不同,TOCSY 谱可以给出同一偶合

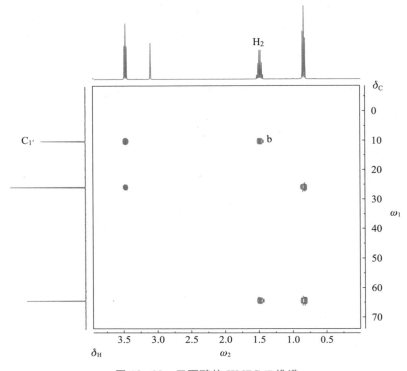

图 13-32 正丙醇的 HMBC 二维谱

体系的所有质子彼此之间全部相关信息,即从同一质子出发,找到与它处于同一偶合体系中的所有质子谱图的相关峰,因此谱图中的相关峰比 COSY 谱要多,进行归属时往往比 COSY 谱更有效。

2D NOE 谱简称为 NOSEY(nuclear Overhause effect spectroscopy),它反映了有机化合物结构中核与核空间距离的关系,而与两者间距多少根化学键无关,因此对确定有机化合物结构、构型和构象及研究生物分子高级结构起重要作用。目前氢核的 NOSEY 谱是最常用的二维谱之一,而 HOESY(heteronuclear nuclear Overhause effect spectroscopy)是用于测定空间位置相近的两个不同种类的核。

除上述提及的常用二维谱外,尚有许多其他二维谱技术出现。甚至可以再增加一维频率变量,使谱峰从二维平面延伸到一个三维立体的空间,从而大大减少谱峰重叠的可能性,提高信号的分辨率,这类三维核磁共振谱对结构复杂的大分子化合物如蛋白质的残基序列的指认是有用的。关于二维、三维核磁的原理和解析,可参考章后列出的参考文献。

思考题与习题

参考答案

1. 根据 $\nu_0 = \gamma H_0 / 2\pi$，可以说明一些什么问题？

2. 射频发射器的射频为 56.4 MHz 时，欲使 ^{19}F 及 ^1H 产生共振信号，外加磁场的强度各需多少？

3. 已知氢核（^1H）磁矩为 2.79，磷核（^{31}P）磁矩为 1.13，在相同强度的外加磁场条件下，发生核跃迁时何者需要较低的能量？

4. 脉冲傅里叶变换核磁共振波谱仪主要由哪些部件组成？相比于连续波核磁共振波谱仪，它的主要优点是什么？

5. 何谓化学位移？它有什么重要性？在 ^1H-NMR 中影响化学位移的因素有哪些？

6. 下列化合物中 OH 中的氢核，何者处于较低场？为什么？

（Ⅰ）　　　　　　（Ⅱ）

7. 解释在下述化合物中，H_a 及 H_b 的 δ 值为何不同？

$$H_a : \delta = 7.72$$
$$H_b : \delta = 7.40$$

8. 何谓自旋偶合、自旋裂分？它有什么重要性？

9. 在 CH_3-CH_2-COOH 的氢核磁共振谱图中可观察到其中有四重峰及三重峰各一组。

(1) 说明这些峰的产生原因；

(2) 哪一组峰处于较低场？为什么？

10. 简要讨论 $^{13}C-NMR$ 在有机化合物结构分析上的作用。

11. 常用的二维核磁共振谱方法有哪些？它们在有机化合物结构分析中的作用分别是什么？

参考文献

[1] 罗伯茨 J D. 核磁共振在有机化学中的应用. 黄维垣, 等译. 北京: 科学出版社, 1961.

[2] 梁晓天.核磁共振(高分辨氢谱的解析和应用).北京:科学出版社,1976.

[3] 洪山海.光谱解析法在有机化学中的应用.北京:科学出版社,1981.

[4] 潘铁英,张玉兰,苏克曼.波谱解析法.2 版.上海:华东理工大学出版社,2009.

[5] 宁永成.有机化合物结构鉴定与有机波谱学.2 版.北京:科学出版社,2000.

[6] 杨文火,王宏钧,卢葛覃.核磁共振原理及其在结构化学中的应用.福州:福建科学技术出版社,1988.

[7] 易大年,徐光漪.核磁共振波谱——在药物分析中的应用.上海:上海科学技术出版社,1985.

[8] 李润卿,等.有机结构波谱分析.天津:天津大学出版社,2003.

[9] 陈德恒.有机结构分析.北京:科学出版社,1985.

[10] 沈其丰.核磁共振碳谱.北京:北京大学出版社,1988.

[11] Ewing G W. Instrumental methods of chemical analysis. 4th ed. Mc Graw−Hill,1975.

[12] Davis R.Wells C H J. Spectral Problems in organic Chemistry.N. Y.International Textbook Company,1984.

第 *14* 章 | 质谱分析
Mass Spectrometry, MS

质谱分析的
起源

§14−1 质谱分析概述

  质谱分析是现代物理与化学领域内使用的一个极为重要的工具。从第一台质谱仪的出现(1912 年)至今已有百年历史。早期的质谱仪器主要用于测定原子质量、同位素的相对丰度,以及研究电子碰撞过程等物理领域。第二次世界大战时期,为了适应原子能工业和石油化学工业的需要,质谱法在化学分析中的应用受到了重视。以后由于出现了高分辨率质谱仪,这种仪器对复杂有机分子所得的谱图,分辨率高,重现性好,因而成为测定有机化合物结构的一种重要手段。20 世纪 60 年代末,气相色谱–质谱联用技术的出现且日趋完善,20 世纪 80 年代,液相色谱–质谱联用技术也进入实用阶段,这使气相色谱法和高效液相色谱法的高效能分离混合物的特点,与质谱法的高分辨率鉴定化合物的特点相结合,加上电子计算机的应用,这样就大大地提高了质谱仪器的效能,为分析组成复杂的有机化合物混合物提供有力手段。近年来各种类型的质谱仪器相继问世,而质谱仪器的心脏——离子源,也是多种多样的,因此质谱法已日益广泛地应用于原子能、石油、化工、电子、冶金、医药、食品、陶瓷等工业生产部门,农业科学研究部门,以及核物理、电子与离子物理、同位素地质学、有机化学、生物化学、地球化学、无机化学、临床化学、考古、环境监测、空间探索等科学技术领域。

  质谱分析的基本原理是使所研究的混合物或单体形成离子,然后使形成的离子按质量,确切地讲按质荷比 m/z(mass−charge ratio),进行分离。因此质谱仪器必须具备下述几个部分。

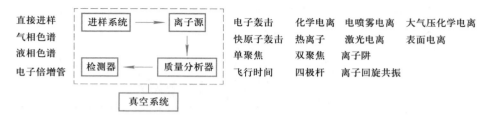

此外,尚有计算机控制及数据处理系统等。

质谱仪器按其用途可分为同位素质谱仪(测定同位素丰度)、气体分析质谱仪、无机质谱仪(测定无机化合物)、有机质谱仪(测定有机化合物)等。这些仪器虽都由上述部分组成,然而在仪器和应用上却有很大差别。本章主要讨论有机质谱仪及其分析方法。

§14-2 质谱仪器原理

现以扇形磁场单聚焦质谱仪为例,将质谱仪器各主要部分的作用原理讨论如下。图14-1为单聚焦质谱仪的示意图。

1. 真空系统

质谱仪的离子源、质量分析器及检测器必须处于高真空状态(离子源的真空度应达$10^{-3}\sim10^{-5}\,\mathrm{Pa}$,质量分析器应达$10^{-6}\,\mathrm{Pa}$)。若真空度低,则有以下危害。

(1)大量氧会烧坏离子源的灯丝。

(2)会使本底增高,干扰质谱图。

(3)引起额外的离子-分子反应,改变裂解模型,使质谱解释复杂化。

(4)干扰离子源中电子束的正常调节。

(5)用作加速离子的几千伏高压会引起放电,等等。

通常用机械泵预抽真空,然后用扩散泵高效率并连续地抽气。

2. 进样系统

图14-2是一种进样系统的示意图。对于气体及沸点不高、易于挥发的液体,可以用图中上方装置。贮样器由玻璃或上釉不锈钢

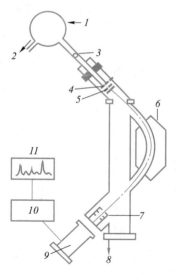

图 14-1 单聚焦质谱仪

1—贮样器;2—进样系统;3—漏孔;

4—离子源;5—加速电极;6—磁场;

7—离子检测器;8—接真空系统;

9—前置放大器;10—放大器;11—记录器

制成,抽低真空(1 Pa),并加热至150 ℃,试样以微量注射器注入,在贮样器内立即汽化为蒸气分子,然后由于压力梯度,通过漏孔以分子流形式渗透入高真空的离子源中。

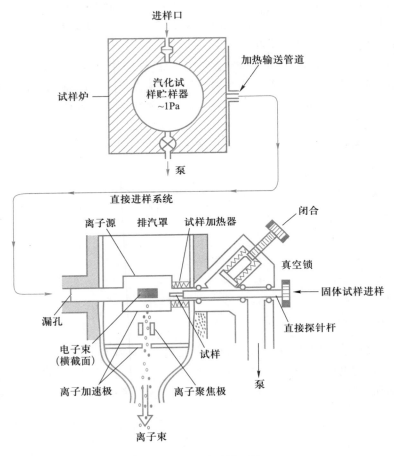

图 14-2 两种进样系统

上图:用加热的贮样器及漏孔;

下图右方:用插入真空锁的试样探针杆

对于高沸点液体、固体,可以用探针(probe)杆直接进样(图 14-2 下方)。调节加热温度,使试样汽化为蒸气。此方法可将微克量级甚至更少试样送入电离室。探针杆中试样的温度可冷却至约-100 ℃,或在数秒钟内加热到较高温度(如 300 ℃左右)。

对于混合有机化合物的分析,目前较多采用色谱-质谱联用,此时试样经色谱柱分离后,经接口进入质谱仪的离子源(见§14-8)。对于纯化合物,也可以用注射泵将纯化合物的溶液直接注入质谱仪的离子源,以获得其分子量等信息,其仪器结构和分析原理与液相色谱-质谱联用类似,仅无需经色谱柱预分离。

3. 离子源(ion source)

在离子源(电离源)中试样被电离成离子。不同性质的试样及不同的分析目标,可能需要不同的电离方式,因此新的离子源是质谱的重要研究方向之一。以下介绍几种常用的电离方式和离子源。

(1)电子轰击电离　对于贮样器进样、探针杆进样及气相色谱进样方式,被分析的气体或蒸气首先进入仪器的离子源,转化为离子。最常用的离子源是电子轰击(electron impact,EI)离子源,其构造原理如图 14-3 所示。

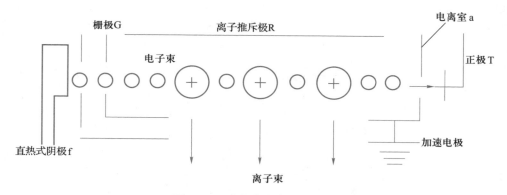

图 14-3　电子轰击离子源示意

电子轰击离子源

电子由直热式阴极(多用铼丝制成)f 发射,在电离室 a(正极)和阴极(负极)之间施加直流电压(70 V),使电子得到加速而进入电离室中。当这些电子轰击电离室中的气体(或蒸气)中的原子或分子时,该原子或分子就失去电子成为正离子(分子离子):

$$M + e^- \Longrightarrow M^+ + 2e^-$$

分子离子继续受到电子的轰击,使一些化学键断裂,或引起重排瞬间裂解成多种碎片离子(正离子)。

T 为电子捕集极,在 T(正极)和电离室(负极)之间施加适当电压(如45 V),使多余的电子被 T 收集。G 为栅极,可用来控制进入电离室的电子流,也可在脉冲工作状态下切断和导通电子束。

在电离室(正极)和加速电极(负极)之间施加一个加速电压(800～8 000 V),使电离室中的正离子得到加速而进入质量分析器。

R 为离子推斥极,在推斥极上施加正电压,于是正离子受到它的排斥作用而向前运动。除此之外,还有使正离子在运动中聚焦集中的电极等(图中未表示出）。总的讲,离子源的作用是将试样分子或原子转化为正离子,并使正离子加速、聚焦为离子束,此离子束通过狭缝而进入质量分析器。

分子中各种化学键的键能最大为几十电子伏,电子轰击的能量远远超过普通化学键的键能,过剩的能量将引起分子多个键的断裂,生成许多碎片离子,由此提供分子结构的一些重要的官能团信息。但对有机化合物中相对分子质量较大或极性大,难汽化,热稳定性差的化合物,在加热和电子轰击下,分子易破碎,难于给出完整的分子离子信息,这是电子轰击电离方式的局限性。为了解决这类有机化合物的质谱分析,发展了一些软电离技术,如化学电离(chemical ionization, CI)、电喷雾电离(electro spary ionization, ESI)、大气压化学电离(atomspheric pressure chemical ionization, APCI)、基质辅助激光解吸电离(matrix-assisted laser desoption ionization, MALDI)等。

(2) 化学电离(CI)   在离子源内充满一定压强的反应气体,如甲烷、异丁烷、氨气等,用高能量的电子(100 eV)轰击反应气体使之电离,电离后的反应分子再与试样分子碰撞发生分子-离子反应形成准分子离子 QM^+ (quasi-molecular ion)和少数碎片离子。以 CH_4 作反应气体为例,以高能量电子轰击时,反应气体发生下述反应。

一级反应:

$$CH_4 + e^- \longrightarrow CH_4^+ + CH_3^+ + CH_2^+ + CH^+ + C^+ + H_2^+ + H^+ + ne^-$$

二级离子-分子反应:

$$CH_4^+ + CH_4 \longrightarrow CH_5^+ + CH_3$$

$$CH_3^+ + CH_4 \longrightarrow C_2H_5^+ + H_2$$

$$CH_2^+ + CH_4 \nearrow C_2H_4^+ + H_2$$
$$\searrow C_2H_3^+ + H_2 + H$$

$$CH^+ + CH_4 \longrightarrow C_2H_2^+ + H_2 + H$$

三级离子-分子反应:

$$C_2H_5^+ + CH_4 \longrightarrow C_3H_7^+ + H_2$$

$$C_2H_3^+ + CH_4 \longrightarrow C_3H_5^+ + H_2$$

$$C_2H_2^+ + CH_4 \longrightarrow 聚合体$$

在上述反应中,主要的离子是 CH_5^+ (总量的 47%), $C_2H_5^+$ (41%)及 $C_3H_5^+$ (6%)。它们再与试样分子 M 发生下述离子-分子反应。

① 质子的转移：

$$\left.\begin{array}{l} CH_5^+ + M \longrightarrow [M+H]^+ + CH_4 \\ C_2H_5^+ + M \longrightarrow [M+H]^+ + C_2H_4 \end{array}\right\} 产生(M+1)^+峰$$

$$\left.\begin{array}{l} CH_5^+ + M \longrightarrow [M-H]^+ + CH_4 + H_2 \\ C_2H_5^+ + M \longrightarrow [M-H]^+ + C_2H_6 \end{array}\right\} 产生(M-1)^+峰$$

② 复合反应：

$$CH_5^+ + M \longrightarrow [M+CH_5]^+ \quad 产生(M+17)^+峰$$

$$C_2H_5^+ + M \longrightarrow [M+C_2H_5]^+ \quad 产生(M+29)^+峰$$

这样就形成了一系列准分子离子 QM^+ 如$[M+H]^+$，$[M-H]^+$，$[M+CH_5]^+$，$[M+C_2H_5]^+$ 而出现$(M+1)^+$，$(M-1)^+$，$(M+17)^+$，$(M+29)^+$ 等质谱峰。

在 CI 谱图中准分子离子往往是最强峰，便于从 QM^+ 推断相对分子质量，碎片峰较少，谱图较简单，易于解释。但使用 CI 源时需将试样汽化后进入离子源，因此不适用于难挥发、热不稳定或极性较大的有机化合物分析。

（3）电喷雾电离　ESI 是一种使用强静电场的电离技术，主要用于液相色谱－质谱联用及溶液直接进样方式。其离子源结构和电离原理如图 14-4 所示，试样溶液经金属毛细管喷嘴，在毛细管和对电极板之间施加 3～8 kV 电压，使试样溶液形成高度分散的雾状小液滴，并高度荷电。带电荷液滴在向质量分析器移动的过程中，溶剂不断挥发，其表面的电荷密度不断增大，当电荷斥力足以克服表面张力时，即达到瑞利极限，液滴发生裂分。经过反复多次的溶剂挥发－裂分过程，带电荷液滴最终形成带有单个（或多个）电荷的准分子离子。此在大气压条件下形成的离子，在电位差的驱使下（当然也有压力差的作用）通过一干燥 N_2 气帘进入质谱仪的真空区。气帘（curtain gas）的作用是：使雾滴进一步分散，以利于溶剂蒸发；阻挡中性的溶剂分子，而让离子在电压梯度下穿过，进入质谱；由于溶剂快速蒸发和气溶胶快速扩散，会促进形成分子－离子聚合体而降低离子流，气帘可增加聚合体与气体碰撞的概率，促使聚合体离解；碰撞可能诱导离子碎裂，提供化合物的结构信息。

ESI 谱图主要给出与准分子离子有关的信息，其中重要的是可能产生大量多电荷离子，故可用以测定蛋白质和多肽等生化大分子化合物的相对分子质量，最大相对分子质量可测到 200 000。图 14-5 为马的肌红朊球蛋白的 ESI MS 谱图，图 14-5(a)是实测的谱图，从任意两个相邻峰的质荷比 m/z（m_1 和 m_2），通过下式可计算出该化合物的相对分子质量（M_r）：

$$m_1 = (M_r + n) / n \tag{14-1}$$

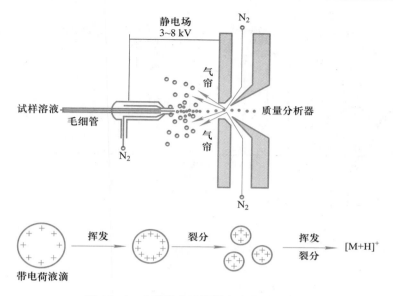

图 14-4 电喷雾电离源及电离原理示意图

$$m_2 = (M_r + n + 1)/n + 1 \tag{14-2}$$

式中 n 是 m/z 值较高的 m_2 的电荷数,常数 1 是 H 的相对原子质量,这里假设准分子离子是以质子化的形式存在,若准分子离子的电荷是由 Na 提供,则常数为 23,通过解此二元方程组,就可求得 M_r 和 n,最后得到的 M_r 值是多组离子对计算出的平均值。根据计算结果给出的相对分子质量的谱图称为转换谱图,图 14-5 (b)是转换谱图,图 14-5(c)是计算机的计算结果。

ESI 电离源最适宜的进样流量是 $5 \sim 200 \ \mu L \cdot min^{-1}$,如果试样量过小,如毛细管电泳的微小流量或珍贵的生物试样,则可用专门的微流量接口。但 ESI 技术一般不适用于非极性化合物的电离。

(4)大气压化学电离 APCI 是一种化学电离技术,电离源的结构如图 14-6 所示。试样溶液经中心毛细管被雾化气和辅助气喷射进入加热的常压环境中($100 \sim 120$℃),在喷嘴附近,放置一针状电晕放电电极,通过其高压放电,使空气中某些中性分子电离,产生丰富的 N_2^+,O_2^+ 和 O^+ 等。当喷射出的气溶胶混合物接近放电电极时,大量的溶剂分子也会被电离,上述大量的离子与分析物分子进行气态离子—分子反应,从而实现化学电离,形成质子转移、加合物等准分子离子。APCI 主要产生的是单电荷离子,它所分析的化合物的相对分子质量通常小于 1 000。APCI 主要用来分析较弱极性的化合物,有些分析物由于结构和极性方面的原因,用 ESI 不能产生足够强的离子,可以采用 APCI 以增加离子产率,可认为 APCI 是 ESI 的补充。

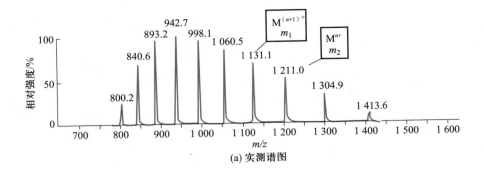

(a) 实测谱图

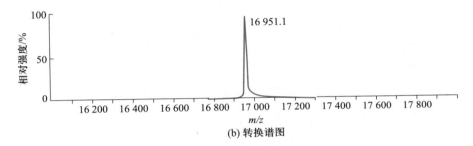

(b) 转换谱图

质荷比	电荷数	相对分子质量
(m/z)	(n)	(M_r)
1 542.04	11	16 951.40
1 413.59	12	16 950.95
1 304.93	13	16 950.94
1 211.80	14	16 951.11
1 131.12	15	16 951.62
1 060.46	16	16 951.26
998.11	17	16 950.67
942.75	18	16 951.30
893.15	19	16 950.71
848.57	20	16 951.25
808.21	21	16 951.14
771.9	22	16 950.72
	平均	16 951.09
	标准偏差 S	10.30

(c) 计算数据系统计算结果

图 14-5 肌红朊球蛋白的 ESI MS 谱图

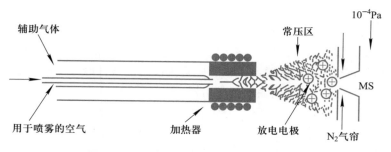

图 14-6　大气压化学电离源结构示意图

（5）基质辅助激光解吸电离　　MALDI 是一种间接的光致电离技术，该电离源的结构和电离原理见图 14-7。将试样分散于基质中形成共结晶薄膜（通常试样和基质的比例为 1∶10 000），用一定波长的脉冲式激光照射该共结晶薄膜，基质分子从激光中吸收能量传递给试样分子，使试样分子瞬间进入气相并电离。MALDI 主要通过质子转移得到单电荷离子 M^+ 和 $[M+H]^+$，也会产生与基质的加合离子，有时也能得到多电荷离子，较少产生碎片，是一种温和的软电离技术，适用于混合物中各组分的相对分子质量测定及生物大分子如蛋白质、核酸等的测定。

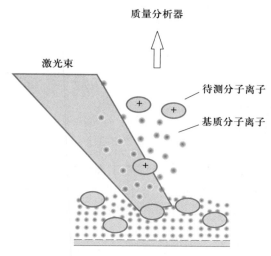

图 14-7　基质辅助激光解吸电离源的结构与原理示意图

MALDI 中的基质是影响其电离过程的重要因素。基质的主要作用是将能量从激光束传递给试样，提供反应离子；同时使试样得到有效的分散，减少待测试样分子间的相互作用。基质的选择主要取决于所使用的激光波长，其次取决于被分析试样的性质。常用的基质有芥子酸、2－羟基苯甲酸、烟酸、2－咔啉、甘油等。

4. 质量分析器(mass analyzer)

质量分析器是质谱仪的核心部分,其作用是将离子源电离得到的离子按质荷比的大小分离并送入检测器中检测。质谱仪的类型一般就是按质量分析器来划分的,以下介绍几种常用的质量分析器。

(1) 磁质量分析器　磁质量分析器内主要为一电磁铁,自离子源产生的离子束在加速电极电场($800\sim8\,000$ V)的作用下,使质量 m 的正离子获得 v 的速率,以直线方向运动(图 14－8),其动能为

$$zU=\frac{1}{2}mv^2 \tag{14-3}$$

式中,z 为离子电荷数,U 为加速电压。显然,在一定的加速电压下,离子的运动速率与质量 m 有关。

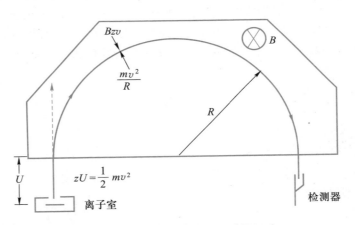

图 14－8　正离子在正交磁场中的运动

当此具有一定动能的正离子进入垂直于离子速度方向的均匀磁场(质量分析器)时,正离子在磁场力(洛仑兹力)的作用下,将改变运动方向(磁场不能改变离子的运动速率)做圆周运动。设离子做圆周运动的轨道半径(近似为磁场曲率半径)为 R,则运动离心力 $\dfrac{mv^2}{R}$ 必然和磁场力 Bzv 相等,故

$$Bzv=\frac{mv^2}{R} \tag{14-4}$$

式中,B 为磁感应强度。合并式(14－4)及式(14－3),可得

$$\frac{m}{z} = \frac{B^2 R^2}{2U} \qquad (14-5)$$

式(14-5)称为磁分析器质谱方程,是设计磁质谱仪器的主要依据。由此式可见,离子在磁场内运动半径 R 与 $m/z, B, U$ 有关。因此只有在一定的 U 及 B 的条件下,某些具有一定质荷比 m/z 的正离子才能以运动半径为 R 的轨道到达检测器。

若 B, R 固定,$\frac{m}{z} \propto 1/U$,只要连续改变加速电压(电压扫描),或 U, R 固定,$m/z \propto B^2$,连续改变 B(磁场扫描),就可使具有不同 m/z 的离子顺序到达检测器发生信号而得到质谱图(如图 14-16 所示)。

上述讨论中,大大简化了进入磁场的离子的情况。实际上,由离子源出口狭缝进入磁场的离子束中的离子不是完全平行的,而是有一定的发散角度,另一方面,由于离子的初始能量有差异,以及在加速过程中所处位置不同等原因,离子的能量(亦即射入质量分析器的速率)也是不一致的。在离子束以一定角度分散进入磁场的情况中,如果磁场安排得当(半圆形磁场或扇形磁场),一方面会使离子束按质荷比的大小分离开来,另一方面,相同质荷比、不同角度的离子在到达检测器时又重新会聚起来,这就称为方向(角度)聚焦。前述质量分析器只包括一个磁场,故称为单聚焦磁质谱仪(single-focusing MS)。单聚焦仪器只能把质荷比相同而入射方向不同的离子聚焦,但是对于质荷比相同而能量不同的离子却不能实现聚焦,这样就影响了仪器的分辨率。为了克服单聚焦仪器分辨本领低的缺点,必须采用电场和磁场所组成的质量分析器。这时,不仅仍然可以实现方向聚焦,而且质荷比相同,速率(能量)不同的离子也可聚焦在一起,称为速率聚焦。因此所谓双聚焦仪器,就是对同时实现了这两种聚焦的仪器而言的,因而双聚焦质谱仪(double-focusing MS)的分辨本领远高于单聚焦仪器。

根据物理学,质量相同、能量不同的离子通过电场后会产生能量色散,磁场对不同能量的离子也能产生能量色散,如果设法使电场和磁场对于能量产生的色散相互补偿,就能实现能量(速率)聚焦。磁场对离子的作用具有可逆性:由某一方向进入磁场的质量相同的离子,经过磁场后会按照一定的能量顺序分开;反之,从相反方向进入磁场的以一定能量顺序排列的质量相同的离子,经过磁场后可以会聚在一起。因此,在一对弯曲的电极板上(图 14-9)施加一直流电压,使之产生静电场,这种仪器称为静电分析器(electro static analyzer)。若和磁场(磁分析器 magnetic analyzer)配合使用,当静电分析器产生的能量色散和磁分析器产生的能量色散,在数值上相等,方向上相反时,离子经过这两个分析器后,可以实现能量聚焦,再加上磁分析器本身具有方向聚焦作用,这样就实现了双聚焦。

图 14-9 是一种双聚焦质谱仪(尼尔型,Nier-Johnson)的原理示意图。当

磁感应强度和加速电压一定时,由 O 出发的离子仅当具有某一质荷比时才被聚焦于 O' 点(检测器)。调节磁感应强度(扫场),可使不同的离子束按质荷比顺序通过出口狭缝进入检测器。

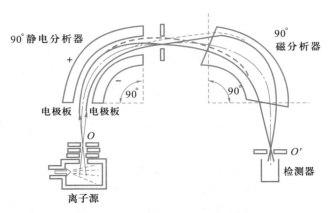

图 14-9　双聚焦质谱仪(尼尔型)原理示意图

(2) 四极杆质量分析器(quadrupole mass analyzer)　四极杆质量分析器又称为四极滤质器,由四根截面为双曲面或圆形的棒状电极组成,两组电极间施加一定的直流电压和频率为射频范围的交流电压(图 14-10)。

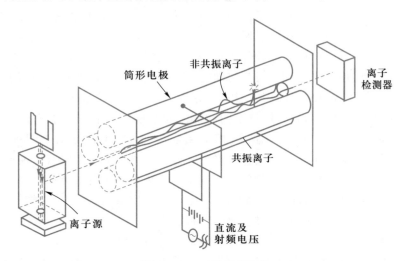

图 14-10　四极杆质谱仪

当离子束进入筒形电极所包围的空间后,离子做横向摆动,在一定的直流电压、交流电压和频率,以及一定的尺寸等条件下,只有某一种(或一定范围)质荷比的离子能够到达收集器并发出信号(这些离子称共振离子),其他离子在运动的过程中撞击在筒形电极上而被"过滤"掉,最后被真空泵抽走(称为非共振离子)。

四极杆质量
分析器

　　如果使交流电压的频率不变而连续地改变直流和交流电压的大小(但要保持它们的比例不变)(电压扫描),或保持电压不变而连续地改变交流电压的频率(频率扫描),就可使不同质荷比的离子依次到达检测器而得到质谱图,其扫描速率远高于磁质谱仪器,特别适合与色谱仪器联用。四极杆质谱仪利用四极杆代替了笨重的电磁铁,故具有体积小、重量轻、价格低等优点,且操作方便,是目前应用最广的质量分析器。它的主要不足是分辨率[①]不够高,能检测的 $m/z < 4\,000$。

　　(3) 离子阱质量分析器　离子阱(ion trap)的结构如图14−11所示。由一个双曲线表面的中心环形电极(ring electrode)(图 14−11 中 5)和上下两个端电极(end cap electrode)(图 14−11 中 3 和4)间形成一个室腔(阱)。直流电压和高频电压加在环形电极和端电极之间,两端电极都处于地电位,在适当条件(环形电极半径、两端电极的距离、直流电压、高频电压)下,由离子源(EI 或 CI 等)注入的特定 m/z 的离子在阱内稳定区,其轨道振幅保持一定大小,并可长时间留在阱内,反之不稳定态离子(未满足特定条件者)振幅很快增长,撞击到电极而消失,质量扫描方式和四极杆质量分析器相似,即在恒定的直流交流比下扫描高频电压以

离子阱质量
分析器

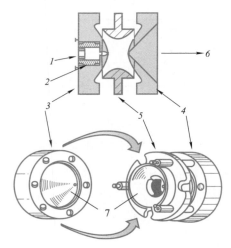

图 14−11　离子阱的结构示意

1— 离子束注入;2—离子闸门;3,4—端电极;5—环形电极;6—至检测器;7—双曲线表面

---

　　① 在质谱中把区分两个可分辨质量的能力,定义为质谱的分辨率 R。即 $R = \dfrac{M}{\Delta M}$,ΔM 为两个"可分辨峰"(峰谷重叠高度小于峰高的 10%)之间的质量差。

得到质谱图。检测时在引出电极上加负电压脉冲使正离子从阱内引出而被检测器检测。离子阱具有结构简单,易于操作,灵敏度高的特点,它还可以选择一种离子留在阱中,再经低压碰撞产生子离子,实现串联分析,这也是离子阱质量分析器的一个突出优点。它的主要缺点是分辨率不高,线性动态范围偏离(导致定量准确度不高),为了解决这些问题,近年来出现了线性离子阱、轨道离子阱等新的质量分析器,有兴趣者可参阅本章末参考文献。

(4) 飞行时间质量分析器(time of flight mass spectrometer,TOF-MS)

飞行时间质量分析器的工作原理很简单,在图 14-12 所示的仪器中,由阴极 F 发射的电子,受到电离室 A 上正电位的加速,进入并通过 A 而到达电子收集极 P,电子在运动过程中撞击 A 中的试样气体分子并使之电离。在栅极 G_1 上加上一个不大的负脉冲(-270 V),把正离子引出电离室 A,然后在栅极 G_2 上施加直流负高压 U(-2.8 kV),使离子加速而获得动能,以速率 v 飞越长度为 L 的无电场又无磁场的漂移空间,最后到达离子检测器。同样,当脉冲电压为一定值时,离子向前运动的速率与离子的 m/z 有关,因此在漂移空间里,离子是以各种不同的速率在运动着,质量越小的离子,就越先落到检测器中。

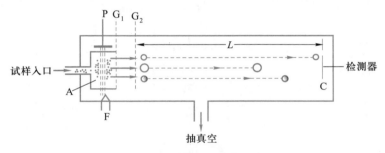

图 14-12　飞行时间质量分析器

若忽略离子(质量为 m)的初始能量,根据式(14-3)可以认为离子动能为

$$\frac{mv^2}{2} = zU$$

由此可写出离子速率为

$$v = \sqrt{\frac{2zU}{m}} \tag{14-6}$$

离子飞行长度为 L 的漂移空间所需时间 $t = \dfrac{L}{v}$,故可得

$$t = L\sqrt{\frac{m}{2zU}} \tag{14-7}$$

由此可见,在 L 和 U 等参数不变的条件下,离子由离子源到达检测器的飞行时间 t 与质荷比的平方根成正比。

飞行时间质谱计的特点如下。

① 质量分析器既不需要磁场,又不需要电场,只需要直线漂移空间。因此,仪器的机械结构较简单。但早期的仪器分辨率较低。造成分辨率低的主要原因在于进入漂移空间的离子,即使具有相同的质量,但由于产生的时间、空间位置和初始动能的不同,到达检测器的时间就不同,因而降低了分辨率。目前,应用激光脉冲电离方式,采用离子延迟引出技术和离子反射技术,已在很大程度上克服了由于上述原因造成的分辨率下降。使质量分辨率达到几千到上万。

② 扫描速率快,可在 $10^{-5} \sim 10^{-6}$ s 时间内观察、记录整段质谱,使此类分析器可用研究快速反应及与色谱联用等。

③ 不存在聚焦狭缝,因此灵敏度很高。

④ 测定的质量范围仅取决于飞行时间,可达到几十万原子质量单位。

上述优点为生命科学中对生化大分子的分析提供了诱人的前景。因此 TOF-MS 技术近年来发展十分迅速。如以 MALDI 作电离源的 TOF-MS 仪,可测到相对分子质量数十万。

⑤ 傅里叶变换离子回旋共振质量分析器(Fourier transform ion cyclotron resonance analyzer,FT ICR) 一种 FT ICR 的结构如图 14-13 所示。分析室是一个立方体结构,它是由三对相互垂直的平行板电极组成,置于高真空和由超导磁体产生的强磁场中。离子源中产生的离子沿垂直于磁场方向进入,并被加在垂直于磁场方向的捕集电压限制于分析室中。由于磁场的作用,离子沿垂直于磁场的圆形轨道回旋,回旋频率仅与磁场强度和离子的质荷比有关,而和离子的运动速度无关。因此,在不同位置的相同 m/z 的离子都以相同的频率回旋运动,其运动速率只影响其回旋半径。

发射极用于向离子发射一脉冲电压,当电压频率正好与离子回旋的频率相同,离子将共振吸收能量,使其运动速率和回旋轨道半径增大,呈螺旋运动,但频率不变。在分析室还放置了一对接收电极,当共振回旋的离子离开一个接收极而接近另一个接收极时,外部电路中的电子受正离子电场的吸引而向第二个电极集中;在离子回旋的另半周,外电路的电子向反方向运动。这样,在电阻的两端形成一个很小的交变电流,该电流称为镜像电流,是一种正弦形式的时间域信号。正弦波的频率和离子的固有回旋频率相同,振幅则与分析室中该质量的离子数目成正比。如果分析室中各种质量的离子都满足共振条件,那么,实际测得的信号是同一时间内作相干轨道运动的各种离子所对应的正弦波信号的叠加。将该时间域信号进行傅里叶变换,便可检出各种频率成分,然后利用频率和质荷比的关系,便可得到常见的质谱图。

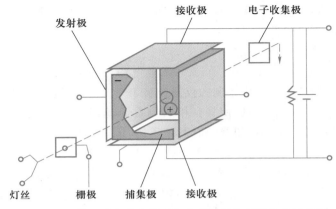

图 14-13 傅里叶变换离子回旋共振质量分析器结构示意图

FT ICR 具有极高的分辨力,可达 1×10^6,远远超过其他质谱计。由于所有离子是同时激发、同时检测,因此分析灵敏度也很高。此外还有扫描速度快、测量精度高、质量范围宽等优点。其缺点是需要很高的超导磁场,仪器价格和运行费用都比较高。

5. 离子检测器

常以电子倍增器(electron multiplier)检测离子流,其中一种电子倍增器的结构如图 14-14 所示。当离子束撞击阴极(铜铍合金或其他材料)C 的表面时,产生二次电子,然后用 D_1,D_2,D_3 等二次电极(通常为 15~18 级)使电子不断倍增(一个二次电子的数量倍增为 $10^4 \sim 10^6$ 个二次电子)。最后为阳极 A 检测,可测出 10^{-17} A 的微弱电流,时间常数远小于 1 s,可灵敏、快速地进行检测。由于产生二次电子的数量与离子的质量与能量有关,即存在质量歧视效应,因此在进行定量分析时需加以校正。

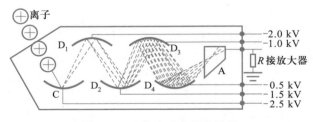

图 14-14 静电式电子倍增器

渠道式电子倍增器阵列(channel electron multiplier array)也称为通道式电子倍增器,是一种具有高灵敏度的质谱离子检测器。它由在半导体材料平板上密排的渠道构成[图 14-15(a)],在各渠道内壁涂有二次电子发射材料而构成倍增器,为得到更高的增益,将两块渠道板串级联接[图 14-15(c)],图 14-15(b)为其工作原理示意。

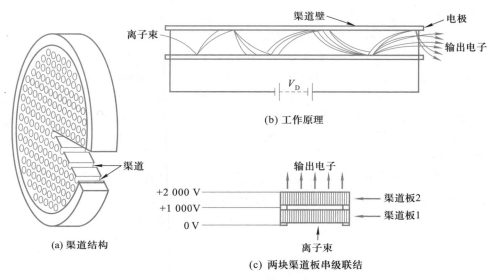

(b) 工作原理

(a) 渠道结构

(c) 两块渠道板串级联结

图 14-15　渠道式电子倍增阵列检测器

§ 14-3　离子的类型

当气体或蒸气分子(原子)进入离子源(如电子轰击离子源)时,受到电子轰击而形成各种类型的离子。以 A,B,C,D 四种原子组成的有机化合物分子为例,它在离子源中可能发生下列过程:

$$ABCD + e^- \longrightarrow ABCD^+ \cdot + 2e^- \qquad 分子离子 \qquad (14-8)$$

$$ABCD^+ \cdot \longrightarrow BCD \cdot + A^+$$

裂分为碎片离子　(14-9)

重排后裂分　(14-10)

$$ABCD^+ \cdot + ABCD \longrightarrow (ABCD)_2^+ \cdot$$

$$\longrightarrow BCD \cdot + ABCDA^+ \quad 离子分子反应$$

$$(14-11)$$

因而在所得的质谱图中可出现下述一些质谱峰。

(1) 分子离子峰　式(14-8)形成的离子 ABCD$^+$ · 称为分子离子或母离子。右上角的"+"表示分子离子带一个电子电量的正电荷,"·"表示它有一个不成对电子,是一个游离基。由于有机化合物的电子都是成对存在的,失去一个电子后就有一个不成对电子。可见分子离子既是一个正离子,又是一个游离基,这样的离子称为奇电子离子(odd-electron ion),用"$\overset{+}{\underset{\cdot}{}}$"表示。分子离子的质荷比就是它的相对分子质量。分子离子峰也是质谱中所有碎片离子的前驱体。

对于有机化合物,杂原子上未共用电子(n 电子)最易失去,其次是 π 电子,再其次是 σ 电子。所以对于含有氧、氮、硫等杂原子的分子,首先是杂原子失去一个电子而形成分子离子,此时正电荷和不成对电子处在杂原子上,例如,

含双键无杂原子的分子离子,正电荷和不成对电子位于 π 轨道上,表示如下:

当难以判断分子离子的电荷位置时可表示为"$\urcorner \overset{+}{\cdot}$",例如,

$$CH_3CH_2CH_3 \xrightarrow{-e^-} CH_3CH_2CH_3 \urcorner \overset{+}{\cdot}$$

(2) 同位素离子峰　除 P,F,I 外,组成有机化合物的常见的十几种元素,如 C,H,O,N,S,Cl,Br 等都有同位素,它们的天然丰度如表 14-1 所示,因而在质谱中会出现由不同质量的同位素形成的峰,称为同位素离子峰。同位素峰的强度比与同位素的丰度比是相当的。从表 14-1 可见,S,Cl,Br 等元素的同位素丰度高,因此含 S,Cl,Br 的化合物的分子离子或碎片离子,其 $M+2$ 峰强度较大,所以根据 M 和 $M+2$ 两个峰的强度比易于判断化合物中是否含有这些元素。

表 14-1　几种常见元素的精确质量、天然丰度及丰度比

元素	同位素	精确质量	天然丰度/%	丰度比/%
H	^1H	1.007 825	99.985	$^2H/^1H$　0.015
	^2H	2.014 102	0.015	
C	^{12}C	12.000 000	98.893	$^{13}C/^{12}C$　1.11
	^{13}C	13.003 355	1.107	
N	^{14}N	14.003 074	99.634	$^{15}N/^{14}N$　0.37
	^{15}N	15.000 109	0.366	
O	^{16}O	15.994 915	99.759	$^{17}O/^{16}O$　0.04
	^{17}O	16.999 131	0.037	$^{18}O/^{16}O$　0.20
	^{18}O	17.999 159	0.204	
F	^{19}F	18.998 403	100.00	
S	^{32}S	31.972 072	95.02	$^{33}S/^{32}S$　0.8
	^{33}S	32.971 459	0.78	$^{34}S/^{32}S$　4.4
	^{34}S	33.967 868	4.22	
Cl	^{35}Cl	34.968 853	75.77	$^{37}Cl/^{35}Cl$　32.5
	^{37}Cl	36.965 903	24.23	
Br	^{79}Br	78.918 336	50.537	$^{81}Br/^{79}Br$　97.9
	^{81}Br	80.916 290	49.463	
I	^{127}I	126.904 477	100.00	

　　(3) 碎片离子(fragment ion)峰　产生分子离子只要十几电子伏特的能量，而电子轰击源常选用的电子能量为 70 eV，因而除产生分子离子外，尚有足够能量致使化学键断裂，形成带正电荷和中性的碎片(在 EI 源中，生成的负离子极少)[式(14-9)]，所以在质谱图上可以出现许多碎片离子峰。在化学键断裂时，成键的两个电子可以分别归属于所生成的两个碎片，也可以同时归属于某一个碎片。前者称为化学键的均裂，通常用半箭头符号"$\curvearrowright$"表示一个电子的转移。例如，

$$\overset{\frown}{CH_3}\overset{\frown}{\text{---}}CH_3^{\rceil^+\cdot} \longrightarrow CH_3^{\cdot} + CH_3^+$$

　　断键时涉及两个电子转移，就是化学键的异裂，用全箭头符号"$\curvearrowright$"表示，碳卤键常发生异裂，例如，

$$CH_3\text{---}CH_2\overset{\frown}{\text{---}}Br^{+\cdot} \longrightarrow CH_3\text{---}CH_2^+ + Br\cdot$$

　　上两例中，碎片离子 CH_3^+ 和 $CH_3\text{---}CH_2^+$ 均没有不成对电子，称为偶电子

离子(even-electron ion),表示为"+"。奇电子离子通过简单的单键断裂生成的离子皆为偶电子离子。

由式 14-9 可见,分子离子峰通过并行的几种途径碎裂,各碎裂反应的速率不相同,故产生的碎片的相对丰度也各有强弱,这些情况都增加了质谱的复杂性。然而,碎片离子的形成和化学键的断裂与分子结构有关,用碎片峰仍可协助阐明分子的结构。

(4)重排离子(rearrangement ion)峰 分子离子裂解为碎片离子时,有些碎片离子不是仅仅通过简单的键的断裂,而是通过分子内原子或基团的重排后裂分而形成的,这种特殊的碎片离子称为重排离子[式(14-10)]。重排远比简单断裂复杂,其中麦氏(Mc Lafferly)重排是重排反应的一种常见而重要的方式。产生麦氏重排的条件是,与化合物中 C═X(如 C═O)基团相连的键上需要有三个以上的碳原子,而且在 γ 碳上要有 H,即 γ 氢。此 γ 位的氢向缺电子的原子转移,然后引起一系列的一个电子的转移,并脱离一个中性分子。在酮、醛、链烯、酰胺、腈、酯、芳香族化合物、磷酸酯和亚硫酸酯等的质谱上,都可找到由这种重排产生的离子峰。有时环氧化合物也会产生这种重排。例如,

式中,⟜➔ 表示在裂解过程中发生了重排,重排离子仍为奇电子离子。

(5)准分子离子峰 在化学电离源、电喷雾电离源、大气压化学电离源及基质辅助激光解吸电离源中,与 EI 电离完全不同,是利用离子-分子反应使试样电离。此时,绝大多数化合物不产生 M^+ 离子,而是产生[M+H]$^+$ 或[M+Na]$^+$,以及其他加合离子。由于这些离子与分子离子间有简单的关系,又被称为准分子离子(参见化学电离源)。

在 ESI 等离子源中,如果调节毛细管上所施加电压的方向,使喷雾液滴带上负电荷,则可以得到带有负电荷的准分子离子峰,如[M−H]$^-$、[M+HCOO]$^-$ 等。准分子离子对于软电离技术而言,是最重要最有价值的离子。

式 14-11 是电子轰击源中可能出现的一种离子。若试样在电离源中局部浓度过大,发生离子-分子碰撞,形成质荷比大于原来分子的离子,如醚、酯、胺等的 EI 质谱中会出现[M+H]$^+$,这对 EI 谱图的解析会造成干扰,应尽量避免。

(6)其他离子峰 在 EI 源中还存在其他离子峰,如亚稳离子峰、两价离子峰等,它们均能提供一些有用的信息,但这部分离子在常规分析中较难观察到,故较少应用,有兴趣的读者可参阅本章末列出的参考文献。

下面以甲基异丁基甲酮为例说明形成上述各种离子的过程,甲基异丁基甲酮的质谱图如图 14-16 所示。从图中可以看到分子离子峰(m/z 100)、碎片离

子峰(*m/z* 85,43,57 等)、重排离子峰(*m/z* 58)及碳同位素峰(*m/z* 101,86,59,44 等)。

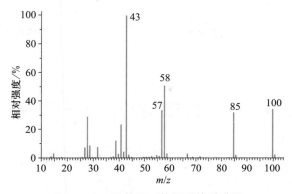

图 14-16 甲基异丁基甲酮的质谱图

（1）分子离子

$$H_3C-C-C-CH \begin{matrix} CH_3 \\ CH_3 \end{matrix} +e^- \longrightarrow H_3C-C-C-CH \begin{matrix} CH_3 \\ CH_3 \end{matrix} +2e^-$$

$M=100$

（2）碎片离子

m/z　85

m/z　43

m/z　57

（3）重排后裂解

$$m/z \quad 58$$

§14-4　质谱定性分析及谱图解析

质谱图可提供有关分子结构的许多信息，因而定性能力强是质谱分析的重要特点。以下简要讨论质谱在这方面的主要作用。

1. 相对分子质量的测定

从分子离子峰可以准确地测定该物质的相对分子质量，这是质谱分析的独特优点，它比经典的相对分子质量测定方法（如冰点下降法、沸点上升法、渗透压测定等）快而准确，且所需试样量少（一般 0.1 mg）。测定的关键是分子离子峰的判断，因为在质谱中最高质荷比的离子峰不一定是分子离子峰，这是由于存在同位素等原因，可能出现 $M+1$，$M+2$ 峰；另一方面，若分子离子不稳定，有时甚至不出现分子离子峰。因此，在判断分子离子峰时应注意以下一些问题。

（1）分子离子稳定性的一般规律　分子离子的稳定性与分子结构有关。碳数较多，碳链较长（有例外）和有链分支的分子，分裂概率较高，其分子离子峰的稳定性低；具有 π 键的芳香族化合物和共轭链烯，分子离子稳定，分子离子峰显著。分子离子稳定性的顺序一般为：芳香环＞共轭链烯＞脂环化合物＞直链的烷烃类＞硫醇＞酮＞胺＞酯＞醚＞分支较多的烷烃类＞醇。由于化合物常为多基团，实际情况也复杂，所以这一顺序可能有一定变化。

（2）分子离子峰质量数的规律（氮律）　由 C，H，O 组成的有机化合物，分子离子峰的质量一定是偶数。而由 C，H，O，N，P 和卤素等元素组成的化合物，含奇数个 N，分子离子峰的质量是奇数，含偶数个 N，分子离子峰的质量则是偶数。这一规律称为氮律。凡不符合氮律者，就不是分子离子峰。

（3）分子离子峰与邻近峰的质量差是否合理　如有不合理的碎片峰，就不是分子离子峰。例如，分子离子不可能裂解出两个以上的氢原子和小于一个甲基的基团，故分子离子峰的左面，不可能出现比分子离子峰质量小 3～14 个质量单位的峰；若出现质量差 15 或 18，这是由于裂解出•CH₃ 或一分子水，因此这些质量差都是合理的。表 14-2 列出从有机化合物中易于裂解出的游离基（附有黑点的）和中性分子的质量差，这对判断质量差是否合理和解析裂解过程有参考价值。

表 14-2　一些常见的游离基和中性分子的质量数

质量数	游离基或中性分子	质量数	游离基或中性分子
15	$\cdot CH_3$	45	$CH_3CHOH\cdot,CH_3CH_2O\cdot$
17	$\cdot OH$	46	$CH_3CH_2OH,NO_2,(H_2O+CH_2=CH_2)$
18	H_2O	47	$CH_3S\cdot$
26	$CH\equiv CH,\cdot C\equiv N$	48	CH_3SH
27	$CH_2=CH\cdot,\ HC\equiv N$	49	$\cdot CH_2Cl$
28	$CH_2=CH_2,CO$	54	$CH_2=CH-CH=CH_2$
29	$CH_3CH_2\cdot,\cdot CHO$	55	$\cdot CH_2=CHCHCH_3$
30	$NH_2CH_2\cdot,CH_2O,NO$	56	$CH_2=CHCH_2CH_3$
31	$\cdot OCH_3,\cdot CH_2OH,CH_3NH_2$	57	$\cdot C_4H_9$
32	CH_3OH	59	$CH_3O\overset{\cdot}{C}=O,CH_3CONH_2$
33	$HS\cdot,(\cdot CH_3+H_2O)$	60	C_3H_7OH
34	H_2S	61	$CH_3CH_2S\cdot$
35	$Cl\cdot$	62	$(H_2S+CH_2=CH_2)$
36	HCl	64	CH_3CH_2Cl
40	$CH_3C\equiv CH$	68	$CH_2=C(CH_3)-CH=CH_2$
41	$CH_2=CHCH_3,CH_2=C=O$	71	$\cdot C_5H_{11}$
43	$C_3H_7\cdot,CH_3CO\cdot,CH_2=CH-O\cdot$	73	$CH_3CH_2O\overset{\cdot}{C}=O$
44	$CH_2=CHOH,CO_2$		

　　实际上,有相当部分的化合物的分子离子峰的相对强度非常小,甚至不出现。这时无法从 EI 源的质谱图上直接得到相对分子质量,若采用软电离技术,如 CI、ESI、APCI、MALDI 等。则可以得到较强的准分子离子峰或分子离子峰,并以此计算这些化合物的相对分子质量。

2. 分子式的确定

　　高分辨质谱仪可精确地测定分子离子或碎片离子的质荷比,故可利用元素的精确质量及丰度比(表 14-1)求算其元素组成。如 CO,C_2H_4,N_2 的质量数都是 28,但它们的精确值分别为 CO 为 27.994 914 75,C_2H_4 为 28.031 300 24,N_2 为 28.006 148 14。因而可通过精确值测定来进行推断。对于复杂分子的分子式同样可计算求得。这种计算虽麻烦,但易于由计算机完成,即在测定其精确质量值后由计算机计算给出化合物的分子式。这是目前最为方便、迅速、准确的方法。现在的高分辨质谱仪都具有这种功能。

对于相对分子质量较小，分子离子峰较强的化合物，在低分辨的质谱仪上，可通过同位素相对丰度法推导其分子式。这种方法对于含同位素丰度比较大的元素（如 Cl、Br、S）的化合物尤为合适。

由表 14−1 可见，^{37}Cl 的丰度比为 32.5%，即 x (^{37}Cl) : x (^{35}Cl) = 1 : 3，因此若碎片离子含有一个 Cl，就会出现强度比为 3:1 的 M 和 $M+2$ 峰。如乙基氯 CH_3CH_2Cl 的质谱图（图 14−17），在 m/z 为 64/66 及 49/51 处各出现强度比为 3:1 的二联峰。

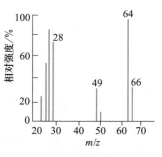

图 14−17　乙基氯的质谱图

同样，若含有一个 Br（丰度比 97.9%），质谱图上就会出现强度比大约相等的 M 和 $M+2$ 二联峰。碎片离子如果含两个以上的同位素，则可用 $(a+b)^n$ 的展开式来计算大概的丰度比，式中 a 和 b 分别为轻同位素和重同位素的比例，n 为该元素的数目。如 CCl_4 ($M=152$) 的质谱（图 14−18）：

对于 $CCl_3^{+\cdot}$，x (^{35}Cl) : x (^{37}Cl) = 100 : 32 = 3 : 1，故 $a=3, b=1, n=3$，$(a+b)^3 = a^3 + 3a^2b + 3ab^2 + b^3 = 27+27+9+1$，故 $CCl_3^{+\cdot}$ 由 m/z 117，119，121 和 123 组成四联峰，它们的强度比为 27 : 27 : 9 : 1。

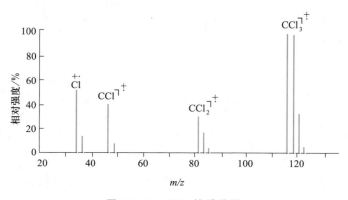

图 14−18　CCl_4 的质谱图

对于 $CCl_2^{+\cdot}$，$(a+b)^2 = a^2+2ab+b^2 = 9+6+1$，故由 m/z 82，84，86 组成三联峰，强度比为 9 : 6 : 1。

对于 $\overset{+}{Cl}$ 及 $\overset{+}{CCl}$,则分别为强度比 $3:1$ 的二联峰。

3. 根据裂解模型检定化合物和确定结构

各种化合物在一定能量的离子源中是按照一定规律进行裂解而形成各种碎片离子的[①],因而表现一定的质谱图。所以根据裂解后形成各种离子峰可以检定物质的组成及结构。

例 1　有一未知物,经初步鉴定是一种酮,它的质谱图如图 14-19 所示,试推断其组成和结构。

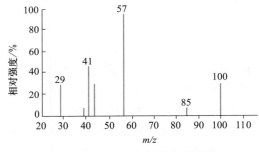

图 14-19　一种未知物的质谱图

解:分子离子质荷比为 100,因而这个化合物的相对分子质量 M 为 100。质荷比为 85 的碎片离子可以认为是由分子断裂 $\cdot CH_3$ (质量 15)碎片后形成的。质荷比为 57 的碎片离子则可以认为是再断裂 CO (质量 28)碎片后形成的。质荷比为 57 的碎片离子峰丰度很高,是标准峰,表示这个碎片离子很稳定,也表示这个碎片和分子的其余部分是比较容易断裂的。这个碎片离子很可能是
$$\begin{bmatrix} CH_3 \\ | \\ C{-}CH_3 \\ | \\ CH_3 \end{bmatrix}^+$$
,于是整个断裂过程可以表示如下:

$$\text{未知物} \xrightarrow{\text{断裂}\cdot CH_3} \text{碎片离子} \xrightarrow{\text{断裂 } CO} \begin{bmatrix} CH_3 \\ | \\ C{-}CH_3 \\ | \\ CH_3 \end{bmatrix}^+$$

$$M=100 \qquad\qquad m/z=85 \qquad\qquad m/z=57$$

由分子式计算其不饱和度,$U=1$,可确定有一双键,因而这个未知酮的结构式很可能是 $CH_3{-}CO{-}C(CH_3)_3$。为了确证这个结构式,还可以采用其他分析手段,如红外光谱、核磁共振等进行验证。

图中质荷比为 41 和 29 的两个质谱峰,则可认为是 $\overset{\quad}{C(CH_3)_3}{}^+$ 碎片离子进一步重排和断裂后所生成的碎片离子峰,这些重排和断裂过程可表示如下:

----

① 有机质谱的裂解模型及机理将在有机波谱分析课程中讨论,或参阅章末所列参考文献。

$$m/z = 41$$

$$m/z = 29$$

4. 谱图检索

以质谱检定化合物及确定结构更为快捷、直观的方法是计算机谱图检索,质谱仪的计算机数据系统存贮大量已知有机化合物的标准谱图构成谱库。这些标准谱图绝大多数是用电子轰击离子源在 70 eV 电子束轰击,于双聚焦质谱仪上做出的。被测有机化合物试样的质谱图是在同样条件(EI 离子源,70 eV 电子束轰击)下得到,然后用计算机按一定的程序与计算机内存标准谱图对比,计算出它们的相似性指数(或称匹配度),给出几种较相似的有机化合物名称、相对分子质量、分子式或结构式等,并提供试样谱和标准谱的比较谱图。目前,大多数有机质谱仪厂家提供的谱库内存有有机化合物的标准谱图二十多万张,并在不断增加中。

§14-5　质谱定量分析

以质谱法进行多组分有机混合物的定量分析时,应满足一些必要的条件。

(1) 组分中至少有一个与其他组分有显著不同的峰。

(2) 各组分的裂解模型具有重现性。

(3) 组分的灵敏度具有一定的重现性(要求 1%)。

(4) 每种组分对峰的贡献具有线性加和性。

(5) 有适当的供校正仪器用的标准物,等等。

对于 n 个组分的混合物:

$$i_{11}p_1 + i_{12}p_2 + \cdots + i_{1n}p_n = I_1$$
$$i_{21}p_1 + i_{22}p_2 + \cdots + i_{2n}p_n = I_2$$
$$\cdots\cdots\cdots\cdots$$
$$i_{m1}p_1 + i_{m2}p_2 + \cdots + i_{mn}p_n = I_m$$

式中,I_m 为在混合物的质谱图上于质量 m 处的峰高(若应用 GC-MS,则为离子流),i_{mn} 为组分 n 在质量 m 处的峰高或离子流,p_n 为混合物中组分 n 的分压强。

故以纯物质校正 i_{mn},p_n,测得未知混合物 I_m,通过解上述多元一次联立方程组即可求出各组分的含量。

质谱定量分析主要应用于石油工业和在线分析中,如烷烃、芳烃族组分分析,发酵罐上方气体组成分析等。而对于各类复杂有机混合物的定量分析,已应用 GC-MS 等联用技术进行。

§14-6　质谱-质谱联用 (MS-MS)

质谱-质谱联用是将两个甚至多个质量分析器串联使用的一种联用技术。其组成和原理如图 14-20 所示。由一个质谱装置 MS-Ⅰ用于质量分离,以另一个质谱装置 MS-Ⅱ获得质谱图,每一个都可独立操作,并通过活化碰撞室将它们连接起来,因此又称为串联质谱(tandem MS)。MS-MS 联用技术对有机化合物结构研究很有用,同时,还可直接进行混合有机化合物鉴定,因而受到重视并有多类型的商品仪器。

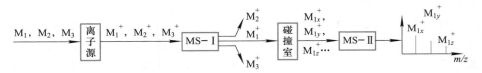

串联质谱仪

图 14-20　MS-MS 组成及原理方框图

MS-MS 仪器有多种不同的配置形式,有磁式质谱-质谱仪:BEB(B—磁分析器,E—静电分析器),EBE,BEBE 等;四极杆质谱-质谱仪:QQQ(Q—四极杆质量分析器)等;混合型质谱-质谱仪:EBQQ,BTOF(TOF—飞行时间质谱计),QTOF 等。由于离子阱和离子回旋共振质谱可以先选择性地储存某一 m/z 值的离子,再直接使其碎裂并进行离子分离,故无需与其他质量分析器串联,自身即可进行 MS-MS 分析(参见§14-2)。现简要讨论几类串联质谱的工作原理和特点。

1. 磁式质谱-质谱仪

如 B_1EB_2,第一个磁分析器 B_1 用于混合物的质量分离,静电分析器 E 和第二个磁分析器 B_2 组成双聚焦高分辨质谱仪。B_1 设定在某一状态分离出特定离子(如分子离子或准分子离子),导入 B_1 和 EB_2 之间的无场区所设置的碰撞室,采用碰撞诱导活化技术(collision induced dissociation,CID)活化,此时由 B_1

导入的高速运动的离子与碰撞室中的中性气体分子(He 或 N_2 等气体,压强 $10^{-3} \sim 10^{-2}$ Pa)碰撞而活化,使离子的部分动能转化为内能导致碎裂,从而大大增加碎裂概率,提高了检测灵敏度和重现性,使 CID 谱图可作为定性检测的依据。

由上述可见,混合组分经第一个质谱装置(MS-Ⅰ)质量分离所挑选的母离子通过碰撞活化形成子离子谱(daughter ion spectrum)。可把 MS-Ⅰ和碎裂区域看作为第二个质谱装置(MS-Ⅱ,如 EB_2)的离子源,因而可直接进行混合物的分析。若是纯化合物组分,那么据来自分子离子及其重要碎片峰与它们相应的子离子峰的信息,可得到碎片峰的可能组成,建立各离子之间的关系,甚至区分在正常的 EI 谱中难以区分的异构体。对于相对分子质量大,热不稳定的化合物,子离子扫描特别适合于从软电离(如 CI,ESI,APCI)的分子离子获得分子的结构信息。这是 MS-MS 联用的一个功能。除此之外 MS-MS 还有其他功能。例如,MS-Ⅰ采用正常的扫描方式,而 MS-Ⅱ则选定让某一质荷比的离子通过,MS-Ⅰ扫描的结果可找出选定质荷比离子的所有母离子,所以称为母离子谱(parent ion spectrum),可用以研究一组相关的化合物。若将 MS-Ⅰ和 MS-Ⅱ以保持某一质荷比差值同步扫描,例如,设定的质荷比差值为 18,可同时通过两个质量分析器的离子,一定在 CID 碰撞室中丢失一个质量数为 18 的中性碎片,即丢失一分子水,因此这种扫描方式可检测出若干成对离子,它们有相同的中性碎片离子,所以称为恒定中性丢失谱(constant neutral less spectrum)。中性丢失谱可在复杂混合物中迅速检测具有类似结构的系列化合物。由此可见,MS-MS 联用技术对分析复杂混合体系中的各种目标物,推测未知离子的结构及探讨质谱裂解机理都非常有用。

2. 三重四极杆质谱仪(triple quadrupole MS,$Q_1 Q_2 Q_3$)

Q_1 用于质量分离,选出所研究的(母)离子,中间的 Q_2 在其四极杆上仅加射频电压,用来进行碰撞活化,Q_3 和检测器用于质谱检测。选定的母离子经碰撞活化产生所有子离子,与磁式 MS-MS 一样,可得到子离子谱及母离子谱,若控制 Q_1 和 Q_3 保持固定的质量差进行同步扫描,可得到中性丢失谱。三重四极杆质谱仪具有高速扫描,操作简便,灵敏度高的优点,尤其适合于色谱-质谱联用。

3. 混合型质谱-质谱仪(hybrid MS-MS)

如 $BEQ_1 Q_2$,它具有双碰撞活化的功能。用 B 选出的离子,在 B 和 E 之间进行第一次碰撞活化,高能量的离子经碰撞活化产生子离子,以 E 选出某一种子离子,经过减速系统的减速作用后,在 Q_1 进行第二次碰撞活化,产生低能量碰撞诱导活化的碎裂产物,这种子离子(相当于 E 选出的离子是二级子离子)以 Q_2 进行检测,因而可同时检测高、低能量碰撞碎裂产物,给出较全面的离子的信息。

§14-7 气相色谱-质谱联用（GC-MS）

　　如前所述,质谱法具有灵敏度高,定性能力强等特点,但进样要纯,才能发挥其特长,另一方面,进行定量分析时又对试样要求严苛;气相色谱法则具有分离效率高,定量分析简便的特点,但定性能力却较差。因此这两种方法若能联用,可以相互取长补短,其优点如下。

　　(1)气相色谱仪是质谱法的理想的"进样器",试样经色谱分离后以纯物质形式进入质谱仪,就可充分发挥质谱法的特长。

　　(2)质谱仪是气相色谱法的理想的"检测器",色谱法所用的检测器如氢火焰离子化检测器、热导池检测器、电子捕获检测器等都有局限性,而质谱仪能检出几乎全部化合物,灵敏度又很高。

　　所以,色谱-质谱联用技术既发挥了色谱法的高分离能力,又发挥了质谱法的高鉴别能力。这种技术适用于做多组分混合物中未知组分的定性鉴定;可以判断化合物的分子结构,可以准确地测定未知组分的相对分子质量;可以修正色谱分析的错误判断;可以鉴定出部分分离甚至未分离开的色谱峰等。不仅如此,色谱-质谱联用技术作为多组分混合物的定量分析手段,得到了愈来愈广泛的应用。由于质谱作为检测器的灵敏度高,还可以选择性地检测所需目标化合物的特征离子,有效地排除了基质和杂质峰的干扰,在定量检测时具有更高的信噪比和更低的检出限,因此特别适合于痕量组分的定量分析。

　　图14-21是气相色谱-质谱联用仪组成的方框示意图,有机混合物以色谱柱分离后经接口(interface)进入离子源被电离成离子,离子进入质量分析器后,通过质量分析器的连续扫描(如四极杆质量分析器中电压连续扫描)进行数据的采集,每扫描一次便得到一张质谱图。

图 14-21　气相色谱-质谱联用仪组成方框示意图

　　将每张质谱图中所有离子强度相加,可得到一个总的离子强度,总离子强度随时间的变化正是流入质谱仪的色谱组分变化的反映。若以总离子强度值为纵坐标,以时间为横坐标作图,得到连续扫描的总离子强度随扫描时间变化的曲线,这一曲线就相当于一张色谱图,称为总离子流色谱图(total ion current,TIC)。质量色谱图是由总离子流色谱图重新建立的特定质量离子强度随扫描时间变化的离子流图,也称为提取离子流色谱图(extracted ion chromatography,EIC),可用于目标化合物的快速寻找等。对 TIC 图的每个峰,可同时给出对应的质谱图,由此可推测每个色谱峰的结构组成。TIC 中各个峰的保留时间、峰高、峰面积可作为各峰的定性、定量参数。一般 TIC 的灵敏度比 GC 的氢火焰离子化检测器高 1～2 个数量级,它对所有的峰都有响应,是一种通用型检测器。

实现 GC–MS 联用的关键是接口装置,色谱仪和质谱仪就是通过它连接起来的。因为通常色谱柱出口处于常压,而质谱仪则要求在高真空下工作,所以将这两者联结起来时需要有一接口起到传输试样,匹配两者工作气压(工作流量)的作用。早期的 GC 与 MS 联用使用填充柱气相色谱,由于柱中载气的流量大,因此联用时必须经过一个分子分离器作为接口将载气与试样分子分离,匹配两者的工作气压。喷射式分子分离器是其中常用的一种。其构造如图14–22 所示。由色谱柱出口的具有一定压强的气流,通过狭窄的喷嘴孔,以超声膨胀喷射方式喷向真空室,在喷嘴出口端产生扩散作用,扩散速率与相对分子质量的平方根成反比,质量小的载气(在 GC–MS 联用仪中用氦为载气)大量扩散,被真空泵抽除;组分分子通常具有大得多的质量,因而扩散得慢,大部分按原来的运动方向前进,进入质谱仪部分,这样就达到分离载气、浓缩组分的作用。

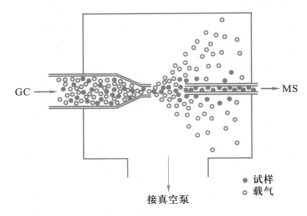

图 14–22 喷射式分子分离器

在联用仪中一般用氦作载气,原因如下。

(1) He 的电离电位为 24.6 eV,是气体中最高的(H_2,N_2 为 15.8 eV),它难

于电离,不会因气流不稳而影响色谱图的基线。

（2）He 的相对分子质量只有 4,易于与其他组分分子分离,另一方面,它的质谱峰很简单,主要在 m/z 4 处出现,不干扰后面的质谱峰。

由于填充柱的分离效率不高,柱中固定液易流失而引起质谱仪的污染和本底提高。因此毛细管柱气相色谱在联用中得到更广泛的应用。由于毛细管柱载气流量大大下降,一般为 $1\sim3$ mL·min^{-1},所以可实现直接导入式接口(也称为传输线),亦即将毛细管色谱柱的末端直接插入质谱离子源内,接口只起保护插入段毛细管柱和控制温度的作用,这种接口死体积小,结构简单,无分流歧视效应,灵敏度高,目前被 GC-MS 联用仪普遍采用。

气相色谱与质谱联用后,每秒可获数百至数千质量数离子流的信息数据,因此计算机系统(化学工作站)是一个重要而必需的组件,以采取和处理大量数据,并对联用系统进行操作及控制。

由于 GC-MS 所具有的独特优点,目前已得到十分广泛的应用。一般说来,凡能用气相色谱法进行分析的试样,大部分都能用 GC-MS 进行定性鉴定及定量测定。环境分析是 GC-MS 应用最重要的领域之一。水(如地表水、废水、饮用水等)、危害性废弃物、土壤中有机污染物,空气中挥发性有机化合物,农药残留量等的 GC-MS 分析方法已被美国环保局(EPA)及许多国家采用,有的已以法规形式确认,这也促使其向其他法规性应用领域扩展,如法医毒品的检定、公安案例的物证、体育运动中兴奋剂的检验等,已形成或将形成一系列法定性或公认的标准方法。

§14-8　液相色谱-质谱联用 (LC-MS)

生命过程中的化学是当前化学学科发展的前沿领域之一,科学和技术的发展为研究生物化学问题提供了一系列很有效的技术,其中包括色谱技术、质谱技术等。为了适应生命科学基础研究及新技术发展的需要,质谱技术研究的热点集中于两方面。其一是发展新的软电离技术,以分析高极性、热不稳定、难挥发的生物大分子(如蛋白质、核酸、聚糖等);其二是发展液相色谱与质谱联用的接口,以分析生物复杂体系中的痕量组分。

对于高极性、热不稳定、难挥发的大分子有机化合物,使用 GC-MS 分析有困难,液相色谱的应用不受沸点的限制,并能对热稳定性差的试样进行分离、分析。且液相色谱的定性能力更弱,因此液相色谱与有机质谱的联用,其意义是显而易见的。由于液相色谱的一些特点,在实现联用时所遇到的困难比 GC-MS 大得多。它需要解决的问题主要有两方面:液相色谱流动相对质谱工作条件的影响及质谱离子源的温度对液相色谱分析试样的影响。HPLC 流动相的流速一般为 $1 \sim 2$ mL·min^{-1}，若为甲醇，其汽化后换算成常压下的气体流速为 560 mL·min^{-1}（水则为 1 250 mL·min^{-1}）。质谱仪抽气系统通常仅在进入离子源的气体流速低于 10 mL·min^{-1} 时才能保持所要求的真空，另一方面，液相色谱的分析对象主要是难挥发和热不稳定物质，这与质谱仪常用的离子源要求试样汽化是不相适应的，只有解决上述矛盾才能实现联用。早期 LC–MS 接口技术的研究主要集中在去除 LC 溶剂方面，取得一定成效。而电离技术中电子轰击离子源、化学电离源等经典方法并不适用于难挥发、热不稳定化合物。

　　20 世纪 80 年代以后，为了解决液相色谱分离对象的电离问题，出现了电喷雾电离、大气压化学电离等软电离技术（参见§14-2），这些电离技术不仅适用于难挥发、热不稳定化合物的电离，得到带有单电荷或多电荷的准分子离子峰；同时还利用电离源中带电荷液滴的裂分、氮气辅助喷雾和帘气等，实现了液相色谱流动相的快速汽化，再结合多级真空泵技术及细颗粒固定相及细径柱的使用，极大地降低了流动相对质谱高真空的影响，有效解决在液相和质谱之间传送约 1 ml/min 流速含水流动相的难题。从这一作用而言，这些电离源不仅起到了软电离的作用，更是液相色谱–质谱联用仪的"接口"。但是值得注意的是，各种接口技术都有不同程度的局限性，迄今为止，还没有一种接口技术具有像 GC–MS 接口那样的普适性。因此对于一个从事多方面工作的现代化实验室，需要具备几种 LC–MS 接口技术，以适应 LC 分离化合物的多样性。

液质联用仪

　　与 GC–MS 类似，LC–MS 既可以用于复杂混合物的定性分析，也是一种极其有效的痕量组分的定量手段。在定性分析方面，由于 LC–MS 采用软电离方式，获得的主要是准分子离子峰，若能与高分辨质谱如飞行时间质谱和离子回旋共振质谱等质谱仪联用，则能得到精确分子量并以此推测 TIC 图谱中各色谱峰对应化合物的分子式（参见§14-4）。若液相色谱与四极杆–飞行时间质谱（Q-TOF）等串联质谱联用，则可将一级质谱 Q 中的母离子（如准分子离子峰）引入第二级质谱 TOF 中，获得其碎片信号（子离子谱），并依据质谱裂解规律推测母离子的结构。但目前 LC–MS 仪器中没有商品化的标准质谱库供检索使用。

　　液相色谱–质谱联用正在更加广泛地应用于定量分析中。若与色谱仪（液相色谱和气相色谱均是如此）连接的是单质谱（非串联质谱），可以采用选择离子监测（selected ion monitor，SIM）方式，即选择目标化合物的某个或某些特定离子进行跳跃式扫描检测，以检测这些离子得到的 TIC 峰面积作为定量依据进行定量分析。若连接的是串联质谱，则可以采用多反应选择监测（selective reaction monitor，SRM 或 multi reaction monitor，MRM）方式，即在目标化合物的一级质谱中选择一个母离子，碰撞后，从形成的子离子中选择某个或某些特定离子进行扫描检测。通过两次选择,定量测定的信噪比将比 SIM 大幅提高,尤其适合于基质复杂的试样中痕量组分的分析。基于定性与定量分析方面的优势,近年来,色谱-串联质谱的发展十分迅猛,串接不同类型质量分析器的液质联用仪已成为液相色谱-质谱联用领域的主流产品,为生命科学、医药和临床医学、化学和化工、环境科学、食品科学、农业科学等众多学科领域提供了强有力的检测和研究工具。

§14-9　电感耦合等离子体质谱 (ICP-MS)

近年来,无机质谱技术也得到了快速发展,其中的电感耦合等离子体质谱(inductively coupled plasma mass spectrometry,ICP-MS)是 20 世纪 80 年代发展起来的一种新的质谱联用技术。电感耦合等离子体的中心通道温度高达 6 000-8 000 K(参见§7-3),引入的试样被蒸发、解离、原子化和离子化,并具有高的单电荷分析物产率,低的双电荷离子、氧化物及其他分子复合离子产率,是比较理想的电离源。ICP-MS 将电感耦合等离子体对无机元素的高温电离特性与质谱仪的高选择性、高灵敏度检测特性结合,形成一种多元素(包括同位素)同时测定的超痕量元素分析技术。

ICP-MS 仪器的基本组成包括试样引入系统、ICP 电离源、接口、质量分析器、离子检测器、真空系统等。其基本结构如图 14-23 所示。试样引入系统将试样直接汽化或转化成气态或气溶胶的形式送入高温等离子体焰炬;试样原子或分子在 ICP 高温焰炬中发生电离,转化为带电荷离子;离子通过接口后形成试样离子流,经过离子聚焦后,进入质量分析器,如四极杆、离子阱、飞行时间、双聚焦质量分析器等,使不同质荷比的离子得以分离;最后这些离子经检测器检测及数据处理系统处理,形成质谱图。利用质谱图中信号的质荷比可进行试样中元素的定性分析,利用离子信号的强度可进行待测元素的定量分析。

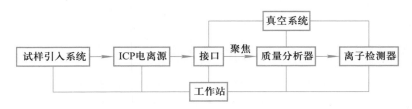

图 14-23　ICP-MS 仪器组成方框图

电感耦合等
离子体质谱
仪

ICP-MS 仪器中接口的功能是将等离子体中的离子有效地传输到质谱仪,并保持离子一致性及完整性。质谱仪要求在高真空($\sim 10^{-5}$ Pa)和较低温度(约

300 K)条件下工作,而 ICP 则是在常压和高温(约 7 500 K)条件下工作。双锥接口可以有效地解决这些矛盾,如图 14-24 所示。等离子体的中心部分进入接口,双锥接口由采样锥(孔径 0.8~1.2 mm)和截取锥(0.4~0.8 mm)组成,两锥之间为第一级真空,离子束以超音速通过采样锥孔并迅速膨胀,形成超声射流通过截取锥。中性粒子和电子在此处被分离掉,而离子进入离子透镜系统被聚焦,并传输至质量分析器。

ICP-MS 的试样引入技术多样,最常见的仍是溶液雾化法。与等离子体发射光谱类似,一般需将试样消解后再进行分析。由于 ICP-MS 的分析对象通常是痕量元素,故在试样制备时需特别注意污染、损失问题。液相色谱、气相色谱、毛细管电泳等也可以作为 ICP-MS 的试样引入方法,这些色谱与 ICP-MS 的联用技术在元素形态分析得到了广泛的应用。

ICP-MS 与 ICP-AES 相比,具有分析灵敏度更高、分析速度更快、线性范围更宽等优点,可以同时测量溶液中含量低至 ppt 级的元素。对于多种元素其检出能力甚至优于石墨炉原子吸收光谱法,因此,被广泛应用于半导体、地质、环境、食品检测等领域,在痕量金属检测技术中占有重要地位。

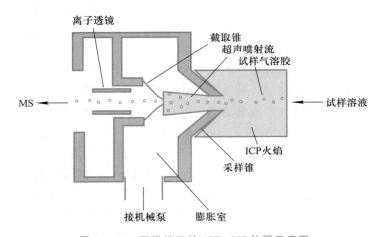

图 14-24 双锥接口的 ICP-MS 仪器示意图

思考题与习题

1. 以单聚焦磁质谱仪为例,说明组成仪器各个主要部分的作用及原理。

2. 双聚焦质谱仪为什么能提高仪器的分辨率?

3. 试述飞行时间、四极杆、离子阱、离子回旋共振质量分析器的工作原理和特点。

4. 比较电子轰击离子源、电喷雾电离源、大气压化学电离源和 MALDI 电离源的特点。

    5. 试述化学电离源的工作原理。

    6. 有机化合物在电子轰击离子源中有可能产生哪些类型的离子？从这些离子的质谱峰中可以得到一些什么信息？

    7. 如何利用质谱信息来判断化合物的相对分子质量？判断分子式？

    8. 质谱-质谱联用技术为什么可直接检测混合有机化合物？

    9. 色谱与质谱联用后有什么突出优点？

    10. 如何实现气相色谱-质谱联用？

    11. 请解释以下名词：TIC，EIC，SIM，SRM。

    12. 液质联用中的接口通常有哪些类型，其作用是什么？

    13. 简述 GC-MS，LC-MS 和 ICP-MS 的特点和主要用途。

参 考 文 献

[1] 季欧.质谱分析法上册.1978；下册，1986.北京：原子能出版社.

[2] 陈耀祖.有机质谱原理及应用.北京：科学出版社，2001.

[3] Silverstein R Metal.有机化合物光谱鉴定.姚海文，等译.北京：科学出版社，1982.

[4] 宁永成.有机化合物结构鉴定与有机波谱学.2 版.北京：科学出版社，2001.

[5] 朱良漪.分析仪器手册.第十一章质谱仪.北京：化学工业出版社，1997.

[6] 潘铁英，张玉兰，苏克曼.波谱解析法.2 版.上海：华东理工大学出版社，2009.

[7] Willard H H，Merritt L L Jr，Dean J A，Settle F A Jr.Instrumental methods of analysis.7th ed.Wadsworh，1988.

[8] 盛龙生，苏焕华，郭丹滨.色谱质谱联用技术.北京：化学工业出版社，2006.

[9] 李冰，杨红霞.电感耦合等离子体质谱原理与应用.北京：地质出版社，2005.

[10] 游小燕，郑建明，余正东.电感耦合等离体质谱原理与应用.北京：化学工业出版社，2014.

索引 | Index